"十三五"江苏省
高等学校重点教材
（编号：2019-1-078）

重大版·建筑

应用型本科院校
土木工程专业系列教材

YINGYONGXING BENKE YUANXIAO
TUMU GONGCHENG ZHUANYE XILIE JIAOCAI

第3版

土木工程材料

TUMU GONGCHENG CAILIAO

主　编■李书进
副主编■宋　杨　宋鲁光
参　编■高迎伏　厉见芬　赵　丽　盛炎民

重庆大学出版社

内 容 提 要

本书主要介绍了无机气硬性胶凝材料、水硬性胶凝材料、普通混凝土和砂浆、砌筑和屋面材料、建筑金属材料、有机高分子材料、沥青和沥青混合料、木材及各类建筑功能材料等常用土木工程材料的基本组成、技术性能、工程应用及材料检测等内容。全书结构严整、内容翔实,引用了我国现行相关标准和规范,并介绍了土木工程材料领域的最新研究成果。为便于开展线上、线下教学,本书制作了配套多媒体教学课件,并在纸质教材中嵌入了51个微课教学视频二维码。

本书可作为高等院校土木工程及相关专业本科生的教材或教学参考书,也可供土木工程行业的科研、设计、施工和监理等技术人员参考。

图书在版编目(CIP)数据

土木工程材料/李书进主编.--3版.--重庆:
重庆大学出版社,2021.6(2024.8重印)
应用型本科院校土木工程专业系列教材
ISBN 978-7-5624-8400-4

Ⅰ.①土… Ⅱ.①李… Ⅲ.①土木工程—建筑材料—
高等学校—教材 Ⅳ.①TU5

中国版本图书馆CIP数据核字(2021)第069500号

应用型本科院校土木工程专业系列教材

土木工程材料
(第3版)
主 编 李书进
副主编 宋 杨 宋鲁光
责任编辑:王 婷 版式设计:王 婷
责任校对:关德强 责任印制:赵 晟

＊

重庆大学出版社出版发行
出版人:陈晓阳
社址:重庆市沙坪坝区大学城西路21号
邮编:401331
电话:(023)88617190 88617185(中小学)
传真:(023)88617186 88617166
网址:http://www.cqup.com.cn
邮箱:fxk@cqup.com.cn(营销中心)
全国新华书店经销
重庆正文印务有限公司印刷

＊

开本:787mm×1092mm 1/16 印张:19.5 字数:488千
2013年8月第1版 2021年6月第3版 2024年8月第8次印刷
印数:24 801—26 800
ISBN 978-7-5624-8400-4 定价:49.00元

第 3 版前言

本教材第 3 版在保留之前版本特色与优势的基础上进行了大幅修订。坚持以立德树人为根本，全面贯彻新时代党的教育方针。注重理论与实践结合，突出工程素质能力和创新意识培养，同时在专业知识中融入课程思政元素，培养学生的家国情怀、工匠精神，激励学生将个人成长融入中华民族伟大复兴的历史使命。引入我国当代工程建设中的高强高韧性混凝土、绿色低碳材料等新型土木工程材料，补充介绍当前国内外土木工程材料及应用方面的新理论、新方法和新成果，增加了一些融趣味性、实用性于一体的工程案例。基于移动互联网技术，借助重庆大学出版社的教学云平台，本教材编写组在纸质教材中嵌入了 51 个微课教学及实验操作视频的二维码，为推进线上线下混合式教学改革提供支撑条件。

本教材第 3 版引用了现行最新材料标准或技术规范，如《道路硅酸盐水泥》(GB/T 13693—2017)，《混凝土物理力学性能试验方法标准》(GB/T 50081—2019)，《混凝土结构工程施工质量验收规范》(GB 50204—2015)，《预拌砂浆》(GB/T 25181—2019)，《蒸压灰砂实心砖和实心砌块》(GB/T 11945—2019)，《烧结普通砖》(GB/T 5101—2017)，《普通混凝土小型砌块》(GB 8239—2014)，《低合金高强度结构钢》(GB/T 1591—2018)，《低合金高强度结构钢》(GB/T 1591—2018)，《钢筋混凝土用钢 第 2 部分：热轧带肋钢筋》(GB/T 1499.2—2024)等。

本教材第 3 版由李书进担任主编，宋杨、宋鲁光担任副主编。绪论、第 1 章由常州工学院李书进修订；第 2 章、第 3 章、第 4 章由常州工学院宋鲁光修订；第 5 章由北华航天工业学院高迎伏修订；第 6 章由常州工学院厉见芬修订；第 7 章、第 9 章由常州工学院宋杨修订；第 8 章由常州工业学院赵丽修订；第 10 章、第 11 章由常州工学院盛炎民修订。

本书入选"十三五"江苏省高等学校重点教材，并得到江苏高校"青蓝工程"资助。

由于编者学识水平有限，教材编写修订或有疏漏或不当之处，恳请各位师生、读者及专家不吝赐教。

编　者

前　言

　　本书按照应用型本科院校土木工程专业人才培养的目标要求,依据高等学校土木工程学科专业指导委员会制定的"土木工程材料教学大纲"进行编写。编写时力求精简理论分析、突出工程应用,对材料科学基本理论、基本概念的诠释注重实践性与探索性;精选与工程实际紧密结合的例题,融入近年来土木工程材料领域的最新研究成果,着力构建与应用型人才培养模式相适应的工程材料知识与能力系统。

　　本书引用了我国现行材料标准和设计、施工规范,如《水泥标准稠度用水量、凝结时间、安定性检验方法》(GB/T 1346—2011),《建设用砂》(GB/T 14684—2011),《建设用卵石、碎石》(GB/T 14685—2011),《普通混凝土配合比设计规程》(JGJ 55—2011),《混凝土强度检验评定标准》(GB/T 50107—2010),《混凝土质量控制标准》(GB 50164—2011),《砌筑砂浆配合比设计规程》(JGJ/T 98—2010),《混凝土结构设计规范》(GB 50010—2010),《轻集料混凝土小型空心砌块》(GB/T 15229—2011),《低合金高强度结构钢》(GB/T 1591—2008),《建筑石油沥青》(GB/T 494—2010)和《公路工程沥青及沥青混合料试验规程》(JTG E20—2011)等。

　　本书由李书进任主编,高迎伏和张利任副主编。绪论、第 1 章、第 2 章、第 4 章由李书进(常州工学院)编写;第 3 章、第 9 章由高迎伏(北华航天工业学院)编写;第 5 章、第 6 章由厉见芬(常州工学院)编写;第 7 章由朱凯(河南城建学院)编写;第 8 章由李鸿芳(洛阳理工学院)编写;第 10 章由张利(华北科技学院)编写;第 11 章由杜治光(海南大学)编写。

　　本书的编写参考了大量国内外学者的教材、论文和著作,吸收和借鉴了多所院校土木工程材料课程教学改革的优秀成果,在此表示诚挚的谢意!

　　本书的编写和出版,得到了重庆大学出版社的大力支持和帮助,在此深表感谢!

　　由于土木工程材料发展迅猛,新材料、新品种不断涌现,加上编者学识水平有限,本书难免有疏漏或不当之处,恳请各位师生、读者及专家不吝赐教。

编　者

2013 年 5 月

目 录

绪 论

〖**本章导读**〗
　　土木工程材料是指在土木建筑工程中所使用的各种材料的总称,是一切土木工程实体的物质基础。在我国土木建筑工程的总造价中,土木工程材料的费用占 50% ~ 60%。不同土木工程材料的物理力学性能、生产和使用成本以及破坏劣化机制各不相同,正确选择和合理使用土木工程材料对建筑物(或构筑物)的安全性、适用性、经济性和耐久性有着直接的影响。随着科技的迅猛发展,结构设计和施工工艺日益进步,各种新材料不断涌现,要求土木工程的设计和施工技术人员必须具备材料科学方面的基本知识,熟悉常用各类土木工程材料的组成结构、技术性能、检测方法和选用规律。

0.1 土木工程材料的发展

1)土木工程材料的发展历程

　　土木工程材料是随着人类社会生产力和科技水平的提高而逐步发展起来的。

　　人类最初直接从自然界中获取天然材料用作土木工程材料,如黏土、石材、木材等。随着社会生产力的发展和人类活动范围的扩大,人类能够利用黏土烧制砖瓦,用岩石烧制石灰,土木工程材料由此进入人工合成阶段,为较大规模建造土木工程创造了基本条件。至今世界上仍然保留着许多经典的古建筑,如埃及金字塔,中国长城、布达拉宫和赵州桥,罗马圆剧场等,均显示了古代建筑技术及材料应用方面的辉煌成就。

　　18—19 世纪,土木工程材料进入了一个全新的发展阶段。钢材、水泥、混凝土等相继问

世,使人类的建筑活动突破了几千年来所受土、木、砖、石的限制,为现代建筑奠定了基础。

进入 20 世纪之后(特别是进入 21 世纪以来),由于社会生产力发展的突飞猛进,以及材料科学和工程科学的形成和发展,土木工程材料性能和质量不断提高,品种不断增加,以有机材料为主的合成材料异军突起,一些具有特殊功能的土木工程材料(如绝热材料、吸声隔声材料、装饰材料以及最新的纳米材料等)应运而生。同时,一些能节约材料、资源,将不同组成与结构的材料复合形成的各种复合材料,可最大限度地发挥各种材料的优势,如玻璃纤维增强塑料、纤维混凝土和金属陶瓷等。

2)现代土木工程材料的发展方向

依靠材料科学和化学等现代科学技术,人们已开发出许多高性能和多功能的新型土木工程材料,而社会进步、环境保护和节能降耗也对土木工程材料提出了更高、更多的要求。土木工程材料的发展方向是:

(1)高性能化 研制轻质、高强、高韧性、高保温性、优异装饰性能和高耐久性的材料,对提高建筑物(或构筑物)的安全性、适用性、经济性和耐久性有着非常重要的意义。

(2)复合化、多功能化 利用复合技术生产多功能材料、特殊性能材料及智能材料,这对提高建筑物(或构筑物)的使用功能、提高施工效率十分重要。

(3)绿色化 在生产及应用土木工程材料过程中,充分利用建筑垃圾、地方可再生资源和工业废料,减少对环境的污染和对自然生态环境的破坏。

0.2　土木工程材料的分类

可用于土木工程的材料来源广泛,组成多样,性质各异,用途不同。为了应用方便,可将土木工程材料按不同方法进行分类:按使用功能可划分为结构材料(梁、板、柱所用材料等)、围护材料(墙体、屋面材料等)和功能材料(防水、保温、装饰材料等);按化学成分不同可分为无机材料、有机材料和复合材料三大类,各大类又可进行更细的分类。

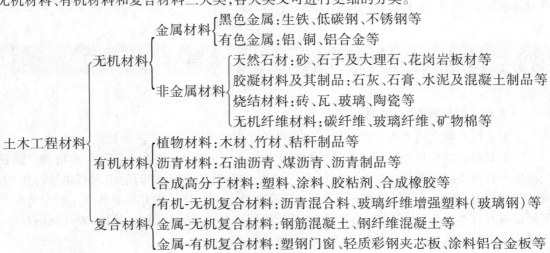

0.3 土木工程材料的技术标准

绝大多数土木工程材料均由专门的机构制定并颁布了相应的"技术标准",详尽明确地规定了其质量、规格和验收方法,以其作为有关设计、生产、施工、管理和研究等部门应共同遵循的依据。

世界各国对土木工程材料的标准化都很重视,均制定了各自的标准,如美国材料与试验协会标准"ASTM"、英国标准"BS"、德国工业标准"DIN"、日本工业标准"JIS",以及世界范围内统一使用的国际标准"ISO"等。

在我国,土木工程材料的技术标准分为国家标准、行业标准、地方标准和企业标准4级。

(1)国家标准 由中国国家市场监督管理总局、国家标准化管理委员会颁布的全国必须执行的指导性文件,分为强制性标准(代号 GB)和推荐性标准(代号 GB/T)。

(2)行业标准 由各行业主管部门为规范本行业的产品质量而制定的技术标准,也是全国性指导文件。如建材行业标准(代号 JC)、建工行业标准(代号 JG)、交通行业标准(代号JT)等。

(3)地方标准(DB) 地方主管部门发布的地方性技术指导文件,适合在该地区使用。

(4)企业标准(QB) 仅适用于制定标准的企业。凡没有制定国家标准、行业标准的产品,均应制定相应的企业标准。企业标准的技术要求应高于类似(或相关)产品的国家标准。

标准的一般表示方法是由标准名称、部门代号、标准编号和颁布年份等组成。例如,《通用硅酸盐水泥》(GB 175—2023),其中"GB"为国家标准代号,"175"为标准编号,"2023"为标准颁布年份。又如,《粉煤灰混凝土小型空心砌块》(JC/T 862—2008)是建材行业的推荐性标准。

0.4 本课程的性质和学习方法

本课程为土木工程及相关专业的一门技术基础课。通过学习本课程,可获得土木工程材料的技术性能和应用方面的基本知识,学会根据不同工程条件合理选择和正确使用材料,为后续课程的学习打下必要的基础。

本教材涉及无机气硬性胶凝材料、水硬性胶凝材料、混凝土和砂浆、墙体和屋面材料、建筑钢材、有机高分子材料、沥青和沥青混合料、木材、建筑功能材料等十余类土木工程材料。由于这些材料的组成和用途不同,各章节之间的关联性不是很强,不同于有些基础课程那样的逻辑性和系统性。要注意各类材料的学习侧重点,以利于打开思路和合理选择材料。如结构材料、墙体材料决定了建筑物的可靠度和安全度,应重点学习其基本力学性质和工程应用;而有机材料、功能材料则表现建筑物使用功能,应侧重于学习其品种和应用。

学习本课程要善于归纳总结,理顺课程的知识脉络,抓住贯穿本课程的教学主线——材料的组成、结构、性能与应用之间的关系,见图0.1。应从材料的组成、结构来分析材料的性

质,从材料的技术性质来探讨材料的合理应用,而且要以材料的性能和合理应用作为学习的重点。

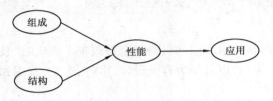

图 0.1　材料组成、结构与性能的关系

要善于归纳总结,举一反三。对于同一类属的不同品种的材料,除了要学习它们的共性,更要了解其各自的特性。如在水硬性胶凝材料一章,因为各种水泥的矿物组成的不同,导致其凝结硬化的速度、水化热和耐腐蚀性等性质各不相同,可以根据具体工程及其环境条件来合理选用。

材料试验和工程实践是本课程的重要教学环节。材料试验的任务是巩固所学的理论知识,掌握常用土木工程材料的试验、检测技术,通过对试验数据进行科学的分析和整理,培养科学研究的能力。学习本课程还应结合具体工程,尽可能多地参与实际工程,以增强感性知识,加深对学习内容的理解与掌握。

1

土木工程材料的基本性质

〖**本章导读**〗

本章所讨论的各种性质是土木工程材料经常要考虑的性质。要求理解材料的组成和结构对其性能的影响，掌握材料的物理性质、与水有关的性质、热工性质以及力学性质的有关概念和计算方法，理解材料耐久性的概念，能够根据荷载情况及材料的性能进行合理选材。

在土木工程中，由于工程性质、结构部位及环境条件的不同，对材料有不同的要求。例如，用作受力构件的结构材料，要承受各种外力的作用，材料必须有一定的强度；工业建筑或基础设施常到受外界介质或环境的化学、物理作用，材料必须具备抵抗这些作用的耐久性；民用建筑和住宅应外形美观、功能完善、使用方便、环境舒适，材料还必须具有防水防潮、隔声吸声、保温隔热和装饰等功能。

土木工程对材料性能的要求是复杂和多方面的。同时，土木工程材料的选择和使用还应考虑材料对人居环境和经济社会可持续发展的影响。因此，有必要掌握材料的基本性质，并了解它们与材料的组成、结构的关系，从而合理地选用土木工程材料。

1.1 材料的组成和结构

材料的组成和结构是材料各种性质的基础，要掌握材料的其他性质，首先要了解材料的组成、结构以及与技术性能方面的关系。

▶ 1.1.1 材料的组成

材料的组成包括材料的化学组成和矿物组成。它既决定了材料的化学性质、物理性质和力学性质,也决定了材料的耐久性。

(1)化学组成　各种土木工程材料都具有一定的化学成分。金属材料的化学组成以主要元素的含量来表示;无机非金属材料则以各种氧化物的含量来表示。化学组成既会影响土木工程材料的物理力学性质,也会影响材料的耐久性。如混凝土的碳化、石油沥青的老化、钢材的锈蚀、木材的燃烧等均取决于材料的化学组成。

(2)矿物组成　矿物是指无机非金属材料中具有特定晶体结构和物理力学性能的组织。矿物组成及其相对含量是决定这类材料的物理力学性质的主要因素。如花岗岩是由多种氧化物形成的石英、长石、云母等矿物组成,表现出强度高、抗风化性好的特点;硅酸盐水泥熟料中 C_3S 的含量高,其凝结速度较快,强度也较高。

▶ 1.1.2 材料的结构

材料的结构决定着材料的许多性质。一般从宏观、细观和微观 3 个层次来研究材料的结构及其性质的关系。

1)宏观结构

宏观结构又称为构造,是指材料宏观存在的状态,即用肉眼或放大镜就能观察到的粗大组织,其尺度在 1 mm 以上。材料的宏观结构分类及其主要特征如下:

(1)致密结构　内部基本上无孔隙的材料,其结构致密、强度和硬度较高、吸水性小、抗渗性及抗冻性好,但绝热性差。如钢材、玻璃、天然石材以及玻璃钢等。

(2)多孔结构　材料内部存在大体均匀分布的开口或闭口孔隙,孔隙又有大孔和微孔之分,孔隙率较高。这类材料质量轻、保温性能好。如石膏制品、加气混凝土、泡沫塑料以及刨花板等。

(3)纤维结构　材料内部质点排列具有方向性,纵向较紧密而横向疏松,组织中存在相当多的孔隙,表现为各向异性,平行纤维方向的强度较高,如木材、竹材、玻璃纤维和石棉等。

(4)层状结构　以胶结料将片材胶合成整体。各层材料性质不同,但叠合后获得平面各向同性。具有强度高、硬度大、绝热等特点。如胶合板、纸面石膏板和塑料贴面板等。

(5)散粒结构　散粒结构是指呈松散颗粒状的材料,有密实颗粒与轻质多孔颗粒之分。前者如砂子、石子等,其颗粒致密,强度高,适于做承重混凝土骨料;后者如陶粒、膨胀珍珠岩等,适于制备绝热材料。

2)细观结构(构造)

细观结构也称亚微观结构,是指用光学显微镜可以观察到的微米级组织结构,其尺度范围为 1 μm~1 mm。如天然岩石的矿物、晶体颗粒、非晶体组织,钢材的铁素体、渗碳体和珠光体,木材的木纤维、导管、髓线和树脂道等纤维组织,以及混凝土的裂缝等。

在细观结构层次上,材料的各种组织的性质各不相同,这些组织的特征、数量、分布以及界面之间的结合情况等,对材料的各方面性能有重要影响。

3)微观结构

微观结构是指材料原子、分子层次的结构,其尺度范围为 1 nm~1 μm,需借助电子显微镜和 X 射线来分析研究其结构特征。材料的许多基本物理性质,如强度、硬度、弹塑性、熔点、导热性和导电性等都取决于材料的微观结构。

在微观结构层次上,固体材料可分为晶体、玻璃体和胶体 3 类。

(1)晶体 晶体结构的内部质点(离子、原子、分子)按特定规律空间排列,见图 1.1(a)。晶体材料有固定几何外形,并显示各向异性;化学稳定性好,不易与其他物质发生化学作用。根据组成晶体的质点及化学键的不同,晶体可分为离子晶体、原子晶体、分子晶体和金属晶体等,各种晶体的性质见表 1.1。

表 1.1　晶体的类型及性质

晶体类型	质点间作用力	密　度	熔点、沸点	硬　度	延展性	举　　例
原子晶体	共价键	较小	高	大	差	石英、金刚石、碳化硅
离子晶体	离子键	中等	较高	较大	差	NaCl、石灰石、石膏等
分子晶体	范德华力	小	低	小	差(固态)	蜡及有机化合物晶体
金属晶体	金属键	大	较高	较大	良	钢、铁、铝及其合金

(2)玻璃体 熔融状态的物质缓慢冷却可形成晶体结构。如经急冷处理,在将近凝固温度时尚有很大的粘度,质点来不及按一定规律排列便凝结成固态,此时便形成玻璃体结构,又称无定形体,见图 1.1(b)。

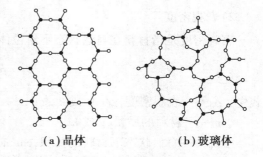

(a)晶体　　　　(b)玻璃体

图 1.1　晶体与玻璃体质点排列示意图

玻璃体具有各向同性,没有固定的熔点。玻璃体还具有化学不稳定性,即存在化学潜能,容易和其他物质反应或自行缓慢向晶体转变。如在水泥、混凝土等材料中使用的粒化高炉矿渣、火山灰、粉煤灰等活性混合材料,正是利用了它们活性高的特点。

(3)胶体 由一些微细的固体粒子(粒径 1~100 nm)分散在介质中所形成的结构。分散粒子一般带有某种电荷(正电荷或负电荷),而介质带有相反的电荷,从而使胶体保持稳定。由于胶体的质点很微小,其总的表面积很大,因而表面能很大,有很强的吸附力,所以胶体具有较强的粘结力。

胶体可经脱水或质点的凝聚而形成凝胶,使其具有固体的性质,在长期应力作用下,又具有黏性液体的流动性质。如硅酸盐水泥的主要水化产物是水泥凝胶,混凝土的徐变即由于水泥凝胶而产生。

材料的化学组成相同,但在不同条件下可形成不同的微观结构,其性能就有显著的差异。如石英、石英玻璃和硅藻土化学成分均为 SiO_2,但物理力学性能各不相同。材料中各种组分相对含量的变化也可能导致材料性质的改变,如石油沥青在其沥青质、油分及树脂的相对含量不同时,可以形成溶胶、凝胶或溶—凝胶 3 种胶体结构,并表现出迥异的力学性能。

1.2 材料的物理性质

土木工程材料的物理性质是指与密度、孔隙特征、水、热等有关的性质。

▶ 1.2.1 材料的密度、表观密度和堆积密度

1)密度

密度是指材料在绝对密实状态下单位体积的质量,按下式计算:

$$\rho = \frac{m}{V} \tag{1.1}$$

式中　ρ——密度,g/cm^3;

　　　m——干燥状态下材料的质量,g;

　　　V——绝对密实状态下材料的体积,cm^3。

绝对密实状态下的体积是指不包括材料内部孔隙的固体物质本身的体积。除钢材、玻璃等少数材料外,绝大多数土木工程材料都含有一定的孔隙,如混凝土、砖、石材等,测定这类材料的密度时,须先把材料磨成细粉,经干燥后再用李氏瓶测定其体积。

2)表观密度

表观密度是指材料在自然状态下单位体积的质量,按下式计算:

$$\rho_0 = \frac{m}{V_0} \tag{1.2}$$

式中　ρ_0——表观密度,g/cm^3 或 kg/m^3;

　　　m——材料的质量,g 或 kg;

　　　V_0——自然状态下材料的体积,cm^3 或 m^3。

材料在自然状态下的体积(表观体积)包含材料内部孔隙的体积。当材料含有水分时,其质量和体积都会发生变化,因而表观密度也不相同。故测定时应注明含水情况,未特别注明者,常指气干状态下的表观密度。对于外形规则的材料可直接测量体积得到表观密度,外形不规则的材料则可采用封蜡排水法测定表观体积。

3)堆积密度

堆积密度是指散粒状材料在堆积状态下单位体积的质量,按下式计算:

$$\rho_0' = \frac{m}{V_0'} \tag{1.3}$$

式中　ρ_0'——堆积密度,kg/m^3;

　　　m——材料的质量,kg;

　　　V_0'——材料的堆积体积,m^3。

堆积体积是在自然松散状态下按一定方法装入一定容积的容器,包括颗粒体积和颗粒之间空隙的体积。堆积密度与材料堆积的紧密程度有关,可分为松堆密度和紧堆密度,一般是

指材料的松堆密度。堆积体积采用容量筒测定,容量筒的大小视颗粒的大小而定,一般砂子采用 1 L 的容量筒,石子采用 10 L,20 L 或 30 L 的容量筒。

▶ 1.2.2 材料的孔隙率与密实度

1)孔隙率

孔隙率是指材料内部孔隙体积占其自然状态下总体积的百分率,按下式计算:

$$P = \frac{V_0 - V}{V_0} \times 100\% = \left(1 - \frac{\rho_0}{\rho}\right) \times 100\% \tag{1.4}$$

式中 P——材料的孔隙率,%。

2)密实度

密实度是指材料体积内被固体物质所充实的程度,与孔隙率相对,按下式计算:

$$D = \frac{V}{V_0} \times 100\% = \frac{\rho_0}{\rho} \times 100\% \tag{1.5}$$

式中 D——材料的密实度,%。

材料孔隙率或密实度大小直接反映材料的密实程度。材料的孔隙率越高,则表示密实程度越小。

3)孔隙特征

材料内部的孔隙是多种多样的,十分复杂。如大小、形状、分布、连通与否等,均属构造上的特征,统称为孔隙特征。材料的孔隙特征主要是指孔隙的连通性,按此可将孔隙分为开口孔隙和闭口孔隙,见图 1.2。

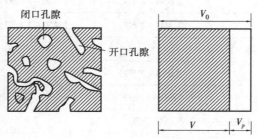

图 1.2　含孔材料的体积组成

孔隙特征对材料的物理力学性质均有显著影响。开口孔隙(连通孔)是指材料内部不仅彼此互相连通,并且与外界贯通的孔隙,如常见的毛细孔。在一般浸水条件下,开口孔隙能吸水饱和。开口孔隙还能提高材料的透水性、吸声性,降低抗冻性。闭口孔隙(封闭孔)是指材料内部彼此不连通,而且与外界隔绝的孔隙。闭口孔隙能提高材料的隔热保温性能和耐久性。适量均匀分布的微小闭口孔隙还能提高材料的抗冻性和抗渗性。

▶ 1.2.3 材料的空隙率和填充率

1)空隙率

空隙率是指散粒或粉状材料颗粒之间的空隙体积占其自然堆积体积的百分率,按下式

计算：

$$P' = \frac{V_0' - V_0}{V_0'} \times 100\% = \left(1 - \frac{\rho_0'}{\rho_0}\right) \times 100\% \quad (1.6)$$

式中　P'——材料的空隙率，%。

空隙率的大小反映散粒状材料颗粒之间互相填充的致密程度。

2）填充率

填充率是指散粒状材料堆积体积中被颗粒填充的程度，与空隙率相对，按下式计算：

$$D' = \frac{V_0}{V_0'} \times 100\% = \frac{\rho_0'}{\rho} \times 100\% \quad (1.7)$$

式中　D'——材料的填充率，%。

在以上各参数中：密度是材料的固有性质，不随孔隙的变化而变化，可用来确定材料组成、计算材料的孔隙率等。表观密度反映了材料自然体积和质量之间的关系，可用来计算材料用量、构件自重等。孔隙率和孔隙特征反映材料的密实程度，并与材料的强度、吸水性、保温性、耐久性等性质有密切关系。空隙率是配制混凝土时控制砂、石级配及计算配合比的重要依据。常见土木工程材料的密度、表观密度、堆积密度和孔隙率见表1.2。

表 1.2　常见土木工程材料的密度、表观密度、堆积密度和孔隙率

材料名称	密度/(g·cm⁻³)	表观密度/(kg·m⁻³)	堆积密度/(kg·m⁻³)	孔隙率/%
钢	7.85	7 850		0
花岗岩	2.70~3.00	2 500~2 900		0.5~1.0
碎石		2 650~2 750	1 400~1 700	45~50（空隙率）
砂		2 500~2 600	1 450~1 650	35~40（空隙率）
水泥	2.80~3.10		1 200~1 300	50~55（空隙率）
普通混凝土		1 950~2 500		5~20
烧结空心砖	2.50~2.70	700~1 200		50~60
红松木	1.55~1.60	400~800		55~75
泡沫塑料		20~50		98

▶ **1.2.4　材料与水有关的性质**

土木工程材料在使用过程中，经常会与雨水、地下水、生活用水以及大气中的水汽等接触，因此有必要研究材料与水之间的相互作用情况。

1）亲水性与憎水性

材料与水接触时能被水润湿的性质称为亲水性；反之，材料与水接触时不能被水润湿的性质称为憎水性。

材料的亲水与憎水程度可用润湿角 θ 来表示，见图1.3。θ 越小，表明材料越易被水润湿。

一般认为,当润湿角 $\theta \leqslant 90°$ 时,表明水分子之间的内聚力小于水分子与材料之间的吸引力,材料具有亲水性;当润湿角 $\theta > 90°$ 时,表明水分子之间的内聚力大于水分子与材料之间的吸引力,材料具有憎水性。

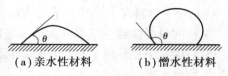

(a)亲水性材料　　(b)憎水性材料

图 1.3　亲水材料的润湿

具备亲水性的材料称为亲水性材料。大多数土木工程材料如混凝土、钢材、砖、石和木材等都属于亲水性材料。这些材料表面可以被水润湿,当材料存在开口孔隙时,水分能通过孔隙的毛细作用自动渗入材料内部。一般亲水性材料的耐水性差,但可通过对其表面进行憎水处理来改善耐水性能。

具备憎水性的材料称为憎水性材料。大部分有机材料如沥青、石蜡、塑料和有机硅等都属于憎水性材料。憎水性材料不能被水润湿,水分不易渗入材料毛细管中,常用作防水材料。

2)吸水性

材料在水中吸收水分的能力称为吸水性,并以吸水率表示。材料的吸水率有质量吸水率和体积吸水率两种表示方法。

(1)质量吸水率　质量吸水率是指材料吸水饱和后所吸水的质量占材料在干燥状态下质量的百分率,按下式计算:

$$W_m = \frac{m_1 - m}{m} \times 100\% \tag{1.8}$$

式中　W_m——材料的质量吸水率,%;

$\quad\quad m_1$——材料吸水饱和后的质量,g 或 kg;

$\quad\quad m$——材料在干燥状态下的质量,g 或 kg。

(2)体积吸水率　体积吸水率指材料吸水饱和后所吸水的体积占表观体积的百分率,按下式计算:

$$W_V = \frac{V_w}{V_0} \times 100\% = W_m \cdot \frac{\rho_0}{\rho_w} \tag{1.9}$$

式中　W_V——体积吸水率,%。

$\quad\quad V_w$——材料吸水饱和时水的体积,cm^3 或 m^3;

$\quad\quad \rho_w$——水的密度,g/cm^3。

材料吸水率与其孔隙特征有很大关系。若材料具有闭口孔隙,则水分难以渗入材料内部,吸水率就较小;若是粗大的开口孔隙,水分虽容易进入,但不宜在孔中保留,吸水率也较小;若材料具有细微而连通的开口孔隙,则材料的吸水能力就特别强。

3)吸湿性

材料在潮湿空气中吸收水分的性质称为吸湿性,并用含水率表示,按下式计算:

$$W' = \frac{m_w - m}{m} \times 100\% \tag{1.10}$$

式中　W'——材料的含水率,%;

$\quad\quad m_w$——材料含水时的质量,g 或 kg;

m——材料在干燥状态下的质量,g 或 kg。

材料的吸湿性随空气湿度大小而变化。干燥材料在潮湿环境下能吸收空气中的水分,而潮湿材料能在干燥环境中释放水分,而且其过程是可逆的。与空气温湿度相平衡时的含水率称为平衡含水率(或称气干含水率)。

材料吸水或吸湿后,对其很多性能存在显著影响,它会使材料的表观密度增大、体积膨胀、强度下降、保温性能降低、抗冻性变差等。

▶ 1.2.5 材料的热工性质

土木工程材料除了满足必要的强度和其他性能的要求外,为了实现建筑节能以及创造适宜的生产和生活条件,所用土木工程材料还应具备一定的热工性质,以维持室内温度的舒适性和稳定性。

1)导热性

材料传导热量的能力称为导热性,常用导热系数表示。当固体材料两侧存在温度差时,热量从温度高的一侧向温度低的一侧传导,见图 1.4。可用下式计算导热系数:

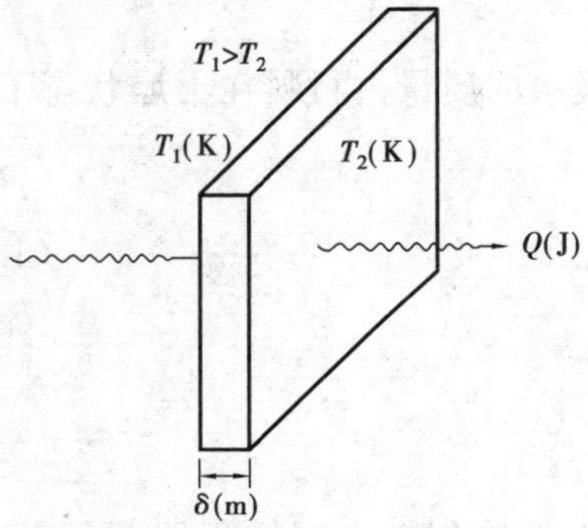

图 1.4 材料传热示意图

$$\lambda = \frac{Q\delta}{(T_1 - T_2)At} \tag{1.11}$$

式中 λ——材料的导热系数,W/(m·K);

Q——传热量,J;

δ——材料厚度,m;

$T_1 - T_2$——材料两侧温差,K;

A——传热面积,m^2;

t——传热时间,s。

材料的导热系数 λ 越小,则表明材料的导热性能越差,其保温隔热的性能就越好。常将 $\lambda \leq 0.23$ 的材料称为绝热材料。导热系数受材料的组成、密实度、构造特征、环境的温湿度及热流方向的影响。一般而言,金属材料的导热系数最大,无机非金属材料次之,有机材料最小;组成相同时,晶体材料的导热系数大些;孔隙率小的材料其导热系数较大;在孔隙率相同时,具有细小孔隙或闭口孔隙的材料,导热系数较小。此外,材料中含水或冰时,导热系数急剧增加;材料的导热系数随温度的升高而增大。

2)比热容和热容量

比热容是指单位质量的材料在温度升高(或降低)1 K 时所吸收(或放出)的热量,用下式计算:

$$c = \frac{Q}{m(T_1 - T_2)} \tag{1.12}$$

式中 c——材料的比热容,J/(g·K);

Q——材料吸收(或放出)的热量,J;

m——材料质量,g;

T_1-T_2——材料受热(或冷却)前后的温差,K。

比热容与材料质量的乘积称为材料的热容量。材料的热容量对保持建筑物内部温度稳定有很大意义,热容量较大的材料或构件,能在热流变动或采暖空调工作不平衡时,减小室内的温度波动。

材料的导热性和热容量是设计建筑物维护结构(墙体、屋盖)时进行热工计算的重要参数。应选用导热系数较小而热容大的材料,以保持建筑物室内温度的稳定。几种典型材料的热工性质指标见表1.3。

表 1.3 几种典型材料的热工性质指标

材料名称 / 热工性质指标	钢材	混凝土	松木	烧结空心砖	花岗石	密闭空气	水
导热系数/$[W \cdot (m \cdot K)^{-1}]$	58	1.51	0.17~0.35	0.64	3.49	0.023	0.58
比热容/$[J \cdot (g \cdot K)^{-1}]$	0.48	0.84	2.72	0.92	0.92	1.00	4.18

3)耐燃性

材料对火焰和高温的抵抗能力称为材料的耐燃性,是影响建筑物防火、建筑结构耐火等级的一项重要因素。土木工程材料按耐燃性分为不燃材料、难燃材料和可燃材料3类。

(1)不燃材料 遇明火或高温不起火、不阴燃、不炭化的材料,如钢铁、混凝土、砖、石、玻璃等。

(2)难燃材料 遇明火或高温难起火、难阴燃、难碳化,仅在火焰存在时能继续燃烧或阴燃,火源移走后立即停止燃烧的材料,如纸面石膏板、水泥刨花板、铝箔复合材料、经防火处理的木材等。

(3)可燃材料 遇明火或高温立即起火或阴燃,且在火源移走后,能继续燃烧或阴燃的材料,如木材、沥青、聚乙烯、聚氨酯、玻璃钢、化纤织物等;可燃材料使用时应做防燃处理。

现行国家标准《建筑材料及制品燃烧性能分级》(GB 8624—2012)将建设工程中使用的建筑材料、装饰装修材料及制品的燃烧性能分为:不燃材料(A级)、难燃材料(B1级)、可燃材料(B2级)和易燃材料(B3级)4个等级。

1.3 材料的力学性质

工程结构在使用过程中要受到各种荷载的作用,因此就会引起内力和变形。在设计建筑物时,为保证有足够的安全可靠性,必须首先考虑结构材料的强度和变形等力学性质。

▶ 1.3.1 材料的强度和强度等级

1)材料的强度

材料的强度是指材料抵抗外力破坏的能力,常以材料在外力作用下失去承载能力时的极限应力来表示,亦称极限强度。工程中材料经常受到拉、压、弯、剪这4种不同荷载的作用(见图1.5),相应地,材料的强度就有抗拉强度、抗压强度、抗弯强度及抗剪强度。

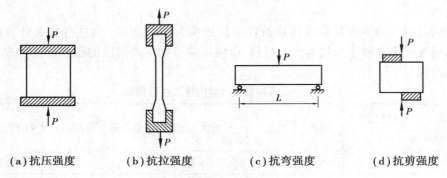

(a)抗压强度　　　(b)抗拉强度　　　(c)抗弯强度　　　(d)抗剪强度

图1.5　材料的受力示意图

材料的抗拉强度、抗压强度和抗剪强度可按下式计算:

$$f = \frac{P_{\max}}{A}$$

(1.13)

式中　f——材料的抗拉强度、抗压强度或抗剪强度,MPa;

　　　$P_{\max}$——材料破坏时的最大荷载,N;

　　　A——受力横截面面积,mm^2。

矩形截面的条形试件在如图1.5(c)所示加载情况下,材料的抗弯强度可按下式计算:

$$f = \frac{3P_{\max}L}{2bh^2}$$

(1.14)

式中　f——材料的抗弯强度,MPa;

　　　L——试件两支点间的距离,mm;

　　　b,h——试件截面的宽度和高度,mm。

材料的强度主要取决于材料的组成和结构。即使材料的组成相同,若其构造不同,强度也会不一样。密实度大的材料其强度较高。晶体结构的材料,其强度大小还与晶粒的粗细有关,其中细晶粒的强度较高。玻璃原是脆性材料,制成玻璃纤维后,则成为很好的抗拉材料。材料的强度还与受力形式和受力方向有关,砖、砂浆、混凝土等的抗压强度较高,而抗拉和抗弯强度较低;木材和玻璃纤维增强塑料的顺纤维抗拉强度高于抗压强度;钢材的强度很高,且抗拉强度和抗压强度相等。因此,应根据构件受力特点选择和使用材料。

2)材料的强度等级

各种材料的强度差别很大,工程使用上常按结构材料强度的大小划分成若干等级。如普通硅酸盐水泥主要按抗压强度的大小分为42.5,42.5R,52.5和52.5R共4个等级;普通混凝土按抗压强度分为C10,C15,C20,…,C100共19个等级;钢筋混凝土用热轧带肋钢筋按屈服强度特征值分为335,400和500共3个等级。

▶ ### 1.3.2 材料的弹性和塑性

1)材料的弹性和塑性

材料在外力作用下产生变形,当外力消除后,能够完全恢复原来形状的性质称为弹性,这种可逆的变形称为弹性变形,见图1.6(a)。材料在外力作用下产生变形,当外力消除后,仍能保持变形后的形状和尺寸且不出现裂缝,这种不可逆的变形称为塑性变形,见图1.6(b)。

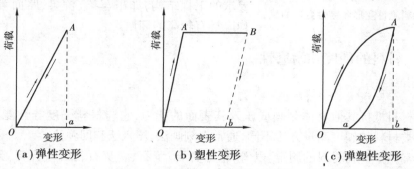

(a)弹性变形　　　　(b)塑性变形　　　　(c)弹塑性变形

图1.6 材料弹性变形和塑性变形曲线

实际上,完全的弹性材料或塑性材料是不存在的,许多材料在受力不大时,仅产生弹性变形,可视为弹性材料,当受力超过一定限度后,便会出现塑性变形,如低碳钢。另外,有的材料在受力一开始,弹性变形和塑性变形便会同时发生,见图1.6(c)。除去外力后,弹性变形可以恢复(ab),而塑性变形(Oa)不会消失。这类材料称为弹塑性材料,如常见的混凝土材料。

2)材料的弹性模量

对于某些理想的弹性材料,弹性变形的大小与其受力的大小成正比,在某一范围内其比例系数为一常数,称为弹性模量(E),计算公式为:

$$E = \frac{\sigma}{\varepsilon} \tag{1.15}$$

式中　σ——材料所受的应力,MPa;

　　　ε——在应力σ作用下的应变。

弹性模量E是反映材料抵抗变形能力的一个指标。其值越大,材料越不易变形,即刚度大。弹性模量是结构设计和变形验算时所依据的主要参数。常用低碳钢的弹性模量约为2.1×10^5 MPa,普通混凝土的弹性模量是一个变值,一般取值为$(2.2 \sim 3.8) \times 10^4$ MPa。

▶ ### 1.3.3 材料的脆性与韧性

材料的脆性是指在外力作用下无明显塑性变形而突然破坏的性质。具有这种性质的材料称为脆性材料,见图1.7(a)。脆性材料的特点是塑性变形很小,且抗压强度远大于其抗拉强度(5~50倍),但承受冲击或震动荷载的能力很差。如花岗岩、大理石、陶瓷、玻璃、黏土砖、普通混凝土和铸铁等,脆性材料常用作承压构件。

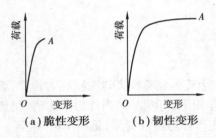

(a)脆性变形   (b)韧性变形

图1.7   材料脆性变形和韧性变形曲线

材料的韧性是指在冲击或震动荷载作用下,能吸收较大能量,产生一定的变形而不发生突然破坏的性质,见图1.7(b)。韧性材料的特点是变形大,特别是塑性变形大,抗拉强度接近或高于抗压强度。如木材、建筑钢材、橡胶等材料属于韧性材料。

在土木工程中,对于要求承受冲击荷载和有抗震要求的工程结构,如吊车梁、桥梁、路面等所用材料,均应具有较高的韧性。

▶ 1.3.4   材料的硬度和耐磨性

1)硬度

硬度是材料抵抗其他物体刻画或压入其表面的能力,它与材料强度等性能有一定的关系。不同种类材料的硬度测量方法不同,通常有刻画法、压入法和回弹法。

刻画法常用于矿物材料的测定,以滑石、方解石、萤石、磷灰石、长石、石英、黄玉、刚玉和金刚石等10种矿物作为标准划分硬度等级,即莫氏硬度(10级)。

压入法用于测定金属材料、塑料、橡胶等材料的硬度,它以一定压力将一定规格的钢球或金刚石制成的尖端压入试样表面,根据压痕的面积或深度来测定硬度值,常用的有布氏硬度(HB)、洛氏硬度(HRA,HRB,HRC)和维氏硬度(HV)。

回弹法用于测定混凝土表面硬度,并可间接推算混凝土的强度,也用于测定陶瓷、砖、砂浆、塑料、橡胶等材料的表面硬度和间接推算其强度。

2)耐磨性

耐磨性是指材料表面抵抗磨损的能力,以磨损率来表示,按下式计算:

$$N = \frac{m_1 - m_2}{A} \tag{1.16}$$

式中 N——材料的磨损率,g/cm^2;

m_1, m_2——试件磨损前、后的质量,g;

A——试件受磨面积,cm^2。

材料的耐磨性与材料组成结构以及强度和硬度有关。一般来说,硬度大的材料,耐磨性较强,但不易加工。在土木工程中,有些部位经常受到磨损的作用,如道路路面、桥面、工业地面等,选择材料时应适当考虑强度和耐磨性。

1.4   土木工程材料的耐久性

土木工程材料在长期使用过程中,抵抗周围各种介质的侵蚀而不破坏的能力,称为耐久性。耐久性是土木工程材料的一项综合性能。

土木工程材料在使用过程中除内在原因使其组成结构或性能发生变化以外,还受到使用环境中各种自然因素的作用,包括物理、机械、化学和生物作用。物理作用是材料在光、热、电、温度变化、冻融循环等作用下结构发生变化,内部产生微裂纹或孔隙率增加;机械作用是交变荷载引起的疲劳、冲击、磨耗和磨损;化学作用是材料在酸、碱、盐作用下的化学腐蚀或氧化;生物作用是材料在菌类、昆虫等侵害下产生腐朽、虫蛀等破坏。实际工程中材料经常受到多种因素的交互作用,如金属材料常因化学和电化学作用引起锈蚀;无机非金属材料常因溶解、冻融、风蚀、摩擦等因素的作用而引起开裂和剥落;有机材料常因生物作用、溶解、化学腐蚀、光、热等作用而引起老化。

土木工程材料除了应满足使用要求的物理、力学性质外,还应具有足够的耐久性。各种材料耐久性的具体内容,因材料的组成结构、用途和外界作用的不同而异。同时,用于评价土木工程材料耐久性的指标很多,常用的主要有以下几种。

▶ **1.4.1 耐水性**

材料长期在饱和水作用下不破坏,其强度也不显著降低的性质称为耐水性。材料的耐水性常以软化系数表示,按下式计算:

$$K_R = \frac{f_{饱}}{f_{干}} \tag{1.17}$$

式中 K_R——材料的软化系数;

  $f_{饱}$、$f_{干}$——材料吸水饱和及干燥状态下的抗压强度,MPa。

软化系数的大小表明材料在浸水饱和后强度降低的程度。一般来说,材料吸水后,材料内部的结合力削弱,造成强度不同程度的降低。材料的耐水性主要与其组成成分在水中的溶解度和材料的孔隙率有关。土木工程材料的软化系数一般在 0~1 范围内波动。对于经常受到潮湿或水作用的结构,软化系数是选材的重要指标。工程中常将 $K_R \geq 0.85$ 的材料称为耐水性材料,可用于水中或潮湿环境中的重要结构;受潮较轻或次要结构应有 $K_R \geq 0.75$。

材料的耐水性与其亲水性、可溶性、孔隙率、孔隙特征等性能有关,通常从这几个方面来改善材料的耐水性。

▶ **1.4.2 抗渗性**

材料抵抗压力水渗透的性质称为抗渗性(不透水性)。对一些防渗、防水材料,如油毡、瓦材、沥青混凝土等,常用渗透系数(K)表示其抗渗性:

$$K = \frac{Qd}{AtH} \tag{1.18}$$

式中 K——材料的渗透系数,cm/h;

  Q——总透水量,cm³;

  d——材料的厚度,cm;

  A——渗水面积,cm²;

  t——渗水时间,h;

  H——静水压力水头,cm。

对于土木工程中大量使用的砂浆、混凝土等材料,其抗渗性能常用抗渗等级来表示:

$$P = 10H - 1 \qquad (1.19)$$

式中　P——抗渗等级;

　　　　H——材料透水前所能承受的最大水压力,MPa。

如抗渗等级 P_6 表示材料能承受 0.6 MPa 的水压而不渗水。渗透系数越小或抗渗等级越大,表示材料的抗渗性越好。

土木工程材料一般都具有不同程度的渗透性,当材料两侧存在不同水压时,周围的腐蚀性介质即可进入材料内部,并将所分解的产物带出,使材料逐渐破坏,如地下建筑、基础、压力管道等经常受到压力水的作用,故所用材料应具有一定的抗渗性。各种防水材料的抗渗性要求则更高。

材料抗渗性的好坏与其孔隙率和孔隙特征有关。绝对密实的材料和具有封闭孔的材料,或具有极细孔隙(孔径小于 1 μm)的材料,一般认为是不透水的。开口大孔最易渗水,故其抗渗性差。此外,抗渗性还与材料的亲水(或憎水)性有关,亲水性材料的毛细孔由于毛细作用而有利于水的渗透。

▶ 1.4.3　抗冻性

材料在吸水饱和状态下,能经受多次冻融循环作用而不破坏,同时也不严重降低强度的性质称为抗冻性。

土木工程材料的抗冻性用抗冻等级 F_n 表示。抗冻等级是指材料在吸水饱和状态下,按规定方法进行冻融试验,所能经受的最大冻融循环次数。如 F_{50} 表示材料在经受 50 次的冻融循环后,仍可满足使用要求。抗冻等级越高,表示材料的抗冻性越好。

抗冻性主要取决于材料内部孔隙率和孔隙特征,孔隙率小且孔均匀分布及具有适量封闭孔的材料其抗冻性较好。另外,抗冻性还与材料吸水饱和程度、材料本身的强度以及冻结条件(如冻结温度、冻结速度及冻融循环作用的频繁程度)等有关。

提高材料的耐久性,对保证工程长期处于正常使用的状态,减少维护费用,延长使用年限,节约材料,都具有十分重要的意义。

本章小结

1.学好本课程首先应掌握材料科学的基础知识,从宏观、细观、微观 3 个不同层次的结构上来研究土木工程材料的结构对其性质的影响,对改进和提高材料的性能,研制新型材料等都有着重要意义。

2.各类土木工程材料其组成结构不同,技术性质各异,应熟悉材料性质与组成结构的关系,以及材料性质对使用性能的影响。如材料的矿物组成和微观结构对强度、硬度、熔点、导热性的影响;材料的孔隙率和孔隙特征对材料的强度、吸水性、抗渗性、抗冻性和导热性的影响。

3.本章集中讨论了土木工程材料的基本性质,通过学习应了解材料的一般通性,以利于更好地掌握后面各章所介绍材料的特性,并为合理选用材料打下基础。

4.本章涉及的材料性质的定义、公式较多,学习时应注意对相近概念的区分,如材料的3个密度、吸水性与吸湿性、孔隙率与空隙率等概念内涵的细微差别。善于总结归纳不同性质的表征方法,弄清不同技术性质所对应的技术指标。

复习思考题

一、填空题

1.对材料结构的研究,通常可分为_____、_____和_____ 3个层次。

2.某混凝土工程,经理论计算需用干砂50 t,则应取含水率为3%的湿砂_____t。

3.导热系数_____,比热容_____的材料适于用作墙体保温。

4.材料的抗冻性以其在吸水饱和状态下所能抵抗的_____表示。

5.材料的耐水性用_____表示,该指标大于_____的材料可视为耐水材料。

二、选择题

1.材料质量与自然状态体积之比称为材料的( )。

　　A.密度　　　　B.表观密度　　　　C.堆积密度　　　　D.密实度

2.材料在潮湿空气中吸收水分的性质称为( )。

　　A.吸水性　　　B.吸湿性　　　　C.耐水性　　　　　D.渗透性

3.材料吸水后,其( )提高。

　　A.耐水性　　　B.强度　　　　　C.密度　　　　　　D.导热系数

4.材料的抗渗性是指材料抵抗( )渗透的能力。

　　A.水　　　　　B.潮气　　　　　C.压力水　　　　　D.饱和水

5.材料在外力(荷载)作用下,抵抗破坏的能力称为材料的( )。

　　A.刚度　　　　B.强度　　　　　C.硬度　　　　　　D.韧性

6.衡量材料轻质高强性能的技术指标是( )。

　　A.密度　　　　B.表观密度　　　　C.强度　　　　　D.比强度

三、简答题

1.当某种材料的孔隙率增大时,下表内其他性质如何变化?(用符号表示:↑增大、↓下降、—不变、? 不定)

孔隙率	密度	表观密度	强度	吸水率	抗冻性	导热性
↑						

2.脆性材料和韧性材料各有何特点? 分别适合承受哪种外荷载?

3.生产材料时,在组成一定的情况下,可采取什么措施来提高强度和耐久性?

四、计算题

1.配制混凝土用的卵石,其表观密度为2 650 kg/m³,干燥状态下的堆积密度为1 550 kg/m³。若用砂子将卵石的空隙填满,则1 m³卵石需用多少砂子(按松散体积计算)?

2.一块烧结普通砖的外形尺寸为 240 mm×115 mm×53 mm,吸水饱和后重 2 940 g,烘干至恒重为 2 580 g。将该砖磨细并烘干后取 50 g,用李氏瓶测得其体积为 18.58 cm³。试求该砖的密度、表观密度、孔隙率、质量吸水率、开口孔隙率及闭口孔隙率。

3.组成相同的甲、乙两种墙体材料,密度均为 2.7 g/cm³。甲的干表观密度为 1 400 kg/m³,质量吸水率为 17%;乙的吸水饱和后表观密度为 1 862 kg/m³,体积吸水率为 46.2%。试求:①甲材料的孔隙率和体积吸水率;②乙材料的干表观密度和孔隙率;③评价甲、乙两材料,指出哪种材料更适宜做外墙板,说明依据。

2 无机气硬性胶凝材料

〖**本章导读**〗

　　本章讲述土木工程中常用的 3 种无机气硬性胶凝材料。通过学习,了解石灰、石膏及水玻璃的生产制备方法;掌握石灰、石膏及水玻璃的水化(熟化)、硬化机理、技术性质;熟悉它们在土木工程中的主要用途和应用要点。

　　胶凝材料又称胶结材料,是指在物理、化学作用下可由塑性浆体变成坚硬固体,并能将散粒材料(如砂、石等)或块、片状材料(如砖、石块等)胶结成具有一定强度的复合固体的材料。

　　胶凝材料按其化学成分可分为有机胶凝材料和无机胶凝材料两大类。无机胶凝材料按硬化条件又可分为气硬性胶凝材料和水硬性胶凝材料。

$$
\text{胶凝材料}
\begin{cases}
\text{无机胶凝材料}
\begin{cases}
\text{气硬性胶凝材料:石灰、石膏、水玻璃等} \\
\text{水硬性胶凝材料:各种水泥}
\end{cases} \\
\text{有机胶凝材料:沥青、各种树脂、橡胶等}
\end{cases}
$$

　　气硬性胶凝材料只能在空气中硬化并保持和发展强度,常用的有石灰、石膏、水玻璃等。气硬性胶凝材料适用于干燥环境,而不宜用于潮湿环境,更不可用于水中。水硬性胶凝材料不仅能在空气中,而且能更好地在水中硬化并保持和发展强度,如各种水泥。

2.1 石 灰

我国的石灰原料极其丰富、分布很广,又因其生产工艺简单,成本低廉,在土木工程中应用非常广泛。

▶ 2.1.1 石灰的原料与生产

凡是以碳酸钙为主要成分的天然岩石,如石灰岩、白垩、白云质石灰岩等,都可用来生产石灰。原料中要求黏土杂质含量应小于8%,否则制得的石灰具有一定的水硬性,这种石灰常称为水硬性石灰。

将主要成分为碳酸钙的天然岩石,在适当温度下煅烧,所得以氧化钙(CaO)为主要成分的产品即为石灰,又称生石灰。其化学反应式为:

$$CaCO_3 \underset{}{\overset{900 \sim 1\,000\ ℃}{\rightleftharpoons}} CaO + CO_2 \uparrow$$

在大气压下,石灰石的分解温度约900 ℃。实际生产中,为加快分解,煅烧温度常提高到1 000~1 200 ℃。在煅烧过程中,若温度较低、岩块尺寸过大或煅烧时间不足,使得$CaCO_3$不能完全分解,部分仍为石块而不能熟化,故称为欠火石灰。欠火石灰的产浆量较低,使用时缺乏粘结力,质量较差。如果煅烧时间过长或温度过高,将生成颜色较深、结构致密的过火石灰,其表面常包覆一层熔融物,熟化很慢。若使用在工程上,过火石灰颗粒往往会在石灰硬化以后,仍继续吸湿熟化而发生体积膨胀,影响工程质量。

石灰原料中常含有$MgCO_3$,因其分解温度(600~650 ℃)比$CaCO_3$低很多,易得到过火的MgO。按照MgO含量(质量分数)的多少,生石灰分为钙质石灰($w(MgO) \leqslant 5\%$)和镁质石灰($w(MgO) > 5\%$)。

▶ 2.1.2 石灰的熟化和硬化

1)石灰的熟化(消解)

生石灰(CaO)与水反应生成$Ca(OH)_2$的过程,称为石灰的熟化或消解。反应生成的产物$Ca(OH)_2$称为熟石灰或消石灰。其反应式为:

$$CaO + H_2O \longrightarrow Ca(OH)_2 + 64.9\ kJ$$

石灰熟化时放出大量的热,使温度升高,而且体积增大1.0~2.0倍。在储藏和运输过程中,应避免受潮,不得与易燃易爆物品放在一起。

石灰中一般都含有过火石灰,过火石灰熟化慢,若在石灰浆体硬化后再发生熟化,会产生膨胀而引起隆起和开裂。因此,为消除过火石灰的危害,应进行"陈伏"处理,即石灰中加过量的水(3~4倍)熟化成石灰浆,并在贮浆坑中存放两周左右。陈伏期间,石灰浆表面应保持有一层水,使之与空气隔绝,以免碳化。

在施工现场消化熟石灰,效率低,且质量不稳定,并对施工环境有不利影响,目前已较少在施工现场陈伏处理和喷淋熟化。多在工厂中将块状生石灰加工成生石灰粉、消石灰粉、石灰膏或石灰乳,再供应使用(见图2.1)。其中,石灰膏常用于土木工程的砌筑砂浆和抹面砂浆。

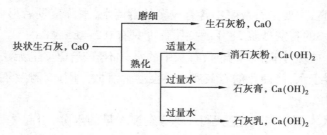

图 2.1　石灰的加工及其产品示意图

2)石灰的硬化

石灰浆体的硬化包括干燥结晶和碳化两个同时进行的过程。

(1)干燥结晶　石灰浆体因水分蒸发或被吸收而干燥,在浆体内的孔隙网中,产生毛细管压力,使石灰颗粒更加紧密而获得附加强度,但其值不大,且当浆体再遇水时,其强度又会丧失。同时,由于干燥失水引起浆体中 $Ca(OH)_2$ 溶液过饱和,析出 $Ca(OH)_2$ 晶粒。这些晶粒最初被水膜隔开,但随着水分逐渐蒸发,水膜变薄,晶粒长大并彼此靠近,最后交错结合在一起而形成整体。

(2)碳化　石灰浆表面的 $Ca(OH)_2$ 与空气中的 CO_2 反应,生成碳酸钙结晶,释放出的水分则被蒸发掉。其反应式为:

$$Ca(OH)_2 + CO_2 + nH_2O \longrightarrow CaCO_3 + (n+1)H_2O$$

碳化反应不能在没有水分的全干状态下进行,故反应物中应有一定量的水。

石灰的硬化反应具有由表及里、速度逐渐变慢的特点。随着时间的延长,表层形成的 $CaCO_3$ 薄膜逐渐增厚,会阻止 CO_2 进入内部深处,因此,在石灰浆的内部将发生 $Ca(OH)_2$ 的结晶作用。由于内部水分蒸发很慢,所以结晶作用进行得很慢,因此石灰浆的硬化是相当缓慢的。

石灰从水化到凝结、硬化继而碳化,这就完成了一个转变循环过程而得到 $CaCO_3$ 。

$$Ca(OH)_2 + CO_2 + nH_2O \longrightarrow CaCO_3 + (n+1)H_2O$$

$CaCO_3$ 在自然条件下具有较大的稳定性,因此,石灰浆体在碳化后获得最终强度。用气硬性石灰制备的石灰三合土地坪能够抗水,是因其表面有一层碳化膜。古代一些用石灰砌筑的建筑物,至今仍有很高的强度,并非当时所用的石灰质量特别好,而是因长期的碳化所致。

▶ 2.1.3 石灰的技术性质

1)石灰的性质

(1)可塑性好　生石灰熟化后形成的石灰浆中,石灰粒子形成 $Ca(OH)_2$ 胶体结构,颗粒极细(粒径约为 1 μm),比表面积很大,其表面吸附一层较厚的水膜,使颗粒间的摩擦力减小,因而其可塑性好。将石灰掺入砂浆中,可显著提高砂浆的和易性。

（2）硬化慢、强度低　石灰经过干燥结晶以及碳化作用而硬化，由于空气中的 CO_2 含量低，且碳化后形成的 $CaCO_3$ 硬壳阻止 CO_2 向内部渗透，也妨碍水分向外蒸发，因而硬化缓慢。硬化后的强度也不高，主要是石灰浆中含有较多的游离水，水分蒸发后形成较多的孔隙，影响了密实度和强度，1∶3 的石灰砂浆 28 d 的抗压强度只有 $0.2 \sim 0.5$ MPa。

（3）耐水性差　在处于潮湿环境时，石灰中的水分不蒸发，CO_2 也无法渗入，硬化将停止；加之 $Ca(OH)_2$ 易溶于水，已硬化的石灰遇水还会溶解溃散。因此，石灰不宜在长期潮湿和受水浸泡的环境中使用。

（4）体积收缩大　石灰在硬化过程中，要蒸发掉大量的水分，引起体积显著收缩，易出现干缩裂缝。因此，石灰不宜单独使用，一般要掺入砂、纸筋、麻刀等材料，以减少收缩，增加抗拉强度，并能节约石灰。

（5）吸湿性强　生石灰储存过久，会吸收空气中的水分消解成消石灰粉，再与空气中的 CO_2 作用则生成 $CaCO_3$，失去胶结能力。因此，石灰要防止受潮和储存过久。

（6）碱性大　石灰具有较强的碱性，在常温下，能与玻璃态的活性氧化硅或活性氧化铝反应，生成有水硬性的产物而产生胶结作用。因此，石灰还是建筑材料工业中重要的原材料。

2）石灰的技术要求

土木工程中所用的石灰可分为建筑生石灰和建筑消石灰。

建筑生石灰按加工情况分为生石灰块（Q）和生石灰粉（QP），按化学成分分为钙质石灰和镁质石灰。按（CaO+MgO）的百分含量，钙质石灰又分成 CL 90、CL 85 和 CL 75 三个等级，镁质石灰分成 ML 85 和 ML 80 两个等级。建筑生石灰的化学成分和物理性质的技术要求见表 2.1。

表 2.1　建筑生石灰的化学成分和物理性质（JC/T 479—2013）

项　目		钙质石灰						镁质石灰			
		CL 90		CL 85		CL 75		ML 85		ML80	
		Q	QP	Q	QP	Q	QP	Q	QP	Q	QP
化学成分	CaO+MgO,% ≥	90		80		75		85		80	
	MgO,%	≤5						>5			
	CO_2,% ≤	4		7		12		7			
	SO_3,% ≤	2									
物理性质	产浆量,L/10 kg≥	26	—	26	—	26	—	—		—	
	细度	0.2 mm 筛筛余,%≤	—	2	—	2	—	2	—	2	—	7
		90 μm 筛筛余,%≤	—	7	—	7	—	7	—	7	—	2

建筑生石灰是自热材料，不应与易燃、易爆和液体物品混装。在运输和储存时不应受潮和混入杂物，不宜长期储存。不同类生石灰应分别储存或运输，不得混杂。

建筑消石灰按扣除游离水和结合水后（CaO+MgO）的百分含量加以分类，分为钙质消石灰和镁质消石灰。钙质消石灰又分为 HCL 90、HCL 85 和 HCL 75 三个等级，镁质消石灰分为 HML 85 和 HML 80 两个等级。建筑消石灰的化学成分和物理性质的技术要求见表2.2。

表 2.2　建筑消石灰的化学成分和物理性质（JC/T 481—2013）

项　目			钙质消石灰			镁质消石灰	
			HCL 90	HCL 85	HCL 75	HML 85	HML 80
化学成分	CaO+MgO,%≥		90	85	75	85	80
	MgO,%		≤5			>5	
	SO$_3$,%≤		2				
物理性质	游离水,%≤		2				
	细度	0.2 mm 筛筛余,%≤	2				
		90 μm 筛筛余,%≤	7				
	安定性		合格				

建筑消石灰在运输和储存时不应受潮和混入杂物，不宜长期储存。不同类消生石灰应分别储存或运输，不得混杂。

▶ 2.1.4　石灰在土木工程中的应用

石灰在土木工程中应用范围很广，主要用途如下：

1）配制石灰乳和砂浆

将消石灰粉或石灰膏掺加大量水，可配成石灰乳涂料，用于内墙及顶棚的粉刷。石灰膏或消石灰粉可配制石灰砂浆或水泥石灰混合砂浆，用于砌筑或抹灰工程。石灰乳和石灰砂浆用于吸水性较大的基面上时，应事先将基面润湿，以免石灰浆脱水过快而成为干粉，丧失胶结能力。

2）配制无熟料水泥

无熟料水泥是在具有一定火山灰活性或潜在水硬性的材料（如粒化高炉矿渣、粉煤灰、煤矸石等工业废渣）中，按适当比例加入石灰作为碱性激发剂，共同磨细而成。无熟料水泥不需经过煅烧，可节约能源，减少污染，具有一定的经济价值。

3）配制石灰土和三合土

将石灰（常用消石灰粉）与黏土按1∶2~4质量比拌和可制成石灰土或灰土，再与砂或炉渣、石屑等按1∶2∶3配制即成为三合土。加水量应与土壤最佳含水量相近，以便在强力夯打下，达到高密实度。黏土颗粒表面的少量活性 SiO$_2$ 及 Al$_2$O$_3$，可与 Ca(OH)$_2$ 发生化学反应，生成不溶性水化硅酸钙与水化铝酸钙，将黏土颗粒粘结起来，以提高黏土的强度和耐水性。石灰土和三合土主要用作建筑物基础、地面垫层及路面基层等。

4)生产硅酸盐制品

以石灰(消石灰粉或生石灰粉)与硅质材料(砂、粉煤灰、火山灰、矿渣等)为主要原料,经配料、拌和、成型和养护(蒸养或蒸压)后可制得硅酸盐制品,如灰砂砖、轻质墙板、加气混凝土砌块和保温隔热制品等。

5)生产碳化制品

将磨细生石灰与纤维状填料(如玻璃纤维)或轻骨料(如矿渣)搅拌成型,再用较浓的CO_2气体进行人工碳化以加速石灰硬化可制成碳化制品。在石灰厂中,多利用石灰窑的废气[CO_2浓度(体积分数)为30%~40%]进行碳化,人工碳化时间一般是12~24 h。这种碳化制品易于进行锯、刨、钉等加工处理,适用于非承重内隔墙、天花板等。

2.2 石 膏

人们在土木工程中使用石膏作为胶凝材料和石膏制品已有很长的历史。生产普通水泥时要加入适量的石膏作为缓凝剂,生产硅酸盐建筑制品时,石膏作为外加剂能有效提高产品的性能。

▶ 2.2.1 石膏的原料与生产

1)建筑石膏的原料

生产建筑石膏的原料主要是天然石膏,包括二水石膏($CaSO_4 \cdot 2H_2O$)、硬石膏($CaSO_4$)和混合石膏等。天然二水石膏是一种外观呈针状、片状或板状的白色或透明无色的矿物,常含有各种杂质而呈灰色、褐色、黄色、红色、黑色等颜色。此外,一些工业副产石膏如化学石膏、烟气脱硫石膏、磷石膏等也可用来生产建筑石膏。

2)石膏的生产

经加热使天然二水石膏脱水,由于加热方式和温度的不同,可生产出不同性质的石膏品种,见图2.2。

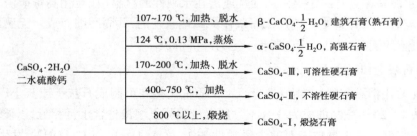

图2.2 石膏的生产条件及其产品示意图

(1)建筑石膏(熟石膏) 天然石膏或工业副产石膏经脱水处理制得,以 β 型半水石膏

$\left(\beta\text{-}CaSO_4 \cdot \dfrac{1}{2}H_2O\right)$ 为主要成分。建筑石膏晶体较细,调制成一定稠度的浆体时,需水量较大,因而其强度较低。但便于生产,应用广泛。

（2）高强石膏 将二水石膏置于 0.13 MPa,124 ℃的过饱和蒸汽条件下蒸炼,或置于某些盐溶液中沸煮,可获得结构较致密的 α 型半水石膏,这就是高强石膏。高强石膏晶粒粗大,调制成浆体时需水量较小,因而其强度较高。常用于室内高级抹灰,制作石膏线、石膏板等。

（3）可溶性硬石膏 这种石膏与水拌和后能很快凝结硬化,但需水量大,强度低,不宜直接使用。

（4）不溶性硬石膏 这种石膏难溶于水,不能凝结硬化,与适量激发剂共同磨细后可制得无水石膏水泥(也称硬石膏水泥)。无水石膏水泥宜用于室内石膏板和其他制品,也可用作灰浆。

（5）煅烧石膏 将天然二水石膏或天然硬石膏在 800~1 000 ℃下煅烧,使部分 $CaSO_4$ 分解成 CaO,磨细后可制成高温煅烧石膏(水硬性石膏)。由于其硬化后有较高的强度,耐磨性高,抗水性好,适宜作地板,故又称地板石膏。

▶ **2.2.2 建筑石膏的水化和凝结硬化**

建筑石膏与适量的水相拌和,最初成为可塑的浆体,但很快就失去塑性并产生强度,进而发展成为坚硬的固体。这一过程就是建筑石膏的水化与凝结硬化。建筑石膏能与水起水化反应,重新生成二水石膏:

$$CaSO_4 \cdot \frac{1}{2}H_2O + \frac{3}{2}H_2O \longrightarrow CaSO_4 \cdot 2H_2O$$

加水拌和后,建筑石膏会发生溶解,很快形成饱和溶液。由于二水石膏在水中的溶解度(20 ℃时约为 2.05 g/L)比半水石膏的溶解度(20 ℃时约为 8.16 g/L)小得多,二水石膏会很快从过饱和溶液中以胶体微粒析出,促使化学平衡向右移动。半水石膏不断溶解、水化,石膏浆体中的自由水分因水化和蒸发而逐渐减少,胶体微粒数量则不断增多,浆体逐渐变稠,颗粒之间的摩阻力与粘结力逐渐增大,可塑性逐渐减小,这一过程称为凝结。其后,随着水分的进一步蒸发,浆体继续变稠,二水石膏逐渐凝聚成为晶体,并逐渐长大,互相接触、共生与相互交错,形成结晶结构网,使浆体逐渐变硬,产生强度,这一过程称为硬化(见图2.3)。

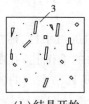

（a）胶化　　　　　　（b）结晶开始　　　　（c）晶体长大、共生与交错

图 2.3　建筑石膏凝结硬化示意图

1—半水石膏;2—二水石膏胶体微粒;3—二水石膏晶体;4—交错的晶体

▶ 2.2.3 建筑石膏的技术性质

1）建筑石膏的技术要求

我国标准《建筑石膏》（GB/T 9776—2022）规定，按 2 h 抗折强度划分为 3 个等级，其技术要求见表 2.4。原材料种类分为天然建筑石膏（N）、脱硫建筑石膏（S）和磷建筑石膏（P）3 类，其主要的技术要求如下：

（1）组成　建筑石膏组成中 β 型半水硫酸钙$\left(\beta\text{-CaSO}_4 \cdot \frac{1}{2}\text{H}_2\text{O}\right)$的含量（质量分数）应不小于 60.0%。

（2）物理力学性能　建筑石膏的物理力学性能应符合表 2.3 的规定。

表 2.3　建筑石膏技术要求（GB/T 9776—2022）

等　级	细度（0.2 mm 方孔筛筛余）/%	凝结时间/min		2 h 强度/MPa≥	
		初凝	终凝	抗折	抗压
4.0				4.0	8.0
3.0	≤10.0	≥3	≤30	3.0	6.0
2.0				2.0	4.0

（3）放射性核素限量　工业副产建筑石膏的放射性核素限量应符合有关国家标准的规定。

2）建筑石膏的性质

（1）质轻　建筑石膏的密度为 2.5～2.8 g/cm³，堆积密度为 800～1 000 kg/m³，而水泥的堆积密度约为 1 600 kg/m³，生石灰为 1 200 kg/m³。

（2）凝结硬化快　加水拌和后浆体的初凝和终凝时间都很短，不便使用。为延长凝结时间，常加入硼砂、酒石酸钠、柠檬酸、动物胶、酒精废液等缓凝剂。

（3）尺寸稳定，装饰性好　石膏在凝结硬化时体积略有膨胀（膨胀量约 0.1%），使得石膏制品表面光洁、细腻，可制作出纹理细致的浮雕花饰。石膏制品的伸缩比很小，达到最大的吸水率时伸长仅 0.09% 左右，其干燥收缩则更小。石膏制品装饰性好，可贴各种颜色、各种图案的面纸。

（4）孔隙率大　为使浆体获得施工要求的可塑性，需加入 60%～80% 的拌和水，而理论需水量仅为 18.6%，故石膏硬化体中留有大量的毛细孔，孔隙率可达 50%～60%，因而其表观密度较小、导热系数小、吸声性强、吸湿性大，可调节室内的温度和湿度。

（5）防火性好　当发生火灾时，二水石膏分解出结晶水，吸收大量的热，并在制品表面形成蒸汽幕和脱水物隔热层，能阻碍火势蔓延，具有较好的防火性能。但石膏制品不宜长期在 65 ℃ 以上的高温环境中使用，以免因二水石膏脱水分解而降低强度。

（6）耐水性和抗冻性差　建筑石膏硬化体的吸湿性较强，吸收的水分降低了晶体间的粘结力，导致强度下降，其软化系数仅为 0.3～0.45。若长期浸水，还会因二水石膏晶体溶解而引起破坏。若石膏制品吸水后受冻,则会因孔隙中的水分结冰膨胀而破坏。所以石膏制品的耐水性和抗冻性较差,不宜用于潮湿部位。

(7)施工性好 建筑石膏制品可钉、可刨、可钻、可贴,施工与安装灵活方便。

▶ 2.2.4 石膏及其制品的工程应用

建筑石膏可制作成石膏板材、石膏砌块、石膏砂浆和粉刷石膏等多种形式。石膏制品具有隔热、保温、不燃、不蛀、隔音、施工性好、污染小等优点。

(1)石膏板 主要有纸面石膏板、纤维石膏板、装饰石膏板、空心石膏板及石膏吸音板等。

纸面石膏板质轻、保温隔热性能好,防火性能好,主要用作建筑物内隔墙和室内吊顶材料,主要分为普通纸面石膏板、耐水纸面石膏板和耐火纸面石膏板3类。

纤维石膏板具有较高的抗冲击能力,内部粘结牢固,抗压痕能力强,具有良好的防火、防潮性能。

装饰石膏板主要用于室内墙壁和吊顶装饰,如小型浴室、厨房、卧室、客厅、室内游泳池、舞厅、会议室、报告厅、体育馆、大会堂等均可使用。

(2)石膏砌块 以建筑石膏为主要原料,经加水搅拌、浇注成型和干燥而制成的块状轻质建筑石膏制品。在生产中根据性能要求可加入轻集料、纤维增强材料、发泡剂等材料,有时也可用部分高强石膏代替建筑石膏。石膏砌块是一种自重轻、保温隔热、隔声和防火性能好的墙体材料。

(3)粉刷石膏和石膏砂浆 粉刷石膏是由建筑石膏或由建筑石膏与无水石膏二者混合后再掺入外加剂、细集料等制成的气硬性胶凝材料。粉刷石膏按用途可分为面层粉刷石膏(M)、底层粉刷石膏(D)和保温层粉刷石膏(W)3类。石膏砂浆是由建筑石膏加水、砂及缓凝剂拌和而成的,可用于室内抹灰。

石膏还可用来生产水泥和硅酸盐制品、防水石膏装饰品(如人造大理石)。石膏因其优良的建筑性能、丰富的藏量、生产耗能低、生产设备简单等优点,将会得到越来越广泛的应用。

建筑石膏在运输和储存中,需要防雨防潮,储存期为3个月,超过3个月以后,强度将降低30%左右,故过期或受潮的石膏,需经检验后方可使用。

2.3 水玻璃

水玻璃(又称泡花碱)是水溶性的碱硅酸盐,由不同比例的碱金属氧化物和 SiO_2 化合而成。土木工程中常用的有钠水玻璃($Na_2O \cdot nSiO_2$)和钾水玻璃($K_2O \cdot nSiO_2$),其中又以钠水玻璃应用最多。水玻璃化学式中 n 为 $n(SiO_2)/n(R_2O)$,即溶质 SiO_2 与溶剂 R_2O 的物质的量之比,即两者的摩尔比,俗称模数,其值一般为 1.5~3.5。模数越大,胶体组分越多,水玻璃的粘性越大,模数 $n>4$ 时很难溶于水,但却容易分解硬化,粘结力较强,耐酸、耐热性越高;反之,模数越小,越易溶于水,但粘结力、强度较小,水玻璃的模数 $n<1$ 时没有使用价值。常用水玻璃的模数为 2.6~3.0,密度为 1.3~1.5 g/cm^3。

▶ 2.3.1 水玻璃的原料与生产

水玻璃的生产方法主要有湿法和干法两种。湿法是将石英砂和苛性钠溶液在高压釜内(0.2~0.3 MPa)用蒸汽加热并搅拌,直接生成液体水玻璃。干法是将石英砂和碳酸钠磨细拌匀,煅烧至熔化,经冷却生成固体水玻璃,再与水加热溶解生成液体水玻璃。纯净的液体水玻璃溶液为无色透明液体,因含杂质的不同,而呈青灰色、绿色或微黄色。

▶ 2.3.2 水玻璃的水化和硬化

液体水玻璃在空气中吸收 CO_2 生成碳酸钠,并析出无定形硅酸凝胶,随着水分的挥发干燥,无定形硅酸脱水转变成 SiO_2 而硬化,其反应式为:

$$Na_2O \cdot nSiO_2 + CO_2 + mH_2O \longrightarrow Na_2CO_3 + nSiO_2 \cdot mH_2O$$
$$nSiO_2 \cdot mH_2O \longrightarrow nSiO_2 + mH_2O$$

此过程很慢,常加入促硬剂以加速硬化过程。常用的促硬剂是氟硅酸钠(Na_2SiF_6),其反应式为:

$$2(Na_2O \cdot nSiO_2) + Na_2SiF_6 + mH_2O \longrightarrow (2n+1)SiO_2 \cdot mH_2O + 6NaF$$

氟硅酸钠为白色粉状固体,有腐蚀性,适宜掺量为水玻璃质量的 12%~15%,水玻璃中加入过多氟硅酸钠,会引起凝结过速,施工困难,且硬化渗水性大,强度也不高;用量过少,硬化速度缓慢,强度降低,水玻璃未完全水化而耐水性差。

▶ 2.3.3 水玻璃的技术性质与工程应用

1)水玻璃的技术性质

(1)粘结性好 水玻璃具有良好的胶结性能,硬化时析出的硅酸凝胶可堵塞毛细孔,防止水渗透。

(2)耐高温 水玻璃不燃烧,在高温下硅酸凝胶干燥得更加强烈,故其强度并不降低,甚至有所增加。

(3)耐酸性好 水玻璃具有高度耐酸性能,能抵抗大多数无机酸(氟硅酸、氢氟酸除外)和有机酸的作用,当环境温度高于 300 ℃时,不耐磷酸腐蚀。水玻璃的耐碱性和耐水性差。

2)水玻璃的工程应用

(1)涂刷土木工程材料表面,提高抗风化能力 将水玻璃溶液涂刷于混凝土、砖、石、硅酸盐制品等材料的表面,使其渗入材料缝隙,可提高材料的密实性、强度和耐久性等。但不能用水玻璃涂刷石膏制品,因为硅酸钠能与硫酸钙反应生成硫酸钠,结晶时体积膨胀,使制品破坏。水玻璃还可用于配制内、外墙涂料。

(2)加固地基 用模数为 2.5~3.0 的液体水玻璃与氯化钙溶液交替灌于地基中,反应生成的硅酸胶体起胶结作用,将土壤颗粒包裹并填实其空隙。生成的 $Ca(OH)_2$ 也起胶结和填充空隙的作用。因此,不仅可提高基础的承载力,而且可增强不透水性。

(3)配制特殊砂浆及特殊混凝土 用水玻璃与耐酸填料和骨料复合可配制耐酸砂浆和耐

酸混凝土。水玻璃的耐热性较好,可用于配制耐热砂浆和耐热混凝土。

(4)配制水玻璃矿渣砂浆,修补砖墙裂缝 将液体水玻璃、粒化高炉矿渣粉、砂和氟硅酸钠按适当比例配合,压入砖墙裂缝。粒化高炉矿渣粉不仅起填充及减少砂浆收缩的作用,还能与水玻璃化学反应,成为增进砂浆强度的一个因素。

(5)配制防水剂 以水玻璃为基料,加入两种、三种或四种矾配制而成的防水剂称为二矾、三矾或四矾防水剂。这种防水剂凝结迅速,适用于与水泥浆调和,堵塞漏洞、缝隙等进行局部抢修。因其凝结过快,不宜用于调配水泥防水砂浆做屋面或地面的刚性防水层。

在使用水玻璃耐酸材料时,应注意:①施工环境温度应在 10 ℃以上,施工及养护期间,严禁与水或水蒸气直接接触,并防止烈日暴晒;②禁止直接铺设在水泥砂浆或普通混凝土基层上;③施工后必须经过养护和防酸处理后方可使用。

 案例

我国古代的胶凝材料及当代应用发展

在现代水泥发明之前,古代的工匠是用什么东西修建房屋呢? 像万里长城这样浩大的工程,为什么至今仍保存得如此牢固?

我国古建的粘结材料主要使用的是石灰基材料,其历史悠久,且随着历史的进程,逐渐由单一成分的石灰砂浆演变成含有多种成分的复杂体系。

我国在战国之前(公元前 4 世纪)的一段时期内,人们在建筑活动中,主要采用的是天然胶凝材料。距今 1 000~4 000 年的新石器时代,挖穴建室的修建材料主要是以木、土、石等天然材料为主,在这一时期,姜石及黏土是常见的天然胶凝材料。

在新石器晚期,考古遗址中发现部分胶凝材料是由人工烧制的石灰制成。关于石灰的文字记载也出现较早,早在周代就有关于石灰的记载。公元前 635 年,宋文公的墓葬中就已使用"唇炭"。唇炭即唇灰,是一种水生物大蛤的外壳(其主要成分为碳酸钙)烧制而成的石灰质材料,它不仅有良好的粘结性能,还可以吸湿、防潮。汉代文献中记载了夏代宗庙中使用蛎灰作为涂料,这是关于石灰应用历史在文献中最早的记载。宋代文献记载了使用蛤灰建造桥梁的典故。泉州洛阳桥建于宋代,用蛤灰填补石缝,是中国第一座海湾大石桥。

在使用石灰的过程中,古代工匠逐渐认识到,在石灰中掺入泥土和砂石,既可以减少石灰用量,还可以获得比纯石灰更好的性能。宋应星在《天工开物》中提到,石灰与桐油、鱼油调和厚绢布及细罗,加以捶捣可以粘合舟船的缝隙;筛去石块的石灰和水可以用来砌筑石墙;油灰可以用于筑地,纸筋加石灰可以用于涂抹墙壁;石灰、河沙、黄土以 1:2:2 的比例,加入糯米汁、羊桃藤汁和匀,即为三合土,可以用于筑造墓葬及水池,非常坚固。

古代工匠还发现,使用石灰时,在灰浆中添加有机物在南北朝时期画像砖的粘结材料中已经化验证实是掺有淀粉的石灰材料。文献中记载有机物灰浆的应用,最早出现在宋代。常见的有机物有糯米灰浆、桐油灰浆、糖水灰浆、植物汁液类灰浆、蛋清灰浆、血料灰浆等。其中糯米灰浆在筑城中的应用,最早的文献记载可追溯到宋代。《宋会要辑稿》中记载,公元 1170年,李舜举在和州(今安徽省巢湖市和县)修建城墙。城墙内外都用了五层砖灰包砌,用糯米灰浆铺砌城面。整体城楼雄壮威武,非常坚固,适合防御所用。明代修建南京城时,也使用了

糯米灰浆。清代晚期,在沿海修建了一系列海防建筑,这些建筑常使用糯米拌合的三合土。糯米灰浆和糯米三合土具有很高的强度和硬度,在古代军事中发挥了重要的作用。

传统人工建筑材料的生产需消耗大量能源,当前国内外针对天然基粘合材料开展了大量的研究工作,提出多种基于天然原料的粘结剂,如生物高分子、细菌矿化粘结剂及酶矿化粘结剂等。中国科学院理化技术研究所王树涛研究员等受自然界中沙塔蠕虫构筑巢穴过程启发(沙塔蠕虫可通过分泌复合有正电性蛋白与负电性蛋白的粘液粘结沙粒构筑坚固的巢穴),利用天然基粘结剂粘结沙粒、矿渣等各类固体颗粒,在低温常压条件下制备了抗压强度高达17 MPa的仿生低碳新型建筑材料。此种材料还具有优异的抗老化、防水以及可循环利用性能,在低碳建筑领域具有巨大应用潜力。

本章小结

1.本章介绍了无机气硬性胶凝材料的概念,着重介绍了石灰、石膏和水玻璃的组成,以及水化凝结硬化过程、主要技术性质及其在土木工程中的应用。通过学习这3种主要气硬性胶凝材料,应重点掌握过火石灰的概念以及它对石灰质量的影响,熟悉石灰的熟化与硬化过程及其主要特性与应用。对于建筑石膏的特性与石膏的水化、凝结、硬化过程,石膏的技术性质与应用也应重点掌握。

2.本章可参考的技术规范有:《天然石膏》(GB/T 5483—2008)、《建筑石膏》(GB/T 9776—2008)、《建筑生石灰》(JC/T 479—2013)、《建筑消石灰》(JC/T 481—2013)和《纸面石膏板》(GB/T 9775—2022)等。

3.为扩展知识面,可参考的书籍有《石膏基建材与应用》《建筑装饰材料速查手册》《石灰石-石膏湿法:烟气脱硫技术》等。

复习思考题

一、填空题

1.石灰经常被用于配制砂浆,是因为其具有_____好的特性,可提高水泥砂浆的_____。

2.建筑石膏的初凝时间应不早于_____ min,终凝时间应不迟于_____ min。

3.水玻璃的模数是指_____和_____的摩尔比。

二、选择题

1.生石灰消解反应的特点是(　　)。

 A.放热,膨胀   B.吸热,膨胀

 C.放热,收缩   D.吸热,收缩

2.消石灰粉使用前应进行"陈伏"处理,目的是(　　)。

A.蒸发多余水分　　　　　　　B.消除过火石灰的危害

C.提高浆体的可塑性　　　　　D.便于使用

3.下列不适于选用石膏制品的是(　　　)。

A.吊顶材料　　　　　　　　　B.影剧院穿孔贴面板

C.冷库内墙贴面　　　　　　　D.非承重隔墙板

4.纸面石膏板以一层纸做护面,是为了提高板材的(　　　)。

A.耐水性　　　　　　　　　　B.抗折强度

C.保温性能　　　　　　　　　D.可加工性

5.水玻璃不能用于涂刷(　　　)。

A.黏土砖　　　　　　　　　　B.硅酸盐制品

C.水泥混凝土　　　　　　　　D.石膏制品

三、简答题

1.石灰硬化过程中,为什么容易开裂? 使用时应如何避免?

2.石灰的主要技术性能有哪些? 主要用途有哪些?

3.从建筑石膏凝结硬化形成的结构,说明石膏为什么强度低,耐水性和抗冻性差,而绝热性和吸声性较好。

4.用于墙面抹灰时,与石灰相比较,建筑石膏有哪些技术优势?

5.水玻璃属于气硬性胶凝材料,为什么可用于地基加固?

6.石灰是气硬性胶凝材料,为什么用其拌制的三合土和石灰土可用于潮湿部位?

3

水硬性胶凝材料

〖**本章导读**〗

本章主要阐述了水硬性胶凝材料的概念;阐述了硅酸盐水泥的组成、特性、质量标准及使用范围;阐述了普通硅酸盐水泥、矿渣硅酸盐水泥、火山灰质硅酸盐水泥、粉煤灰硅酸盐水泥、复合硅酸盐水泥等其他通用硅酸盐水泥的组成、质量标准、特性及选用;概要介绍了其他品种水泥。

水硬性胶凝材料是指加水拌和成塑性浆体后,通过与水发生化学反应,既能在空气中又能更好地在水中凝结、硬化,保持并继续发展强度的胶凝材料。水硬性胶凝材料既适用于干燥环境,又适用于潮湿环境或水下环境。相比石灰、石膏等无机气硬性胶凝材料,水硬性胶凝材料的强度更高,耐久性更好,通常用作结构工程材料。

水泥是一种典型的水硬性胶凝材料,常作为混凝土、砂浆等工程材料的最主要组成材料。水泥按性能和用途可分为通用水泥、专用水泥和特性水泥;按化学成分可分为硅酸盐水泥、铝酸盐水泥、硫铝酸盐水泥和铁铝酸盐水泥等。

通用硅酸盐水泥是土木工程中最常用的水泥,它以硅酸盐水泥熟料、适量的石膏及符合规定的混合材料制成。按混合材料品种和掺量,通用硅酸盐水泥可分为硅酸盐水泥、普通硅酸盐水泥、矿渣硅酸盐水泥、火山灰质硅酸盐水泥、粉煤灰硅酸盐水泥和复合硅酸盐水泥。

3.1　硅酸盐水泥

硅酸盐水泥是由硅酸盐水泥熟料、0~5%石灰石或粒化高炉矿渣、适量石膏磨细制成的水硬性胶凝材料。硅酸盐水泥分为两种类型：不掺加混合材料的称Ⅰ型硅酸盐水泥，代号为P·Ⅰ；掺加不超过水泥质量5%石灰石或粒化高炉矿渣混合材料的称为Ⅱ型硅酸盐水泥，代号为P·Ⅱ。

▶　3.1.1　硅酸盐水泥的生产和矿物组成

1) 原材料与生产简介

硅酸盐水泥的主要原材料是石灰质原料（如石灰石等）和黏土原料（如黏土、页岩等），有时加入少量铁矿粉。其生产工艺可概括为"两磨一烧"，即：

①将原材料按适当的比例混合，粉磨成生料；

②煅烧生料使之部分熔融形成熟料；

③将熟料与适量石膏和混合材料磨细制成硅酸盐水泥。其生产流程如图3.1所示。

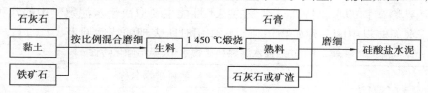

图3.1　硅酸盐水泥生产流程

水泥生产时按生料的制备方法分为湿法和干法。湿法是将原料加水粉磨成生料浆后，喂入湿法回转窑煅烧成熟料；干法是将原料同时烘干与粉磨或先烘干后粉磨成生料粉，而后喂入干法窑内煅烧成熟料。按煅烧熟料窑的结构分为立窑和回转窑。目前，以悬浮预热和预分解技术为核心的新型干法生产工艺在国内外得到大力发展，它具有节能、产量高、质量稳定、环保、生产率高等特点。

2) 硅酸盐水泥熟料的矿物组成

硅酸盐水泥熟料是由主要含 CaO，SiO_2，Al_2O_3，Fe_2O_3 的原料，按适当比例磨成细粉煅烧至部分熔融所得以硅酸钙为主要矿物成分的水硬性胶凝材料，其中硅酸钙矿物不小于66%，氧化钙和二氧化硅质量比不小于2.0。

硅酸盐水泥熟料中的各种矿物及其相对含量（质量分数）范围：硅酸三钙（$3CaO \cdot SiO_2$，简写为 C_3S），含量（质量分数）37%~60%；硅酸二钙（$2CaO \cdot SiO_2$，简写为 C_2S），含量（质量分数）15%~37%；铝酸三钙（$3CaO \cdot Al_2O_3$，简写为 C_3A），含量（质量分数）7%~15%；铁铝酸四钙（$4CaO \cdot Al_2O_3 \cdot Fe_2O_3$，简写为 C_4AF），含量（质量分数）10%~18%。

除以上4种主要熟料矿物外，水泥中还含有少量游离 CaO、游离 MgO 和碱，其总含量一般不超过水泥质量的10%。

▶ 3.1.2 硅酸盐水泥的水化和凝结硬化

1)硅酸盐水泥的水化

(1)水泥的水化　水泥加水后,水泥颗粒被水包围,其熟料矿物颗粒表面立即与水发生化学反应,生成了一系列新的化合物,并放出一定的热量。其化学反应如下:

$$2(3CaO \cdot SiO_2)+6H_2O \longrightarrow 3CaO \cdot 2SiO_2 \cdot 3H_2O+3Ca(OH)_2$$
$$2(2CaO \cdot SiO_2)+4H_2O \longrightarrow 3CaO \cdot 2SiO_2 \cdot 3H_2O+Ca(OH)_2$$
$$3CaO \cdot Al_2O_3+6H_2O \longrightarrow 3CaO \cdot Al_2O_3 \cdot 6H_2O$$
$$4CaO \cdot Al_2O_3 \cdot Fe_2O_3+7H_2O \longrightarrow 3CaO \cdot Al_2O_3 \cdot 6H_2O+CaO \cdot Fe_2O_3 \cdot H_2O$$

为调节水泥的凝结时间,在熟料磨细时应掺加适量石膏,这些石膏与部分水泥水化产物水化铝酸钙反应,生成难溶的水化硫铝酸钙针状晶体(钙矾石,AFt)并伴有明显的体积膨胀。

$$3CaO \cdot Al_2O_3 \cdot 6H_2O+3(CaSO_4 \cdot 2H_2O)+19H_2O \longrightarrow 3CaO \cdot Al_2O_3 \cdot 3CaSO_4 \cdot 31H_2O$$

综上所述,硅酸盐水泥与水作用后,生成的主要水化产物有水化硅酸钙凝胶(C—S—H)、水化铁酸钙凝胶(CFH)、Ca(OH)$_2$、水化铝酸钙(C$_3$AH$_6$)和钙矾石(AFt)晶体。在完全水化的水泥石中,C—S—H凝胶约占70%,对水泥石的性质影响最大。其次是Ca(OH)$_2$约占20%,AFt约占7%。

(2)水泥熟料矿物的水化特性　水泥的技术性能主要取决于水泥熟料中的几种主要矿物的水化作用,水泥熟料中的各种矿物单独与水作用时所表现的特性见表3.1。

表3.1　硅酸盐水泥熟料矿物水化、凝结硬化特性

性能指标		熟料矿物名称			
		硅酸三钙(C$_3$S)	硅酸二钙(C$_2$S)	铝酸三钙(C$_3$A)	铁铝酸四钙(C$_4$AF)
水化、凝结硬化速度		快	慢	最快	快
28 d 水化热		多	少	最多	中
强度	早期	高	低	低	低
	后期	高	高	低	低
耐化学侵蚀		中	良	差	优
干缩性		中	小	大	小

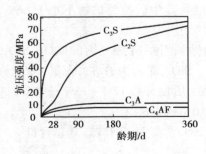

图3.2　各种熟料矿物的强度增长

由表3.1可知,水泥中各种熟料矿物的含量决定着水泥某一方面的性能,当改变各种熟料矿物的相对含量时,水泥性质即发生相应的变化。例如,提高熟料中C$_3$S的含量,就可制得强度高的水泥;减少C$_3$A和C$_3$S的含量,提高C$_2$S的含量,可制得水化热低的水泥(如大坝水泥)。水泥的各种熟料矿物强度增长情况见图3.2。

2)硅酸盐水泥的凝结硬化

当水泥加水拌和后,在水泥颗粒表面立即发生水化

反应[见图 3.3(a)],生成的胶体状水化产物聚集在颗粒表面形成水化物膜层,使化学反应减慢,此阶段的水泥浆既有流动性又有可塑性[见图 3.3(b)]。随着生成的胶体状水化产物不断增多,膜层增厚并相互连接构成疏松的网状结构,使浆体逐渐失去流动性,这就是水泥的初凝[见图 3.3(c)],继而完全失去可塑性,并开始产生结构强度,即为终凝。水化进一步发展,生成的 C—S—H 凝胶、$Ca(OH)_2$ 和 AFt 晶体等水化产物不断增多,它们相互接触、连生,到一定程度,形成较紧密的网状结构,其内部不断充实水化产物,使水泥浆逐渐转变为有一定强度的水泥石固体,这就是水泥的硬化[见图 3.3(d)]。

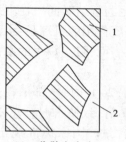  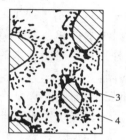 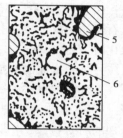

(a)分散在水中　　　(b)水泥颗粒表面　　　(c)膜层长大并　　　(d)水化物进一步发展,
未水化的水泥颗粒　　形成水化物膜层　　相互连接(凝结)　　填充毛细孔(硬化)

图 3.3　水泥凝结硬化过程示意图

1—水泥颗粒;2—水;3—凝胶;4—晶体;5—水泥颗粒的未水化内核;6—毛细孔

　　水泥的凝结和硬化是人为划分的,实际上是一个连续、复杂的物理化学变化过程,这些变化决定了水泥石的某些性质,对水泥的应用有着重要意义。按照水泥硬化过程中放热率随时间变化的关系,可将水泥凝结硬化过程分为 4 个主要阶段,各主要阶段的持续时间及物理化学变化特征见表 3.2。

表 3.2　水泥凝结硬化主要阶段的特征

凝结硬化阶段	一般持续时间	放热反应速度/$[J \cdot (g \cdot h)^{-1}]$	主要物理化学变化
初始反应期	5~10 min	168	初始溶解和水化
潜伏期	1~2 h	4.2	凝胶体膜层围绕水泥颗粒成长
凝结期	6 h	在 24 h 内逐渐增加到 21	膜层增厚,水泥颗粒进一步水化
硬化期	6 h~若干年	在 24 h 内逐渐降低到 4.2	凝胶体填充毛细孔

　　硬化后的水泥石是由晶体、凝胶、未完全水化的熟料颗粒、游离水和大小不等的孔隙组成的不均质结构体。在水泥硬化过程的不同龄期,水泥石中各组成成分的比例,直接影响着水泥石的强度及其他性质。

3)影响硅酸盐水泥水化和凝结硬化的因素

　　影响硅酸盐水泥水化和凝结硬化的因素很多,除与水泥熟料矿物组成有关外,还与下列因素有关。

　　(1)水泥细度　水泥颗粒的粗细直接影响水泥的水化、凝结硬化、强度及水化热等。通

常,水泥颗粒的粒径为 7～200 μm。水泥颗粒越细其总表面积越大,与水的接触面积也大,凝结硬化也相应加快,早期强度也高。但过细的水泥硬化时产生的收缩亦较大,同时,水泥磨得越细,耗能越多,成本越高。

(2)拌和用水量 在水泥用量不变的情况下,增加拌和用水量,会增加硬化水泥石中的毛细孔,降低水泥石的强度,同时延长水泥的凝结时间。实际工程中,调整水泥混凝土流动性大小时,常在不改变水灰比的情况下,增减水和水泥的用量(为保证混凝土的耐久性,规定了最小水泥用量)。

(3)石膏掺量 石膏是水泥中不可缺少的组分,主要用于调节水泥的凝结时间。在不加入石膏的情况下,水泥熟料加水拌和会立即凝结,无法使用。石膏起缓凝作用的机理是:水泥水化时,石膏很快与 C_3A 作用产生难溶于水的钙矾石,覆盖在水泥颗粒表面,阻止 C_3A 的水化反应并延缓水泥的凝结时间。

石膏的掺量必须严格控制,原则是保证在水泥浆凝结硬化前(加水 24 h 内)全部消耗完毕。否则,在水泥浆硬化后还会继续生成钙矾石,产生体积膨胀(约 2.5 倍)致使水泥石开裂。合理的石膏掺量,主要取决于熟料中 C_3A 的含量和石膏中 SO_3 的含量。国家标准规定, $\varphi(SO_3) \leqslant 3.5\%$,即石膏掺量占水泥质量的 3%～5%。

(4)养护条件(温度、湿度) 足够的温度和湿度有利于水泥的水化、凝结硬化和水泥的早期强度发展。干燥环境下水泥浆中的水分蒸发快,导致水泥不能充分水化,同时硬化也将停止,严重时会使水泥石发生裂缝。

通常,养护时温度越高,水泥的水化加快,早期强度发展也快。若在较低的温度下硬化,虽强度发展较慢,但最终强度不受影响。当温度低于 0 ℃以下时,水泥的水化停止,甚至会因水结冰而导致水泥石结构破坏。实际生产中,常通过蒸汽或压蒸养护来加快水泥制品的凝结硬化过程。

(5)养护龄期 水泥的水化硬化是一个较长时期内持续进行的过程,随着水泥熟料矿物水化程度的提高,凝胶体不断增加,毛细孔不断减少,使水泥石的强度随龄期增长而增加。水泥一般在 28 d 内强度发展较快,28 d 后则增长缓慢。

(6)外加剂 加入促凝剂($CaCl_2$,Na_2SO_4 等)能促进水泥水化、硬化,提高早期强度。相反,掺加缓凝剂(木钙、糖类等)会延缓水泥的水化、硬化,影响水泥早期强度的发展。

▶ 3.1.3 硅酸盐水泥的技术性质

根据国家标准《通用硅酸盐水泥》(GB 175—2023)的规定,硅酸盐水泥的技术性质要求如下。

1)化学品质指标

(1)不溶物 水泥煅烧过程中存留的残渣,主要来自原料中的黏土和结晶 SiO_2,因煅烧不良、化学反应不充分而未能形成熟料矿物。不溶物含量高会影响水泥的粘结质量。P·I 水泥中不溶物不得超过 0.75%,P·I 水泥中不得超过 1.50%。

(2)烧失量 水泥煅烧不佳或受潮使得水泥在规定温度加热时产生的质量损失。烧失量常用来控制石膏和混合材中的杂质,以保证水泥质量。

(3)MgO,SO_3 或碱 水泥中游离 MgO 和 SO_3 过高时,会引起水泥的体积安定性不良,其含量必须限定在一定的范围之内。水泥中碱含量过高,在混凝土中遇到活性骨料时,会发生碱-骨料反应。碱含量(按 $Na_2O+0.685K_2O$ 计算值表示)由供需双方商定。当使用活性骨料时,要使用低碱水泥。

(4)氯离子 水泥中的 Cl^- 是引起混凝土中钢筋锈蚀的因素之一,要求限制其含量(质量分数)在 0.10% 以内。

硅酸盐水泥及其他品种的通用硅酸盐水泥的化学指标要求见表3.3。

表3.3 通用硅酸盐水泥的化学指标要求　　　　　　　　单位:%

品　种	代　号	不溶物≤	烧失量≤	SO_3≤	MgO≤	Cl^-≤
硅酸盐水泥	P·Ⅰ	0.75	3.0	3.5	6.0	0.10
	P·Ⅱ	1.50	3.5			
普通硅酸盐水泥	P·O		5.0			
矿渣硅酸盐水泥	P·S·A	—		4.0	6.0	
	P·S·B				—	
火山灰质硅酸盐水泥	P·P		—	3.5	6.0	
粉煤灰硅酸盐水泥	P·F					

2)细度

水泥颗粒粒径一般为 7~200 μm,粒径小于 40 μm 时活性较高,大于 100 μm 的颗粒近乎惰性。水泥磨得越细,水泥水化速度越快,强度越高。但与此对应的是水泥需水量增大、干缩增大、施工性能变差等负面影响。

硅酸盐水泥的细度以比表面积(单位质量的水泥粉末所具有的表面积的总和)表示,不低于 300 m^2/kg 且不大于 400 m^2/kg。普通硅酸盐水泥、矿渣硅酸盐水泥、粉煤灰硅酸盐水泥、火山灰硅酸盐水泥和复合硅酸盐水泥的细度采用筛析法测定,以 45 μm 方孔筛筛余表示,不小于 5%。

3)凝结时间

水泥的凝结时间是指水泥从加水拌和开始到失去流动性,即从可塑状态发展到固体状态所需要的时间。水泥的凝结时间是影响混凝土施工难易程度和速度的重要指标,分为初凝时间和终凝时间。从加入拌和水至水泥浆开始失去可塑性所需的时间,称为初凝时间。从加入拌和水至水泥浆完全失去可塑性,并开始具有一定结构强度所需的时间,称为终凝时间。

水泥的凝结时间在施工中具有重要意义。初凝不宜过快,以保证在水泥初凝之前有足够的时间完成混凝土成型等各工序的操作;终凝不宜过迟,以使混凝土在浇捣完毕后水泥能尽早完成凝结、硬化,以利于下一道工序及早进行。现行国家标准规定,硅酸盐水泥的初凝时间不得早于 45 min,终凝时间不得迟于 390 min。

水泥的凝结时间用凝结时间测定仪测定。如前所述,水泥浆凝结硬化的快慢与用水量有关,为使所测结果具有可比性,检测凝结时间和体积安定性时,需用统一规定稠度的水泥净浆,达到这一稠度水泥浆的用水量称为标准稠度用水量。水泥熟料矿物成分不同时,其标准稠度用水量亦有所差别。磨得越细的水泥,标准稠度用水量越大。硅酸盐水泥的标准稠度用水量一般为 24%~30%。

4)安定性

水泥的体积安定性是指水泥在凝结硬化过程中,体积变化的均匀性。若水泥凝结硬化后体积变化不均匀,水泥混凝土构件将产生膨胀性裂缝,降低建筑物质量,甚至引起严重事故。体积安定性不良的水泥不能用于工程结构中。

引起水泥体积安定性不良的原因,一般是由于熟料中所含的游离 CaO 过多,也可能是由于熟料中所含的游离 MgO 过多或磨细熟料时掺入的石膏过量。熟料中所含的游离 CaO 和游离 MgO 都是过烧的,熟化很慢,它们在水泥凝结硬化后才慢慢熟化,并且在熟化过程中产生体积膨胀,使水泥石开裂。过量的石膏掺入将与已固化的 C_3AH_6 作用生成钙矾石晶体,体积将增加 1.5 倍,造成已硬化的水泥石开裂。

游离 CaO 引起的水泥体积安定性不良可采用沸煮法检验,包括试饼法和雷氏法两种。试饼法是用标准稠度的水泥净浆做成试饼,经养护及沸煮一定时间后,检查试饼有无裂缝或弯曲。雷氏法是用标准稠度的水泥净浆填满雷氏夹的圆环中,经养护及沸煮一定时间后,检查雷氏夹两根指针针尖距离的变化,以判断水泥体积安定性是否合格。当试饼法和雷氏法两者结论矛盾时,以雷氏法为准。

由于压蒸安定性不仅与熟料中的方镁石含量有关,还与方镁石的富集状态和结晶大小有关,如果方镁石成堆富集出现或结晶粗大,即使氧化镁含量较低也会导致压蒸安定性不合格。因此,仅限定水泥中的氧化镁含量不能确保水泥的压蒸安定性。所以,国家标准采用设定氧化镁限量和水泥的压蒸安定性检验作为双重保险。游离 MgO 的水化作用比游离 CaO 更加缓慢,必须用压蒸法才能检验出它的危害作用。石膏的危害作用需经长期浸在常温水中才能发现。SO_3 和石膏所导致的体积安定性不良不便于快速检验,通常在水泥生产中严格控制。国家标准规定,矿渣硅酸盐水泥中 SO_3 含量(质量分数)≤4.0%,其他水泥中 SO_3 含量(质量分数)≤3.5%。

5)强度

水泥强度是衡量水泥质量的重要技术指标,也是划分水泥强度等级的依据。国家标准《水泥胶砂强度检验方法(ISO 法)》(GB/T 17671—1999)规定,采用软练胶砂法测定水泥强度。将按质量计的 1 份水泥、3 份中国 ISO 标准砂,按照 0.5 的水灰比拌制的塑性胶砂,制成 40 mm×40 mm×160 mm 的试件,在湿气中养护 24 h 后,再脱模放在标准温度(20±2)℃的水中养护,分别测定 3 d 和 28 d 抗压强度和抗折强度,根据测定结果确定硅酸盐水泥的强度等级。国家标准《通用硅酸盐水泥》(GB 175—2023)规定,各强度等级的硅酸盐水泥及其他品种水泥在不同龄期的强度,应符合表 3.4 的规定。硅酸盐水泥有 42.5、42.5R、52.5、52.5R、62.5、62.5R六个强度等级。

表 3.4　通用硅酸盐水泥的强度等级

强度等级	抗压强度/MPa		抗折强度/MPa	
	3 d	28 d	3 d	28 d
32.5	≥12.0	≥32.5	≥3.0	≥5.5
32.5R	≥17.0		≥4.0	
42.5	≥17.0	≥42.5	≥4.0	≥6.5
42.5R	≥22.0		≥4.5	
52.5	≥22.0	≥52.5	≥4.5	≥7.0
52.5R	≥27.0		≥5.0	
62.5	≥27.0	≥62.5	≥5.0	≥8.0
62.5R	≥32.0		≥5.0	

6）水化热

水泥在水化过程中放出的热量称为水化热。硅酸盐水泥熟料中 C_3S 和 C_3A 含量（质量分数）高，水化热大，放热周期长，一般水化 3 d 内放出的热量约占总水化热的 50%，7 d 内放出的热量为 75%，其余的水化热需要一年甚至更长的时间才能放出。因此，硅酸盐水泥不能用于大体积混凝土工程。

现行国家标准规定，出厂检验结果表明化学指标、凝结时间、体积安定性、强度均符合要求的水泥为合格品。若上述各项中任一项技术指标不符合要求，则视为不合格品，见表 3.6。

▶ 3.1.4　硅酸盐水泥的腐蚀与防止

水泥制品在一般使用条件下具有较好的耐久性。但在某些侵蚀介质（软水、含酸或盐的水等）作用下，强度降低甚至造成建筑结构破坏，这种现象称为水泥石的腐蚀。

1）溶出性腐蚀

雨水、雪水、蒸馏水、工业冷凝水及含 $Ca(HCO_3)_2$ 很少的河水及湖水都属于软水。当水泥石长期与这些水分相接触时，水泥石中的 $Ca(OH)_2$ 最先溶出（每升水中能溶解 1.3 g 以上的 $Ca(OH)_2$）。在静水及无压力水作用下，由于周围的水易被溶出的 $Ca(OH)_2$ 所饱和而使溶解作用停止，溶出仅限于表面，故影响不大。但是，若水泥石在流动的水中或有压力的水中，溶出的 $Ca(OH)_2$ 不断被带走。而且，由于 $Ca(OH)_2$ 浓度持续降低，还会引起其他水化物的分解和溶解。侵蚀作用不断深入内部，使水泥石结构遭受进一步破坏，水泥石中的空隙增大，强度下降，以致全部溃裂。

当环境水中含有 $Ca(HCO_3)_2$ 时，将与水泥石中的 $Ca(OH)_2$ 起反应，生成几乎不溶于水的 $CaCO_3$：

$$Ca(OH)_2 + Ca(HCO_3)_2 \longrightarrow 2CaCO_3 + 2H_2O$$

生成的 $CaCO_3$ 积聚在已硬化的水泥石孔隙内，形成密实保护层，阻止外界水的浸入和内

部 $Ca(OH)_2$ 的溶析,从而阻止侵蚀作用继续深入进行。实际生产中,将与软水接触的水泥制品预先在空气中硬化,形成 $CaCO_3$ 外壳,可对溶出性侵蚀起到保护作用。

2)溶解性化学腐蚀

溶解于水的酸类和盐类能与水泥石中的 $Ca(OH)_2$ 起置换反应,生成易溶性盐或无胶结能力的物质,使水泥石的结构产生破坏。

(1)碳酸的腐蚀 在工业污水、地下水中常溶解有较多的 CO_2。水中的 CO_2 与水泥石中的 $Ca(OH)_2$ 反应所生成的 $CaCO_3$ 如继续与含碳酸的水作用,则变成易溶解于水的 $Ca(HCO_3)_2$。由于 $Ca(HCO_3)_2$ 的溶失以及水泥石中其他产物的分解,而使水泥石结构破坏。其化学反应如下:

$$Ca(OH)_2+CO_2+H_2O \longrightarrow CaCO_3+2H_2O$$
$$CaCO_3+CO_2+H_2O \rightleftharpoons Ca(HCO_3)_2$$

$CaCO_3$ 再与含碳酸的水作用转变成 $Ca(HCO_3)_2$,属可逆反应。当水中含有较多的碳酸并超过平衡浓度,则上式向右进行。另外,$Ca(OH)_2$ 浓度降低,还会导致水泥石中其他水化物的分解,使腐蚀作用进一步加剧。

(2)一般酸的腐蚀 在工业废水、地下水、沼泽水中常含无机酸和有机酸,各种酸类对水泥石都有不同程度的腐蚀作用。它们与水泥石中的 $Ca(OH)_2$ 作用后生成的化合物易溶于水,导致水泥石破坏。各类酸中对水泥石腐蚀作用较快的是无机酸中的盐酸、氢氟酸、硝酸和有机酸中的醋酸、蚁酸和乳酸。如盐酸与水泥石中的 $Ca(OH)_2$ 将发生如下的化学反应:

$$2HCl+Ca(OH)_2 \longrightarrow CaCl_2+2H_2O$$

生成的氯化钙易溶于水,其破坏方式为溶解性化学腐蚀。

(3)镁盐的腐蚀 海水及地下水常含有 $MgCl_2$ 等镁盐,它们可与水泥石中的 $Ca(OH)_2$ 起置换反应生成易溶于水的 $CaCl_2$ 和无胶结能力的 $Mg(OH)_2$:

$$MgCl_2+Ca(OH)_2 \longrightarrow CaCl_2+Mg(OH)_2$$

3)膨胀化学腐蚀

当水泥石与含硫酸或硫酸盐的水接触时,可产生膨胀性化学腐蚀,如硫酸与水泥石中的 $Ca(OH)_2$ 作用:

$$H_2SO_4+Ca(OH)_2 \longrightarrow CaSO_4 \cdot 2H_2O$$

生成的 $CaSO_4 \cdot 2H_2O$ 或直接在水泥石孔隙中结晶膨胀,或再与水泥石中的 C_3AH_6 作用,生成 AFt。

当环境水中含有钠、钾、铵等硫酸盐时,它们能与水泥石中的 $Ca(OH)_2$ 起置换作用,生成的 $CaSO_4$ 再与水泥石中固态的 C_3AH_6 作用,生成比原体积增加 1.5 倍以上的 AFt 晶体,其破坏性更大,见下式:

$$4CaO \cdot Al_2O_3 \cdot 12H_2O+3CaSO_4+20H_2O \longrightarrow 3CaO \cdot Al_2O_3 \cdot 3CaSO_4 \cdot 31H_2O+Ca(OH)_2$$

高硫型水化硫铝酸钙呈针状晶体(AFt),俗称"水泥杆菌",对水泥石的破坏作用极大。

4)强碱的腐蚀

碱类溶液若浓度不大时一般是无害的,但铝酸盐含量较高的硅酸盐水泥遇到强碱作用

后也会破坏。如 NaOH 与水泥石中未水化的铝酸盐作用,可生成易溶的 Na_2CO_3。反应式如下:

$$3CaO \cdot Al_2O_3 + 6NaOH \longrightarrow 3Na_2O \cdot Al_2O_3 + 3Ca(OH)_2$$

水泥石被 $Ca(OH)_2$ 溶液浸透后又在空气中干燥,与空气中的 CO_2 作用生成 Na_2CO_3:

$$2NaOH + CO_2 \longrightarrow Na_2CO_3 + H_2O$$

Na_2CO_3 在水泥石毛细孔中结晶沉积,而使水泥石胀裂。

实际上,水泥石的腐蚀是一个极为复杂的物理化学作用过程,在其遭受的腐蚀环境中,很少只存在一种侵蚀作用,往往是几种同时存在,并互相影响。水泥石腐蚀的因素有构件所处的侵蚀性介质的环境,以及水泥石中存在易被腐蚀的 $Ca(OH)_2$ 和 C_3AH_6。同时,水泥石本身并不密实,存在很多毛细孔通道,使侵蚀性介质易于进入其内部。腐蚀的总体过程是:水泥石的水化产物中 $Ca(OH)_2$ 的溶失,导致水泥石受损,胶结能力降低;或者有膨胀性产物形成,引起胀裂性破坏。

硅酸盐水泥熟料含量高,水化产物中 $Ca(OH)_2$ 和 C_3AH_6 的含量多,抗侵蚀性差,不宜在有腐蚀性介质的环境中使用。

5)腐蚀的防止

针对以上水泥石腐蚀原因,可采用下列防腐措施。

(1)根据侵蚀环境特点,合理选用水泥品种 选用水化产物中 $Ca(OH)_2$ 含量较少的水泥,可提高对软水等侵蚀作用的抵抗能力。为抵抗硫酸盐的腐蚀,采用 C_3A 含量(质量分数)低于 5% 的抗硫酸盐水泥。

(2)提高水泥石的密实度 为使水泥石中的孔隙尽量少,应严控硅酸盐水泥的拌和用水量。硅酸盐水泥水化理论上只需水 23% 左右,而实际工程中拌和用水量较大(占水泥质量的 40%~70%),多余的水蒸发后形成连通的毛细孔,腐蚀介质就易渗透到水泥石内部而加速水泥石腐蚀。为提高水泥混凝土的密实度,应合理设计混凝土的配合比,尽可能采用低水胶比和最优施工方法。此外,在混凝土和砂浆表面进行碳化或氟硅酸处理,生成难溶的 $CaCO_3$ 外壳,或 CaF_2 及硅胶薄膜,也可减少侵蚀性介质的渗入。

(3)设置保护层 用耐腐蚀的石料、陶瓷、塑料、防水材料等覆盖于水泥构件的表面,形成不透水的保护层,以防止腐蚀介质与水泥石直接接触。

▶ 3.1.5 硅酸盐水泥的特点与应用

1)硅酸盐水泥的特点

由于硅酸盐水泥不掺或少掺混合材料,相应的熟料矿物多,故具有下述一些特性。

(1)凝结硬化快、强度高,尤其早期强度高 因决定水泥石 28 d 以内强度的 C_3S 含量高,以及凝结硬化速率快,同时对水泥早期强度有利的 C_3A 含量也较高。

(2)抗冻性好 硅酸盐水泥比掺大量混合材料的水泥硬化后密实度高,故抗冻性好。

(3)水化热大 由于水化热大的 C_3S 和 C_3A 含量较高所致。

(4)耐腐蚀性差 水泥石中存在很多不耐腐蚀的 $Ca(OH)_2$ 和较多的水化铝酸钙,故耐软水侵蚀和耐化学腐蚀性差。

（5）耐高温性能差　水泥石受热到约 300 ℃时，水泥的水化产物开始脱水，体积收缩，强度开始下降。温度达 700~1 000 ℃时，将引起 Ca(OH)$_2$ 的分解，强度降低很多，甚至完全破坏，故硅酸盐水泥不耐高温。

2) 硅酸盐水泥的应用

硅酸盐水泥适用于重要结构的高强混凝土及预应力混凝土工程、早期强度要求高的工程及冬期施工的工程，以及严寒地区、遭受反复冻融的工程及干湿交替的部位。

同时，不宜用于海水和有侵蚀性介质存在的工程、大体积混凝土和高温环境的工程。

3) 硅酸盐水泥的存放

运输和储存水泥期间应特别注意防水、防潮。工地储存水泥应有专用仓库，库房要干燥。水泥要按不同品种、强度等级及出厂日期分开存放，袋装水泥存放时，地面垫板要离地 30 cm，四周离墙 30 cm，堆放高度不应超过 10 袋。水泥的储存应考虑先存先用，防止存放过久。水泥存放期一般不应超过 3 个月，超过 6 个月的水泥必须经试验才能使用。

3.2　掺混合材料的硅酸盐水泥

在硅酸盐水泥熟料中掺入一定量的混合材料、适量石膏共同磨细，可制成其他品种的通用硅酸盐水泥。在水泥熟料中加入混合材料，可改善水泥的性能，调节水泥的强度；提高产量，降低成本；增加品种，扩大水泥的使用范围，同时可综合利用工业废料和地方材料。这类水泥根据掺入混合材料的数量和品种不同分为：普通硅酸盐水泥、矿渣硅酸盐水泥、火山灰质硅酸盐水泥、粉煤灰硅酸盐水泥和复合硅酸盐水泥。通用硅酸盐水泥的组分应符合表 3.5 的规定。

表 3.5　通用硅酸盐水泥的组分　　　　　　单位：%

品　种	代　号	组　分				
		熟料+石膏	粒化高炉矿渣	火山灰质混合材料	粉煤灰	石灰石
硅酸盐水泥	P·Ⅰ	100	—	—	—	—
	P·Ⅱ	≥95	≤5	—	—	—
		≥95	—	—	—	≤5
普通硅酸盐水泥	P·O	≥80 且 <95	>5 且 ≤20			—
矿渣硅酸盐水泥	P·S·A	≥50 且 <80	>20 且 ≤50	—	—	—
	P·S·B	≥30 且 <50	>50 且 ≤70	—	—	—
火山灰质硅酸盐水泥	P·P	≥60 且 <80	—	>20 且 ≤40	—	—
粉煤灰硅酸盐水泥	P·F	≥60 且 <80	—	—	>20 且 ≤40	—
复合硅酸盐水泥	P·C	≥50 且 <80	>20 且 ≤50			

▶ 3.2.1 混合材料

用于水泥中的混合材料分为非活性混合材料和活性混合材料两大类。

1) 活性混合材料

活性混合材料是指具有火山灰性或潜在水硬性,或兼有火山灰性和水硬性的矿物质材料。包括符合国家标准要求的粒化高炉矿渣、火山灰质混合材料和粉煤灰等。

(1) 粒化高炉矿渣 高炉冶炼生铁时,所得以硅铝酸盐为主要成分的熔融物,经淬冷成粒后具有潜在水硬性的材料,即为粒化高炉矿渣。

粒化高炉矿渣中的活性成分主要是活性 Al_2O_3 和活性 SiO_2,在常温下能与 $Ca(OH)_2$ 起化学反应并产生强度。矿渣的活性不仅取决于化学成分,而且在很大程度上取决于内部结构。高炉矿渣熔体采用水淬方法急冷成粒时,阻止了熔体向结晶结构转变,形成的玻璃体储有较高的潜在化学能,具有较高的潜在活性。在含 CaO 较高的碱性矿渣中,因其中还含有 C_2S 等成分,故本身具有弱的水硬性。

(2) 火山灰质混合材料 具有火山灰性的天然的或人工的矿物质材料,其活性成分以 SiO_2 和 Al_2O_3 为主,如天然的火山灰、凝灰岩、沸石岩、浮石、硅藻土等,人工的煤矸石、烧页岩、烧黏土、煤渣、硅质渣等。火山灰质混合材料的技术指标要求为:烧失量≤10.0%,火山灰性合格,水泥胶砂 28 d 抗压强度比≥65%。

(3) 粉煤灰 电厂煤粉炉烟道气体中收集的粉末称为粉煤灰,主要化学成分是 SiO_2 和 Al_2O_3,含有少量 CaO,具有火山灰性。

上述的活性混合材料都含有大量的活性 SiO_2 和活性 Al_2O_3,它们在 $Ca(OH)_2$ 溶液中会发生水化反应,在饱和的 $Ca(OH)_2$ 溶液中水化反应更快,生成水化硅酸钙和水化铝酸钙。

$$X\,Ca(OH)_2 + SiO_2 + m\,H_2O \longrightarrow X\,CaO \cdot SiO_2 \cdot n\,H_2O$$

$$Y\,Ca(OH)_2 + Al_2O_3 + m\,H_2O \longrightarrow Y\,CaO \cdot Al_2O_3 \cdot n\,H_2O$$

当液相中有石膏存在时,将与水化铝酸钙反应生成水化硫铝酸钙。水泥熟料的水化产物 $Ca(OH)_2$ 和熟料中的石膏具备使活性混合材料发挥活性的条件。即 $Ca(OH)_2$ 和石膏起着激发水化、促进水泥硬化的作用,故称为激发剂。常用的激发剂有碱性激发剂和硫酸盐激发剂两类。硫酸盐激发剂必须在有碱性激发剂的条件下,才能充分发挥激发作用。

2) 非活性混合材料

非活性混合材料是指在水泥中主要起填充作用而又不损害水泥性能的矿物质材料。主要是指活性指数低于国家标准要求的粒化高炉矿渣、粉煤灰、火山灰质混合材料;石灰石和砂岩,其中石灰石中的 Al_2O_3 含量(质量分数)应≤2.5%。

非活性混合材料本身不具有(或具有微弱的)水硬性或火山灰性,与水泥矿物成分不起化学作用(即无化学活性)或化学作用很小,将其掺入水泥熟料中仅起提高水泥产量、降低水泥强度等级和减少水化热等作用。

3) 混合材料在土木工程材料中的应用

将适量的混合材料按一定比例和水泥熟料、石膏共同磨细,可制得普通硅酸盐水泥、矿渣硅酸盐水泥、火山灰质硅酸盐水泥、粉煤灰硅酸盐水泥及复合硅酸盐水泥;或在活性混合材料

中掺入适量石灰和石膏共同磨细,可制成各种无熟料或少熟料水泥。

在拌制混凝土或砂浆时掺入适当的混合材料,可节约水泥或石灰并改善施工性能,而且能改善混凝土硬化后的某些性能。

▶ 3.2.2 普通硅酸盐水泥

普通硅酸盐水泥由硅酸盐水泥熟料掺加>5%且≤20%的活性混合材料、适量石膏磨细而成,代号为P·O。掺活性混合材料时,允许用不超过水泥质量5%的石灰石、砂岩或窑灰中的一种非活性替代组分。

按照国家标准《通用硅酸盐水泥》(GB 175—2023)的规定,普通硅酸盐水泥分为42.5,42.5R,52.5,52.5R,62.5,62.5R 六个强度等级。各强度等级水泥的强度不得低于表3.4中的数值。普通硅酸盐水泥技术要求见表3.6。

表3.6 通用硅酸盐水泥的技术要求(GB 175—2023)

品 种	代 号	凝结时间	安定性	强度等级	细 度
硅酸盐水泥	P·Ⅰ	初凝≥45 min, 终凝≤390 min		42.5,42.5R 52.5,52.5R 62.5,62.5R	比表面积 ≥300 m²/kg 且<400 m²/kg
	P·Ⅱ				
普通硅酸盐水泥	P·O	初凝≥45 min, 终凝≤600 min	沸煮法合格 压蒸法合格	32.5,32.5R 42.5,42.5R 52.5,52.5R	45 μm 方孔筛筛 余≥5%
矿渣硅酸盐水泥	P·S·A				
	P·S·B				
火山灰质硅酸盐水泥	P·P				
粉煤灰硅酸盐水泥	P·F				
复合硅酸盐水泥	P·C			42.5,42.5R 52.5,52.5R	
品质判定原则:检验结果不符合化学指标、凝结时间、体积安定性、强度和细度中任一项技术要求的水泥为不合格品					

普通硅酸盐水泥掺入少量混合材料的作用主要是调节水泥的强度等级,以便于工程中的合理选用。普通硅酸盐水泥中绝大部分是硅酸盐水泥熟料,其性能与硅酸盐水泥相近。但因掺入了少量的混合材料,故与硅酸盐水泥相比,其早期硬化速度稍慢,3 d 的抗压强度稍低,抗冻性与耐磨性也稍差。普通硅酸盐水泥是土木工程中应用最为广泛的水泥品种,应用范围见表3.7。

▶ 3.2.3 矿渣硅酸盐水泥

由硅酸盐水泥熟料和粒化高炉矿渣、适量石膏磨细可制成矿渣硅酸盐水泥,允许使用不超过8%的粉煤灰、火山灰、石灰石、砂岩或窑灰中的一种材料代替矿渣,代号为P·S。粒化高炉矿渣掺加量按质量百分比计为>20%且≤70%,并分为A型和B型。其中,A型矿渣掺量>20%且≤50%,代号为P·S·A;B型矿渣掺量>50%且≤70%,代号为P·S·B。

矿渣硅酸盐水泥分为32.5,32.5R,42.5,42.5R,52.5 和52.5R 共6个强度等级。各强度等级水泥的各龄期强度不得低于表3.4中的规定。凝结时间和体积安定性的要求均与普通硅酸盐水泥相同。矿渣硅酸盐水泥技术要求见表3.6。

矿渣硅酸盐水泥中熟料的含量比硅酸盐水泥少,掺入的粒化高炉矿渣较多,与硅酸盐水泥相比有以下几方面特点,参见表3.7。

表 3.7　通用硅酸盐水泥的性能和选用

水泥品种 / 性能	P·Ⅰ,P·Ⅱ	P·O	P·S	P·P	P·F
硬化	快	较快	慢		
早期强度	高	较高	低		
水化热	高	高	低		
耐蚀性	差	较差	较好		
抗冻性	好	较好	较差		
耐热性	差	较差	好	较差	较差
抗渗性	较好	较好	差	好	较好
干缩性	小	小	大	较大	较小
泌水性	较小	较小	较大	较小	较小
适用工程	一般气候环境的混凝土; 在干燥环境中的混凝土; 快硬、高强混凝土; 严寒地区的露天混凝土; 严寒地区处于水位升降范围内的混凝土; 有抗渗要求的混凝土; 有耐磨要求的混凝土	有耐热要求的混凝土 高湿度环境、长期处于水中的混凝土; 大体积混凝土; 海港混凝土; 耐腐蚀要求较高的混凝土; 蒸汽养护的混凝土		有抗渗要求的混凝土	承载较晚的混凝土
不适用工程	大体积混凝土; 耐腐蚀要求较高的混凝土	在干燥环境的混凝土、有早强要求的混凝土; 有抗冻要求的混凝土、有耐磨要求的混凝土			

1)凝结硬化慢

矿渣硅酸盐水泥的水化过程较硅酸盐水泥复杂。首先是水泥熟料矿物与水反应生成水化硅酸钙、水化铝酸钙、水化铁酸钙和 $Ca(OH)_2$。其中 $Ca(OH)_2$ 和掺入水泥中的石膏作为矿渣的碱性激发剂和硫酸盐激发剂,与矿渣中的活性 SiO_2、Al_2O_3 进行二次化学反应,生成 C—S—H 凝胶、C_3AH_6 和 AFt 晶体等水化物。由于矿渣硅酸盐水泥中熟料矿物含量减少,且水化分两步进行,故凝结硬化速度较慢。

2)早期强度低,后期强度增长较快

由于矿渣硅酸盐水泥凝结硬化速度慢,故早期(3 d,7 d)强度低。但二次反应后生成的 C—S—H 凝胶逐渐增多,故后期(28 d 后)强度发展较快,甚至超过硅酸盐水泥,如图 3.4 所示。

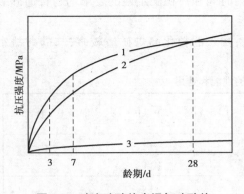

图 3.4 矿渣硅酸盐水泥与硅酸盐
水泥强度增长情况比较
1—硅酸盐水泥;2—矿渣硅酸盐水泥;
3—粒化矿渣

3)水化热较低

矿渣硅酸盐水泥中熟料的减少,使水泥中水化时发热量高的 C_3S 和 C_3A 矿物含量相对减少,故水化热较低,可优先使用于大体积混凝土工程。

4)抗碳化能力较差

矿渣硅酸盐水泥水化产物中 $Ca(OH)_2$ 含量少,碱度低,抗碳化能力较差,但抗溶出性侵蚀及抗硫酸盐侵蚀的能力较强。

5)保水性差,泌水性较大

矿渣玻璃体颗粒亲水性较小,故矿渣硅酸盐水泥保水性较差,泌水性较大,容易在水泥混凝土内部形成毛细通路及孔隙,降低混凝土的密实性及均匀性。因此,矿渣硅酸盐水泥干缩性较大,抗渗性、抗冻性和抗干湿交替作用的性能均较差,不宜用于有抗渗要求的混凝土工程。

6)耐热性较好

由于矿渣硅酸盐水泥硬化后 $Ca(OH)_2$ 的含量低,矿渣又是水泥的耐火掺料,故矿渣硅酸盐水泥具有较好的耐热性,可用于配制耐热混凝土。

7)硬化时对湿热敏感性强

矿渣硅酸盐水泥在较低温度下,凝结硬化缓慢,故冬季施工时需加强保温措施。但在湿热条件下强度发展很快,故适于采用蒸汽养护。

► **3.2.4 火山灰质硅酸盐水泥**

由硅酸盐水泥熟料和火山灰质混合材料、适量石膏磨细可制成火山灰质硅酸盐水泥,代号为 P·P。水泥中火山灰质混合材料掺量为>20%且≤40%。火山灰质硅酸盐水泥的技术要求同矿渣硅酸盐水泥。

火山灰质硅酸盐水泥和矿渣硅酸盐水泥在性能方面基本相同(参见表3.7)。如水化凝结硬化慢,早期强度低,后期强度增长率较大,水化热低,耐蚀性强,抗冻性差,易碳化等。

火山灰质硅酸盐水泥需水量大,在硬化过程中的干缩较矿渣硅酸盐水泥更为显著,在干热环境中易产生干缩裂缝。使用时必须加强养护,使其在较长时间内保持潮湿状态。

火山灰质硅酸盐水泥颗粒较细、泌水性小。在潮湿环境或水中养护时,细而多孔的火山灰材料吸收石灰而产生膨胀胶化作用,生成较多的水化硅酸钙,使水泥石的结构更加密实,故具有较高的抗渗性,宜用于有抗渗要求的混凝土工程。

► **3.2.5 粉煤灰硅酸盐水泥**

粉煤灰硅酸盐水泥由硅酸盐水泥熟料和粉煤灰、适量石膏磨细制成,代号为 P·F。水泥中粉煤灰掺量按质量百分比计为>20%且≤40%。粉煤灰硅酸盐水泥的凝结时间及体积安定性等技术要求与普通硅酸盐水泥相同。粉煤灰硅酸盐水泥的水化硬化过程与火山灰质硅酸盐水泥基本相同,其性能也与火山灰质硅酸盐水泥有许多相似之处,见表3.7。

粉煤灰硅酸盐水泥的主要特点有:干缩性较小,甚至比硅酸盐水泥及普通硅酸盐水泥还小,抗裂性较好。由于粉煤灰多呈球形微粒,吸水率小,故粉煤灰硅酸盐水泥的需水量小,配制的混凝土和易性较好。

▶ 3.2.6 复合硅酸盐水泥

复合硅酸盐水泥是由硅酸盐水泥熟料、三种或三种以上混合材料、适量石膏磨细制成的水硬性胶凝材料,代号为 P·C。水泥中混合材料总掺加量按质量分数计应>20%且≤50%。允许使用不超过70%水泥质量的石灰石和沙岩,以及不超过8%的窑灰替代。

复合硅酸盐水泥各强度等级水泥的各龄期强度不得低于表3.4中数值。复合硅酸盐水泥的特性与矿渣硅酸盐水泥、火山灰质硅酸盐水泥和粉煤灰硅酸盐水泥有不同程度的相似之处,见表3.7。

上述几种通用硅酸盐水泥的技术要求及判定原则见表3.6。

▶ 3.2.7 通用硅酸盐水泥的应用

水泥在砂浆和混凝土中起胶结作用。正确选择水泥品种、严格质量验收、妥善运输与储存等是保证工程质量、杜绝工程事故的重要措施。应结合各种通用硅酸盐水泥的性能特点,根据使用环境和工程特点以及混凝土所处的部位合理选用。通用硅酸盐水泥的选用见表3.7。

1)按环境条件选择水泥品种

环境条件主要包括环境的温度以及所含侵蚀性介质的种类、数量等。如当混凝土所处的环境具有较强的侵蚀性介质时,应优先选用矿渣硅酸盐水泥、火山灰质硅酸盐水泥、粉煤灰硅酸盐水泥和复合硅酸盐水泥,而不宜选用硅酸盐水泥和普通硅酸盐水泥。若侵蚀性介质强烈时(如硫酸盐含量较高),可选用具有良好抗侵蚀性的特种水泥。

2)按工程特点选择水泥品种

水泥用量很大的大体积混凝土工程如大坝、大型设备基础等,应选用水化热少、放热速度慢的掺混合材料的通用硅酸盐水泥,或专用的中热硅酸盐水泥、低热矿渣硅酸盐水泥,不得使用硅酸盐水泥。

有早强要求的紧急工程以及有抗冻要求的工程应选用硅酸盐水泥、普通硅酸盐水泥,而不应选用矿渣硅酸盐水泥、火山灰质硅酸盐水泥及粉煤灰硅酸盐水泥等。

承受高温作用的混凝土工程(工业窑炉及基础等)应优先选用矿渣硅酸盐水泥,不应使用硅酸盐水泥,若温度不高也可使用普通硅酸盐水泥。

3)按混凝土所处部位选择水泥品种

经常遭受水冲刷的混凝土、水位变化区外部的混凝土、构筑物的溢流面部位的混凝土等,应优先选用硅酸盐水泥、普通硅酸盐水泥或中热硅酸盐水泥,避免采用火山灰质硅酸盐水泥等。位于水中和地下部位的混凝土,采取蒸汽养护等湿热处理的混凝土应优先采用矿渣硅酸盐水泥、火山灰质硅酸盐水泥或粉煤灰硅酸盐水泥等。

► **3.2.8　水泥包装、标志与存放**

水泥是一种粉状物,在运输和储存方面须用不同形式的容器,我国出厂水泥一般有袋装和散装两种,国外还有桶装和集装袋等。袋装水泥一般采用纸装或塑料编织袋包装,每袋净含量为 50 kg,且应不小于标志质量的 99%。散装一般有罐车、火车及船运散装等。散装水泥可节约包装用纸,并可实现清洁生产和现代化施工,应大力发展散装水泥。

水泥包装袋应标明执行标准、水泥品种、代号、强度等级、生产者名称、生产许可证标志(QS)及编号、出厂编号、包装日期和净含量等。包装袋两侧应根据水泥的品种采用不同的颜色印刷水泥名称和强度等级:硅酸盐水泥和普通硅酸盐水泥采用红色,矿渣硅酸盐水泥采用绿色,火山灰质硅酸盐水泥、粉煤灰硅酸盐水泥和复合硅酸盐水泥采用黑色或蓝色。散装发运时应提交与袋装标志相同内容的卡片。

水泥在运输与储存时不得受潮和混入杂物,不同品种和强度等级的水泥在储运中应避免混杂。

3.3　其他品种的水泥

► **3.3.1　白色和彩色硅酸盐水泥**

1)白色硅酸盐水泥

由氧化铁含量少的硅酸盐水泥熟料、适量石膏及符合国家标准规定的混合材料,磨细制成的水硬性胶凝材料称为白色硅酸盐水泥(简称白水泥),代号为 P·W。它与常用水泥的主要区别在于氧化铁含量少,因而色白。

白色硅酸盐水泥的技术性能与硅酸盐水泥基本相同。按照国家标准《白色硅酸盐水泥》(GB/T 2015—2017)的规定,白色硅酸盐水泥分为 32.5、42.5 和 52.5 共 3 个强度等级,按照白度分为 1 级和 2 级。其中,1 级白度(P·W·1)不小于 89;2 级白度(P·W·2)不小于 87。各强度等级水泥的各龄期强度及其他技术性质要求见表 3.8。

表 3.8　白色和彩色硅酸盐的水泥强度要求（GB/T 2015—2017）、（JC/T 870—2012）

品　种	凝结时间		细度,筛余,%≤	安定性	强度等级	抗压强度,MPa≥		抗折强度,MPa≥	
	初凝,min≥	终凝,h≤				3 d	28 d	3 d	28 d
白色硅酸盐水泥(P·W)	45	10	30.0 (45 μm 筛)	沸煮法合格	32.5	12.0	32.5	3.0	6.0
					42.5	17.0	42.5	3.5	6.5
					52.5	22.0	52.5	4.0	7.0
彩色硅酸盐水泥	60		6.0 (80 μm 筛)		27.5	7.5	27.5	2.0	5.0
					32.5	10.0	32.5	2.5	5.5
					42.5	15.0	42.5	3.5	6.5

2) 彩色硅酸盐水泥

由硅酸盐水泥熟料及适量石膏(或白色硅酸盐水泥)、混合材及着色剂磨细或混合制成的带有色彩的水硬性胶凝材料,称为彩色硅酸盐水泥。水泥中掺加的着色剂应符合相应颜料国家标准的要求,并对水泥性能无害,且对人体无害。彩色硅酸盐水泥的基本色有红色、黄色、蓝色、绿色、棕色和黑色等。

根据行业标准《彩色硅酸盐水泥》(JC/T 870—2012)的规定,分为 27.5,32.5 和 42.5 共 3 个强度等级,各强度等级的各龄期强度及其他技术性质要求见表 3.8。

白色和彩色硅酸盐水泥主要用于建筑装饰工程,配制各类彩色水泥浆、水泥砂浆,用于饰面刷浆或陶瓷铺贴的勾缝;配制装饰混凝土、彩色水刷石、人造大理石及水磨石等制品;以其特有的色彩装饰性,用于雕塑艺术和各种装饰部件等。

▶ 3.3.2 道路硅酸盐水泥

由道路硅酸盐水泥熟料,适量石膏,可加入符合规定的混合材料,磨细制成的水硬性胶凝材料,称为道路硅酸盐水泥(简称道路水泥),代号为 P·R。道路水泥熟料中 C_3A 的含量(质量分数)≤5.0%,C_4AF 的含量(质量分数)不低于 15.0%。

按照国家标准《道路硅酸盐水泥》(GB/T 13693—2017)的规定,道路水泥分为 7.5 和 8.5 两个强度等级。MgO 含量(质量分数)≤5.0%,若水泥压蒸试验合格,则 MgO 含量(质量分数)允许放宽至 6.0%,SO_3 含量(体积分数)≤3.5%,28 d 干缩率≤0.10%,28 d 磨耗量 ≤3.00 kg/m^3。道路水泥各强度等级的各龄期强度及其他技术性质要求见表 3.9。

表 3.9 道路水泥的等级与各龄期强度 (GB 13693—2017)

凝结时间/h		细度,比表面积 /(m²·kg⁻¹)	体积 安定性	强度等级	抗折强度,MPa≥		抗压强度,MPa≥	
初凝	终凝				3 d	28 d	3 d	28 d
≥1.5	≤12	300~450	沸煮法 合格	7.5	4.0	7.5	21.0	42.5
				8.5	5.0	8.5	26.0	52.5

用道路水泥配制的路面混凝土具有早强、高抗折强度、低抗折弹性模量、耐磨、低收缩、抗冻融和抗硫酸盐侵蚀等优良性能,能满足不同等级道路路面工程的技术要求。

▶ 3.3.3 中热硅酸盐水泥、低热硅酸盐水泥

以适当成分的硅酸盐水泥熟料,加入适量石膏,磨细制成的具有中等水化热的水硬性胶凝材料,称为中热硅酸盐水泥(简称中热水泥),代号为 P·MH。

以适当成分的硅酸盐水泥熟料,加入适量石膏,磨细制成的具有低水化热的水硬性胶凝材料,称为低热硅酸盐水泥(简称低热水泥),代号为 P·LH。

中热水泥的强度等级为 42.5,低热水泥的强度等级为 32.5 和 42.5。它们的强度和水化热指标要求见表 3.10。

表3.10　中热水泥、低热水泥的技术要求（GB/T 200—2017）

品　　种	强度等级	抗压强度,MPa≥			抗折强度,MPa≥			水化热,kJ·kg⁻¹≤	
		3 d	7 d	28 d	3 d	7 d	28 d	3 d	7 d
中热水泥（P·MH）	42.5	12.0	22.0	42.5	3.0	4.5	6.5	251	293
低热水泥（P·LH）	42.5	—	13.0	42.5	—	3.5	6.5	230	260
	32.5	—	10.0	32.5	—	3.0	5.5	197	230

上述两种水泥的其他技术要求：SO_3 含量（体积分数）≤3.5%,比表面积≥250 m^2/kg,初凝时间不早于 60 min,终凝时间不迟于 12 h;体积安定性用沸煮法检验应合格;MgO 含量（质量分数）≤5.0%,烧失量≤3.0%,低热水泥还要求 28 d 的水化热应不大于 310 kJ/kg。

中热水泥水化热较低,抗冻性与耐磨性较高,适用于大体积水工建筑物水位变动区的覆面层及大坝溢流面,以及其他要求低水化热、高抗冻性和耐磨性的混凝土工程。低热水泥的水化热更低,适用于大体积混凝土或大坝内部要求更低水化热的部位。

▶ 3.3.4　铝酸盐水泥

以铝酸钙为主的铝酸盐水泥熟料磨细制成的水硬性胶凝材料,称为铝酸盐水泥（又称高铝水泥）,代号 CA。根据需要,也可在磨制 Al_2O_3 含量大于 68%的水泥时掺加适量的 α-Al_2O_3 粉。

国家标准《铝酸盐水泥》（GB/T 201—2015）规定,按 Al_2O_3 含量分为 CA-50,CA-60,CA-70 和 CA-80 四类。细度要求比表面积≥300 m^2/kg 或 0.045 mm 筛余≤20%,凝结时间和强度指标符合表3.11 的要求。

表3.11　铝酸盐水泥的凝结时间和强度（GB/T 201—2015）

水泥品种		凝结时间		抗压强度,MPa≥				抗折强度,MPa≥			
		初凝/min≥	终凝/h≤	6 h	1 d	3 d	28 d	6 h	1 d	3 d	28 d
CA50	CA50-Ⅰ	30	6	20	40	50		3	5.5	6.5	
	CA50-Ⅱ				50	60			6.5	7.5	
	CA50-Ⅲ				60	70			7.5	8.5	
	CA50-Ⅳ				70	80			8.5	9.5	
CA60	CA60-Ⅰ	30	6		65	85			7.0	10.0	
	CA60-Ⅱ	60	18		20	45	85		2.5	5.0	10.0
CA70		30	6		30	40			5.0	6.0	
CA80		30	6		25	30			4.0	5.0	

铝酸盐水泥具有快凝、早强、高强、低收缩、耐热性好和抗硫酸盐腐蚀性强等特点,主要用于紧急工程、抢修工程、冬期施工的工程,以及配制耐热混凝土、抗海水和硫酸盐混凝土等。但铝酸盐水泥的水化热大、耐碱性差、长期强度会降低,故不宜用于大体积混凝土工程,不得用于接触碱性溶液的工程,不宜用于长期承重的结构及处于高温、高湿环境的工程。

还应注意,铝酸盐水泥制品不能进行蒸汽养护,不得与硅酸盐水泥或石灰混用,以免引起闪凝和强度下降,也不得与尚未硬化的硅酸盐水泥接触使用。

▶ 3.3.5 硫铝酸盐水泥

硫铝酸盐水泥是以适当成分的生料,经煅烧所得以无水硫铝酸钙和 C_2S 为主要矿物成分的水泥熟料掺加不同量的石灰石、适量石膏共同磨细制成的水硬性胶凝材料。

我国标准《硫铝酸盐水泥》(GB 20472—2006)规定,硫铝酸盐水泥分为快硬硫铝酸盐水泥(代号为 R·SAC)、低碱度硫铝酸盐水泥(代号为 L·SAC)和自应力硫铝酸盐水泥(代号为 S·SAC)。

快硬硫铝酸盐水泥按 3 d 抗压强度分为 42.5,52.5,62.5 和 72.5 共 4 个强度等级;低碱度硫铝酸盐水泥按 7 d 抗压强度分为 32.5,42.5 和 52.5 共 3 个强度等级;自应力硫铝酸盐水泥以 28 d 自应力值分为 3.0,3.5,4.0 和 4.5 共 4 个自应力等级。这 3 种硫铝酸盐水泥的物理力学性能指标见表 3.12。

表 3.12 硫铝酸盐水泥的物理力学性能 (GB 20472—2006)

项 目		指 标		
		快硬硫铝酸盐水泥 (R·SAC)	低碱度硫铝酸盐水泥 (L·SAC)	自应力硫铝酸盐水泥 (S·SAC)
石灰石掺量,水泥质量,%		≤15	15~35	—
比表面积,m^2/kg≥		350	400	370
终凝时间,min	初凝≥	25		40
	终凝≤	180		240
碱度 pH 值		—	≤10.5	
28 d 自由膨胀率,%		—	0.00~0.15	
自由膨胀率,%	7 d≤	—		1.30
	28 d≤	—		1.75
碱含量,$Na_2O+0.658K_2O$,%		—		<0.50
28 d 自应力增进率,MPa/d≤		—		0.010

与其他水泥相比,快硬硫铝酸盐水泥具有早强和高强的特点,3 d 抗压强度可达 40 ~ 80 MPa。同时,其抗渗性、抗冻性、抗碳化及耐腐蚀等性能也均有明显改善。主要用于配制早强、抗渗和抗硫酸盐等混凝土,适用于冬期施工、浆锚、拼装、抢修、堵漏、喷射混凝土等特殊工程。由于水化放热快,不宜用于大体积混凝土工程;由于碱度低,对钢筋的保护能力差,故不适用于重要钢筋混凝土结构。

低碱度硫铝酸盐水泥的碱度低、早期强度高且能适当补偿收缩。主要用于制作玻璃纤维增强水泥制品,用于配有纤维、钢筋、钢丝网、钢埋件等混凝土制品和结构时,所用钢材应为不锈钢。

自应力硫铝酸盐水泥自由膨胀较大,自应力值较高,抗渗性和抗化学侵蚀性能优良,主要用于制造输水、输油、输气用自应力水泥钢筋混凝土压力管。

▶ 3.3.6 膨胀和自应力水泥

通用硅酸盐水泥在空气中硬化时体积会收缩,使得水泥石产生微裂纹,造成混凝土构件的强度、抗渗、抗冻和抗腐蚀等性能发生劣化。膨胀水泥在硬化过程中体积不会收缩,还略有膨胀,可解决通用硅酸盐水泥收缩带来的不利后果。

膨胀水泥需借助膨胀组分的化学反应才能产生体积膨胀,能使水泥产生膨胀的反应主要有 3 种:CaO 水化生成 $Ca(OH)_2$,MgO 水化生成 $Mg(OH)_2$ 以及形成钙矾石。因为前两种反应产生的膨胀不易控制,目前广泛使用的是以钙矾石为膨胀组分的各种膨胀水泥。

当水泥的体积膨胀受到混凝土中钢筋等的约束时,会在混凝土中产生压应力,这种水泥水化本身预先产生的压应力称为"自应力"。按膨胀值的大小可分为膨胀水泥和自应力水泥。膨胀水泥的线膨胀率一般在 1% 以下,所产生的自应力大致抵消干缩所引起的拉压力,可补偿收缩,故又称补偿收缩水泥或无收缩水泥。自应力水泥的线膨胀率一般不大于 1.75%,其膨胀在抵消干缩后仍能使混凝土有较大的自应力值(>3.0 MPa)。各种类型的膨胀水泥及自应力水泥的组成、技术要求及工程应用情况见表 3.13。

膨胀水泥适用于配制补偿收缩混凝土,用于构件的接缝及管道接头、混凝土结构的加固和修补、防渗堵漏工程、机器底座及地脚螺丝的固定等。自应力水泥适用于制造需要低预应力值的构件,如钢筋混凝土压力管、墙板和楼板等。

▶ 3.3.7 石灰石硅酸盐水泥

以硅酸盐水泥熟料和适量石膏以及一定比例的石灰石磨细制成的水硬性胶凝材料,代号为 P·L。其中,石灰石掺加量按质量百分比计为 10% ~ 25%,石灰石中 $CaCO_3$ 含量不小于 75.0%,Al_2O_3 含量不大于 2.0%。

石灰石硅酸盐水泥具有和易性好,需水量少,抗渗性、抗冻性、抗硫酸盐性能优等特点。但干缩率略大于普通水泥,随着石灰石掺量的增加,后期强度降低。石灰石硅酸盐水泥有 32.5,32.5R,42.5,42.5R 四个强度等级,可与同强度等级的普通水泥一样,用于各种建筑工程。

表3.13 膨胀及自应力水泥的技术指标及工程应用

水泥品种及标准编号	组 成	强度等级	28 d 自应力等级	线膨胀率,%	凝结时间 初凝,min≥	凝结时间 终凝,min≤	比表面积, m²/kg ≥	工程应用
低热微膨胀水泥 (LHEC) (GB 2938—2008)	以粒化高炉矿渣为主要成分,加入适量硅酸盐水泥熟料和石膏,磨细制成的具有低水化热和微膨胀性能的水硬性胶凝材料	32.5	—	≥0.05(1 d) ≥0.10(7 d) ≤0.60(28 d)	45	720	300	用于要求较低水化热和要求补偿收缩的混凝土,大体积混凝土,要求抗渗和抗硫酸盐侵蚀的工程
明矾石膨胀水泥 (A·EC) (JC 311—2004)	以硅酸盐水泥熟料为主,铝质熟料,石膏和粒化高炉矿渣(或粉煤灰),按适当比例磨细制成的具有膨胀性能的水硬性胶凝材料	32.5 42.5 52.5	—	限制膨胀率 ≥0.015(3 d) ≤0.10(28 d)	45	360	400	用于补偿收缩混凝土结构,防渗抗裂混凝土工程,补强和防渗抹面工程,大口径混凝土排水管道接头及连接缝,固接梁柱和管道接头,机器底座和地脚螺栓等
自应力硫铝酸盐水泥 (S·SAC) (GB 20472—2006)	由适当成分的硫铝酸盐水泥熟料加入适量石膏磨细制成的具有膨胀性的水硬性胶凝材料	≥32.5(7 d) ≥42.5(28 d)	3.0,3.5, 4.0,4.5	≤1.30(7 d) ≤1.75(28 d)	40	240	370	用于生产输水、输油、输气用自应力水泥钢筋混凝土压力管等
自应力铁铝酸盐水泥 (S·FAC) (JC/T 437—2010)	由铁铝酸盐水泥熟料和适量的石膏磨细制成的,具有自应力性能的水硬性胶凝材料	≥32.5(7 d) ≥42.5(28 d)	3.0,3.5, 4.0,4.5	≤1.30(7 d) ≤1.75(28 d)	40	240	370	适用于生产输水、输油、输气自应力水泥钢筋混凝土压力管等

 案例

水泥是谁发明的?

水泥的使用最早可以追溯到古罗马时期。古罗马人将火山灰、石灰等材料与水混合,砌筑房屋,使房屋更加稳固。现代水泥被认为是在1824年由英国人Joseph Aspdin发明。1756年,英国人约翰·斯米顿(J.Smeaton)在建灯塔的过程中发现,含有黏土的石灰石经过煅烧和磨细处理之后,再加水制成的砂浆能够慢慢硬化,在海水中的强度较"罗马砂浆"高得多。斯米顿的这一发现是水泥发明过程中的一大飞跃。

1796年,英国人派克(J.Parker)将黏土质石灰岩磨细后制成料球,在高于煅烧石灰的温度下煅烧,然后磨细制成水泥。派克称这种水泥为"罗马水泥"(Roman Cement),并取得了该水泥的专利权。"罗马水泥"凝结较快,可用于与水接触的工程,在英国曾得到广泛应用,一直沿用到被"波特兰水泥"所取代。

英国人福斯特(J.Foster)将两份质量白垩和一份质量黏土混和后加水湿磨成泥浆,送入料槽进行沉淀,置沉淀物于大气中干燥,然后放入石灰窑中煅烧(温度以料子中碳酸气完全挥发为准),烧成产品呈浅黄色,冷却后细磨成水泥。福斯特称该水泥为"英国水泥"(British Cement),于1822年10月22日获得英国第4679号专利。这种水泥虽然未被大量推广,但其制造方法已是近代水泥制造的雏型,是水泥知识积累中的又一次重大飞跃。

1824年,英国人阿斯普丁(J.Aspdin)获得英国第5022号的"波特兰水泥"专利证书,从而一举成为流芳百世的水泥发明人。他的专利证书上叙述的"波特兰水泥"制造方法是:"把石灰石捣成细粉,配合一定量黏土,掺水后以人工或机械搅和均匀成泥浆。置泥浆于盘上,加热干燥。将干料打击成块,然后装入石灰窑煅烧,烧至石灰石内碳酸气全部逸出。煅烧后的烧块再将其冷却和打碎磨细,制成水泥。使用水泥时加入少量水分,拌和成适当稠度的砂浆,可应用于各种不同的工作场合。"该水泥水化硬化后的颜色类似英国波特兰地区建筑用石料的颜色,所以被称为"波特兰水泥"。

波特兰水泥发明之后,经过了无数的改进,成为我们现今使用最为广泛的胶凝材料。

本章小结

1.本章是本课程的重点章节之一,以硅酸盐水泥和掺混合材料的通用硅酸盐水泥为学习重点。学习时从掌握硅酸盐水泥熟料矿物的组成及特性入手,分析硅酸盐水泥水化产物及其特性,对于理解硅酸盐水泥的特性十分重要。

2.硅酸盐水泥是一种水硬性胶凝材料,其熟料由C_3S,C_2S,C_3A和C_4AF这4种矿物所组成。水化产物主要有水化硅酸钙、水化铁酸钙凝胶体、$Ca(OH)_2$、水化铝酸钙和水化硫铝酸钙晶体等。由于每一种矿物水化特性各异,不同组分的水泥表现出来的特点就不同。

3.硅酸盐水泥的技术性质主要为化学组分、细度、凝结时间、安定性和强度。强度是评定水泥强度等级的依据。为掌握水泥的特点,更好地运用到工程当中,要牢牢把握水泥的技术性质。

4.为改善硅酸盐水泥的某些性能,同时达到增产和降低成本的目的,在硅酸盐水泥熟料中掺加适量的各种混合材料,并与石膏共同磨细即可制成各种掺混合材料的水泥。在学习掺混合材料的硅酸盐水泥时,重点比较几种掺混合材料水泥的异同,共性主要体现在与硅酸盐水泥相比较,特性源于所掺加的混合材料不同。

5.在掌握通用硅酸盐水泥的组成、性能和工程应用后,应了解其他品种的水泥在工程中的使用情况,学会根据工程需求及所处的环境选择水泥品种。

复习思考题

一、填空题

1.引起硅酸盐水泥体积安定性不良的因素主要有_____、_____和_____。

2.水泥的水化热多,有利于_____施工,而不利于_____工程。

3.常用的硅酸盐水泥的活性混合材料有_____、_____和_____。

4.水泥中掺入的活性混合材料,能通过发生_____反应,保证后期混凝土强度和某些耐久性能。

二、选择题

1.生产硅酸盐水泥,在粉磨熟料时,所加入适量石膏的作用是( )。

  A.增稠   B.增强   C.缓凝   D.防潮

2.下列 4 种水泥熟料矿物中,水化速度快、强度最高的是( )。

  A.C_2S B.C_3S C.C_3A D.C_4AF

3.普通硅酸盐水泥中,混合材料的掺量范围是( )。

  A.0~5%   B.6%~20%   C.20%~40%   D.20%~70%

4.现行国家标准规定,硅酸盐水泥的初凝时间不得早于( ),终凝时间不得迟于( )。

  A.45 min,6.5 h   B.45 min,10 h   C.60 min,6.5 h   D.60 min,10 h

5.要求干缩小、抗裂性好的厚大体积混凝土,应优先选用( )。

  A.普通硅酸盐水泥   B.硅酸盐水泥

  C.快硬硅酸盐水泥   D.粉煤灰硅酸盐水泥

三、简答题

1.现有甲、乙两家水泥厂生产的硅酸盐水泥熟料,其矿物成分如下表,试分析两厂所生产的硅酸盐水泥的性能有何差异?

生产厂家	熟料矿物成分/%			
	C_3S	C_2S	C_3A	C_4AF
甲	56	17	12	15
乙	42	35	7	16

2.硫酸盐对水泥石具有腐蚀作用,为什么在生产水泥时掺入的适量石膏对水泥不产生腐蚀作用?

3.铝酸盐水泥的熟料与硅酸盐水泥的熟料有何区别？两种水泥的性质有何不同？两者能否混用？

4.有下列混凝土构件和工程,试分别选用合适的水泥品种,并说明理由:

①现浇楼房梁、板、柱;

②采用蒸汽养护的预制构件;

③紧急抢修的工程;

④大体积混凝土坝、大型设备基础;

⑤有硫酸盐腐蚀的工程;

⑥高炉基础;

⑦海港码头;

⑧机场跑道。

4 普通混凝土和砂浆

〖本章导读〗

本章要求掌握普通混凝土的组成材料、新拌混凝土的和易性及其评定方法、硬化后混凝土的强度和变形、耐久性等技术性能;掌握普通混凝土的配合比设计计算方法,熟悉混凝土质量检验和合格评定方法;了解其他混凝土及其最新研究进展;熟悉建筑砂浆的组成材料、技术性质和砌筑砂浆的配合比计算;了解其他特种砂浆。

4.1 概　述

混凝土是由胶凝材料、粗骨料、细骨料和水按适当比例混合,拌制成混合物,浇筑、捣实成型后经一定时间养护,硬化而成并具有一定强度和所需性能的人造石材。土木工程中使用最多的是以水泥为胶凝材料、以砂石为骨料的水泥混凝土,简称混凝土。

混凝土是一种主要的土木工程材料,在工业与民用建筑、给排水工程、道路工程、桥梁工程、水利工程、地下工程、国防工程等方面都有广泛应用。

▶ 4.1.1 混凝土的分类

混凝土的种类繁多,可按表观密度、用途、胶凝材料种类、施工工艺、抗压强度和拌合物流动性等进行分类。

1)按表观密度分类

(1)重混凝土　表观密度大于 2 800 kg/m³,采用钡水泥、锶水泥等重水泥与重晶石、铁矿

石或钢渣等作骨料配制而成。重混凝土对 x, γ 射线屏蔽能力高,又称防辐射混凝土,主要用作核工业工程的屏蔽结构材料。

（2）普通混凝土　表观密度为 2 000~2 800 kg/m³,一般多在 2 400 kg/m³ 左右,是土木工程中常用的承重结构材料。

（3）轻混凝土　表观密度小于 2 000 kg/m³,又可分为轻骨料混凝土、多孔混凝土、加气混凝土、泡沫混凝土和大孔混凝土等,主要用作轻质结构材料和绝热材料。

2）按用途分类

可分为结构混凝土、防水混凝土、耐热混凝土、防辐射混凝土、道路混凝土、大体积混凝土和膨胀混凝土等。

3）按胶凝材料分类

可分为水泥混凝土、沥青混凝土、聚合物混凝土、水玻璃混凝土、石膏混凝土和硅酸盐混凝土等。土木工程中使用最多的是水泥混凝土,道路工程中多使用沥青混凝土。

4）按施工工艺分类

可分为泵送混凝土、喷射混凝土、碾压混凝土、挤压混凝土和离心混凝土等。

此外,混凝土还可按强度等级分为普通混凝土（C10~C55）、高强混凝土（C60~C100）和超高强混凝土（>C100）;按拌合物流动性分为干硬性混凝土（坍落度<10 mm）、塑性混凝土（坍落度 10~90 mm）、流动性混凝土（坍落度 100~150 mm）和大流动性混凝土（坍落度≥160 mm）。如无特殊说明,本章所指的混凝土均指普通水泥混凝土。

▶ 4.1.2　普通混凝土的优缺点

混凝土材料具有许多明显的技术经济优势,如:组成材料来源丰富、成本低;凝结前具有良好的可塑性,可按工程结构的要求浇筑成各种形状和任意尺寸;硬化后有较高的力学强度和良好的耐久性;与钢筋有牢固的粘结力,可制成钢筋混凝土,与钢筋互补优缺,扩大使用范围;根据不同要求可配制出不同性能的混凝土;可利用工业废料作掺合料,对环保有利。同时,混凝土也存在一定的技术问题,如硬化慢、施工周期长、自重大、抗拉强度低及易开裂等。

4.2　普通混凝土的组成材料

普通混凝土的基本组成材料是水泥、水、砂和石子,有时还掺入适量的矿物掺合料和外加剂,它们在混凝土中分别起着不同的作用。

砂、石子构成了混凝土的骨架,故分别被称为细骨料和粗骨料,还可起到抵抗混凝土硬化后的收缩作用。水泥、矿物掺合料和水形成的胶凝材料料浆在混凝土硬化前起润滑作用,赋予混凝土一定的流动性以便于施工;硬化后起胶结作用,将散粒状的砂、石骨料胶结成具有一定强度的整体材料。胶凝材料料浆包裹在砂粒表面并填充砂粒间的空隙而形成水泥砂浆。水泥砂浆又包裹石子并填充石子间空隙而形成混凝土。各组成材料的比例,见图4.1。

混凝土是一种多孔、多相、非匀质的硬化堆聚结构,见图4.2,其质量和性能的优劣在很大程度上取决于原材料的性质及其相对比例,应合理选择原材料以保证混凝土的质量。

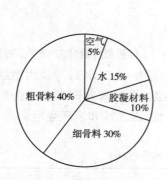

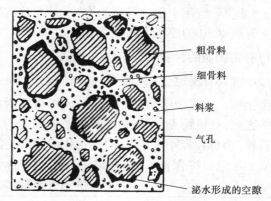

粗骨料
细骨料
料浆
气孔
泌水形成的空隙

图 4.1　混凝土组成材料的体积比　　　图 4.2　硬化后的混凝土结构

▶ 4.2.1　水泥

水泥是混凝土的极其重要的组成材料,其各项技术指标应符合国家标准要求。用于拌制混凝土的水泥其品种和强度等级要经合理选择。

1)水泥品种的选择

配制混凝土时,应根据工程性质与特点、工程所处环境及施工条件,按各种水泥的特性合理地选择,详见本教材第3章。

2)水泥强度等级的选择

水泥强度等级应与混凝土的设计强度等级相适应。用低强度等级的水泥配制高强度等级的混凝土,不仅需增加水泥用量而不经济,还会增大混凝土的收缩和水化热;若用高强度等级的水泥配制低强度等级的混凝土,少量水泥即可满足强度要求,但为了满足拌合物的和易性和混凝土的耐久性,需额外增加水泥用量而造成浪费。根据经验,以水泥强度等级为混凝土强度等级的1.5~2.0倍为宜,对于高强混凝土可取为0.9~1.5倍。

▶ 4.2.2　细骨料

公称粒径小于4.75 mm的岩石、尾矿或工业废渣等颗粒称为细骨料,亦即砂。建设工程中混凝土及其制品和普通砂浆用砂按产源可分为天然砂、机制砂和混合砂。

天然砂是自然生成的,经人工开采和筛分的粒径小于4.75 mm的岩石颗粒,包括河砂、湖砂、山砂和淡化海砂,但不包括软质岩、风化岩石的颗粒。

机制砂是指经除土处理,由机械破碎、筛分制成的粒径小于4.75 mm的岩石、矿山尾矿或工业废渣颗粒,也不包括软质、风化的岩石颗粒,俗称人工砂。机制砂的颗粒较洁净、富有棱角,但成本较高。

混合砂是由机制砂与天然砂按一定比例混合而成。

国家标准《建设用砂》(GB/T 14684—2011)规定,砂按含泥量、石粉含量、泥块含量、有害物质含量、坚固性等技术要求划分为Ⅰ类、Ⅱ类和Ⅲ类。Ⅰ类砂宜用于强度等级>C60 的高强混凝土;Ⅱ类砂宜用于强度等级为 C30～C55 及抗冻、抗渗或其他要求的混凝土;Ⅲ类砂宜用于强度等级<C30 的混凝土和建筑砂浆。

1)有害物质的含量

砂中常含有淤泥、泥块、云母、轻物质($\rho_0<2\,000\ kg/m^3$)、有机物、硫化物及硫酸盐、氯离子等有害物质。这些杂质如淤泥、黏土、云母等粘附在砂的表面,妨碍水泥与砂的粘结,降低混凝土的强度;有机物、硫化物及硫酸盐影响水泥的正常凝结,并对水泥产生腐蚀作用;机制砂中的石粉(公称粒径小于 75 μm)直接影响混凝土的和易性、保水性和抗压强度。细骨料中有害物质的含量应符合表 4.1 的要求。

表 4.1 砂中有害物质的含量(JGJ 52—2006)

项 目			指 标		
			≥C60	C55～C30	≤C25
天然砂含泥量(按质量计),%≤			2.0	3.0	5.0
泥块含量(按质量计),%≤			0.5	1.0	2.0
机制砂石粉含量(按质量计,%)≤	亚甲蓝试验	MB<1.40(合格)	5.0	7.0	10.0
		MB>1.40(不合格)	2.0	3.0	5.0
云母(按质量计),%≤			2.0		
轻物质(按质量计),%≤			1.0		
有机物(比色法)			合格		
硫化物及硫酸盐(按 SO_3 质量计),%≤			1.0		
氯化物(按 Cl^- 质量计),%			①钢筋混凝土,<0.06;②预应力混凝土,<0.02		

注:①对于有抗冻、抗渗或其他特殊要求的混凝土,砂中的含泥量不应大于 3.0%,泥块含量不应大于 1.0%;
②亚甲蓝试验用于判定机制砂中粒径小于 75 μm 颗粒含量主要是泥土还是与被加工母岩化学成分相同的石粉的指标。

使用氯离子含量超标的海砂,会导致混凝土中的钢筋锈蚀。行业标准《海砂混凝土应用技术规范》(JGJ 206—2010)规定,海砂使用前应经过净化处理至氯离子含量不大于 0.03,而且海砂不能用于预应力混凝土工程。

用矿山尾矿、工业废渣生产的机制砂,其有害物质含量及放射性指标还应符合我国环保和安全相关标准和规范,不得对人体、生物、环境及混凝土、砂浆性能产生有害影响。

2)粗细程度及颗粒级配

砂的粗细程度和颗粒级配用筛分析法测定。我国《普通混凝土用砂、石质量及检验方法标准》(JGJ 52—2006)规定,采用一套方孔孔径为 4.75 mm,2.36 mm,1.18 mm,600 μm,300 μm 及 150 μm 的 6 个标准筛,将预先通过孔径为 9.50 mm 筛的干砂试样 500 g 由粗到细依次过筛,然后称量余留在各筛上的砂量。计算各筛上的分计筛余百分率 $\alpha_1,\alpha_2,\alpha_3,\alpha_4,\alpha_5,\alpha_6$(各筛筛余量占砂样总质量的百分率)及累计筛余百分率 $\beta_1,\beta_2,\beta_3,\beta_4,\beta_5,\beta_6$(各筛和比该筛粗的所有分计筛余百分率之和)。任意一组累计筛余($\beta_1 \sim \beta_6$)表征了一个级配。

累计筛余百分率与分计筛余百分率的关系见表4.2。

表4.2 累计筛余百分率与分计筛余百分率的关系（JGJ 52—2006）

方筛孔径/mm	分计筛余/%	累计筛余/%
4.75	α_1	$\beta_1 = \alpha_1$
2.36	α_2	$\beta_2 = \alpha_1 + \alpha_2$
1.18	α_3	$\beta_3 = \alpha_1 + \alpha_2 + \alpha_3$
0.60	α_4	$\beta_4 = \alpha_1 + \alpha_2 + \alpha_3 + \alpha_4$
0.30	α_5	$\beta_5 = \alpha_1 + \alpha_2 + \alpha_3 + \alpha_4 + \alpha_5$
0.15	α_6	$\beta_6 = \alpha_1 + \alpha_2 + \alpha_3 + \alpha_4 + \alpha_5 + \alpha_6$

（1）粗细程度　用细度模数（μ_f）表示,其计算公式为:

$$\mu_f = \frac{\beta_2 + \beta_3 + \beta_4 + \beta_5 + \beta_6 - 5\beta_1}{100 - \beta_1} \tag{4.1}$$

砂的细度模数范围一般为 3.7~1.6,细度模数 μ_f 越大,表示砂越粗。按照细度模数共可划分为 4 级: $\mu_f = 3.7 \sim 3.1$ 为粗砂, $\mu_f = 3.0 \sim 2.3$ 为中砂, $\mu_f = 2.2 \sim 1.6$ 为细砂, $\mu_f = 1.5 \sim 0.7$ 为特细砂。配制混凝土时宜优先选用中砂;有特细砂资源的地区,可将特细砂与机制砂混合使用,不宜单独用作混凝土的细骨料。

砂的细度模数只能用来划分砂的粗细程度,并不能反映砂的级配优劣,细度模数相同的砂,其级配不一定相同。

（2）颗粒级配　颗粒级配是指不同粒径砂粒的搭配比例。当砂中含有较多的粗颗粒,其空隙恰好由适量的中颗粒填充,中颗粒的空隙恰好由少量的细颗粒填充,如此逐级填充（见图4.3）,使砂形成最密致的堆积状态,则空隙率和总表面积均较小,不仅胶凝材料用量少,而且还能提高混凝土的密实度与强度。

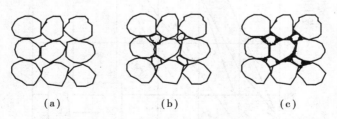

（a）	（b）	（c）

图4.3　骨料的颗粒级配

砂的颗粒级配用级配区表示。除特细砂外,按 $600~\mu m$ 筛孔累计筛余百分率 β_4,分成Ⅰ区、Ⅱ区和Ⅲ区 3 个级配区,见表4.3。级配良好的粗砂应落在Ⅰ区,中砂应落在Ⅱ区,细砂则落在Ⅲ区。某一筛档累计筛余百分率超出 5% 以上时,说明该砂的级配很差,视为不合格。

表 4.3　建筑用砂的颗粒级配（JGJ 52—2006）

方筛孔径 ＼ 累计筛余/% ＼ 级配区	Ⅰ	Ⅱ	Ⅲ
4.75 mm	10～0	10～0	10～0
2.36 mm	35～5	25～0	15～0
1.18 mm	65～35	50～10	25～0
600 μm	85～71	70～41	40～16
300 μm	95～80	92～70	85～55
150 μm	100～90	100～90	100～90

注：①砂的实际颗粒级配与表中所列数字相比，除 4.75 mm 和 600 μm 筛档外，可略有超出，但超出总量应小于 5%；

②Ⅰ区机制砂中 150 μm 筛孔的累计筛余可放宽到 100～85，Ⅱ区机制砂中 150 μm 筛孔的累计筛余可放宽到100～80，

Ⅲ区机制砂中 150 μm 筛孔的累计筛余可放宽到 100～75。

普通混凝土用砂的颗粒级配宜选用Ⅱ区砂。当采用Ⅰ区砂时，应提高砂率并保持足够胶凝材料用量，以满足拌合物的和易性。当采用Ⅲ区砂时，宜适当降低砂率，以保证混凝土的强度。

以累计筛余百分率为纵坐标，筛孔尺寸为横坐标，根据表 4.3 的级配区范围可绘制Ⅰ，Ⅱ，Ⅲ级配区的筛分曲线，见图 4.4。在筛分曲线上可直观地分析砂的颗粒级配优劣。

【例题】某砂样的累计筛余百分率见表 4.4，试评定砂的颗粒级配。

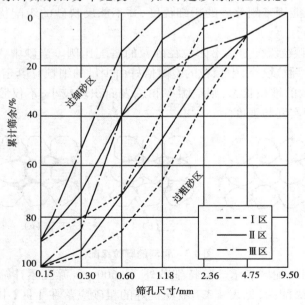

图 4.4　砂的级配区曲线

表 4.4　砂的筛分试验数据

筛孔尺寸/mm	4.75	2.36	1.18	0.600	0.300	0.150	底盘	合计
筛余量/g	29	58	73	157	119	56	7	499

【解】该砂样分级筛余百分率和累计筛余百分率的计算结果列于表 4.5 中。

表 4.5　分计筛余和累计筛余计算结果

	α_1	α_2	α_3	α_4	α_5	α_6
分计筛余百分率/%	5.8	11.6	14.6	31.4	23.8	11.2
	β_1	β_2	β_3	β_4	β_5	β_6
累计筛余百分率/%	6	17	32	63	87	98

根据表中数据计算细度模数为:

$$\mu_f = \frac{\beta_2 + \beta_3 + \beta_4 + \beta_5 + \beta_6 - 5\beta_1}{100 - \beta_1}$$

$$= \frac{17 + 32 + 63 + 87 + 98 - 5 \times 6}{100 - 6} = 2.84$$

该砂样 600 μm 筛上的累计筛余百分率 $\beta_4 = 63$ 落在 Ⅱ 区,其他各筛上的累计筛余百分率也均落在 Ⅱ 区范围内(也可根据试验数据绘制级配曲线)。

结果评定为:该砂属于 Ⅱ 区砂,级配良好,可用于拌制混凝土。

3)砂的坚固性

砂的坚固性是指砂在气候、环境变化或其他物理因素作用下抵抗破裂的能力。采用硫酸钠溶液进行检验,经 5 次循环后其质量损失应符合表 4.6 的规定。

表 4.6　砂的坚固性指标（JGJ 52—2006）

混凝土所处的环境条件及其性能要求	5 次循环后的质量损失,%≤
在严寒及寒冷地区室外使用并经常处于潮湿或干湿交替状态下的混凝土; 有抗疲劳、耐磨、抗冲击要求的混凝土; 有腐蚀介质作用或经常处于水位变化的地下结构混凝土	8
其他条件下使用的混凝土	10

4)表观密度、松散堆积密度、空隙率

国家标准《建设用砂》（GB/T 14684—2011）规定,砂的表观密度应不小于 2 500 kg/m³,松散堆积密度不小于 1 400 kg/m³,空隙率不大于 44%。

5)碱-骨料反应

对于有预防碱-骨料反应要求的混凝土工程,要避免使用有碱活性的细骨料。为保证工程质量,河砂、海砂和机制砂应进行碱-硅酸反应活性检验,机制砂还应进行碱-碳酸反应活性检验。碱-骨料反应试验后的试件应无裂缝、酥裂、胶体外溢等现象,在规定的试验龄期膨胀率应小于 0.10%。

▶ 4.2.3 粗骨料

公称粒径大于 4.75 mm 的骨料称为粗骨料。建设工程中,水泥混凝土及其制品用粗骨料按产源不同分为卵石和碎石。卵石是由自然风化、水流搬运和分选、堆积形成的粒径大于4.75 mm 的岩石颗粒。碎石是由天然岩石、卵石或矿山废石经机械破碎、筛分制成的粒径大于 4.75 mm 的岩石颗粒。

国家标准《建设用卵石、碎石》(GB/T 14685—2011)规定,卵石、碎石按含泥量、泥块含量、有害物质含量、坚固性、压碎指标等技术要求划分为 I 类、II 类和III类。I 类石子宜用于强度等级>C60 的高强混凝土;II 类石子宜用于强度等级为 C30~C55 及抗冻、抗渗或其他要求的混凝土;III类石子宜用于强度等级<C30 的混凝土。

1)有害杂质含量

粗骨料中有害杂质有泥块、淤泥、硫化物、硫酸盐、氯化物和有机质。它们的危害与在细骨料中的危害相同,其含量应符合表 4.7 的规定。

表 4.7 卵石、碎石的技术指标 (JGJ 52—2006)

项 目	指 标		
	≥C60	C55~C30	≤C25
含泥量(按质量计),%≤	0.5	1.0	2.0
泥块含量(按质量计),%≤	0.2	0.5	0.7
针、片状颗粒(按质量计),%≤	8	15	25
卵石中有机物(比色法)	合格		
硫化物及硫酸盐(按 SO_3 质量计),%≤	1.0		

用矿山废石生产的碎石,其有害物质含量还应符合我国环保和安全相关标准和规范,不得对人体、生物、环境及混凝土性能产生有害影响。卵石、碎石的放射性应符合有关规定。

2)颗粒形状及表面特征

碎石表面粗糙,多棱角,与水泥的粘结强度较卵石高,在相同条件下,碎石混凝土比卵石混凝土强度高 10%左右。但用碎石拌制的混凝土拌合物的流动性比用卵石较差。

粗骨料中颗粒长度大于该颗粒所属粒级平均粒径2.4倍者称为针状颗粒;厚度小于该颗粒所属粒级平均粒径0.4倍者称为片状颗粒。针、片状颗粒过多将使混凝土拌合物和易性变差,影响混凝土的强度。粗骨料中的针、片状颗粒含量应符合表4.7的规定。

3) 最大公称粒径

粗骨料公称粒级的上限称为该粒级的最大公称粒径(D_{max})。最大公称粒径增大时,粗骨料的孔隙率及总表面积均有减小的趋势,包裹骨料表面所需的胶凝材料浆料量亦可相应减少,从而可减少混凝土收缩及发热量;同时,在一定和易性和胶凝材料用量条件下,能减少用水量而提高强度,对大体积混凝土有利。

粗骨料最大公称粒径与胶凝材料用量间的关系见图4.5。条件许可时宜选用较大粒径的骨料,以节约水泥。但对于普通混凝土尤其是高强混凝土,当D_{max}超过40 mm后,因粘结面积较小及搅拌均匀性差,可能导致混凝土强度降低。

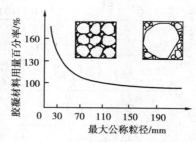

图4.5 粗骨料最大公称粒径与胶凝材料用量关系

我国《混凝土质量控制标准》(GB 50164—2011)规定,粗骨料的最大公称粒径不得大于构件截面最小尺寸的1/4,且不得大于钢筋最小净间距的3/4;对于混凝土实心板,石子的最大公称粒径不宜大于板厚的1/3,且不得大于40 mm;对于大体积混凝土,粗骨料最大公称粒径则不宜小于31.5 mm。

4) 颗粒级配

与细骨料一样,粗骨料也要有良好的颗粒级配,以减少空隙率,增大密实性,从而可以节约水泥、保证拌合物的和易性及混凝土的强度。

粗骨料的级配也是通过筛分试验来确定,其方孔标准筛孔径分别为2.36,4.75,9.50,16.0,19.0,26.5,31.5,37.5,53.0,63.0,75.0,90.0 mm共12个筛子。分计筛余百分率及累计筛余百分率的计算方法与砂相同。卵石和碎石的级配范围要求一致,均应符合表4.8的规定。

粗骨料的级配按供应情况有连续粒级和单粒级两种。

连续粒级是指粗骨料的粒径由小到大各粒级相连(5 mm至D_{max}),每级骨料都占有一定比例。这种级配的粗骨料配制的混凝土拌合物和易性好,不易发生离析。单粒级粒径分布从$0.5D_{max}$至D_{max},其空隙率大,一般不单独使用,可组成间断级配,也可与连续粒级配合使用以改善级配或配成较大粒级的连续粒级。

间断级配是指人为剔除某些骨料的粒级颗粒,使粗骨料尺寸不连续。大粒径骨料之间的空隙,由小很多的小颗粒填充,使空隙率达到最小,密实度增加,节约水泥,提高强度和耐久性,减小变形。但因其不同粒级的颗粒粒径相差太大,拌合物容易产生分层离析,一般工程中很少用。

表 4.8 碎石或卵石的颗粒级配（JGJ 52—2006）

	方筛孔径/mm → 累计筛余/% 公称粒级/mm	2.36	4.75	9.50	16.0	19.0	26.5	31.5	37.5	53.0	63.0	75.0	90.0
连续粒级	5~10	95~100	80~100	0~15	0								
	5~16	95~100	85~100	30~60	0~10	0							
	5~20	95~100	90~100	40~80		0~10	0						
	5~25	95~100	90~100		30~70		0~5	0					
	5~31.5	95~100	90~100	70~90		15~45		0~5	0				
	5~40		95~100	70~90		30~65			0~5	0			
单粒级	10~20		95~100	85~100		0~15	0						
	16~31.5		95~100		85~100			0~10	0				
	20~40			95~100		80~100			0~10	0			
	31.5~63				95~100		75~100	45~75		0~10	0		
	40~80					95~100			70~100	30~60	0~10	0	

5）强度

用于混凝土中的粗骨料要求质地致密，具有足够的强度。这是因为粗骨料在混凝土中的重要作用是减少因荷载、干缩或其他原因引起的混凝土变形，使混凝土具有较好的体积稳定性。强度高的粗骨料构成的骨架可提高混凝土的强度和弹性模量。

碎石的强度用岩石抗压强度或压碎值指标表示，卵石的强度用压碎值指标表示。

岩石抗压强度检验，是将碎石的母岩制成边长为 5 cm 的立方体（或直径与高均为 5 cm 的圆柱体）试件，在饱水状态下测定其极限抗压强度值。一般要求岩石抗压强度与混凝土强度之比应不小于 1.5；对于高强混凝土，粗骨料的岩石抗压强度应至少比混凝土设计强度高 30%。

压碎值指标检验是将一定质量的气干状态、粒径 9.5~19.5 mm 的石子装入一标准圆模中，在压力机上按 1 kN/s 的速度均匀加载至 200 kN 并稳定 5 s，卸载后称取试样质量 m_0，用孔径 2.36 mm 的筛子筛除被压碎的细粒，称取留在筛上的试样质量 m_1，按下式计算压碎值指标 δ_a：

$$\delta_a = \frac{m_0 - m_1}{m_0} \times 100\% \qquad (4.2)$$

压碎值指标 δ_a 越小,表明粗骨料抵抗受压破坏的能力越强。碎石和卵石的压碎指标值要求见表4.9。压碎值指标检验实用方便,用于经常性的质量控制。当在选择采石场或对粗骨料有严格要求,以及对质量有争议时,宜采用岩石立方体强度检验。

表 4.9　卵石、碎石的压碎值指标(JGJ 52—2006)

项　目		混凝土强度等级	压碎值指标,% ≤
碎　石	沉积岩	C60~C40	10
		≤C35	16
	变质岩或深层的火山岩	C60~C40	12
		≤C35	20
	喷出的火山岩	C60~C40	13
		≤C35	30
卵　石		C60~C40	12
		≤C35	20

6)坚固性

粗骨料的坚固性是指骨料在自然风化和其他物理力学因素作用下抵抗碎裂的能力。骨料越密实,强度越高,吸水率越小,则其坚固性越好;而结构疏松,矿物成分越复杂、不均匀,其坚固性越差。骨料的坚固性采用硫酸钠饱和溶液法试验,试样经5次循环浸渍后,因硫酸钠结晶膨胀引起的质量损失应符合表4.10的规定。

表 4.10　卵石或碎石的坚固性指标(JGJ 52—2006)

混凝土所处的环境条件及其性能要求	5次循环后的质量损失,% ≤
在严寒及寒冷地区室外使用并经常处于潮湿或干湿交替状态下的混凝土; 有抗疲劳、耐磨、抗冲击要求的混凝土; 有腐蚀介质作用或经常处于水位变化的地下结构混凝土	8
其他条件下使用的混凝土	12

7)表观密度、连续级配松散堆积空隙率

国家标准《建设卵石、碎石》(GB/T 14685—2011)规定,粗骨料的表观密度应不小于2 600 kg/m³,Ⅰ类、Ⅱ类和Ⅲ类粗骨料的连续级配松散堆积空隙率分别应不大于43%,45%,47%。

8)碱-骨料反应

为保证工程质量,粗骨料应进行碱-骨料反应检测,要求试验后的试件无裂缝、酥裂、胶体外溢等现象,在规定的试验龄期膨胀率应小于0.10%。

9)骨料的含水状态

骨料的含水状态可分为干燥、气干、饱和面干和湿润等,见图4.6。干燥状态的骨料含水

率等于或接近于零;气干状态的骨料含水率与大气湿度相平衡;饱和面干状态的骨料内部孔隙含水达到饱和而表面干燥;湿润状态的骨料内部孔隙含水饱和,且表面附着部分自由水。

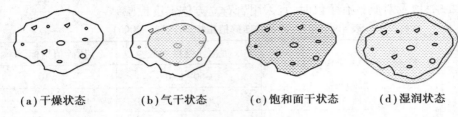

(a)干燥状态　　(b)气干状态　　(c)饱和面干状态　　(d)湿润状态

图 4.6　骨料的含水状态

　　饱和面干的骨料既不从混凝土拌合物中吸取水分,也不给拌合物带入额外的水分,因此在计算混凝土配合比时,理论上应以饱和面干的骨料为准。石英砂的饱和面干吸水率在2%以内。普通混凝土配合比设计一般以干燥状态的骨料为基准,而一些大型水利工程常以饱和面干的骨料为基准。

► 4.2.4　混凝土用水

　　混凝土中拌和水和养护用水应达到的质量要求包括:不影响混凝土的凝结和硬化,无损于混凝土强度发展及耐久性,不加快钢筋锈蚀,不引起预应力钢筋脆断,以及不污染混凝土表面等。

　　我国《混凝土用水标准》(JGJ 63—2006)规定,混凝土用水按水源分为:饮用水、地表水、地下水、再生水、混凝土企业设备洗刷水和海水。拌制及养护混凝土宜采用洁净的饮用水。地表水、地下水和经再生工艺处理后的再生水常溶有较多的有机质和矿物盐类,须按标准规定检验合格后方可使用。混凝土企业设备洗刷水不宜用于预应力混凝土、装饰混凝土、加气混凝土和暴露于腐蚀环境的混凝土,不能用于碱活性或潜在碱活性骨料的混凝土。海水不能用于拌制钢筋混凝土、预应力混凝土和饰面混凝土。水中各种物质含量限值见表4.11。

表 4.11　水中物质含量限值(JGJ 63—2006)

项　目	预应力混凝土	钢筋混凝土	素混凝土
pH 值≥	5.0	4.5	4.5
不溶物,$mg \cdot L^{-1}$≤	2 000	2 000	5 000
可溶物,$mg \cdot L^{-1}$≤	2 000	5 000	10 000
Cl^-,$mg \cdot L^{-1}$≤	500	1 000	3 500
SO_4^{2-},$mg \cdot L^{-1}$≤	600	2 000	2 700
碱含量,$mg \cdot L^{-1}$≤		1 500	

注:碱含量按 $Na_2O+0.658K_2O$ 计算值表示,采用非碱活性骨料时,可不检验碱含量。

► 4.2.5　外加剂

　　外加剂是一种在混凝土搅拌之前或拌制过程中掺入的,用以改善新拌混凝土和(或)硬化混凝土性能的材料。除特殊情况外,掺量一般不超过水泥用量的5%。

外加剂的使用是混凝土技术的重大突破。随着混凝土工程技术的发展,对混凝土性能提出了许多新的要求。如泵送混凝土要求高的流动性;冬季施工要求高的早期强度;高层建筑、海洋结构要求高强和高耐久性。这些性能的实现,需要使用各种性能的外加剂,外加剂已经成为制备高性能混凝土不可缺少的"第五组分"。

1) 外加剂的分类

混凝土外加剂按主要使用功能分为4类:

①改善混凝土拌合物流变性能的外加剂,包括各种减水剂和泵送剂等。

②调节混凝土凝结时间、硬化性能的外加剂,包括缓凝剂、早强剂和速凝剂等。

③改善混凝土耐久性的外加剂,包括引气剂、防水剂、阻锈剂和矿物外加剂等。

④改善混凝土其他性能的外加剂,包括膨胀剂、防冻剂和着色剂等。

目前,在土木工程中常用的外加剂主要有减水剂、引气剂、早强剂、缓凝剂、泵送剂和膨胀剂等。

2) 减水剂

减水剂是指在保持混凝土坍落度不变的条件下,能减少拌和用水量的外加剂。

(1)减水剂的作用机理 常用减水剂均属表面活性物质,其分子由亲水基团和憎水基团两部分组成,见图4.7。当水泥加水拌和后,由于水泥颗粒间分子凝聚力的作用而使水泥浆形成絮凝结构(见图4.8(a)),将一部分拌和水包裹于絮凝结构之中,从而降低了拌合物的流动性。

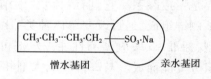

图 4.7 常用减水剂结构

当加入适量的减水剂,则减水剂的憎水基团定向吸附于水泥颗粒表面,使水泥颗粒表面带有相同的电荷,在电斥力作用下使水泥颗粒互相分开(见图4.8(b)),絮凝结构解体并释放出游离水。

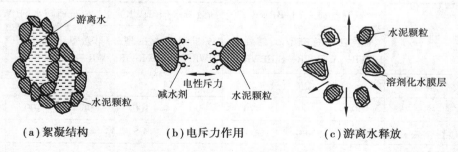

(a)絮凝结构 (b)电斥力作用 (c)游离水释放

图 4.8 水泥浆的絮凝结构和减水剂作用示意图

同时,当水泥颗粒表面吸附足够的减水剂后,在水泥颗粒表面形成一层稳定的溶剂化水膜层,阻止水泥颗粒间的直接接触,并在颗粒间起润滑作用,进一步改善拌合物的和易性,如图4.8(c)所示。此外,由于水泥颗粒被有效分散,颗粒表面被水分充分润湿,增大了水泥颗粒的水化面积,使水化更充分,从而可提高混凝土的强度。

（2）常用的减水剂　减水剂按减水率大小分为普通减水剂（WR）、高效减水剂（HWR）和高性能减水剂（HPWR）；按凝结时间分为标准型（S）、早强型（A）和缓凝型（R）；按是否引气分为引气型和非引气型。

①普通减水剂（WR）。普通减水剂的主要成分为木质素磺酸盐，通常由亚硫酸盐法生产纸浆的副产品制得，具有一定的缓凝、减水和引气作用，常用的有木钙、木钠、木镁等。木钙对混凝土有缓凝作用，掺量过多或在低温下缓凝作用显著，还可能使混凝土强度降低。适宜掺量为胶凝材料总量的 0.2%～0.3%，减水率为 10%～15%，混凝土 28 d 抗压强度可提高10%～20%；若不减水，拌合物坍落度可增大 80～100 mm；若保持抗压强度和坍落度不变，可节约水泥 10%左右。普通减水剂宜用于日最低气温 5 ℃以上强度等级为<40 以下的一般混凝土工程、大体积浇筑、滑模施工、泵送及夏季施工混凝土等。不宜单独用于冬季施工、蒸养及预应力混凝土。

②高效减水剂（HWR）。高效减水剂主要品种有萘系、树脂类、脂肪族类等。与普通减水剂相比，高效减水剂具有较高的减水率、较低的引气量，对凝结时间影响小，对不同品种水泥的适应性较强，是目前工程使用中量大面广的外加剂。适用于各类工程建筑中的预制和现浇钢筋混凝土，以及要求早强、适度抗冻、大流动性混凝土或蒸养工艺的混凝土等。

③高性能减水剂（HPWR）。高性能减水剂是国内外近年来开发的新型外加剂品种，主要是聚羧酸系。它具有"梳状"的结构特点，由带有游离羧酸阴离子团的主链和聚氧乙烯基侧链组成，通过改变单体种类、比例和反应条件可生产出不同性能和特性的产品。早强型、标准型、缓凝型高性能减水剂可通过分子设计，引入不同功能团而制得，也可掺入不同组分复配而成。与高性能减水剂相比，具有高减水、高保坍、收缩率小等优点，且有一定引气功能。高性能减水剂在配制高强、高耐久性混凝土时，具有明显的技术优势和较高的性价比。

国家标准《混凝土外加剂》（GB 8076—2008）规定，掺减水剂混凝土的各项技术性能见表4.12。

表 4.12　掺减水剂混凝土的技术性能（GB 8076—2008）

项　目		高性能减水剂（HPWR）			高效减水剂（HWR）		普通减水剂（WR）		
		早强型 HPWR—A	标准型 HPWR—S	缓凝型 HPWR—R	标准型 HWR—S	缓凝型 HWR—R	早强型 WR—A	标准型 WR—S	缓凝型 WR—R
减水率,%≥		25			14		8		
泌水率,%≤		50	60	70	90	100	95	100	100
含气量,%≤		6.0	6.0	6.0	3.0	4.5	4.0	4.0	5.5
1 h 坍落度损失,mm≤		—	80	60	—	—	—	—	—
凝结时间差, min	初凝	−90～ +90	−90～ +120	>+90	−90～ +120	>+90	−90～ +90	−90～ +120	>+90
	终凝			—		—			—

续表

项 目		高性能减水剂（HPWR）			高效减水剂（HWR）		普通减水剂（WR）		
		早强型 HPWR—A	标准型 HPWR—S	缓凝型 HPWR—R	标准型 HWR—S	缓凝型 HWR—R	早强型 WR—A	标准型 WR—S	缓凝型 WR—R
抗压强度比，%≥	1 d	180	170	—	140	—	135	—	—
	3 d	170	160	—	130	—	130	115	—
	7 d	145	150	140	125	125	110	115	110
	28 d	130	140	130	120	120	100	110	110
收缩率比，%≤	28 d	110			135		135		

注：①表中抗压强度比、收缩率比为强制性指标，其余为推荐性指标；

②凝结时间差性能指标中的"−"号表示提前，"+"号表示延缓。

3）引气剂（AE）

引气剂是一种在搅拌过程中能在砂浆或混凝土中引入大量均匀分布的微气泡，并且在硬化后能保留在其中的外加剂。常用的引气剂有松香树脂类、烷基和烷基芳烃磺酸盐类、脂肪醇磺酸盐类、非离子聚醚类和皂甙类等。

引气剂为表面活性剂，能显著降低水的表面张力和界面能，使水溶液在搅拌过程中极易产生大量微小的封闭气泡（直径为 $50 \sim 250~\mu m$）。其作用有：具有滚珠效应，改善混凝土拌合物的和易性；弹性变形能力较大，可缓解水结冰产生的膨胀应力，提高抗冻性；切断毛细管通道，改善抗渗性；减少混凝土的有效受力面积，使其强度有所降低。用于改善新拌混凝土工作性时，含气量控制在 3%～5%；抗冻混凝土的含量应根据混凝土抗冻等级和骨料最大公称粒径等通过试验确定。

引气剂可用于抗渗、抗冻混凝土、泌水严重的混凝土、贫混凝土、轻混凝土，以及对饰面有要求的混凝土等，但不宜用于蒸养混凝土及预应力混凝土。

4）早强剂（Ac）

早强剂是指能加速混凝土早期强度发展，并对后期强度无显著影响的外加剂。主要有无机盐类（氯盐类、硫酸盐类）、有机胺类和有机-无机复合物 3 大类。

（1）氯盐类早强剂　以 $CaCl_2$ 应用较多，掺量 0.5%～1.0%能使混凝土 3 d 强度提高50%～100%，7 d 强度提高 20%～40%，同时能降低混凝土中水的冰点，防止混凝土早期受冻。使用氯盐类早强剂的不利因素是引入 Cl^- 离子，会使钢筋锈蚀，并导致混凝土开裂。为了抑制 $CaCl_2$ 对钢筋的锈蚀作用，常将其与阻锈剂 $NaNO_2$ 复合作用。

（2）硫酸盐类早强剂　以 Na_2SO_4 应用较多，掺量在 1%～1.5%时可使混凝土达到设计强度 70%的时间缩短一半。Na_2SO_4 对钢筋无锈蚀作用，适用于不允许掺氯盐的混凝土。但它与 $Ca(OH)_2$ 作用可生成强碱 $NaOH$，为防止碱-骨料反应，严禁用于含活性骨料的混凝土。

（3）有机胺类早强剂　以三乙醇胺应用较多，是一种无色或淡黄色油状液体，呈碱性，能溶于水，适宜掺量为 0.02%～0.05%。对混凝土稍有缓凝作用，掺量过多将导致拌合物严重缓

凝和混凝土强度下降,不宜用于蒸养混凝土。

早强剂可在常温、低温和负温(不低于−5 ℃)下加速水泥水化和凝结硬化过程,提高早期强度,加快施工进度。早强剂多用于冬季施工和抢修工程,不宜用于大体积混凝土。

5)缓凝剂(Re)

缓凝剂是指能在较长时间内保持混凝土工作性,延缓混凝土凝结和硬化时间的外加剂。品种主要有糖类及碳水化合物(糖钙、淀粉、纤维素的衍生物等)、羟基羧酸(柠檬酸、酒石酸、葡萄糖酸及其盐类等)、可溶硼酸盐和磷酸盐等。

缓凝剂具有缓凝、减水、降低水化热和增强作用,对钢筋也无锈蚀作用。主要适用于要求延缓时间的施工,如在气温高、运距长的情况下,可防止混凝土拌合物的坍落度损失;对于分层浇筑的混凝土,可防止出现冷缝;对于大体积混凝土,可延长水泥水化放热时间,防止出现温度裂缝。

6)泵送剂(PA)

泵送剂是能改善混凝土拌合物泵送性能的外加剂。它由减水剂、缓凝剂、引气剂、润滑剂等多种组分复合而成。泵送剂的品种、掺量应综合考虑厂家推荐掺量、环境温度、泵送高度、泵送距离、运输距离等要求经混凝土试配后确定。

泵送剂适用于工业与民用建筑及其他构筑物的泵送施工的混凝土,特别适用于大体积混凝土、高层建筑和超高层建筑滑模施工的混凝土以及水下灌注桩混凝土等。

7)膨胀剂(EA)

膨胀剂是指在混凝土硬化过程中因化学作用能使混凝土产生一定体积膨胀的外加剂。常用的膨胀剂有硫铝酸钙类、硫铝酸钙-氧化钙类和氧化钙类等。

膨胀剂可防止或减少混凝土中化学收缩和温度裂缝的产生,提高混凝土的自密实能力和抗裂、抗渗能力,适用于配制补偿收缩混凝土、填充用膨胀混凝土、灌浆用膨胀砂浆和自应力混凝土等。

8)外加剂的选择和使用要点

在混凝土中掺用外加剂,若选择和使用不当,会造成质量事故。应注意以下几点:

(1)品种的选择 对不同品种水泥作用效果不同,应根据工程需要和现场的材料条件,检测外加剂对水泥的适应性。不同品种外加剂复合使用时,要注意其相容性及对混凝土性能的影响,使用前进行试验检测。不允许使用对人体产生危害、对环境产生污染的外加剂。

(2)掺量的确定 外加剂掺量以胶凝材料总量的百分数表示,应按厂家推荐掺量、使用要求、施工条件、混凝土原材料等因素通过试验试配确定。如聚羧酸系高效减水剂的掺量对混凝土性能影响较大,使用时应准确计量。

(3)耐久性要求 含有强电解质无机盐、氯盐、亚硝酸盐、碳酸盐等的外加剂应符合《混凝土外加剂应用技术规范》(GB 50119—2013)的规定。处于与水相接触或潮湿环境中的混凝土,使用碱活性骨料时,由外加剂带入的碱含量不宜超过 1 kg/m³。

(4)掺加方法 外加剂掺量一般很小,为保证均匀分散,一般不能直接加入混凝土搅拌机内。能溶于水的外加剂应先配成一定浓度的溶液,随拌和水加入;不溶于水的外加剂则应与适量水泥或砂混合均匀后,再加入搅拌机。按外加剂的掺入时间不同,可分为同掺法、后掺法、分掺法 3 种方法。其中,后掺法最能充分发挥减水剂的功能。

▶ 4.2.6 矿物掺合料

矿物掺合料是指在配制混凝土过程中,直接加入的具有一定化学活性的磨细矿物粉料。矿物掺合料主要来源于工业废渣,其主要成分为活性 SiO_2 和 Al_2O_3,在碱性或兼有硫酸盐存在的液相条件下能发生水化反应(火山灰效应),生成具有固化特性的胶凝物质。

常用混凝土矿物掺合料有粉煤灰、粒化高炉矿渣粉、硅灰、钢渣粉、磷渣粉和沸石粉等。这些矿物掺合料既可单独使用,也可两种或两种以上按一定比例混合使用。

1)粉煤灰

粉煤灰是电厂煤粉炉烟道气体中收集的粉末,是使用最广泛的混凝土矿物掺合料。粉煤灰颗粒多为球状玻璃体,也有一些是中空的球体,颗粒大小通常在 20 μm 以下,见图 4.9(a)。我国《用于水泥和混凝土中的粉煤灰》(GB 1596—2017)规定,按粉煤灰的煤种划分为 F 类和 C 类。F 类粉煤灰是煅烧无烟煤或烟煤收集的粉煤灰;C 类粉煤灰是煅烧褐煤或次烟煤收集的粉煤灰,其氧化钙含量一般大于 10%。

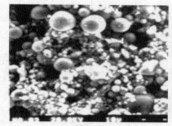  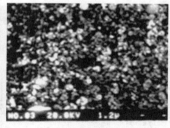

(a)粉煤灰颗粒放大 2 000 倍　　(b)粒化高炉矿渣粉颗粒放大 2 000 倍　　(c)硅灰颗粒放大 16 000 倍

图 4.9　粉煤灰、粒化高炉矿渣粉、硅灰的扫描电镜(SEM)照片

在混凝土中掺入较好品质的粉煤灰,可显著改善混凝土拌合物的和易性,增加流动性和粘聚性;通过火山灰效应还能降低水化热,或者使混凝土在和易性不变条件下减少用水量,起到减水的效果,提高混凝土的密实度,促进强度的发展,并增强耐久性。混凝土和砂浆用粉煤灰可划分为 Ⅰ 级、Ⅱ 级和 Ⅲ 级 3 个质量等级,各等级粉煤灰的品质要求见表 4.13。

表 4.13　拌制混凝土和砂浆用粉煤灰技术要求 (GB 1596—2017)

项　目		Ⅰ 级	Ⅱ 级	Ⅲ 级
细度,45 μm 方孔筛筛余,% ≤	F 类、C 类	12.0	30.0	45.0
需水量比,% ≤	F 类、C 类	95	105	115
烧失量,% ≤	F 类、C 类	5.0	8.0	10.0
含水率,% ≤	F 类、C 类	1		
三氧化硫,% ≤	C 类	3.0		

续表

项　目		I 级	II 级	III 级
游离氧化钙,%≤	F 类		1.0	
	C 类		4.0	
安定性,雷氏夹沸煮后增加距离,mm≤	C 类		5.0	
强度活性指数,%≥	F 类、C 类		70.0	

2)粒化高炉矿渣粉

粒化高炉矿渣粉(简称矿粉)是以高炉矿渣为主要原料,掺加少量石膏磨制成的一定细度的粉体,见图 4.9(b)。我国《用于水泥、砂浆和混凝土中的粒化高炉矿渣粉》(GB/T 18046—2017)规定,粒化高炉矿渣粉按活性指数划分为 S105,S95 和 S75 共 3 个等级,见表 4.14。

表 4.14　粒化高炉矿渣粉技术指标和分级（GB/T 18046—2017）

技术要求		级　别		
		S105	S95	S75
密度,g/cm³		2.8		
比表面积,m²/kg≥		500	400	300
活性指数,%≥	7 d	95	70	55
	28 d	105	95	75
流动度比,%≥		95		
氯离子,%≤		0.06		

粒化高炉矿渣粉作为混凝土矿物掺合料,不仅能取代部分水泥,取得较好的经济效益,而且能显著改善和提高混凝土的综合性能,如改善和易性、降低水化热、提高抗腐蚀能力、提高后期强度等。粒化高炉矿渣粉可用于配制高强、高性能混凝土,也可用于普通混凝土、大体积混凝土,以及各类地下和水下混凝土工程。

3)硅灰

硅灰又称硅粉,是在冶炼硅铁合金或工业硅时,通过烟道排出的硅蒸汽氧化后,经收尘器收集得到的以无定型 SiO_2 为主要成分的粉体材料。硅灰的颗粒是微细的玻璃球体,见图 4.9(c),其粒径为 $0.1 \sim 1~\mu m$,仅为水泥颗粒粒径的 1/100。硅灰具有很高的活性(活性指数可达 110%),其掺量一般为水泥用量的 5%～10%。由于硅灰的比表面积很高,需水量比约为 134%,需配合使用高效减水剂以保证混凝土拌合物的和易性。砂浆和混凝土用硅灰的技术要求见表4.15。

表 4.15   硅灰的技术指标（GB/T 27690—2011）

技术要求	烧失量/%	SiO_2/%	总碱量/%	比表面积/($m^2 \cdot g^{-1}$)	7 d 活性指数/%
指标	≤4.0	≥85	≤1.5	≥15	≥105

硅灰作为矿物掺合料部分取代水泥，能显著改善混凝土拌合物的粘聚性和保水性，增大硬化后混凝土的密实度，提高混凝土抗渗、抗冻和抗侵蚀能力。尤其是混凝土掺入硅灰后，能大幅度提高其早期和后期强度。目前常利用硅灰配制 C100 以上的超高强混凝土。

4) 钢渣粉

钢渣粉是以转炉或电炉钢渣经磁选除铁处理后，掺加适量石膏及助磨剂粉磨达到一定细度的粉体。钢渣和高炉矿渣都是钢铁厂冶炼钢铁的副产品。钢渣的化学成分和矿物组成接近于硅酸盐水泥熟料，主要矿物为过烧的硅酸三钙、硅酸二钙、橄榄石、蔷薇辉石等，但其活性比水淬的高炉矿渣较低。

现行标准《用于水泥和混凝土中的钢渣粉》（GB/T 20491—2017）规定，钢渣粉按活性指数划分为一级和二级，其各项技术指标要求见表 4.16。

表 4.16   用于水泥和混凝土中的钢渣粉技术要求（GB/T 20491—2017）

项　目		一级	二级
活性指数，% ≥	7 d	65	55
	28 d	80	65
密度，g/cm³ ≥		3.2	
比表面积，m²/kg≥		350	
含水量，% ≤		1.0	
游离氧化钙含量，% ≤		4.0	
三氧化硫含量，% ≤		4.0	
氯离子，% ≤		0.06	
流动度比，% ≥		95	
安定性		沸煮法合格；6 h 压蒸膨胀率≤0.5%，压蒸法合格。（如钢渣中 MgO 含量不大于 5% 时，可不检验、压蒸试验）	

钢渣粉用作混凝土的矿物掺合料可改善拌合物的和易性，降低水化热，提高后期强度等。研究表明，钢渣粉与粒化高炉矿渣粉复合使用时能够相互活化，比单掺时的效果更好，活性指数可达 S95 等级要求。

5) 磷渣粉

磷渣粉是以电炉法制黄磷时得到的以硅酸钙为主要成分的熔融物，经冷淬成粒、磨细加工制成的粉末。磷渣粉可与硅酸盐水泥水化的 Ca(OH)$_2$ 起反应，生成新的水硬性胶凝材料。现行标准《用于水泥和混凝土中的粒化电炉磷渣粉》（GB/T 26751—2011）规定，磷渣粉按活

性指数划分为 L95,L85 和 L70 共 3 个等级,磷渣粉的各项技术指标要求见表 4.17。

表 4.17　用于水泥和混凝土中的磷渣粉技术要求（GB/T 26751—2011）

项　目		L95	L85	L70
活性指数,%≥	7 d	70	60	50
	28 d	95	85	70
比表面积,m^2/kg≥			350	
流动度比,% ≥			95	
密度,g/cm^3≥			2.8	
五氧化磷含量,%≤			3.5	
三氧化硫含量,%≤			4.0	
氯离子,%≤			0.06	
烧失量,%≤			3.0	
含水量,%≤			1.0	
碱含量（$Na_2O+0.658K_2O$）,%≤			1.0	
玻璃体含量,%≥			80	
放射性			$I_{Ra}≤1.0$ 且 $I_r≤1.0$	

磷渣粉是一种新型的矿物掺合料,掺入混凝土后可以降低水化热,改善混凝土的抗裂性,优化混凝土内孔结构与孔级配,提高混凝土的强度、抗渗性和耐久性。

6）矿物掺合料的使用要点及综合利用意义

矿物掺合料除了其各项技术指标应达到相关标准,在工程中使用时还应注意以下要点:

①掺用矿物掺合料的混凝土宜采用硅酸盐水泥和普通硅酸盐水泥,采用其他通用硅酸盐水泥时,应将水泥混合材料掺量 20% 以上的混合材料量计入矿物掺合料。

②在混凝土中掺用矿物掺合料时,其种类和掺量应经试验确定,钢筋混凝土和预应力混凝土中的矿物掺合料最大掺量应符合相关规定。

③矿物掺合料宜与高效减水剂复合使用。

④对于高强混凝土或有抗渗、抗冻、抗腐蚀、耐磨等其他特殊要求的混凝土不宜采用低于Ⅱ级的粉煤灰;掺量大于 30% 的 C 类粉煤灰的混凝土,应以工程实际使用的水泥和粉煤灰掺量进行安定性试验。

⑤对于高强混凝土和有耐腐蚀要求的混凝土,需要采用硅灰时不宜采用二氧化硅含量小于 90% 的硅灰。

⑥矿物掺合料的放射性应符合现行国家标准《建筑材料放射性核素限量》（GB 6566—2010）的有关规定。

目前,矿物掺合料已成为配制水泥混凝土不可或缺的组成材料。在混凝土中掺入矿物掺合料,既能减少硅酸盐水泥熟料的用量,又能改善拌合物的和易性和抗离析性,调节混凝土的强度等级,提高混凝土结构的耐久性。使用矿物掺合料对降低原材料成本、实现节能减排,综合利用工业废渣、推动环境保护,实施可持续发展的绿色混凝土技术,具有十分重要的意义。

4.3　普通混凝土的技术性质

► 4.3.1　新拌混凝土的和易性

混凝土的各组成材料按一定比例配合、搅拌而成的尚未凝固的混合料,称为混凝土拌合物,又称新拌混凝土。

1)和易性的概念

和易性(又称工作性)是指混凝土拌合物易于施工操作(搅拌、运输、浇注、捣实),并能获得质量稳定、整体均匀、成型密实的性能。和易性是一项综合性的技术指标,包括流动性、粘聚性、保水性3个方面性能。流动性是指拌合物在自重或机械振捣作用下,易于流动并均匀密实地填满模板的性能。粘聚性是指拌合物组成材料之间有一定的粘聚力,不致产生分层和离析现象。保水性是指拌合物在施工过程中,具有一定保持内部水分的能力,不致产生严重的泌水现象。

2)和易性的测定及评定

目前,国内外还没有一种能全面测定混凝土拌合物和易性的方法,通常通过试验定量测定稠度(即流动性),辅以其他方法或经验来评定粘聚性和保水性。我国《普通混凝土拌合物性能试验方法标准》(GB/T 50080—2016)根据拌合物流动性的不同规定,混凝土的稠度测定采用坍落度与扩展法或维勃稠度法等试验方法。

(1)坍落度与扩展度法　坍落度试验采用标准圆锥坍落度筒测定,如图4.10所示。将搅拌好的混凝土拌合物分3层装入坍落度筒中,每层插捣25次,抹平后垂直提起坍落度筒,则拌合物在自重作用下坍落,测量筒高与坍落后的拌合物锥体最高点之间的高差,即为坍落度值(修约至5 mm)。坍落度值越大,拌合物越稀,流动性越大。然后,再用捣棒轻击拌合物锥体侧面,若锥体逐步下沉,表示粘聚性良好;若突然倒塌、部分崩裂或石子离析,则为粘聚性不良的表现。与此同时,观察锥体底部是否有较多的稀浆析出,以评定其保水性。坍落度法适用于骨料最大公称粒径不超过40 mm,坍落度值不小于10 mm的混凝土拌合物。

根据坍落度大小不同,混凝土拌合物可分为:低塑性混凝土(坍落度为10~40 mm)、塑性混凝土(坍落度为50~90 mm)、流动性混凝土(坍落度为100~150 mm)和大流动性混凝土(坍落度>160 mm)。

一般在满足施工要求的前提下,尽可能采用较小的坍落度,以节约水泥,降低混凝土成本。实际工程中,混凝土拌合物的坍落度要根据构件截面尺寸、钢筋疏密和捣实方法综合确定(参见表4.18)。当构件截面尺寸较小或钢筋较密或采用人工振捣时,坍落度可选得大一些;反之,则可选得小一些。

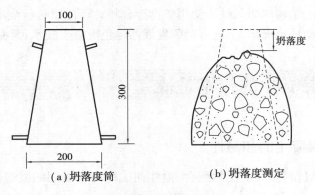

(a)坍落度筒　　　　　(b)坍落度测定

图 4.10　混凝土坍落度试验

表 4.18　混凝土坍落度的适宜范围

结构特点	坍落度/mm
基础或地面的垫层、无配筋的大体积结构(挡土墙、基础等)或配筋稀疏的结构	10~30
板、梁和大型及中型截面的柱子等	30~50
配筋较密的结构(薄壁、斗仓、筒仓、细柱等)	50~70
配筋特密的结构	70~90

表 4.18 中系指采用机械振捣的坍落度,当采用人工捣实时可适当增大。当采用泵送混凝土拌合物时,可通过掺入高效减水剂等措施提高流动性,使坍落度达到 80~180 mm。

国内外资料一致认为,坍落度为 10~220 mm 时,对混凝土拌合物的稠度具有良好的反映能力,当坍落度大于 220 mm 时,由于粗骨料堆积的偶然性,坍落度就不能很好地代表拌合物的稠度。因此,坍落度大于 220 mm 的混凝土拌合物的稠度宜用扩展度(mm)表示。

扩展度亦采用坍落度筒测试。当坍落度筒提离后,流动性相对较大的混凝土拌合物在自重作用下向周边扩展,用钢尺测量拌合物扩展后的最大直径和最小直径,在两者之差不超过 50 mm 的条件下,用其算数平均值作为扩展度值(修约至 5 mm)。

扩展度试验适用于泵送高强混凝土和自密实混凝土拌合物。一般泵送高强混凝土拌合物的扩展度不宜小于 500 mm;自密实混凝土拌合物的扩展度不宜小于 600 mm。

(2)维勃稠度法　维勃稠度采用维勃稠度测定仪测定,试验原理如图 4.11 所示。将坍落

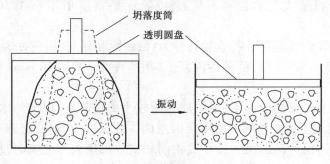

图 4.11　维勃稠度试验示意图

度筒置于固定于专用振动台上的圆筒中,按坍落度试验方法将拌合物装入坍落度筒内,再提起坍落度筒,并在拌合物锥体顶端置一透明圆盘。开启振动台并计时,至透明圆盘底面被浆料所布满的瞬间停止计时,此时认为混凝土拌合物已振实,所需的振动时间即为维勃稠度值。该方法适用于粗骨料最大公称粒径不超过 40 mm、维勃稠度值为 5~30 s 的干硬性混凝土拌合物。

混凝土拌合物的流动性按维勃稠度大小可分为超干硬性混凝土(≥31 s)、特干硬性混凝土(30~21 s)、干硬性混凝土(20~11 s)和半干硬性混凝土(10~5 s)。

国家标准《混凝土质量控制标准》(GB 50164—2011)规定的混凝土拌合物稠度等级划分标准见表 4.19。

表 4.19　混凝土拌合物的稠度等级划分 (GB 50164—2011)

坍落度等级		维勃稠度等级		扩展度等级	
等　级	坍落度/mm	等　级	维勃稠度/s	等　级	扩展度/mm
S1	10~40	V0	≥31	F1	≤340
S2	50~90	V1	30~21	F2	350~410
S3	100~150	V2	20~11	F3	420~480
S4	160~210	V3	10~6	F4	490~550
S5	≥220	V4	5~3	F5	560~620
				F6	≥630

3)影响和易性的主要因素

(1)胶凝材料浆料用量　由水泥、矿物掺合料与拌合水形成的胶凝材料浆料赋予混凝土拌合物以流动性。在水胶比(水与胶凝材料用量之比,W/B)不变的情况下,浆料越多,则

拌合物的流动性越大。胶凝材料浆料的用量应以满足流动性的要求为宜。浆料过多时,会出现流浆现象,对混凝土的强度与耐久性不利;浆料过少时,不足以填满骨料间隙或包裹骨料表面,拌合物粘聚性变差。

(2)胶凝材料浆料稠度　当胶凝材料浆料用量一定时,浆料的稠度决定于水胶比的大小,水胶比越小,浆料就越稠。但水胶比过小时,浆料干稠,拌合物流动性过低,给施工造成困难。水胶比过大,浆料过稀则容易使拌合物的粘聚性和保水性变差,会产生流浆及离析现象。一般根据混凝土强度和耐久性要求,合理地选取水胶比。

试验表明,对于常用水胶比(0.40~0.80),当单位用水量不变时,在一定的范围内其他材料用量的波动对混凝土拌合物的流动性影响有限,这一规律称为固定用水量法则。该法则为混凝土的配合比设计提供了便利,可根据混凝土施工所需的拌合物稠度估计单位用水量,混凝土单位用水量与拌合物稠度的关系见表 4.20。

表 4.20　混凝土的用水量选用表（JGJ 55—2011）　　　　　　单位:kg/m³

拌合物稠度		卵石最大公称粒径/mm				碎石最大公称粒径/mm			
项　目	指标	10.0	20.0	31.5	40.0	16.0	20.0	31.5	40.0
坍落度 /mm	10~30	190	170	160	150	200	185	175	165
	35~50	200	180	170	160	210	195	185	175
	55~70	210	190	180	170	220	205	195	185
	75~90	215	195	185	175	230	215	205	195
维勃稠度 /s	16~20	175	160		145	180	170		155
	11~15	180	165		150	185	175		160
	5~10	185	170		155	190	180		165

注:①用水量系采用中砂时的取值,采用细砂时可增加 5~10 kg/m³,采用粗砂时可减少 5~10 kg/m³;
　②掺用外加剂和矿物掺合料时,用水量应相应调整。

（3）砂率的影响　砂的质量占砂石总质量的百分数称为砂率（β_s）。砂率的变化将改变骨料的总表面积和空隙率,从而对混凝土拌合物的和易性产生显著影响。在胶凝材料浆料用量一定的情况下,β_s 过大时,骨料总表面积及空隙率都会很大,浆料数量则相对不足,将削弱浆料对骨料的润滑作用,拌合物变得干稠;β_s 过小时,粗骨料间缺少足够的砂浆层,会降低拌合物流动性,并严重影响粘聚性和保水性,易造成离析、流浆。

当 β_s 适宜时,砂不但能填满石子间的空隙,还略有富余将石子包裹一定厚度的砂浆层,以减小石子间的摩阻力,增大混凝土拌合物的流动性,这一适宜的砂率称为合理砂率。采用合理砂率能在用水量及胶凝材料用量一定的情况下,使混凝土拌合物获得最大的流动性,并保持良好的粘聚性和保水性,如图 4.12 所示。或者说,采用合理砂率时,能使混凝土拌合物在满足所需要的流动性、粘聚性和保水性的情况下,胶凝材料用量最少,如图 4.13 所示。

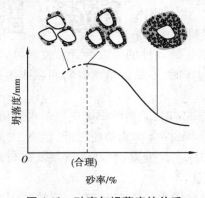

图 4.12　砂率与坍落度的关系

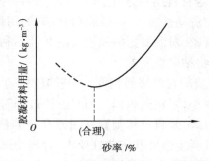

图 4.13　砂率与胶凝材料用量的关系

合理砂率可根据所用粗骨料技术指标、胶凝材料用量及混凝土拌合物流动性等情况适当调整。如粗骨料粒径大、级配好、表面光滑或胶凝材料用量大时,可选用较小的砂率;施工要求的混凝土拌合物流动性较大时,为避免离析,保证混凝土的粘聚性,可采用较大的砂率。我国《混凝土配合比设计规程》（JGJ 55—2011）规定,在没有经验数据时可查表（见表 4.33）初步确定砂率。

(4)组成材料性质的影响　水泥品种对混凝土拌合物的和易性有一定影响。需水量大的水泥,获得相同坍落度需要较多的拌合水。普通硅酸盐水泥配制的混凝土拌合物,其流动性和保水性较好;矿渣硅酸盐水泥配制的混凝土拌合物,其流动性较大,但粘聚性差、易泌水;火山灰质硅酸盐水泥需水量大,用水量相同条件下,流动性显著降低,但粘聚性和保水性较好。

骨料的性质对混凝土拌合物的和易性影响较大。粒径大的骨料,其总表面积小;级配良好的骨料,其空隙率小;在胶凝材料浆料用量一定的情况下,包裹骨料表面的浆料较厚,拌合物的流动性较好。卵石比碎石表面光滑,拌合物的流动性也较好。

(5)外加剂的影响　外加剂对混凝土拌合物的和易性有很大影响,通常少量的减水剂就能使拌合物在不增加胶凝材料用量的条件下,获得良好的和易性,不仅使流动性显著增加,还能有效改善拌合物的粘聚性和保水性。

(6)时间和温度的影响　混凝土拌合物拌合后随时间延长而逐渐变稠,坍落度降低,和易性变差,这种现象称为坍落度经时损失。其原因是部分拌和水已与水泥水化、被骨料吸收或已蒸发;同时,水泥的凝聚结构逐渐形成,致使拌合物流动性变差。环境温度越高,水分蒸发及水化速度越快,也会使混凝土拌合物的流动性降低。国家标准规定,当采用泵送混凝土时,拌合物的坍落度经时损失不宜大于 30 mm/h。

4)改善拌合物和易性的措施

在实际施工中,可采取如下措施改善混凝土拌合物的和易性:

①当拌合物坍落度太小时,保持水胶比不变增加适量的胶凝材料浆料;当坍落度太大时,保持砂率不变,增加适量的砂、石。

②选用适宜的水泥品种及矿物掺合料。

③选用级配良好的骨料,并尽可能采用较粗的砂、石。

④采用合理砂率。

⑤有条件时掺用减水剂或引气剂。

► 4.3.2　混凝土的强度和变形性能

强度是混凝土硬化后的主要力学性能,并且与其他性质密切相关。混凝土的强度有立方体抗压强度、棱柱体抗压强度、抗拉强度、抗弯强度和抗剪强度等。其中,立方体试件的强度比较稳定,通常以立方体抗压强度作为混凝土强度的特征值。

1)混凝土的立方体抗压强度与强度等级

(1)立方体抗压强度(f_{cu})　我国《普通混凝土力学性能试验方法标准》(GB/T 50081—2019)规定,按标准方法制作边长为 150 mm 的立方体试件,在标准养护条件下[温度(20±2)℃,相对湿度>95%]养护至 28 d 或规定设计龄期,按照标准试验方法测得的抗压强度值,称为混凝土立方体试件抗压强度(简称混凝土抗压强度,以 f_{cu} 表示,单位 MPa)。

当混凝土强度等级<C60 时,测定抗压强度的试件也可根据工程中所用粗骨料的最大公称粒径选用非标准尺寸的试件,但应将所得抗压强度乘以尺寸换算系数(见表4.21),以折算

为标准试件的抗压强度。试件尺寸越大，折算系数也越大。这是因为试件尺寸越大，内部孔隙、缺陷等出现的概率也大，有效受力面积减小及应力集中引起所测强度值偏低。当混凝土强度等级>C60时，宜采用标准试件，若使用非标准试件时，其尺寸换算系数应经试验确定。

表 4.21　混凝土试件不同尺寸的强度换算系数（GB/T 50081—2019）

骨料最大公称粒径/mm	试件尺寸/(mm×mm×mm)	换算系数
<31.5	100×100×100	0.95
<37.5	150×150×150	1
<63	200×200×200	1.05

（2）强度等级　强度等级是混凝土结构设计、配合比设计、质量控制和合格评定的重要根据。混凝土的强度等级由符号"C"和立方体抗压强度标准值（$f_{cu,k}$）组成。

立方体抗压强度标准值（$f_{cu,k}$）是按标准方法制作和养护的边长为150 mm的立方体试件，在28 d或规定设计龄期以标准试验方法测得的具有95%保证率的抗压强度值（单位MPa）。我国《混凝土质量控制标准》（GB 50164—2011）按立方体抗压强度标准值将混凝土强度划分为C10、C15、C20、C25、C30、C35、C40、C45、C50、C55、C60、C65、C70、C75、C80、C85、C90、C95和C100等19个等级。

不同工程或用于不同部位的混凝土对强度等级的要求也不同。强度等级为C10的混凝土仅用于受力不大的垫层、基础、地坪等。我国《混凝土结构设计规范》（GB 50010—2010）规定：素混凝土结构不应低于C15；钢筋混凝土结构不应低于C20；预应力钢筋混凝土结构不宜低于C40，且不应低于C30；承受重复荷载的钢筋混凝土构件不应低于C30。

（3）混凝土的轴心抗压强度（f_{cp}）　确定混凝土强度等级时采用的是立方体试件，但实际工程中钢筋混凝土构件大部分是棱柱体形或圆柱体形。为使测得的混凝土强度接近实际情况，轴心受压构件（如柱、桁架腹杆等）在钢筋混凝土结构计算中，均以轴心抗压强度作为设计依据。

轴心抗压强度采用150 mm×150 mm×300 mm的棱柱体作为标准试件，如有必要，也可采用非标准尺寸的棱柱体试件，但其高宽比（h/a）应在2~3的范围内。轴心抗压强度比同截面的立方体抗压强度小，且h/a越大，轴心抗压强度越小。在立方体抗压强度为10~55 MPa范围内时，$f_{cp} \approx (0.70 \sim 0.80) f_{cu}$。

2）混凝土的抗拉强度（f_{ts}）

混凝土的抗拉强度只有抗压强度的1/20~1/10，故在结构设计中不考虑混凝土承受拉力，而是在混凝土中配以钢筋，由钢筋来承受拉力。但在结构抗裂验算时，需考虑抗拉强度，它是计算混凝土构件裂缝宽度的主要指标。

目前，直接采用轴向拉伸试验很难测定混凝土的抗拉强度，常采用劈裂试验间接得出抗拉强度，称为劈裂抗拉强度（f_{ts}）。采用边长为150 mm的立方体试件，在两个相对的表面加上垫条，当施加均匀分布的压力，在外力作用的竖向平面内即可产生均匀分布的拉应力，如图4.14所示。该拉应力大小可由弹性理论计算得到。劈裂抗拉强度的计算公式为：

$$f_{ts} = \frac{2F}{\pi A} = 0.637 \frac{F}{A} \tag{4.3}$$

试验证明,用轴向拉伸试验测得的混凝土抗拉强度与劈裂抗拉强度之比约为0.9。而劈裂抗拉强度(f_{ts})与立方体抗压强度(f_{cu})之间的关系可用经验公式表达如下:

$$f_{ts} = 0.35 f_{cu}^{3/4} \qquad (4.4)$$

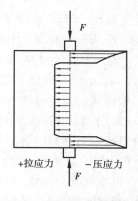

图 4.14　劈裂试验时垂直于
受力表面的应力分布

3)影响混凝土强度的主要因素

混凝土强度取决于砂浆基体、粗骨料及其界面过渡区的粘结强度。混凝土在受力前,由于水泥石的化学收缩和物理收缩引起砂浆体积变化,以及由于拌合物泌水而在粗骨料下缘形成水囊等因素,都将在砂浆基体与粗骨料界面过渡区形成许多原生微裂缝。混凝土在受力时,这些潜在的界面微裂缝不断扩展,将使混凝土结构丧失连续性而发生破坏。试验也证实,普通混凝土的破坏主要是粗骨料与砂浆基体界面的粘结破坏。

混凝土的强度与水泥强度等级、水胶比及骨料性质等因素有关。此外,混凝土的强度还受施工质量、养护条件及龄期的影响。

(1)水泥强度等级和水胶比　这是决定混凝土强度最主要的因素。水泥是混凝土的活性组成材料,在水胶比不变时,水泥强度等级越高则水泥石的强度越大,对骨料的胶结力越强,配制的混凝土强度越高。

在水泥强度等级相同的条件下,混凝土的强度主要取决于水胶比。理论上,水泥水化所需的结合水一般只占水泥质量的23%左右,但为了获得施工要求的流动性,常需加入较多的水,如塑性混凝土的水胶比为0.4~0.8。当混凝土硬化后,多余的水分残留在混凝土中或蒸发后形成孔穴或通道,减小了混凝土抵抗荷载的有效截面,且可能在孔隙周围引起应力集中。水胶比越小则水泥石强度越高,与骨料粘结力越大,混凝土强度也越高。但若水胶比过小,拌合物将过于干稠,难以振捣密实,出现较多的蜂窝、孔洞,混凝土强度反而会严重下降,见图4.15(a)。

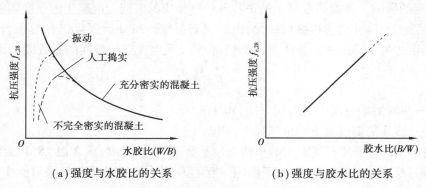

　(a)强度与水胶比的关系　　　　　　　　(b)强度与胶水比的关系

图 4.15　混凝土强度与水胶比及胶水比的关系

1930年瑞士的鲍罗米通过大量统计分析提出,在材料相同的条件下,当水胶比在0.33~0.80变化时,混凝土的28 d抗压强度与胶水比(B/W)存在如图4.15(b)所示的线性关系,混凝土的28 d抗压强度按下式计算:

$$f_{cu} = \alpha_a f_b \left(\frac{B}{W} - \alpha_b \right) \qquad (4.5)$$

式中 f_{cu}——混凝土 28 d 抗压强度,MPa;

　　　B,W——混凝土中胶凝材料和水的用量,kg/m³;

　　　f_b——胶凝材料 28 d 胶砂的实际强度,MPa;

　　　α_a,α_b——回归系数,与粗骨料品种有关。

根据式(4.5),可按所用胶凝材料 28 d 胶砂强度和水胶比估算所配制混凝土的强度。

(2)骨料的影响　强度高、级配良好的骨料所拌制的混凝土,强度较高;采用含较多针、片状骨料或卵石拌制的混凝土强度则较低。

(3)养护温度及湿度　混凝土浇筑成型后,需在一定时间内保持适当的温度和足够的湿度,以供水泥充分水化,即混凝土的养护。养护温度越高,水泥水化速度越快,混凝土的强度发展也越快;反之,在低温下则强度发展迟缓。当温度降至冰点以下时,混凝土中的水分结冰,不但水泥停止水化,混凝土强度停止发展,还容易使混凝土遭受冻害。

同时,只有周围环境的湿度足够时,水泥水化反应才能顺利进行,混凝土强度才能得以充分发展。图 4.16 为潮湿养护时间对混凝土强度的影响,由图可见,若保湿时间不够,混凝土强度将严重下降。

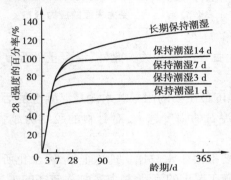

图 4.16　混凝土强度与保湿养护时间的关系

我国《混凝土结构工程施工规范》(GB 50666—2011)规定,混凝土浇筑后应及时进行保湿养护;使用硅酸盐水泥、普通硅酸盐水泥或矿渣硅酸盐水泥时,养护时间不应少于 7 d;使用其他品种水泥时,养护时间应根据水泥性能确定;使用缓凝型外加剂、大掺量矿物掺合料配制的混凝土、抗渗混凝土或强度等级 C60 及以上的混凝土,养护时间不应小于 14 d;夏季施工的混凝土要特别注意保湿养护。

(4)龄期的影响　龄期是混凝土的正常养护所经历的时间。混凝土的强度随龄期增长而不断发展,最初 7~14 d 内强度发展较快,以后逐渐缓慢。28 d 后强度仍在发展,其增长过程可延续数十年之久。标准养护条件下,混凝土的强度发展大致与龄期的对数成正比:

$$f_n = f_{28}\frac{\lg n}{\lg 28} \tag{4.6}$$

式中 f_n—— n d 龄期混凝土的抗压强度,MPa,$n \geqslant 3$;

　　　f_{28}——28 d 龄期混凝土的抗压强度,MPa。

根据式(4.6),可按所测混凝土的早期强度估算其 28 d 强度,或者由 28 d 强度推算达到某一强度所需养护的天数。当然,由于影响强度的因素很多,上式计算结果只能作为参考。

(5)试验条件的影响　除了试件尺寸对强度的测定结果有一定影响外,试件的形状、表面状态及加载速度等试验条件也会影响混凝土强度的测定值。

①试件的形状。当试件受压面积($a \times a$)相同而高度(h)不同时,高宽比(h/a)越大则所测抗压强度越小。这是因为试件受压时,混凝土与承压板之间的摩擦力对试件的横向膨胀起约束作用,称为环箍效应,见图 4.17(a)。环箍效应有利于强度的提高,越接近试件的端面,环箍效应就越大,距端面约 $0.866a$ 的范围以外则约束作用消失,见图 4.17(b)。

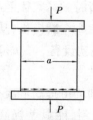 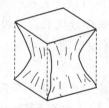 

（a）承压板对试件的约束作用　　（b）不涂润滑剂时的破坏形式　　　　（c）涂润滑剂时的破坏形式

图 4.17　受压试件的环箍效应

②表面状态。若在试件上下表面涂有油脂类润滑剂，则受压时的环箍效应会大为减小，试件将出现竖向开裂破坏，见图 4.17（c），此时测出的强度值也偏低。

③加载速度。在试验过程应连续均匀地加载，加载速度越快，测得的混凝土强度值也越大。我国标准规定，混凝土强度等级>C30 且<C60 时，加载速度为 0.5~0.8 MPa/s。

4）提高混凝土强度的措施

（1）采用高强度等级或早强型水泥　水泥强度等级越高，混凝土的强度也较高。采用早强型水泥可提高混凝土的早期强度，有利于加快施工进度。

（2）采用低水胶比的干硬性混凝土　这种混凝土拌合物的游离水少，硬化后留下的孔隙也少，混凝土密实度高，强度可显著提高。但水胶比过小，将影响拌合物的流动性，造成施工困难，一般采取掺减水剂的方法，使低水胶比下的拌合物仍有良好的和易性。

（3）采用蒸汽养护或湿热养护　将混凝土构件置于温度低于 100 ℃ 的常压蒸汽中养护，可加速活性混合材料的"二次反应"，混凝土的早期强度和后期强度都有所提高。一般经 24 h 蒸养，强度可达正常养护 28 d 强度的 70%，适于掺活性混合材料的水泥制备的混凝土。

若对普通硅酸盐水泥和硅酸盐水泥制备的混凝土构件进行蒸汽养护，也能提高早期强度，但会在水泥颗粒表面过早形成水化产物凝胶膜，阻碍水分继续深入水泥颗粒内部，减缓后期强度增长速度，28 d 强度比标准养护时低 10%~15%。不同养护温度下混凝土的强度发展规律见图 4.18。

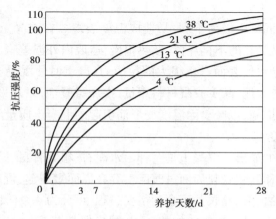

图 4.18　不同养护温度下混凝土的强度发展

（4）采用机械搅拌和振捣　机械振捣可使拌合物的颗粒振动,暂时破坏浆体的凝聚结构,降低浆体的粘度和骨料间的摩擦力,提高拌合物的流动性,使其更好地充满模板,从而大幅提高硬化混凝土的密实度和强度。采用高频振动、变频振动及多向振动设备,可获得更佳振捣效果。

（5）掺入外加剂和矿物掺合料　在混凝土中掺入早强剂、减水剂均可提高混凝土的强度。而同时掺入（双掺）高效减水剂（或高性能减水剂）和磨细矿物掺合料,能显著提高混凝土的强度,可配制出强度等级为 C60~C100 的高强混凝土。

5）混凝土的变形性能

混凝土的变形包括非荷载作用下的变形和荷载作用下的变形。非荷载下的变形,可分为混凝土的化学收缩、干湿变形及温度变形。荷载作用下的变形,分为短期荷载作用下的变形及长期荷载作用下的变形——徐变。

（1）非荷载作用下的变形

①化学收缩。混凝土硬化过程中,由于水泥水化产物的固体体积比反应前的总体积小,从而引起混凝土的收缩,称为化学收缩。化学收缩不能恢复,收缩量随混凝土的龄期延长而增加,一般成型后 40 d 内增长较快,以后逐渐趋于稳定。化学收缩值较小,对混凝土结构没有破坏作用,但在混凝土内部可能产生微细裂缝而影响承载状态和耐久性。

②干湿变形。周围环境湿度的变化会引起混凝土的干湿变形,表现为干缩湿胀。混凝土在干燥过程中,由于毛细水的蒸发而在毛细孔中形成负压,随着空气湿度的降低负压逐渐增大,产生的收缩力导致混凝土收缩;同时,水泥凝胶体颗粒的吸附水也部分蒸发,凝胶体因失水而产生紧缩。混凝土的这种体积收缩,在重新吸水后大部分可以恢复。

混凝土中过大的干缩会产生干缩裂缝,严重影响混凝土的耐久性。在混凝土结构设计中,混凝土的干缩率取值一般为 $(1.5~2.0)\times10^{-4}$。干缩主要是水泥石产生的,因此,增加骨料含量,降低水泥用量,减小水胶比以及采用湿热养护等措施可有效减小混凝土的干缩。

③温度变形。混凝土随着温度的变化而产生的热胀冷缩变形,称为温度变形,其温度变形系数为 $(1~1.5)\times10^{-5}/℃$。

温度变形对大体积混凝土极为不利,易造成温度裂缝。在混凝土硬化初期,水泥水化放出较多热量,而混凝土又是热的不良导体,散热很慢,造成内外温差很大（可达 50~70 ℃）,使混凝土产生内胀外缩,导致外表面产生很大的拉应力,严重时使混凝土产生裂缝。大体积混凝土施工时,常采用低热水泥,减少胶凝材料用量,掺加缓凝剂,以及采用人工降温,设温度伸缩缝和配置温度钢筋等措施,以减少因温度变形而引起的混凝土质量问题。

（2）荷载作用下的变形

①短期荷载作用下的变形。混凝土是一种由水泥石、粗细骨料、游离水、气泡等组成的不匀质复合材料。砂浆基体和粗骨料界面过渡区上存在界面微裂缝,混凝土在短期荷载作用下的变形,实质上是裂缝的扩大、延长并汇合的衍变过程,可分为 4 个阶段,见图 4.19。

第Ⅰ阶段（$\sigma < 30\%f_{cp}$）:过渡区的界面微裂缝保持稳定,没有扩展趋势,应力-应变（σ-ε）关系曲线呈线性;

第Ⅱ阶段（$30\% f_{cp} < \sigma < 50\% f_{cp}$）：随着 σ 增加，界面裂缝长度、宽度和数量有所增加，且稳定地缓慢扩展，但此时砂浆基体中不产生新裂缝，σ-ε 曲线随裂缝的发展逐渐偏离直线；

第Ⅲ阶段（$50\% f_{cp} < \sigma < 75\% f_{cp}$）：界面裂缝逐渐向砂浆基体延伸，同时砂浆中也产生微裂缝，并逐渐增生、扩展，并与界面裂缝搭接。当 σ 达到 $75\% f_{cp}$ 左右时，整个裂缝体系开始变得不稳定，此应力水平称为临界应力；

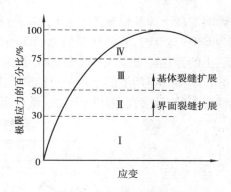

图 4.19　混凝土在短期荷载作用下的 4 个阶段

第Ⅳ阶段（$\sigma > 75\% f_{cp}$）：随着 σ 增加，基体和界面裂缝处于不稳定状态，迅速扩展为连续的裂缝，变形急剧增大，σ-ε 曲线明显弯曲并趋于水平，直至达到极限应力。

如上所述，过渡区的微裂缝在受力时会逐渐扩展，同时，混凝土孔隙中的水也产生迁移，结果使混凝土产生不可恢复的塑性变形，σ-ε 曲线表现为高度非线性，如图 4.20 所示。在短期荷载作用下，若加载至 A 点，再卸载则沿 AC 曲线返回，产生残留的塑性应变。

在 σ-ε 曲线上任一点的 σ 与 ε 的比值，称作混凝土在该应力下的变形模量。在计算混凝土结构的变形，裂缝开展及大体积混凝土的温度应力时，均需确定混凝土的变形模量。在低应力水平下混凝土的 σ-ε 曲线接近直线，图 4.20 中原点处的切线斜率称为初始切线弹性模量，但该值不易测准，实际意义不大。

在混凝土工艺和混凝土结构设计中，通常采用规定条件下的割线弹性模量。研究表明，在 $\sigma < (30\% \sim 50\%) f_{cp}$ 时的裂缝稳定扩展阶段，重复加荷-卸载若干次以后，塑性应变将趋于稳定，σ-ε 曲线基本上趋于直线，如图 4.21 所示，此时的直线斜率较易测准。我国《普通混凝土力学性能试验方法标准》（GB/T 50081—2019）规定，采用 150 mm×150 mm×300 mm 的棱柱体作为标准试件，反复加载卸载（即 $\sigma = f_{cp}/3$）3 次后，所得的割线弹性模量值作为该混凝土的弹性模量 E_c。

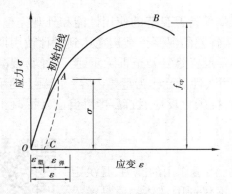

图 4.20　混凝土压力作用下的应力-应变曲线

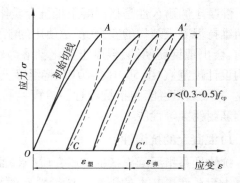

图 4.21　低应力下重复荷载的应力-应变曲线

影响混凝土弹性模量的因素很多。一般来说，混凝土的强度越高其弹性模量越大，强度等级为 C10～C60 时，其弹性模量为（1.75～3.60）×10⁴ MPa。骨料的含量越多、弹性模量越大，则混凝土的弹性模量越大。水胶比较小，养护较好及龄期较长，则弹性模量较大。

②长期荷载作用下的变形——徐变。混凝土在持续荷载作用下，除产生瞬间的弹性变形和塑性变形外，还会产生随时间增长的变形，称为徐变，如图 4.22 所示。

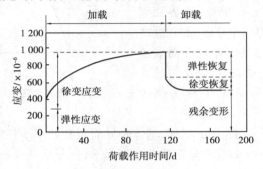

图 4.22　徐变变形与徐变恢复

在加载的瞬间，混凝土产生瞬时变形，随着时间的延长，又产生徐变变形。在荷载初期，徐变变形增长较快，以后逐渐变慢并稳定下来，最终徐变应变可达 0.3～1.5 mm/m。在荷载除去后，一部分变形瞬时恢复，其值小于在加载瞬间产生的瞬时变形。在卸载后的一段时间内变形还会继续恢复，称为徐变恢复。最后残存的不能恢复的变形，称为残余变形。

混凝土产生徐变的原因，一般认为是由于水泥石凝胶体在长期荷载作用下的粘性流动，使凝胶粒子吸附水向毛细孔内迁移。减小徐变的措施有：降低混凝土的水胶比或在水中养护，尽量减少胶凝材料用量，采用弹性模量较大的骨料以及减小构件内的应力等。

混凝土的徐变对结构物有利的方面是减弱钢筋混凝土内的应力集中，使应力重新分布而缓解局部应力集中，对大体积混凝土则能减弱温度变形所产生的破坏应力；徐变不利的方面是会引起预应力钢筋混凝土中钢筋的预应力损失。

▶ 4.3.3　混凝土的耐久性

混凝土的耐久性是指混凝土抵抗介质作用并长期保持其良好的使用性能和外观完整性，从而维持混凝土结构的安全、正常使用的能力。耐久性差的混凝土结构在达到设计使用期限之前，会出现钢筋锈蚀、混凝土劣化剥落等破坏，需要投资修复乃至拆除重建。我国《混凝土结构设计规范》（GB 50010—2010）将混凝土结构的耐久性设计作为重要内容。混凝土的耐久性是一个综合性能，包括抗渗性、抗冻性、抗腐蚀性、抗碳化反应、抗碱-骨料反应及混凝土中的钢筋耐锈蚀等性能。

1）混凝土的抗渗性

抗渗性是指混凝土抵抗有压介质（水、油等液体）渗透作用的能力，是决定混凝土耐久性最基本的因素。抗渗性差的混凝土，不仅周围液体物质易渗入内部，而且当遇有负温或环境水中含有侵蚀性介质时，混凝土易遭受冰冻或侵蚀作用而破坏。地下建筑、水坝、水池、港工以及海工等工程，要求混凝土必须具有一定的抗渗性。

我国《普通混凝土长期性能和耐久性能试验方法标准》(GB/T 50082—2009)规定,可采用渗水高度法或逐级加压法评定混凝土的抗渗性。其中,逐级加压法采用28 d龄期的标准试件,在规定试验方法下进行抗水渗透试验,以其所能承受的最大水压力来确定抗渗等级。混凝土的抗渗性划分为P4,P6,P8,P10,P12和>P12共6个等级。如P4代表该混凝土能够承受0.4 MPa的静水压力而不渗透。抗渗等级不低于P6的混凝土称为抗渗混凝土。

混凝土渗水主要缘于拌和水蒸发或拌合物泌水形成的连通性渗水通道,其数量主要与混凝土的水胶比有关,水胶比越小,抗渗性越高。提高混凝土抗渗性的主要措施有:降低水胶比,掺加减水剂、引气剂等防止离析、泌水,选用级配好的骨料,充分振捣和加强养护等。

2)混凝土的抗冻性

抗冻性是指混凝土在饱水状态下,能经受多次冻融循环而不破坏,同时也不严重降低所具有性能的能力。混凝土受冻融破坏是因内部孔隙水在负温下结冰膨胀(约9%),而对孔壁产生相当大的压应力(可达100 MPa),从而使硬化中的混凝土结构遭到破坏,导致混凝土已获得的强度受到损失,在多次冻融循环作用下使裂缝不断扩展直至破坏。

混凝土的抗冻性试验分快冻法和慢冻法两种。

快冻法用于测定28 d龄期的标准试件在水冻水融条件下,相对动弹性模量下降至不低于60%,或者质量损失率不超过5%时的最大冻融循环次数,共分为F50,F100,F150,F200,F250,F300,F350,F400和>F400这9个抗冻等级。混凝土工程的结构(构件)多采用抗冻等级(快冻法),抗冻等级不低于F50的混凝土称为抗冻混凝土。

慢冻法用于测定28 d龄期的标准试件在气冻水融条件下,抗压强度损失不超过25%、且质量损失率不超过5%时所能承受的最大循环次数,共分为D50,D100,D150,D200和>D200五个抗冻标号。建材行业中的混凝土制品一般采用抗冻标号(慢冻法)。

提高抗冻性的关键是提高混凝土密实度。密实度高、具有封闭孔的混凝土,其抗冻性较高。掺入引气剂、减水剂和防冻剂等混凝土外加剂,可显著地提高混凝土的抗冻性。

3)抗硫酸盐侵蚀性

当混凝土所处环境中含有硫酸盐介质时,便会遭受侵蚀。混凝土结构在地下工程、海岸工程等恶劣环境中的大量应用,对混凝土的抗硫酸盐侵蚀性提出了更高的要求。

混凝土的抗硫酸盐侵蚀性能采用硫酸盐侵蚀试验测定,以抗压强度耐蚀系数下降到不低于75%时的最大干湿循环次数划分为KS30,KS60,KS90,KS120,KS150和>KS150这6个抗硫酸盐等级。KS120等级的混凝土,其抗硫酸盐侵蚀性能较好,超过KS150等级的混凝土则具有优异的抗硫酸盐侵蚀性能。

密实和孔隙封闭的混凝土,环境水不易侵入,其抗侵蚀性较强。提高抗硫酸盐侵蚀性的主要措施有:合理选择水泥品种,降低水胶比,提高混凝土密实度和改善孔结构。

4)混凝土的碳化

碳化(也称中性化)是指混凝土水泥石中的$Ca(OH)_2$与空气中的CO_2发生化学反应,生成$CaCO_3$和水的过程。碳化对混凝土的不利影响是降低碱度,减弱对钢筋的保护作用。水泥水化生成的$Ca(OH)_2$使钢筋处于碱性环境,表面生成一层钝化膜而不易锈蚀;当碳化深度穿透混凝土保护层达到钢筋表面时,钝化膜被破坏,钢筋开始锈蚀。碳化还会增加混凝土的收缩,降低混凝土的抗拉、抗折强度及抗渗能力。

根据在一定浓度的 CO_2 气体介质中混凝土试件碳化 28 d 的碳化深度 $d(mm)$,划分为 T-Ⅰ($d \geq 30$),T-Ⅱ($20 \leq d < 30$),T-Ⅲ($10 \leq d < 20$),T-Ⅳ($0.1 \leq d < 10$)和 T-Ⅴ($d < 0.1$)共 5 个混凝土抗碳化性能等级。

混凝土的碳化速度主要与环境条件、自身碱度及抗渗性有关。环境 CO_2 浓度高则碳化速度快;环境相对湿度为 50%~75% 时,碳化速度较快;相对湿度小于 25% 或在水中时,碳化基本停止。碱度大、抗渗性好的混凝土,碳化速度较慢;掺混合材料的水泥碱度较低,碳化速度较快;水胶比小的混凝土较密实,CO_2 和水不易侵入,碳化较慢。

5)碱-骨料反应

碱-骨料反应是指水泥或其他材料中的碱(Na_2O,K_2O)与骨料中的活性成分发生的化学反应,包括碱-硅酸反应和碱-碳酸反应。其中,前者可在骨料表面生成复杂的碱-硅酸凝胶,此凝胶吸水后肿胀,导致混凝土产生膨胀开裂。

碱-骨料反应过程极慢,有一定潜伏期,往往要经过几年或十几年后才会出现。而一旦发生则造成的危害极大,素有混凝土的"癌症"之称,应予以预防。

混凝土发生碱-骨料反应必须具备 3 个条件:

①水泥中碱含量高,$w(Na_2O + 0.658K_2O) > 0.6\%$。

②骨料中含活性 SiO_2 成分的矿物,如蛋白石、玉髓、鳞石英等。

③有水存在。

抑制碱-骨料反应的措施有:控制混凝土中总含碱量不超过 0.6%;选用非活性骨料;降低混凝土的单位胶凝材料用量,以降低混凝土的含碱量;掺入火山灰质矿物掺合料,以减少膨胀值;防止水分侵入,使混凝土处于干燥状态。

6)提高混凝土耐久性的措施

混凝土所处的环境和使用条件不同,对其耐久性的要求也不同,但影响耐久性的因素却有许多相同之处。混凝土的密实程度是影响耐久性的主要因素,其次是原材料性质、施工质量等。提高混凝土耐久性的主要措施有:

①根据混凝土工程的特点和所处环境条件合理选择水泥品种。

②选用质量良好、技术条件合格的砂、石骨料。

③控制水胶比、保证足够胶凝材料用量是提高混凝土耐久性的关键。我国《混凝土结构设计规范》(GB 50010—2010)规定,应根据混凝土结构暴露的环境类别(见表 4.22)进行耐久性设计,设计使用年限为 50 年的混凝土结构其混凝土最大水胶比及其他指标限值见表 4.23。我国《普通混凝土配合比设计规程》(JGJ 55—2011)还规定了最小胶凝材料用量限值(见表 4.31)。

④掺入减水剂(或引气剂)、适量矿物掺合料,适当降低水胶比等措施改善混凝土的孔结构,对提高混凝土的抗渗性和抗冻性有很好的作用。

表 4.22　混凝土结构的环境类别（GB 50010—2010）

环境类别	条　件
一	①室内干燥环境；②无侵蚀性静水浸没环境
二 a	①室内潮湿环境；②非严寒和非寒冷地区的露天环境；③非严寒和非寒冷地区与无侵蚀性的水或土壤直接接触的环境；④寒冷和严寒地区的冰冻线以下与无侵蚀性的水或土壤直接接触的环境
二 b	①干湿交替环境；②水位频繁变动环境；③严寒和寒冷地区的露天环境；④严寒和寒冷地区的冰冻线以上与无侵蚀性的水或土壤直接接触的环境
三 a	①严寒和寒冷地区冬季水位变动区环境；②受除冰盐影响环境；③海风环境
三 b	①盐渍土环境；②受除冰盐作用环境；③海岸环境
四	海水环境
五	受人为或自然的侵蚀性物质影响的环境

表 4.23　结构混凝土材料的耐久性基本要求（GB 50010—2010）

环境类别	最大水胶比	最低强度等级	最大 Cl^- 含量/%	最大碱含量/(kg·m^{-3})
一	0.60	C20	0.30	不限制
二 a	0.55	C25	0.20	3.0
二 b	0.50(0.55)	C30(C25)	0.15	3.0
三 a	0.45(0.50)	C35(C30)	0.15	3.0
三 b	0.40	C40	0.10	3.0

注：①氯离子含量是指其占胶凝材料总量的百分比；

②预应力构件混凝土中的最大氯离子含量为 0.06%，最低强度等级宜按表中的规定提高两个等级；

③素混凝土构件的水胶比及最低强度等级的要求可适当放松；

④有可靠工程经验时，二类环境中的最低混凝土强度等级可降低一个等级；

⑤处于严寒和寒冷地区二 b、三 a 类环境中的混凝土应使用引气剂，并可采用括号中的有关参数；

⑥当使用非碱活性骨料时，对混凝土中的碱含量可不作限制。

4.4　混凝土的质量控制和合格评定

　　混凝土的质量是影响混凝土结构可靠性的重要因素，混凝土的生产应按规定的保证率满足设计要求的技术性质，以保证结构的可靠性。混凝土的质量控制应贯穿设计、生产、施工和成品检验的全过程：

　　①生产前的初步控制，包括组成材料的检验、配合比的设计与调整、人员配备和设备调试等项内容。

②生产过程的控制,包括计量、搅拌、运输、浇筑和养护等项内容。

③生产后的合格性控制,包括批量划分、确定每批取样数、确定检测方法和验收界限等项内容。

以上过程的任一步骤(如原材料性能、施工操作、试验条件等)都会使混凝土质量产生波动。在混凝土的质量控制中,由于抗压强度与其他性能有较好的相关性,故常以其作为评定和控制质量的主要指标。

▶ 4.4.1 混凝土生产控制水平

现行标准《混凝土质量控制标准》(GB 50164—2011)规定,混凝土工程宜采用预拌混凝土,生产控制水平按混凝土强度标准差(σ)和实测强度达到强度标准值组数的百分率(P)表征。

1)混凝土强度的波动规律——正态分布

实践证明,在生产条件基本一致的情况下,同一等级混凝土的强度波动服从正态分布。在正常生产与施工条件下,同一强度等级混凝土的强度波动符合正态分布,见图4.23。正态分布曲线的峰值为混凝土平均强度($\bar{f}_{cu}$)的概率,以平均强度为对称轴,曲线左右对称,距对称轴越远,出现的概率越小,并逐渐趋于零。强度正态分布曲线下面的面积为概率的总和,等于100%。

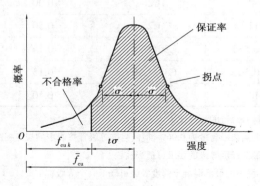

图4.23 混凝土强度正态分布曲线

强度正态分布曲线越矮而宽,表示强度数据的离散程度越大,反映了生产施工控制水平较差;反之,则表明强度测定值较集中,强度波动小,混凝土生产施工水平较高。

2)混凝土强度的标准差

混凝土强度标准差(σ)反映了混凝土强度的离散程度,按式(4.7)计算,并应符合表(4.24)的规定。

$$\sigma = \sqrt{\frac{\sum\limits_{i=1}^{n} f_{cu,i}^2 - n\bar{f}_{cu}^2}{n-1}} \qquad (4.7)$$

式中 σ——混凝土强度标准差,精确到0.1 MPa;

$f_{cu,i}$——统计周期内第 i 组混凝土立方体试件的抗压强度值,精确到0.1 MPa;

$\overline{f}_{cu}$——统计周期内第 i 组混凝土立方体试件的抗压强度的平均值,精确到 0.1 MPa;

n——统计周期内相同强度等级混凝土的试件组数,应不少于 30 组。

表 4.24 混凝土强度标准差(GB 50164—2011)

生产场所	强度标准差 σ/MPa		
	<C20	C20～C40	≥C45
预拌混凝土搅拌站 预制混凝土构件厂	≤3.0	≤3.5	≤4.0
施工现场搅拌站	≤3.5	≤4.0	≤4.5

3)实测强度达到强度标准值组数的百分率

实测强度达到强度标准值组数的百分率 $P(\%)$ 值可根据统计周期内,同批混凝土试件强度不低于强度等级标准值 $f_{cu,k}$ 的组数 n_0 占试件总组数 $n(>25)$ 的百分率得到,且不得低于 95%:

$$P = \frac{n_0}{n} \times 100\% \tag{4.8}$$

式中 P——统计周期内实测强度达到强度标准值组数的百分率,精确到 0.1%;

n_0——统计周期内相同强度等级混凝土达到强度等级标准值的试件组数;

n——统计周期内试件总组数,$n>25$。

预拌混凝土搅拌站和预制混凝土构件厂的统计周期可取 1 个月;施工现场搅拌站的统计周期可根据实际情况确定,但不宜超过 3 个月。

▶ 4.4.2 混凝土强度检验评定

为保证混凝土强度符合工程质量的要求,需采用规范统一的强度检验评定方法。混凝土的强度应分批进行检验评定,一个检验批的混凝土应由强度等级相同、试验龄期相同、生产工艺条件和配合比基本相同的混凝土组成。现行标准《混凝土强度检验评定标准》(GB 50107—2010)规定,混凝土强度评定分为统计方法及非统计方法。对大批量、连续生产混凝土的强度按统计方法评定,对小批量或零星生产混凝土的强度按非统计方法评定。

1)混凝土的取样与试验

混凝土强度试样应在混凝土浇筑地点随机抽取,取样频率和数量要求如下:

①每 100 盘、但不超过 100 m³ 的同配合比混凝土,取样次数不少于一次。

②每一工作班拌制的同配合比混凝土,不足 100 盘和 100 m³ 时其取样不少于一次。

③当一次连续浇筑的同配合比混凝土超过 1 000 m³ 时,每 200 m³ 取样不少于一次。

④对房屋建筑,每一楼层、同配合比混凝土,取样不少于一次。

混凝土试件的制作、养护及立方体抗压强度试验方法见本教材 11.4.5 节。

2)统计方法评定

由于混凝土生产条件不同,混凝土强度的稳定性也不同,统计方法评定又

分为标准差已知和标准差未知两种情形。

（1）标准差已知　当连续生产的混凝土在生产条件较长时间内保持一致，且同一品种、同一强度等级混凝土的强度变异性保持稳定时，由连续 3 组试件组成一个检验批，其强度应同时满足下列要求：

$$m_{f_{cu}} \geqslant f_{cu,k} + 0.7\sigma_0$$
$$f_{cu,min} \geqslant f_{cu,k} - 0.7\sigma_0$$
$$(4.9)$$

检验批混凝土立方体抗压强度的标准差 σ_0，应根据前一检验期内同一品种混凝土试件的强度数据，按下式计算：

$$\sigma_0 = \sqrt{\frac{\sum_{i=1}^{n} f_{cu,i}^2 - n m_{f_{cu}}^2}{n-1}}$$
$$(4.10)$$

当混凝土强度等级不高于 C20 时，其强度的最小值尚应满足下式要求：

$$f_{cu,min} \geqslant 0.85 f_{cu,k}$$
$$(4.11)$$

当混凝土强度等级高于 C20 时，其强度的最小值尚应满足下式要求：

$$f_{cu,min} \geqslant 0.90 f_{cu,k}$$
$$(4.12)$$

式中　$m_{f_{cu}}$——同一检验批混凝土立方体抗压强度的平均值，MPa；

$f_{cu,k}$——混凝土立方体抗压强度标准值，MPa；

σ_0——检验批混凝土立方体抗压强度的标准差，MPa；当计算值小于 2.5 MPa 时，应取为 2.5 MPa；

$f_{cu,i}$——前一检验期内同一品种、同一强度等级的第 i 组混凝土试件的立方体抗压强度值，MPa；该检验期不应少于 60 d，也不得大于 90 d；

n——前一检验期内的样本容量，在该期内样本容量（试件组数）不应少于 45 组；

$f_{cu,min}$——同一检验批混凝土立方体抗压强度的最小值，MPa。

（2）标准差未知　当生产连续性较差，无法维持基本相同的生产条件，或生产周期较短，无法积累强度数据以计算可靠的标准差时，检验评定只能直接根据每一检验批抽样的样本强度数据确定。为提高可靠性，一个检验批应不少于 10 组试件，其强度应同时满足：

$$m_{f_{cu}} \geqslant f_{cu,k} + \lambda_1 S_{f_{cu}}$$
$$f_{cu,min} \geqslant \lambda_2 f_{cu,k}$$
$$(4.13)$$

式中　$S_{f_{cu}}$——同一检验批混凝土强度标准差，MPa；

λ_1, λ_2——合格评定系数，按表 4.25 取用。

表 4.25　混凝土强度的合格评定系数（GB 50107—2010）

试件组数	10~14	15~19	≥20
λ_1	1.15	1.05	0.95
λ_2	0.90	0.85	

检验批混凝土强度的标准差 $S_{f_{cu}}$ 按下式计算：

$$S_{f_{cu}} = \sqrt{\dfrac{\sum\limits_{i=1}^{n} f_{cu,i}^{2} - n m_{f_{cu}}^{2}}{n-1}}$$ (4.14)

式中 n——本检验期内的样本容量。

3)非统计方法评定

对某些小批量零星混凝土的生产,当评定样本试件组数不足 10 组且不少于 3 组时,可采用非统计方法评定混凝土强度,其强度应同时满足下列要求:

$$m_{f_{cu}} \geqslant \lambda_3 f_{cu,k}$$ (4.15)

$$f_{cu,min} \geqslant \lambda_4 f_{cu,k}$$

合格评定系数 λ_3,λ_4 按表 4.26 取用。

表 4.26　混凝土强度的合格评定系数(GB 50107—2010)

混凝土强度等级	<C60	≥C60
λ_3	1.15	1.10
λ_4	0.95	

4)混凝土强度的合格性评定

混凝土强度的检验评定应分批进行,当检验结果能满足以上规定时,则该批混凝土评定为合格,否则为不合格。不合格批混凝土制成的结构或构件应进行鉴定,可采用从结构或构件中钻取试件或采用非破损检验方法,对混凝土强度进行检测,作为混凝土强度处理的依据。

【例题】某 6 层砖混结构住宅楼主体部分混凝土设计强度等级为 C20,检验批 12 组试件的强度测定值分别列于表 4.27 中。试对该工程主体部分的混凝土进行强度评定。

表 4.27　混凝土试件强度测定值　　　　　单位:MPa

1 层	2 层	3 层	4 层	5 层	6 层
19.6	20.5	23.4	24.0	23.0	24.0
23.5	25.3	25.1	27.0	28.0	23.5

【解】该检验批混凝土试件为 12 组,采用标准差未知方案的统计方法评定。

检验批混凝土抗压强度平均值:

$$m_{f_{cu}} = \frac{1}{12}\sum_{i=1}^{12} f_{cu,i} = \frac{286.9}{12} = 23.9\ (\text{MPa})$$

检验批混凝土抗压强度标准差:

$$S_{f_{cu}} = \sqrt{\frac{\sum f_{cu,i}^{2} - 12 m_{f_{cu}}^{2}}{12-1}} = \sqrt{\frac{6\,920.8 - 12 \times 23.9^{2}}{11}} = 2.45(\text{MPa})$$

查表 4.25,可得相应的强度合格评定系数 $\lambda_1 = 1.15$,$\lambda_2 = 0.90$。

$$m_{f_{cu}} = 23.9\ \text{MPa} \geqslant f_{cu,k} + \lambda_1 S_{f_{cu}} = 20 + 1.15 \times 2.45 = 22.8(\text{MPa})$$

$$f_{cu,min} = 19.6\ MPa > \lambda_2 f_{cu,k} = 0.90 \times 20 = 18.0(MPa)$$

结论:该工程的主体部分的混凝土强度合格。

▶ 4.4.3 混凝土的非破损检测技术

混凝土的非破损检测又称无损检测,可在不破坏混凝土结构的条件下,直接而迅速地测定混凝土强度及确定内部缺陷。常用的非破损检测技术有回弹法、超声法和超声-回弹综合法等。

1)回弹法

采用回弹仪进行测定,其基本原理是利用有拉簧的金属弹击杆,以一定能量弹击在混凝土表面上,回弹的距离反映被测表面的硬度,进而根据硬度大小与抗压强度之间的关系图表(可查有关资料)推算出混凝土的强度值,工作原理见图4.24。

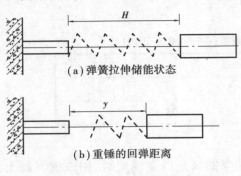
(a)弹簧拉伸储能状态

(b)重锤的回弹距离

图4.24 回弹仪的工作原理

回弹值(y)的大小取决于混凝土表层的硬度,故回弹法只能较好地反映混凝土表层2~3 cm的质量。而且,还应根据测试方法、水泥品种、养护条件以及碳化深度的不同对回弹值予以修正。回弹法是利用回弹值与混凝土强度间的关系来检验混凝土的强度,这种相关性是以基准测强曲线或经验公式的形式给出的,是一种简便、快速的混凝土强度测定方法。

2)超声波法

采用超声波测定仪进行测定,是通过测定超声波在混凝土中的传播速度来反映混凝土的质量。强度高的混凝土密实度大,超声波在其中的传播速度较快。通过测定混凝土的强度以及超声波在混凝土中的传播速度,拟合出强度和声波速度的经验关系公式,即可根据波速测定结果推算出混凝土的强度值。

采用超声波测定混凝土强度的方法,可较好地反映混凝土材料内部的质量情况。在检测混凝土风化、破坏过程和质量变化等方面较合适。但超声波的速度与强度的关系受水胶比、骨料总用量的影响,强度推算结果应考虑配合比的影响。

3)超声-回弹综合法

超声-回弹综合法是以超声波在混凝土内部传播的波速和混凝土表面的回弹值两项测试指标,综合推定结构混凝土强度的一种无损检测方法。超声法检测混凝土强度充分反映了超声波历程上混凝土内部材料的平均强度,回弹法的回弹值仅反映了混凝土表层的材料强度。两种检测混凝土强度方法的测量值互相补偿,可消除碳化因素的影响。

超声-回弹综合法具有检测精度高、适用范围广和测试结果可信度高等优点,在混凝土构件的质量控制及混凝土强度检测中得到广泛的应用。

4.5 普通混凝土的配合比设计

配合比设计是指确定混凝土中各组成材料用量比例的工作。普通混凝土的配合比,根据所用原材料及混凝土的技术要求进行初步计算,并经实验室试配、调整后确定。

▶ 4.5.1 普通混凝土配合比设计的基本要求

①达到混凝土结构设计要求的混凝土强度等级。
②满足混凝土施工要求的混凝土拌合物的和易性。
③满足环境和使用要求的混凝土材料的耐久性。
④在满足上述要求的前提下节约水泥、降低成本。

▶ 4.5.2 混凝土配合比设计的3个重要参数

配合比设计的关键是确定水泥、水、砂、石子、矿物掺合料和外加剂这6种组成材料用量之间的3个比例关系,即水胶比(W/B)、单位用水量(m_w)和砂率(β_s)。合理地确定这3个重要参数,就能使混凝土满足上述4项基本要求。确定这3个参数的基本原则是:
①在满足混凝土强度和耐久性的基础上,确定水胶比。
②在满足施工要求的新拌混凝土和易性基础上,根据粗骨料的种类和规格,确定单位用水量。
③砂率应以填充石子空隙后略有富余,并使拌合物有足够粘聚性和保水性的原则来确定。

▶ 4.5.3 普通混凝土配合比设计的步骤

首先合理选定原材料品种、检测原材料质量,按照混凝土的技术要求进行初步计算,得出计算配合比;经实验室试拌调整,得到试拌配合比;再经强度复核(有抗渗、抗冻等其他性能要求,则需做相应的检验项目),给出满足设计和施工要求并较经济的实验室配合比;最后按现场砂、石的实际含水率对实验室配合比进行修正,得到施工配合比。

1)确定计算配合比

(1)计算配制强度 现行标准《普通混凝土配合比设计规程》(JGJ 55—2011)规定,设计强度等级小于 C60 时,混凝土配制强度按下式确定:

$$f_{cu,0} \geq f_{cu,k} + 1.645\sigma \tag{4.16}$$

式中 $f_{cu,k}$——混凝土的设计强度等级值,MPa;
σ——强度标准差,MPa。

当混凝土的设计强度等级不小于 C60 时,配制强度应按下式确定:

$$f_{cu,0} \geq 1.15f_{cu,k} \tag{4.17}$$

当有近 1~3 个月内的同一品种、同一强度等级混凝土的强度资料,且试件组数不小于 30

时,其混凝土强度标准差应按式(4.7)计算。

对于强度等级≤C30 的混凝土,当混凝土强度标准差计算值≥3.0 MPa 时,应按计算结果取值;当混凝土强度标准差计算值小于 3.0 MPa 时,应取 3.0 MPa。

对于强度等级>C30 且<C60 的混凝土,当混凝土强度标准差计算值≥4.0 MPa 时,应按计算结果取值;当混凝土强度标准差计算值<4.0 MPa 时,应取 4.0 MPa。

当没有近期的同一品种、同一强度等级混凝土的强度资料时,其混凝土强度标准差 σ 值可按表4.28 取值。

表 4.28　混凝土 σ 的取值（JGJ 55—2011）

混凝土强度等级	≤C20	C25~C45	C50~C55
σ/MPa	4.0	5.0	6.0

（2）计算水胶比(W/B)　当混凝土强度等级小于 C60 时,水胶比宜根据混凝土强度公式(式4.5)得出:

$$W/B = \frac{\alpha_a f_b}{f_{cu,0} + \alpha_a \alpha_b f_b} \tag{4.18}$$

式中　f_b——胶凝材料的 28 d 胶砂抗压强度实测值,MPa;

α_a, α_b——回归系数,应根据工程所使用原材料,通过试验建立的 W/B 与混凝土强度关系式确定;当不具备试验统计资料时,可根据粗骨料的品种选用:

碎石:$\alpha_a = 0.53$,$\alpha_b = 0.20$;卵石:$\alpha_a = 0.49$,$\alpha_b = 0.13$。

胶凝材料的 28 d 胶砂抗压强度 f_b 可用标准方法实测,若没有实测值,可按下式计算:

$$f_b = \gamma_f \gamma_s f_{ce} \tag{4.19}$$

式中　γ_f, γ_s——粉煤灰影响系数和粒化高炉矿渣粉影响系数,可按表4.29 取值。

f_{ce}——水泥 28 d 胶砂抗压强度实测值,MPa;若无实测值,可按下式计算:

$$f_{ce} = \gamma_c f_{ce,g} \tag{4.20}$$

式中　γ_c——水泥强度等级值的富余系数,可按实际统计资料确定;当缺乏统计资料时,可按表 4.30 取值。

$f_{ce,g}$——水泥强度等级值,MPa。

表 4.29　粉煤灰影响系数 γ_f 和粒化高炉矿渣粉影响系数 γ_s（JGJ 55—2011）

种类　　掺量/%	粉煤灰影响系数 γ_f	粒化高炉矿渣粉影响系数 γ_s
0	1.00	1.00
10	0.85~0.95	1.00
20	0.75~0.85	0.95~1.00
30	0.65~0.75	0.90~1.00
40	0.55~0.65	0.80~0.90
50	—	0.70~0.85

表 4.30　水泥强度等级值的富余系数 γ_c（JGJ 55—2011）

水泥强度等级值	32.5	42.5	52.5
富余系数	1.12	1.16	1.10

　　为保证混凝土结构（或构件）达到所需要的耐久性，应根据工程所处的环境条件类别进行校核，使计算出的水胶比不超过按耐久性要求控制的最大水胶比（见表 4.23）。

　　（3）确定用水量（m_{w0}）　对于干硬性和塑性混凝土用水量，当 W/B 在 0.40～0.80 范围时，可根据施工要求的混凝土拌合物稠度及粗骨料品种、最大公称粒径按表 4.20 选取；$W/B < 0.40$ 时，可通过试验确定。

　　掺外加剂时，流动性混凝土或大流动性混凝土的用水量，可按下式计算：

$$m_{w0} = m'_{w0}(1 - \beta) \tag{4.21}$$

式中　m_{w0} ——计算配合比混凝土的用水量，kg/m^3；

　　　　m'_{w0} ——未掺外加剂时推定的满足实际坍落度要求的混凝土用水量，kg/m^3；以表 4.20 中坍落度为 90 mm 的用水量为基础，按坍落度每增大 20 mm 用水量增加 5 kg/m^3 计算，当坍落度增大到 180 mm 以上时，随坍落度增加的用水量可减少；

　　　　β ——外加剂的减水率，%，应经混凝土试验确定。

　　（4）计算外加剂用量（m_{a0}）　混凝土外加剂用量按下式计算：

$$m_{a0} = m_{b0}\beta_a \tag{4.22}$$

式中　m_{a0} ——计算配合比外加剂用量，kg/m^3；

　　　　m_{b0} ——计算配合比胶凝材料用量，kg/m^3；

　　　　β_a ——外加剂掺量，%，经混凝土试验确定。

　　（5）计算胶凝材料用量（m_{b0}）　根据已选定的混凝土用水量（m_{w0}）和已确定的水胶比 W/B，可求出胶凝材料用量：

$$m_{b0} = \frac{m_{w0}}{W/B} \tag{4.23}$$

　　在控制最大水胶比的条件下，为满足混凝土施工性能和掺加矿物掺合料后的耐久性要求，除了配制 C15 及其以下强度等级的混凝土外，由上式计算得出的胶凝材料用量，应不小于最小胶凝材料用量的规定（见表 4.31），否则取规定的最小胶凝材料用量；还应再进行试拌调整，在拌合物性能满足的条件下，取经济合理的胶凝材料用量。

表 4.31　混凝土最小胶凝材料用量（JGJ 55—2011）

最大水胶比	最小胶凝材料用量/$(kg \cdot m^{-3})$		
	素混凝土	钢筋混凝土	预应力混凝土
0.60	250	280	300
0.55	280	300	300
0.50	320		
≤0.45	330		

（6）计算矿物掺合料用量（m_{f0}） 混凝土矿物掺合料用量按下式计算：

$$m_{f0} = m_{b0} \beta_f \qquad (4.24)$$

式中 m_{f0}——计算配合比矿物掺合料用量，kg/m^3；

β_f——矿物掺合料掺量，%，应按表 4.32 选用。

表 4.32 混凝土中矿物掺合料最大掺量（JGJ 55—2011）

矿物掺合料种类	水胶比	最大掺量/%			
		钢筋混凝土		预应力钢筋混凝土	
		采用 P.Ⅰ 或 P.Ⅱ 水泥时	采用 P.O 水泥时	采用 P.Ⅰ 或 P.Ⅱ 水泥时	采用 P.O 水泥时
粉煤灰	≤0.40	45	35	35	30
	>0.40	40	30	25	20
粒化高炉矿渣粉	≤0.40	65	55	55	45
	>0.40	55	45	45	35
钢渣粉	—	30	20	20	10
磷渣粉	—	30	20	20	10
硅灰	—	10	10	10	10
复合掺合料	≤0.40	65	55	55	45
	>0.40	55	45	45	35

注：①采用其他通用硅酸盐水泥时，宜将水泥混合材料掺量 20% 以上的混合材料量计入矿物掺合料；

②复合矿物掺合料各组分的掺量不宜超过单掺时的最大掺量；

③在混合使用两种及以上矿物掺合料时，其总掺量应符合表中复合掺合料的规定。

（7）水泥用量（m_{c0}） 混凝土中水泥用量应按下式计算：

$$m_{c0} = m_{b0} - m_{f0} \qquad (4.25)$$

（8）选取合理的砂率（β_s） 应根据骨料的技术指标、混凝土拌合物性能和施工要求，参考既有历史资料确定。如无试验资料，混凝土的砂率应符合下列规定：

①坍落度小于 10 mm 的混凝土，其砂率应经试验确定。

②坍落度为 10~60 mm 的混凝土，其砂率可根据粗骨料品种、最大公称粒径及水胶比按表 4.33 选定。

③坍落度大于 60 mm 的混凝土，其砂率可经试验确定，也可在表 4.33 的基础上，按坍落度每增大 20 mm，砂率增 1% 的幅度予以调整。

表 4.33　混凝土的砂率（JGJ 55—2011）　　　　　单位:%

水胶比（W/B）	卵石最大公称粒径/mm			碎石最大公称粒径/mm		
	10	20	40	16	20	40
0.40	26~32	25~31	24~30	30~35	29~34	27~32
0.50	30~35	29~34	28~33	33~38	32~37	30~35
0.60	33~38	32~37	31~36	36~41	35~40	33~38
0.70	36~41	35~40	34~39	39~44	38~43	36~41

注:①本表数值系中砂的选用砂率,对细砂或粗砂,可相应增减;

　②采用机制砂配制混凝土时,砂率可适当增大;

　③只用一个单粒级粗骨料配制混凝土时,砂率应适当增大。

（9）计算粗、细骨料用量（m_{g0}）和（m_{s0}）　可用质量法或体积法求得。

①质量法（假定表观密度法）,假定 1 m^3 混凝土拌合物的质量（kg）（即表观密度）相对固定,计算公式:

$$\left. \begin{array}{l} m_{c0} + m_{f0} + m_{g0} + m_{s0} + m_{w0} = m_{cp} \\ \beta_s = \dfrac{m_{s0}}{m_{s0} + m_{g0}} \times 100\% \end{array} \right\} \qquad (4.26)$$

式中　$m_{c0}, m_{f0}, m_{g0}, m_{s0}, m_{w0}$——混凝土中水泥、矿物掺合料、石子、砂和水的用量,kg/m^3;

　　　m_{cp}——每 m^3 混凝土拌合物的假定质量,可取 2 350~2 450 kg/m^3。

②体积法,假定混凝土拌合物的体积等于各组成材料绝对体积与拌合物中所含空气体积的总和,计算公式:

$$\left. \begin{array}{l} \dfrac{m_{c0}}{\rho_c} + \dfrac{m_{f0}}{\rho_f} + \dfrac{m_{g0}}{\rho_{0g}} + \dfrac{m_{s0}}{\rho_{0s}} + \dfrac{m_{w0}}{\rho_w} + 0.01\alpha = 1 \\ \beta_s = \dfrac{m_{s0}}{m_{s0} + m_{g0}} \times 100\% \end{array} \right\} \qquad (4.27)$$

式中　ρ_c, ρ_f——水泥、矿物掺合料的密度,kg/m^3;

　　　ρ_{0g}, ρ_{0s}——粗、细骨料的表观密度,kg/m^3;

　　　ρ_w——水的密度,可取 1 000 kg/m^3。

　　　α——混凝土的含气量百分数,在不使用引气剂或引气型外加剂时,可取 1。

通过以上几个步骤,可将水、水泥、矿物掺合料、砂和石子的用量全部求出,得到计算配合比。

以上配合比计算公式和表格,均以干燥状态的骨料（含水率小于 0.5% 的细骨料或含水率小于 0.2% 的粗骨料）为基准。混凝土配合比设计应采用工程实际使用的原材料。

2）配合比的试配、调整和确定

以上求出的各材料用量,是利用经验公式或经验资料获得,因而不一定能够完全符合具体的工程实际,还需对计算配合比进行试配、调整与确定。

按计算配合比称取原材料进行试拌,检查该拌合物的和易性是否符合要求。若流动性太大,可在砂率不变的条件下,适当增加砂、石;若流动性太小,可保持水胶比不变,增加适量的水和胶凝材料;若粘聚性和保水性不良,可适当增加砂率,直至和易性满足要求为止。经调整拌合物和易性可得到混凝土的试拌配合比。

3)实验室配合比的确定

试拌配合比虽然达到了施工和易性要求,但是否满足设计强度尚未可知。检验混凝土的强度应至少采用 3 个不同的配合比,其一是试拌配合比,另外两个配合比的 W/B 较试拌配合比分别增、减 0.05,用水量与试拌配合比相同,砂率可分别增、减 1%。制作混凝土试件时,需检验相应配合比拌合物的和易性,并测定表观密度($\rho_{c,t}$)以备用。

每个配合比制作一组试件,标准养护至 28 d 或设计规定龄期时试压。由试验得出混凝土强度试验结果,用绘制强度和水胶比的线性关系图或插值法确定略大于配制强度($f_{cu,0}$)对应的 W/B。

在试拌配合比的基础上,用水量(m_w)和外加剂用量(m_a)应根据确定的水胶比作调整;胶凝材料用量(m_b)以用水量乘以选定的胶水比 B/W 经计算确定;粗、细骨料用量(m_g、m_s)应根据用水量和胶凝材料用量进行调整。

至此得到的配合比,还需根据实测的混凝土表观密度($\rho_{c,t}$)作校正,以确定混凝土拌合物各材料的用量。为此,先按下式计算混凝土拌合物的计算表观密度($\rho_{c,c}$):

$$\rho_{c,c} = m_w + m_c + m_f + m_g + m_s \tag{4.28}$$

再计算混凝土配合比校正系数(δ):

$$\delta = \frac{\rho_{c,t}}{\rho_{c,c}} \tag{4.29}$$

当混凝土表观密度实测值($\rho_{c,t}$)与计算值($\rho_{c,c}$)之差的绝对值不超过计算值的 2% 时,由以上定出的配合比即为确定的实验室配合比;当二者之差超过计算值的 2% 时,应将配合比中的各材料用量均乘以校正系数 δ。

配合比调整后,要测定拌合物水溶性氯离子含量,应符合耐久性要求的有关规定。对耐久性设计有要求的混凝土,还应进行相关耐久性试验验证。

4)施工配合比的计算

实验室配合比是以干燥材料为基准,现场材料的称量应按砂、石的实际含水情况进行修正,修正后的配合比称为施工配合比。

设现场砂的含水率为 $a\%$,石子的含水率为 $b\%$,则将上述实验室配合比换算为施工配合比,其材料的称量应为:

$$
\begin{aligned}
m'_c &= m_c \\
m'_f &= m_f \\
m'_s &= m_s(1 + a\%) \\
m'_g &= m_g(1 + b\%) \\
m'_w &= m_w - m_s a\% - m_g b\%
\end{aligned}
\tag{4.30}
$$

▶ **4.5.4 普通混凝土配合比设计实例**

【例题】某厂办公楼主体混凝土结构施工时,由于所处地点无预拌混凝土,施工单位必须现场拌制。混凝土设计强度等级为 C35,可选原材料如下:

水泥:强度等级 P.O 42.5,密度 $\rho_c = 3.1 (g/cm^3)$;

Ⅱ级粉煤灰,密度 $\rho_f = 2.9 (g/cm^3)$;

砂:Ⅱ区中砂,表观密度 $\rho_{0s} = 2\ 650 (kg/m^3)$;

石子:5-20 碎石,表观密度 $\rho_{0g} = 2\ 700 (kg/m^3)$。

试求:1)混凝土的实验室配合比;2)若施工现场砂含水率为 3.0%,碎石含水率为 1.0%,求混凝土施工配合比。

【解】 1)混凝土的实验室配合比

(1)确定计算配合比:

①配制强度($f_{cu,0}$): $f_{cu,0} \geqslant f_{cu,k} + 1.645\sigma = 35 + 1.645 \times 5.0 = 43.2 (MPa)$

②确定水胶比(W/B): 碎石: $\alpha_a = 0.53$,$\alpha_b = 0.20$;粉煤灰掺量根据表 4.32 取值为 $\beta_f = 30\%$;根据表 4.29 可知,$\gamma_f = 0.70$,$\gamma_s = 1.00$;又根据表 4.30 可知,$\gamma_c = 1.16$。则胶凝材料28 d胶砂抗压强度为:

$$f_{ce} = \gamma_c f_{ce,g} = 1.16 \times 42.5 = 49.3 (MPa)$$

$$f_b = \gamma_f \gamma_s f_{ce} = 0.70 \times 1.00 \times 49.3 = 34.5 (MPa)$$

$$W/B = \frac{\alpha_a f_b}{f_{cu,0} + \alpha_a \alpha_b f_b} = \frac{0.53 \times 34.5}{43.2 + 0.53 \times 0.20 \times 34.5} = 0.39$$

由表 4.22 可知,此混凝土工程处于一类环境。再查表 4.23,耐久性允许的最大水胶比为 0.60,故取为 0.39。

③确定用水量(m_{w0}):由施工要求的坍落度(查表 4.18,坍落度为 30~50 mm)及所用粗骨料情况,查表 4.20,选取单位用水量 $m_{w0} = 195 (kg/m^3)$。

④计算胶凝材料用量(m_{b0}): $m_{b0} = \dfrac{m_{w0}}{W/B} = \dfrac{195}{0.39} = 500 (kg/m^3)$

查表 4.31,满足耐久性要求的最小胶凝材料用量为 330 kg/m³,故应取 $m_{b0} = 500 (kg/m^3)$。

⑤粉煤灰用量(m_{f0}): $m_{f0} = m_{b0} \beta_f = 500 \times 0.3 = 150 (kg/m^3)$

⑥计算水泥用量(m_{c0}): $m_{c0} = m_{b0} - m_{f0} = 500 - 150 = 350 (kg/m^3)$

⑦选取合理的砂率(β_s):根据骨料及水胶比情况,查表 4.33,取 $\beta_s = 31\%$。

⑧计算粗、细骨料用量(m_{g0})及(m_{s0}):按体积法计算,取 $\alpha = 1$。

$$\left. \begin{array}{c} \dfrac{350}{3\ 100} + \dfrac{150}{2\ 900} + \dfrac{m_{g0}}{2\ 700} + \dfrac{m_{s0}}{2\ 650} + \dfrac{195}{1\ 000} + 0.01 \times 1 = 1 \\[3mm] \dfrac{m_{s0}}{m_{s0} + m_{g0}} \times 100\% = 31\% \end{array} \right\}$$

解得:$m_{g0} = 1\ 162 (kg/m^3)$ 及 $m_{s0} = 522 (kg/m^3)$。

初步计算配合比为：$m_{c0}:m_{f0}:m_{s0}:m_{g0}:m_{w0}=350:150:522:1\,162:195$

$$=1:0.43:1.49:3.32:0.56$$

（2）配合比的试配、调整　按计算配合比试拌混凝土 15 L，各种原材料用量为：

水泥：$350\times0.015=5.25(\mathrm{kg})$；　　　粉煤灰：$150\times0.015=2.25(\mathrm{kg})$；

砂：$522\times0.015=7.83(\mathrm{kg})$；　　　石子：$1\,162\times0.015=17.43(\mathrm{kg})$；

水：$195\times0.015=2.93(\mathrm{kg})$。

原材料称量并搅拌均匀后做和易性试验，测得拌合物坍落度为 65 mm，大于规定值要求。保持砂率不变，增加砂、石用量各 5%。再次测得的坍落度为 45 mm，且粘聚性、保水性均良好。

试拌调整后的原材料用量：水泥 5.25 kg，粉煤灰 2.25 kg，砂 8.22 kg，石子 18.30 kg，水 2.93 kg，总质量为 36.93 kg。混凝土拌合物的实测表观密度为 2 410 kg/m³，则拌制 1 m³ 混凝土所需原材料用量为：

水泥：$m'_{c0}=\dfrac{m_{c0}}{m_{c0}+m_{f0}+m_{w0}+m_{s0}+m_{g0}}\rho_{c,t}=\dfrac{5.25}{36.93}\times2\,410=343(\mathrm{kg/m^3})$

粉煤灰：$m'_{f0}=\dfrac{2.25}{36.93}\times2\,410=147(\mathrm{kg/m^3})$

砂：$m'_{s0}=\dfrac{8.22}{36.93}\times2\,410=536(\mathrm{kg/m^3})$

石子：$m'_{g0}=\dfrac{18.30}{36.93}\times2\,410=1\,194(\mathrm{kg/m^3})$

水：$m'_{w0}=\dfrac{2.93}{36.93}\times2\,410=191(\mathrm{kg/m^3})$

试拌配合比：$m'_{c0}:m'_{f0}:m'_{s0}:m'_{g0}:m'_{w0}=343:147:536:1\,194:191$

$$=1:0.43:1.56:3.48:0.56$$

（3）检验强度　用 0.34，0.39 及 0.44 这 3 个 W/B 分别制备立方体试件，经检查拌合物和易性均满足要求。标准养护 28 d 后，测得抗压强度试验结果见表 4.34。

表 4.34　三组试件抗压强度试验结果

W/B	抗压强度/MPa
0.34	50.1
0.39	43.6
0.44	38.5

（4）确定实验室配合比　根据上述三组抗压强度试验结果可知，W/B 为 0.39 的试拌配合比的混凝土强度能满足配制强度的要求，可确定为混凝土的实验室配合比。

2）现场施工配合比

将实验室配合比换算成现场施工配合比，用水量应扣除砂、石所含水量，而砂、石量则应增加为砂、石含水的质量：

$$m'_c=343(\mathrm{kg/m^3})$$

$$m'_f = 147 (\text{kg}/\text{m}^3)$$

$$m'_s = 536 \times (1 + 3.0\%) = 552 (\text{kg}/\text{m}^3)$$

$$m'_g = 1\ 194 \times (1 + 1.0\%) = 1\ 206 (\text{kg}/\text{m}^3)$$

$$m'_w = 191 - 536 \times 3.0\% - 1\ 194 \times 1.0\% = 163 (\text{kg}/\text{m}^3)$$

4.6 混凝土材料的研究进展

▶ 4.6.1 高性能混凝土

随着现代建筑结构的高度和跨度不断增加,使用的环境条件日益严酷,工程建设对混凝土性能的要求日益提高。1990 年 5 月,美国国家标准和技术研究院(NISF)和美国混凝土协会(ACI)召开会议,首次提出高性能混凝土(HPC)的概念。此后,高性能混凝土成为国际土木工程界的研究热点之一。

高性能混凝土的技术特点包括:拌合物的良好施工性(高流动性、高粘聚性、自密实)、硬化混凝土的高抗渗性(高耐久性的关键)、高体积稳定性(弹性模量高,干缩、徐变小)以及适当高的强度。高性能混凝土的强度较高,故可减小结构尺寸,减轻结构自重。它还具有弹性模量高、结构变形小、抗渗性好、工作寿命长、结构维修和加固费用少等优势。

配制高性能混凝土主要可采用下列方法:

①掺入与水泥具有相容性的高效减水剂(超塑化剂),以降低水胶比,提高强度并使其具有合适的工作性。

②掺入一定量的磨细矿物掺合料,如硅灰、磨细矿渣和优质粉煤灰等,利用其微集料效应和火山灰效应增大混凝土的密实度,提高强度。

③选用合适的骨料尤其是粗骨料。

高性能混凝土是混凝土技术发展的主要方向,虽然其成本比普通混凝土有所增加,但具有综合技术经济效益。近年来,我国的一些重点工程已经普遍采用了高性能混凝土,如杭州湾大桥、东海大桥、青马大桥、三峡工程等。

▶ 4.6.2 轻骨料混凝土

用轻粗骨料、轻砂(或普通砂)、水泥和水配制而成的干表观密度不大于 1 950 kg/m³ 的混凝土,称为轻骨料混凝土。《轻骨料混凝土技术规程》(JGJ 51—2002)按细骨料种类分为:全轻混凝土(粗、细骨料均为轻骨料)、砂轻混凝土(细骨料全部或部分为普通砂)、大孔轻骨料混凝土(轻粗骨料)和次轻混凝土(轻骨料掺适量普通粗骨料)。

轻骨料混凝土所用轻骨料具有孔隙率高、表观密度小、吸水率大以及强度低等特点。按来源可分为:天然轻骨料,如浮石、火山渣等;工业废渣轻骨料,如粉煤灰陶粒、自燃煤矸石和膨胀矿渣等;人造轻骨料,如页岩陶粒、黏土陶粒和膨胀珍珠岩等。

1)轻骨料混凝土的技术特点

与普通混凝土相比,轻骨料混凝土具有如下特点:

（1）表观密度　按干表观密度分为 $600,700,\cdots,1\,900\;\text{kg/m}^3$ 共 14 个密度等级。

（2）抗压强度　按立方体抗压强度标准值划分为 LC5.0,LC7.5,$\cdots$,LC60 共 13 个强度等级。轻骨料混凝土按其用途可分为三大类（见表 4.35）。

表 4.35　轻骨料混凝土按用途分类（JGJ 51—2002）

类别名称	强度等级合理范围	密度等级合理范围 $/(\text{kg}\cdot\text{m}^{-3})$	用　途
保温轻骨料混凝土	LC5.0	≤800	保温的围护结构或热工构筑物
结构保温轻骨料混凝土	LC5.0~LC15	800~1 400	既承重又保温的围护结构
结构轻骨料混凝土	LC15~LC60	1 400~1 900	承重构件或构筑物

（3）弹性模量与变形　轻骨料混凝土的弹性模量一般为同强度等级普通混凝土的 $50\%\sim70\%$,有利于改善建筑物的抗震性能和抵抗动荷载的作用。但是收缩和徐变比普通混凝土分别大 $20\%\sim50\%$ 和 $30\%\sim60\%$。

（4）保温性能　轻骨料混凝土具有良好的保温性能,当表观密度为 $1\,000\;\text{kg/m}^3$ 时,导热系数约为 $0.28\;\text{W}/(\text{m}\cdot\text{K})$,当表观密度为 $1\,400\;\text{kg/m}^3$ 时,导热系数约为 $0.49\;\text{W}/(\text{m}\cdot\text{K})$。

2)轻骨料混凝土的配合比设计和施工要点

①轻骨料混凝土的配合比设计与普通混凝土相同,但同时还应满足表观密度的要求。

②合理使用材料和节约水泥,最大水泥用量不宜超过 $550\;\text{kg/m}^3$。

③在设计轻骨料混凝土的配合比时,须考虑轻骨料的附加水量（被骨料吸收的水量）。轻骨料混凝土的用水量为净用水量与附加用水量两者之和。

④轻骨料本身吸水率比较大,需要预湿处理,否则拌合物在运输或浇注过程中坍落度损失较大。

⑤轻骨料易上浮,不宜搅拌均匀,应采用强制式搅拌机,且搅拌时间要比普通混凝土略长一些。为减少轻骨料上浮,施工中可采用加压振捣,且振捣时间以捣实为准,不宜过长。

⑥由于轻骨料吸水能力强,要加强早期养护,浇筑成型后应及时覆盖并洒水养护,以防止表面失水太快而产生网状裂缝。

3)轻骨料混凝土的应用

人造轻骨料的成本高于就地取材的天然骨料,但轻骨料混凝土的表观密度比普通混凝土减小 $1/4\sim1/3$,隔热性能改善,可减小结构尺寸,增加使用面积,降低基础工程费用和材料运输费用,其综合效益良好。

轻骨料混凝土主要适用于高层和多层建筑、软土地基、大跨度结构、抗震结构、要求节能的建筑和旧建筑物的加层改造等。如珠海国际会议中心 20 层以上部位采用了 LC40 轻骨料混凝土。唐津高速公路永定新河大桥使用 CL40 轻骨料混凝土取代普通混凝土,跨度从原来的 24 m 增加到 35 m,并且不再铺装沥青层。国内不少地方采用轻骨料混凝土作为房屋墙体和屋面板,也取得了良好的技术经济效益。

▶ 4.6.3 纤维混凝土

纤维混凝土是以普通混凝土为基体,掺入各种乱向短切纤维而成的复合材料。纤维的品种有低弹性模量纤维(如尼龙纤维、聚丙烯纤维)和高弹性模量纤维(如钢纤维、碳纤维、玻璃纤维等)两类。为增加基体与纤维的粘结强度,常采用冷拔-切断、熔抽和铣削等制造加工方法将钢纤维加工成波浪形、扭曲型、端钩型和哑铃型等多种几何形状。

纤维的掺量、几何形状及其在基体中的分布状况,对纤维混凝土的性能有重要影响。通常纤维的长径比为 70 ~ 120,体积分数为 0.3% ~ 2.0%。纤维在混凝土中起增强、增韧作用,不但能提高混凝土的抗压、抗拉、抗弯强度,更能有效改善混凝土的脆性。混凝土掺入钢纤维对抗压强度提高不大,但破坏后无碎块、不崩裂,有较大的吸收变形的能力,是一种良好的抗冲击材料。掺入体积分数为 1.5% 的钢纤维,拉伸强度可提高 40%,抗弯强度可提高 1.5 倍,冲击韧性为普通混凝土的 5 ~ 10 倍。

纤维混凝土主要用于抗震框架节点、轨枕、机场跑道、高速公路路面、桥面、军事工程等要求高耐磨性、高抗冲击性和抗裂的部位及构件。

▶ 4.6.4 喷射混凝土

喷射混凝土是以压缩空气将混凝土混合料高速喷射到施工面上,在冲击力的作用下达到密实,可在水平或垂直面上浇注。为防止粗骨料从施工面上弹落,水泥用量应在 350 kg/m³ 以上并掺适当速凝剂,控制骨料的最大粒径在 9.5 mm 以内。为提高混凝土的抗折强度和断裂韧性,可掺入钢纤维或聚丙烯纤维,用于稳定岩石坡面和隧道衬砌中取代钢丝网。

喷射混凝土硬化快,能承受早期应力,与岩石粘结力强(1.0 ~ 1.5 MPa),节省模板。可用于新建筑物的施工,也可用于既有建筑的加固与修复,特别适用于曲面或薄混凝土构筑物以及薄层修复等。

▶ 4.6.5 泵送混凝土

泵送混凝土是在混凝土泵车上通过混凝土泵和输送管将混凝土直接泵送到浇筑部位,同时完成水平和垂直输送的混凝土。与普通混凝土拌合物相比,泵送混凝土具有坍落度大、骨料技术要求高、水泥用量多、含砂率高等特点。

泵送混凝土拌合物应具有良好的可泵性,其配合比应根据原材料质量、压送距离、输送管管径、气候条件、浇筑方法及浇筑部位等确定。骨料级配应良好,粗骨料最大粒径与输送管内径之比,泵送高度在 50 m 以下时,碎石不大于 1:3,卵石不大于 1:2.5。细骨料采用 Ⅱ 区中砂,通过 0.315 m 筛孔的砂量不应少于 15%,砂率值常取 38% ~ 45%。最小水泥用量为 300 kg/m³。掺入粉煤灰并采用复合型减水剂或泵送剂可改善混凝土的和易性。

泵送混凝土施工中应严格控制坍落度损失,避免出现泌水、离析现象,确保混凝土泵的有效工作。压送过程中断时间不宜超过 60 min,当停歇时间超过 30 min 时应作间歇振动以防止混凝土在管内离析或堵塞。泵送完毕后,必须认真清洗料斗及输送管道系统。

目前,泵送混凝土广泛应用于高层建筑及大体积混凝土中,可达到提高施工工效、节约施

工成本的良好效果。

▶ 4.6.6 透水混凝土

透水混凝土(也称多孔或无砂混凝土)所用粗骨料级配范围较窄,少或不用细骨料,采用较少量的水泥浆,较低的水胶比和坍落度。粗骨料间以点接触的形式胶结在一起,所得混凝土具有较高的孔隙率(20%~35%)和透水性。

透水混凝土是一种生态型环保混凝土。既有一定的强度,又具有一定的透水透气性。路面采用透水混凝土,地表水可很快渗入地下,道路在雨天不会积水、反光,解决雨水排出不畅的问题,缓解不透水铺装对环境造成的影响;同时,雨水透过混凝土渗透到地下可补充地下水供应。透水混凝土可用于水工建筑作排水介质,以及道路、停车场等工程。

▶ 4.6.7 仿生自愈伤混凝土

仿生自愈伤混凝土是在混凝土中埋植含有粘结剂的空心玻璃纤维或胶囊,一旦混凝土遭到外力破坏产生裂纹,空心玻璃纤维或胶囊就会破裂而释放出粘结剂,粘结剂流出渗入裂纹,可使混凝土中的裂纹重新愈合,从而具有与动物骨骼相似的自愈合效果。其工作原理见图4.25。

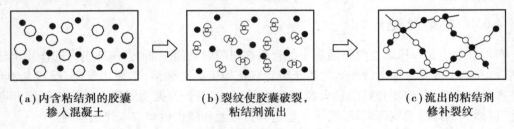

(a)内含粘结剂的胶囊　　　　(b)裂纹使胶囊破裂,　　　　(c)流出的粘结剂
　　掺入混凝土　　　　　　　　　粘结剂流出　　　　　　　　修补裂纹

图4.25　仿生自愈伤混凝土原理示意图

仿生自愈伤混凝土中的粘结剂是影响其性能的主要因素,粘结剂的固化时间是控制混凝土结构在受到损伤时变形的关键因素。此外,可通过选择不同种类和性能的粘结剂,制备出适合于不同场合的混凝土。如刚度较小的粘结剂可起吸振作用,用于减轻地震、风害对建筑物的损坏比较合适。而刚度较大的粘结剂,可有效恢复结构的刚度和强度。

随着现代混凝土技术的发展,具有自诊断、自愈伤能力的智能型混凝土将具有广阔的应用前景。

▶ 4.6.8 再生混凝土

再生混凝土是将废弃的混凝土、砂浆、石、砖瓦等经破碎、清洗、分级后,按一定比例与级配混合,部分或全部代替天然骨料(主要是粗骨料)配制而成的混凝土。再生骨料比天然骨料吸水率大、空隙率大、表面粗糙度高、强度低。在水胶比相同的条件下,配制的混凝土坍落度较小,28 d抗压强度低,干缩较大,抗冻性较差。当再生骨料掺量大于50%时,混凝土的碳化速度较大。

由于再生骨料的性能较天然骨料差,使用前需改性处理。主要技术措施有:

(1)机械活化　破坏弱的再生颗粒或去除表面的水泥砂浆,从而提高再生骨料的强度。

(2)酸液活化　将再生骨料置于酸液(如冰醋酸、盐酸)中,利用酸液与再生骨料中的水泥水化物 Ca(OH)₂ 反应,以改善再生骨料颗粒表面。

（3）化学浆液处理　用高强度的水泥浆液浸泡再生骨料并干燥处理,以改善再生骨料的空隙结构。

（4）水玻璃溶液处理　用水玻璃溶液浸渍再生骨料,利用水玻璃与骨料表面的水泥水化物填充再生骨料的孔隙,从而提高骨料密度。

用强度较高、杂质较少的再生骨料制成的再生混凝土,可用作一般工业与民用建筑的结构材料。强度较低的再生骨料制成的再生混凝土,可用于非承重结构,如基础垫层、水沟、海岸防护堤、砌块及预制构件等。

随着我国城市化进程的加快,对混凝土的需求量迅速增加,作为混凝土重要原材料的粗细骨料出现了明显供应不足。将数量庞大的建筑垃圾进行有效回收利用,既能解决天然骨料供应不足的问题,又可节省废弃混凝土的处理费用,并有利于环境保护。

▶ 4.6.9　自密实混凝土

自密实混凝土（SCC）是一种具有高流动性、均匀性和稳定性,浇筑时无须外力振捣,即能够在自重作用下流淌并充满模板空间的高性能混凝土。自密实混凝土除了对凝结时间、粘聚性和保水性的要求之外,还要满足填充性、间隙通过性、抗离析性等自密实性能要求。

配制自密实混凝土宜采用硅酸盐水泥或普通硅酸盐水泥,可掺加粉煤灰、粒化高炉矿渣粉、硅灰等矿物掺合料（掺量不宜低于 20%）。粗骨料宜采用连续级配或两个以上单粒级石子搭配使用,最大公称粒径不宜大于 20 mm。

自密实混凝土配合比设计时,常以施工要求的坍落扩展度（FL）和扩展时间（T_{500}）作为控制指标,硬化混凝土的力学性能和耐久性应满足工程设计要求。配合比设计常采用绝对体积法,水胶比一般小于 0.45,胶凝材料总量控制在 400～550 kg/m³。可采用增加粉体材料用量、掺加优质减水剂方法改善浆体的粘聚性和流动性。钢管自密实混凝土配合比设计时,应采取减少收缩的措施。

自密实混凝土的突出特点是高砂率、低水胶比、高矿物掺合料掺量,拌合物的流动性、粘聚性和保水性达到高度协调,具有流动性大、生产效率高、劳动强度小、施工噪声低等特点。施工时不需要振捣,可用于浇筑钢管、薄壁、形体复杂和密集配筋的工程结构,大大增加了混凝土结构设计的自由度。

▶ 4.6.10　活性粉末混凝土

活性粉末混凝土（Reactive Powders Concrete，RPC）,是由高活性的复合掺合料、水泥、细骨料、微细钢纤维等组分,经过适当的养护制度等工艺制备而成的一种新型混凝土材料。活性粉末混凝土具有超高强度、超高耐久性、高韧性、良好的体积稳定性和环保性能,适合于建设大跨轻型结构以及在严酷环境条件下工作的结构物。

活性粉末混凝土未掺加粗骨料,只有细骨料,浆体与集料的界面差异减小,结构匀质性得以提高,有效减小了骨料与浆体之间的界面过渡区对活性粉末混凝土性能的影响。并且活性粉末混凝土拌合物的工作性提高,也有利于减少内部缺陷。活性粉末混凝土通过热养护可以显著提高活性掺合料的火山灰反应,改善水化产物及微观结构,使强度大幅提高,可达200 MPa。如果采

用250~400 ℃的干热养护,磨细石英石粉也将具有火山灰效应并参与胶凝材料体系的水化,且高温使水化硅酸钙凝胶大量脱水生成硅酸钙晶体,可制得强度超过800 MPa的活性粉末混凝土。在体系中掺加微细钢纤维,可在保证混凝土强度的情况下提高其韧性。

▶ 4.6.11 水泥基灌浆料

水泥基灌浆料是一种由水泥、骨料(或不含骨料)、外加剂和矿物掺合料等原材料,经配制而成的具有合理级配的干混料,当加水拌合后具有可灌注的流动性、微膨胀、高的早期和后期强度、不泌水等优良性能。与传统环氧砂浆相比,它具有膨胀性能好、施工方便等特点;与传统混凝土相比,它具有流动性好、强度高和易于施工的特点。

水泥基灌浆料的配比因施工性能而各不相同,主要成分有水泥、集料、高效减水剂、矿物掺合料、保水剂、调凝剂、早强剂、膨胀剂和消泡剂等,可通过改变配比调节灌浆材料的各项性能。其中,水泥是主要胶凝材料组分,对灌浆材料的性能起着至关重要的作用。集料的级配和细度模数会影响灌浆材料的塑性以及凝结硬化后的力学性能;集料颗粒的形貌对灌浆材料性能也有一定影响。减水剂的减水性能对灌浆材料流动性能影响极大,同时在低水胶比的条件下,可保证易于施工,使硬化后的浆体有足够的强度。

在灌浆材料中添加适量的粉煤灰、矿渣、硅灰等矿物掺合料,对灌浆材料的流动性和体积稳定性能起到很好的效果。保水剂是使大流动度灌浆材料不发生泌水的关键组分。膨胀剂使灌浆砂浆产生微膨胀作用以补偿其收缩,保证灌浆材料凝结硬化后在构件中具有饱满填充。调凝剂分速凝剂和缓凝剂,速凝剂可以加快浆材的凝结硬化,缓凝剂则用来减缓浆材的凝结硬化。消泡剂能减少新拌灌浆材料的含气量。

水泥基灌浆料主要用于设备基础、钢结构柱脚地板的地脚螺栓锚固,二次灌浆,混凝土结构加固和改造,预应力孔道灌浆等。

4.7 建筑砂浆

建筑砂浆是由水泥基胶凝材料、细骨料、水以及根据性能确定的其他组分按适当比例配合、拌制并经硬化而成的工程材料。砂浆在土木工程中用途广泛,主要用于砌筑、抹面、修补和装饰等工程。在墙面、地板及梁柱结构的表面用砂浆抹面可起防护、垫层和装饰等作用,亦可用于大型墙、板的接缝和镶贴瓷砖、大理石等,还可用于防水、防腐、保温、吸声及加固修补等。

砂浆按用途分为砌筑砂浆、抹面砂浆和特种砂浆;按所用的胶凝材料分为水泥砂浆、石灰砂浆、水泥混合砂浆等;按生产方式分为施工现场拌制的砂浆和由专业生产厂生产的预拌砂浆。

▶ 4.7.1 砂浆的组成材料

1)胶凝材料

胶凝材料可选用水泥、石灰、石膏和有机胶凝材料等,应根据砂浆的使用环境和用途合理选择。

（1）水泥　各种通用硅酸盐水泥均可用来拌制砂浆。为合理利用资源、节约原材料，在配制砂浆时要尽量选用中、低强度等级的水泥。水泥砂浆的水泥强度等级不宜大于 32.5 级，水泥混合砂浆的水泥强度等级不宜大于 42.5 级。水泥的品种应根据砂浆的使用环境和用途进行选择，对于特殊用途的砂浆还可采用专用水泥和特种水泥，如修补裂缝、预制构件的嵌缝等需用膨胀水泥，装饰砂浆采用白色水泥等。

（2）掺合料　为改善砂浆的和易性、节约水泥，常掺入石灰膏等掺合料制成水泥混合砂浆。掺合料多为无机胶凝材料，如石灰膏、黏土膏、电石膏、粉煤灰等。

①石灰膏：砂浆中使用的石灰应预先熟化，并经陈伏，以消除过火石灰的危害。生石灰熟化成石灰膏时，用孔径≤3 mm 的方孔筛网过滤，熟化时间应不少于 7 d；磨细生石灰粉的熟化时间不小于 2 d。不允许使用脱水硬化的石灰膏，因其起不到塑化作用，并会影响砂浆的强度；消石灰粉也不得直接用于砌筑砂浆。

②黏土膏：应采用黏土或亚黏土制备黏土膏，并应控制其中的有机物含量。

③电石膏：制作电石膏的电石渣用前应检验，加热至 70 ℃并保持 20 min 没有乙炔气味后方可使用。

④粉煤灰：粉煤灰品质指标应符合《用于水泥和混凝土中的粉煤灰》（GB 1596—2005）的规定。

2）细骨料

建筑砂浆用砂细骨料应符合混凝土用砂的技术要求，但由于砂浆层一般较薄，砂的最大公称粒径受灰缝厚度的限制。毛石砌体宜用粗砂，最大公称粒径应小于砂浆层厚度的 1/5～1/4；砖砌体宜用中砂，最大公称粒径应≤2.36 mm；光滑的抹面及勾缝的砂浆应采用细砂。

砂的含泥量对砂浆的和易性、强度、变形性能和耐久性等均有影响。对于 M5.0 及以上强度等级的砂浆用砂，含泥量不应大于 5%；强度等级为 M2.5 的水泥混合砂浆，砂的含泥量不应大于 10%；防水砂浆用砂的含泥量不应大于 3%，砂中硫化物应少于 2%。

可采用机制砂、山砂、特细砂、矿渣等作为细骨料配制砂浆。对于保温砂浆、吸声砂浆和装饰砂浆，还可采用轻砂（如膨胀珍珠岩）、白色或彩色砂等。耐酸砂浆应采用耐酸细骨料，如陶砖碎粒等。

3）拌合水

砂浆拌合用水的技术要求与混凝土的要求基本相同。

4）外加剂

在砂浆拌合物中掺加外加剂是改善砂浆性能的重要措施。常用砂浆外加剂有塑化剂、微沫剂、保水剂、膨胀剂和防水剂等，另外一些新型砂浆外加剂有可再分散乳胶粉、淀粉醚等。

塑化剂是指能把散粒材料胶结成不易散开的可塑性浆体的物质。掺入塑化剂可改善低强度等级水泥砂浆或使用级配不良的砂配制的砂浆所产生的分层、离析、泌水、和易性差的问题。常用的塑化剂有木质素磺酸盐、氨基磺酸盐、聚羧酸盐等。

微沫剂是一种憎水性表面活性物质，加入到拌合物中后能吸附在水泥颗粒表面形成皂膜，降低水的表面张力，使砂浆中产生大量高度分散、不破灭的微小气泡，减小水泥颗粒之间

的摩阻力,改善砂浆的和易性。常用的微沫剂有松香皂等。

保水剂能显著减少砂浆泌水,防止离析,并改善砂浆和易性。常用的保水剂有甲基纤维素、硅藻土等。

可再分散乳胶粉是高分子聚合物乳液经喷雾干燥,以及后续处理而成的粉状热塑性树脂,掺入砂浆可增加其内聚力、粘聚力与柔韧性。主要用于建筑外保温粘结剂、抹面砂浆、瓷砖粘结剂、粉刷石膏、内外墙腻子、修补砂浆、自流平砂浆、聚苯颗粒保温浆料等。

淀粉醚以天然多糖为原料,经高度醚化改性而成,是一种增稠剂。淀粉醚可影响掺石膏、水泥和石灰等无机胶凝材料的砂浆稠度,通常和甲基纤维素复合使用。适量的淀粉醚能明显增加砂浆的稠度和粘性,提高砂浆的保水性、抗垂性和抗滑移性。

为改善砂浆的其他性能,也可掺入另外一些外加剂,如掺入膨胀剂可补偿砂浆所产生的体积收缩,掺入纤维材料可改善砂浆的抗裂性,掺入防水剂可提高砂浆的防水性和抗渗性,掺入引气剂可提高保温性能等。

▶ 4.7.2 砂浆的和易性和强度等级

1)砂浆的和易性

新拌砂浆应具有良好的和易性,在运输和施工过程中不致分层、离析,可在砖石砌体及结构表面铺成均匀的薄层,并与基底粘结性良好。砂浆的和易性包括流动性和保水性两方面。

(1)流动性　流动性又称稠度,是指砂浆在自重或外力作用下流动的性能。砂浆应具有适宜的流动性,以便于在构件表面铺成均匀密实的砂浆层或者抹成均匀的薄层。砂浆的流动性可用稠度测定仪(图4.26)测定其稠度值(即沉入度,单位为mm)来表示。沉入度即标准圆锥体沉入砂浆中的深度,沉入度越大,则砂浆的流动性越大。流动性过大的砂浆易分层、泌水,造成砌筑困难;流动性过小则不便施工操作。

砂浆流动性的选择应考虑砌体种类、气候条件及施工方法。抹面砂浆,多孔吸水的砌筑材料、高温干燥气候和手工操作的砂浆,流动性应大些;而砌筑砂浆,密实不吸水的砌体材料、寒冷潮湿气候和机械施工的砂浆,流动性宜小些。砂浆流动性可参考表4.36选用。

表 4.36　砌筑砂浆的施工稠度(JGJ/T 98—2010)

砌体材料种类	施工稠度/mm
烧结普通砖、粉煤灰砖	70~90
混凝土砖、普通混凝土小型空心砌块、灰砂砖	50~70
烧结多孔砖、烧结空心砖、轻集料混凝土小型空心砌块、蒸压加气混凝土砌块	60~80
石材	30~50

(2)保水性　保水性是指砂浆各组分的稳定性或保存水分的能力。保水性良好的砂浆,能保持水分不易流失,保证水泥的正常水化;同时,砌筑时容易摊铺成均匀密实的砂浆层,与基底粘结好,强度较高。保水性差的砂浆,水分易被砌体材料吸收而变得干涩,因而难于铺摊均匀,影响工程质量。为改善砂浆的保水性,应确保胶凝材料的掺入量(水泥砂浆的水泥用量

不少于 200 kg/m³，水泥混合砂浆的胶凝材料总量一般为 350 kg/m³），必要时可掺入保水增稠材料等。

现行标准《砌筑砂浆配合比设计规程》(JGJ/T 98—2010)规定,砌筑砂浆的保水性用保水率(W,%)表征,按规定方法将新拌砂浆用中速定性滤纸进行吸水处理,以砂浆中所能保留水的质量占初始水质量的百分数表示。水泥砂浆的保水率应不小于80%,水泥混合砂浆的保水率应不小于84%,预拌砌筑砂浆的保水率应不小于88%。

砂浆的保水性也可用分层度测定仪(见图 4.27)测定,以分层度(mm)表示。测定时将砂浆搅拌均匀,先测定沉入度,再装入分层度测定仪,静置 30 min 后取底部的 1/3 砂浆,重拌后再测其沉入度,前后两次沉入度的差值即为分层度。砂浆的分层度以 10~20 mm 为宜,分层度过大则保水性越差;分层度过小或接近于零,则硬化过程中极易出现干缩裂缝。

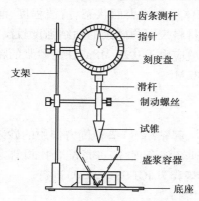

图 4.26　砂浆稠度测定仪

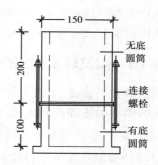

图 4.27　砂浆分层度测定仪

与保水率试验相比,分层度试验较难控制,可复验性差且准确度低,目前已较少采用。

2)砂浆的力学性能

砂浆在砌体中起着粘结块体材料和传递荷载的作用,硬化后的砂浆应具有足够的抗压强度、粘结强度及较小的变形。

(1)强度和强度等级　《建筑砂浆基本性能试验方法》(JGJ/T 70—2009)规定,砂浆的强度是以 3 个边长为 70.7 mm 的立方体试件,经标准养护[温度为(20±2)℃,相对湿度为90%以上]28 d(也可按相关标准增加 7 d 或 14 d)所测立方体抗压强度的算数平均值(MPa)。

现行标准《砌筑砂浆配合比设计规程》(JGJ/T 98—2010)规定,砂浆的强度等级按立方体抗压强度平均值(f_2)确定。水泥砂浆及预拌砌筑砂浆的强度分为 M5,M7.5,M10,M15,M20,M25 和 M30 共 7 个等级;水泥混合砂浆的强度分为 M5,M7.5,M10 和 M15 共 4 个等级。

(2)砂浆强度的影响因素　砂浆的强度与其组成材料、配合比、养护条件及其所用砌体材料等很多因素有关。

①对于基底为不吸水材料(如致密的石材),砂浆强度主要取决于水泥的强度和灰水比,其关系式如下:

$$f_{m,0} = af_{ce}\left(\frac{C}{W} - b\right) \tag{4.31}$$

式中　$f_{m,0}$—— 砂浆 28 d 抗压强度,MPa;

f_{ce}——水泥胶砂 28 d 实测强度,MPa;

a,b——经验系数,可根据试验资料统计确定;

C/W——灰水比(水泥与水的质量比)。

②对于基底为吸水材料(如砖和其他多孔材料),由于基底的吸水性较强,无论砂浆用多少拌和水,基底吸水后保留在砂浆中的水分都基本相同。因此,砂浆的强度主要取决于水泥强度和水泥用量,而与砂浆拌和时的灰水比无关,其关系式如下:

$$f_{m,0} = \alpha f_{ce} Q_c / 1\ 000 + \beta \qquad (4.32)$$

式中 Q_c——每 m^3 砂浆的水泥用量,kg/m^3;

α,β—— 砂浆的特征系数,当为水泥混合砂浆时,$\alpha = 3.03$,$\beta = -15.09$。

(3)砂浆的粘结强度 砂浆粘结强度的大小对砌体的强度、耐久性、抗震性都有较大影响。通常,粘结强度随抗压强度的增加而提高,也与砌体材料的表面状态、清洁程度、润湿情况以及施工养护条件等有关。粗糙、润湿、清洁的砌体材料表面与砂浆的粘结强度较高,养护良好的砂浆粘结强度也较好。砌筑砂浆的粘结强度一般应大于 0.20 MPa;抹面砂浆的粘结强度对水泥砂浆应大于 0.15 MPa,对石膏砂浆应大于 0.30 MPa。

▶ 4.7.3 砌筑砂浆的配合比设计

砌筑砂浆是将砖、石及砌块等块材经砌筑成为砌体,起粘结、衬垫和传力作用的砂浆。为满足工程需要的流动性和强度,保证砂浆的质量并做到经济合理,需进行配合比设计。确定砂浆配合比时,应按照行业标准《砌筑砂浆配合比设计规程》(JGJ 98—2010)进行。

1)现场配制砂浆的配合比设计

现场配制砂浆由水泥、细骨料和水,以及根据需要加入的石灰、活性掺合料或外加剂在现场配制的砌筑砂浆,分为水泥砂浆和水泥混合砂浆。

(1)现场配制水泥混合砂浆配合比设计

①确定配制强度,按下式计算:

$$f_{m,0} = k f_2 \qquad (4.33)$$

式中 $f_{m,0}$——砂浆的配制强度,精确至 0.1 MPa;

f_2——砂浆强度等级值,精确至 0.1 MPa;

k——系数,按表 4.37 取值。

砂浆强度标准差应通过资料统计计算得到,如无统计资料,可按表 4.37 取值。

表 4.37 砂浆强度标准差 σ 及 k 值(JGJ/T 98—2010)

强度等级 施工水平	强度标准差 σ/MPa							k
	M5	M7.5	M10	M15	M20	M25	M30	
优良	1.00	1.50	2.00	3.00	4.00	5.00	6.00	1.15
一般	1.25	1.88	2.50	3.75	5.00	6.25	7.50	1.20
较差	1.50	2.25	3.00	4.50	6.00	7.50	9.00	1.25

②确定水泥用量,由式(4.32)可得:

$$Q_c = \frac{1\,000(f_{m,o} - \beta)}{\alpha f_{ce}} \tag{4.34}$$

在无法取得水泥的实测强度值时,f_{ce} 可按下式计算:

$$f_{ce} = \gamma_c f_{ce,k} \tag{4.35}$$

式中　α,β——砂浆的特征系数,$\alpha = 3.03, \beta = -15.09$;

　　$f_{ce,k}$——水泥的强度等级值,MPa;

　　γ_c——水泥强度等级值的富余系数,宜按实际资料统计确定,无统计资料时可取 1.0。

当水泥砂浆中的水泥用量 Q_c 计算值小于 200 kg/m³ 时,则取 200 kg/m³。

③确定石灰膏用量,按下式计算:

$$Q_d = Q_a - Q_c \tag{4.36}$$

式中　Q_d——砂浆的石灰膏用量,精确至 1 kg/m³,石灰膏使用时的稠度宜为(120±5)mm;

　　Q_a——砂浆中水泥和石灰膏总量,精确至 1 kg/m³,一般取 350 kg/m³;

　　Q_c——砂浆的水泥用量,精确至 1 kg/m³。

④确定砂用量:砂浆中水、胶凝材料用来填充砂的空隙,如 1 m³ 砂构成 1 m³ 砂浆骨架,因此,砂用量取干燥状态(含水率小于 0.5%)的堆积密度值(kg/m³)。

⑤确定用水量:根据试拌达到所要求的稠度而定,一般为 210~310 kg/m³。

(2)现场配制水泥砂浆配合比选用

若按水泥混合砂浆同样的方法计算水泥用量,因水泥强度往往较砂浆高很多,造成计算出的水泥用量偏少,无法保证砂浆的工作性能。因此,水泥砂浆的配合比可采用查表法,材料用量可按表 4.38 选用。

表 4.38　水泥砂浆材料用量　(JGJ/T 98—2010)　　　　　单位:kg/m³

强度等级	水　泥	砂	水
M5	200~230	砂的堆积密度值	270~330
M7.5	230~260		
M10	260~290		
M15	290~330		
M20	340~400		
M25	360~410		
M30	430~480		

注:①M15 及 M15 以下强度等级水泥砂浆,水泥强度等级为 32.5 级;M15 以上强度等级水泥砂浆,水泥强度等级为 42.5 级;

　②当采用细砂或粗砂时,用水量分别取上限或下限;

　③稠度小于 70 mm 时,用水量可小于下限;

　④施工现场气候炎热或干燥季节,可酌量增加用水量;

　⑤试配强度按式 4.33 计算。

(3)现场配制水泥粉煤灰砂浆配合比选用

水泥粉煤灰砂浆配合比可采用查表法,不同强度等级砂浆的材料用量可按表 4.39 选用。

表 4.39 水泥粉煤灰砂浆材料用量(JGJ/T 98—2010) 单位:kg/m³

强度等级	水泥和粉煤灰总量	粉煤灰	砂	水
M5	210~240	掺量可占胶凝材料总量的15%~25%	砂的堆积密度值	270~330
M7.5	240~270			
M10	270~300			
M15	300~330			

注:①表中水泥强度等级为32.5级;

②当采用细砂或粗砂时,用水量分别取上限或下限;

③稠度小于 70 mm 时,用水量可小于下限;

④施工现场气候炎热或干燥季节,可酌量增加用水量;

⑤试配强度按式 4.33 计算。

(4)砌筑砂浆配合比试配、调整与确定

通过计算或查表所得配合比,应按现行标准《建筑砂浆基本性能试验方法》(JGJ/T 70—2009)测定砂浆拌合物的稠度和保水率。当不满足工程要求时,应调整材料用量,直至符合要求为止,然后确定为试配时的砂浆基准配合比。

为使砂浆强度能在计算范围内,试配时应至少采用 3 个不同的配合比。其中一个为基准配合比,其余两个配合比的水泥用量比基准配合比分别增减 10%。在保证稠度、保水率合格的条件下,可将用水量、石灰膏、保水增稠材料或粉煤灰等活性掺合料作相应调整。

分别测定不同配合比砂浆的表观密度(ρ_c)及强度,并选定符合配制强度及和易性要求、水泥用量最低的配合比作为砂浆的试配配合比。

当砂浆的表观密度实测值(ρ_c)与理论值($\rho_t = Q_c + Q_d + Q_s + Q_w$)之差的绝对值不超过理论值的 2% 时,可将上述试配配合比作为砂浆设计配合比;否则应将试配配合比中每项材料用量均乘以校正系数($\delta = \rho_c / \rho_t$)后,确定为砂浆的设计配合比。

2)预拌砌筑砂浆的配合比设计

预拌砂浆是由专业厂生产的砂浆,分为湿拌砂浆或干混砂浆。预拌砂浆的性能应符合现行行业标准《预拌砂浆》(JG/T 230—2007)的规定,生产前应进行试配,试配强度按式 4.33 进行计算确定。

预拌砌筑砂浆试配时稠度取 70~80 mm,对于湿拌砌筑砂浆应考虑运输和储存过程中的稠度损失,干混砌筑砂浆应明确拌制时的加水量范围。预拌砌筑砂浆中可掺入保水增稠材料、外加剂等,掺量经试配后确定。

3)砌筑砂浆配合比设计实例

【例题】配制用于砌筑普通混凝土小型空心砌块的 M10 级水泥混合砂浆,可用水泥为32.5级普通硅酸盐水泥;细骨料为干堆积密度为 1 500 kg/m³ 的中砂,现场砂的含水率为 2%;石灰膏的稠度为 120 mm。施工水平一般,试设计该砌筑砂浆的配合比。

【解】(1)计算配制强度:$f_2 = 10.0$ MPa,施工水平一般,查表 4.37 可得 $\sigma = 2.5$ MPa,$k = 1.20$。

$$f_{m,o} = k f_2 = 1.20 \times 10.0 = 12.0 \, (\text{MPa})$$

（2）计算水泥用量：$Q_c = \dfrac{1\,000(f_{m,0} - \beta)}{\alpha f_{ce}} = \dfrac{1\,000 \times (12.0 + 15.09)}{3.03 \times 32.5} = 275 \, (\text{kg/m}^3)$

式中，水泥强度 $f_{ce} = \gamma_c f_{ce,k} = 1.0 \times 32.5 = 32.5 \, (\text{MPa})$。

（3）计算石灰膏用量：胶凝材料总量 Q_a 取 350 kg/m³，则石灰膏用量为：

$$Q_d = Q_a - Q_c = 350 - 275 = 75 \, (\text{kg/m}^3)$$

（4）确定砂用量：根据砂的堆积密度值和含水率可计算 1 m³ 砂浆用砂量为：

$$Q_s = 1\,500 \times (1 + 2\%) = 1\,530 \, (\text{kg/m}^3)$$

（5）确定用水量：砌体材料为普通混凝土小型空心砌块，查表 4.36 得砂浆施工稠度为 50~70 mm，可取较低的用水量 $Q_w = 220$ kg/m³。

（6）试配时各材料的用量比（质量比）为：

水泥∶石灰膏∶砂∶水 = 275∶75∶1 530∶220 = 1∶0.27∶5.56∶0.8

（7）配合比试配、调整与确定（略）。

▶ 4.7.4　其他建筑砂浆

1）抹面砂浆

抹面砂浆（又称抹灰砂浆），是指涂抹在建筑物或构件表面的砂浆。对于抹面砂浆，要求其和易性好，容易涂抹成均匀平整的薄层；与基底层有足够的粘结力，长期使用不开裂或脱落。根据功能不同，可分为普通抹面砂浆、防水砂浆和装饰砂浆等。

（1）普通抹面砂浆　常用的有水泥砂浆、石灰砂浆、水泥石灰混合砂浆、麻刀石灰砂浆和纸筋石灰砂浆等。

抹面砂浆应有良好的和易性，与基面牢固地粘结；由于与空气、底面的接触比砌筑砂浆多，水分易丢失，因此要有较高的保水性，分层度一般在 10~20 mm 为宜。为提高粘结力，可增加胶凝材料用量，加入适量的水溶性聚合物（如聚氧化乙烯或聚醋酸乙烯）。为提高抗拉强度，防止抹面砂浆开裂，常加入麻刀、纸筋、合成纤维、玻璃纤维等。

抹面砂浆通常分两层或三层施工。每层抹面砂浆的作用和要求不同，使用的砂浆也不同。普通抹面砂浆的稠度和砂的最大公称粒径和应用情况，可参考表 4.40。

表 4.40　抹面砂浆稠度、砂的最大公称粒径及其应用

抹面层	作用	施工稠度/mm		砂的最大公称粒径/mm	应　用
		机械	人工		
底层	粘结	80~90	110~120	2.36	砖墙：石灰砂浆或石灰炉灰砂浆，有防水、防潮要求时，用水泥砂浆； 混凝土基层：水泥石灰混合砂浆
中层	找平	70~80	70~80	2.36	石灰砂浆、水泥混合砂浆、麻刀石灰砂浆
面层	装饰	70~80	90~100	1.18	水泥混合砂浆、麻刀灰或纸筋灰；木板条面层多用纤维材料增加砂浆的抗拉强度，以防止开裂

抹面砂浆的组成和配合比可根据使用部位及基底材料的性能来确定,常用抹面砂浆的配合比和应用范围可参考表4.41。

表4.41　抹面砂浆的参考配合比和应用范围

材　料	配合比(体积比)	应用范围
水泥:砂	1:2~1:1.5	地面、天棚或墙面面层
水泥:砂	1:3~1:2	浴室、潮湿车间等墙裙、勒脚或地面基层
水泥:石灰:砂	1:1:6~1:2:9	檐口、勒脚、女儿墙以及比较潮湿的部位
石灰:砂	1:2~1:4	砖、石墙表面
石灰:石膏:砂	1:0.4:2~1:2:4	干燥房间的线脚、墙、天花板及其他装饰工程
石灰膏:麻刀(纸筋)	100:1.3(3.8,质量比)	板条天棚面层

(2)防水砂浆　防水砂浆是用作防水层的砂浆,又称刚性防水层。其参考配合比:水泥与砂体积比为1:2~1:3,水灰比一般为0.5~0.55,宜选用普通硅酸盐水泥及中砂。防水砂浆抗变形能力小,仅适用于不受振动和具有一定刚度的混凝土或砖石砌体工程的表面;变形较大或可能发生不均匀沉陷的建筑物,不宜采用刚性防水层。

常用的防水砂浆有普通水泥防水砂浆、掺防水剂的防水砂浆、膨胀水泥和无收缩水泥防水砂浆等。普通水泥防水砂浆由水泥、砂、掺合料和水配制而成;掺防水剂的水泥砂浆是在普通砂浆中掺入一定量的防水剂(氯盐类、金属皂类和水玻璃等)制成;膨胀水泥和无收缩水泥防水砂浆利用水泥的微膨胀或补偿收缩性能,提高砂浆的密实性和抗渗性。

防水砂浆可采用不同的施工工艺来提高抗渗性,如采用喷射法施工可形成密实的刚性防水层,提高强度和抗渗性;采用多层抹压法施工(分层铺抹),铺抹时应压实、抹平,最后一层表面应提浆压光。

(3)装饰砂浆　装饰砂浆是指涂抹在建筑物内、外墙表面,具有美观装饰效果的抹面砂浆,一般是在普通抹面砂浆做好底层和中层抹灰后施工。

装饰砂浆常采用有色胶凝材料、骨料或采用某种特殊的操作工艺,使表面呈现特殊的表面形式或呈现各种色彩、线条和花纹等。可采用的胶凝材料有石灰、石膏、白水泥、彩色水泥等。骨料多为白色或彩色天然砂、大理石或花岗岩碎屑、陶瓷碎粒或塑料色粒,有时可加入云母碎片、玻璃碎粒或长石、贝壳等,使表面获得发光效果。

装饰砂浆可手工涂抹,也可机械喷涂施工。采用不同的施工工艺,可做成各种装饰面层。常用的施工操作方法有拉毛、水刷石、干粘石、水磨石、剁斧石、人造大理石、贴花、喷粘彩色瓷粒等。

①拉毛:先用水泥砂浆做底层,再用水泥石灰砂浆做面层,在砂浆尚未凝结之前用抹刀将表面制成凸凹不平的形状。可用于对声环境要求较高的礼堂、影剧院及会议室等室内墙面;也用在外墙面或围墙等外饰面,起到吸声、声音漫射、仿天然石材等装饰效果。

②水刷石:以细小的石渣(约5 mm)拌成的砂浆做面层,在水泥浆终凝前喷水冲刷,冲掉表层的水泥浆,使石渣表面外露。常用于建筑物的外墙面,具有一定的质感,且经久耐用。

③水磨石:用水泥、有色石渣和水按适当比例加入颜料,经拌和、涂抹、养护、硬化和表面抛光而成。可设计图案色彩,磨平抛光后更具艺术效果。可用水磨石装饰室内外的地面、墙

面、台面及柱面等;还可制成预制件或预制块,用于楼梯踏步、窗台板、柱面、台面、踢脚板及地面板等构件。

④剁斧石:又称斩假石或剁假石,砂浆的配制与水刷石基本一致,待砂浆抹面硬化后,用斧刃将表面剁毛并露出石渣。斩假石的装饰效果与粗面花岗岩相似。

⑤人造大理石:以水泥、砂、碎大理石或工业废渣等为原料,经配料、搅拌、成型、加压蒸养、磨光及抛光等工艺制成。这种制品的色彩、花纹和光洁度都接近天然大理石效果,适用于高档装饰工程。

2)特种砂浆

特种砂浆是指具有某种特殊功能的砂浆。常用的特种砂浆有保温砂浆、耐腐蚀砂浆、吸声砂浆、防辐射砂浆等。

(1)保温砂浆 以膨胀珍珠岩或膨胀蛭石、胶凝材料为主要成分,掺加其他功能组分制成的用于建筑物墙体绝热的干拌混合物,其外观为均匀、干燥无结块的颗粒状混合物。保温砂浆具有质轻和良好的保温隔热性能,使用时需加适当面层。我国标准《建筑保温砂浆》(GB/T 20473—2021)规定,按干密度分为Ⅰ型建筑保温砂浆(干密度 240~300 kg/m³)和Ⅱ型建筑保温砂浆(干密度 310~400 kg/m³)。温度为 25 ℃时,Ⅰ型建筑保温砂浆的导热系数不大于 0.07 W/(m·K),Ⅱ型建筑保温砂浆的导热系数不大于 0.085 W/(m·K)。

常用的保温砂浆有水泥基聚苯颗粒保温砂浆、水泥基无机矿物轻骨料保温砂浆等。

水泥基聚苯颗粒保温砂浆由水泥基胶凝材料、外加剂和具有一定粒径、级配的经表面亲水处理的聚苯颗粒复合而成。聚苯颗粒体积比≥80%,最大公称粒径≥5 mm。使用时加入一定比例的水,搅拌成黏稠浆体,涂抹到工作面上,硬化后形成吸水率小的保温隔热层。主要用作外墙外保温系统,这种保温系统由界面砂浆、水泥基聚苯颗粒保温砂浆保温层、抗裂砂浆薄抹面层和饰面层组成,可分为有涂料饰面(C 型)和面砖饰面(T 型)两种形式。其中,C 型水泥基聚苯颗粒外墙外保温系统的构造如图 4.28 所示。

水泥基无机矿物轻骨料保温砂浆是由水泥基胶凝材料、外加剂和具有一定粒径、级配的无机矿物轻骨料复合而成的干拌保温砂浆。常用的无机矿物轻骨料有增水型膨胀珍珠岩、玻化微珠、闭孔珍珠岩、膨胀蛭石和陶砂等。这种保温砂浆适用于外墙内侧和内隔墙保温系统。

(2)耐腐蚀砂浆 主要有耐酸砂浆、耐碱砂浆和硫黄耐酸砂浆等。耐酸砂浆是用水玻璃、Na_2SiF_6 及适量石英岩、花岗岩、铸石、陶砖碎粒等细骨料拌制而成,可用做一般内衬材料、耐酸车间

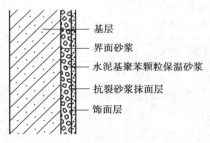

基层
界面砂浆
水泥基聚苯颗粒保温砂浆
抗裂砂浆抹面层
饰面层

图 4.28 水泥基聚苯颗粒保温砂浆 外墙外保温系统构造

地面及耐酸容器的内壁防护层。耐碱砂浆是用水泥、石灰石、白云石细骨料和粉料等加水拌制而成,可经受一定温度和浓度下的 NaOH 和 $NaAlO_2$ 溶液的腐蚀。硫黄耐酸砂浆是以硫黄为胶结料,聚硫橡胶为增塑剂,掺加耐酸粉料和骨料,经加热熬制成,能经受大多数无机酸、中性盐和酸性盐的腐蚀。

(3)吸声砂浆 由轻质多孔骨料制成的绝热砂浆都具有吸声性能,可用水泥、石膏、砂、锯末等配制而成,也可在石灰、石膏砂浆中掺入玻璃纤维、矿物棉等松软纤维材料制成。吸声砂

浆用于室内墙壁和顶棚的抹灰。

（4）防辐射砂浆　在水泥中掺入高密度的重晶石粉、重晶石砂，可配制成具有防 X 射线功能的砂浆；在水泥浆中掺加硼砂、硼酸等可配制成具有防中子辐射能力的砂浆，可用于核设施工程、实验室、医疗放射室等辐射屏蔽防护工程。

3）预拌砂浆

预拌砂浆是指由专业生产厂生产的湿拌砂浆和干混砂浆，其中，干混砂浆也称干拌砂浆。预拌砂浆是传统土木工程材料的一次重要技术革新，常用粉煤灰、磨细矿渣、石粉等掺合料代替水泥和细骨料，通过掺加增塑剂、保水剂和引气剂来改善和易性。

湿拌砂浆是指将水泥、细骨料、外加剂和水以及根据性能确定的各种组分，按一定比例，在搅拌站经计量、拌制后，采用运输车运至使用地点，放入专用容器储存，并在规定时间内使用完毕的湿拌拌合料。行业标准《预拌砂浆》（JG/T 230—2007）规定，湿拌砂浆按用途可分为湿拌砌筑砂浆（WM）、湿拌抹灰砂浆（WP）、湿拌地面砂浆（WS）和湿拌防水砂浆（WW）。湿拌砂浆的性能指标应符合表 4.42 的要求。

表 4.42　湿拌砂浆性能指标（JG/T 230—2007）

项　目	湿拌砌筑砂浆（WM）	湿拌抹灰砂浆（WP）		湿拌地面砂浆（WS）	湿拌防水砂浆（WW）
强度等级	M5,M7.5,M10,M15,M20,M25,M30	M5	M10,M15,M20	M15,M20,M25	M10,M15,M20
稠度,mm	50,70,90	50,70,90		50	50,70,90
凝结时间,h ≥	8,12,24	8,12,24		4,8	8,12,24
保水性,%	≥88				
14 d 拉伸粘结强度,MPa	—	≥0.15	≥0.20	—	≥0.20
抗渗等级	—				P6,P8,P10

干混砂浆是指经干燥筛分处理的骨料与水泥以及根据性能确定的各种组分，按一定比例在专业生产厂混合而成，在使用地点按规定比例加水或配套液体拌和使用的干混拌合物。

干混砂浆可分为袋装和散装，散装干混砂浆采用罐装车运至工地加水即可使用。干混砂浆按用途可分为普通干混砂浆和特种干混砂浆。其中，普通干混砂浆的性能指标应符合表4.43的要求，特种干混砂浆的性能指标可参见有关标准。

干混砂浆
　├ 普通干混砂浆 ┤ 砌筑砂浆（DM）、抹灰砂浆（DP）、地面砂浆（DS）、普通防水砂浆（DW）
　└ 特种干混砂浆 ┤ 陶瓷粘结砂浆（DTA）、耐磨地坪砂浆（DFH）、界面处理砂浆（DIT）、特种防水砂浆（DWS）、自流平砂浆（DSL）、灌浆砂浆（DGR）、外保温粘结砂浆（DEA）、外保温抹面砂（DBI）、聚苯颗粒保温砂浆（DPG）、无机骨料保温砂浆（DTI）

表4.43　普通干混砂浆性能指标(JG/T 230—2007)

项　目	砌筑砂浆(DM)	抹灰砂浆(DP)		地面砂浆(DS)	普通防水砂浆(DW)
强度等级	M5,M7.5,M10,M15 M20,M25,M30	M5	M10,M15 M20	M15,M20,M25	M10,M15,M20
凝结时间,h	3~8	3~8		—	3~8
保水性,%	≥88				
14 d 拉伸粘结 强度,MPa	—	≥0.15	≥0.20		≥0.20
抗渗等级	—				P6,P8,P10

与传统现场拌制砂浆相比,预拌砂浆可集中配制生产和供应,配料科学,计量精确,品种多样;具有优良的粘结性、保水性及施工性,可大幅度提高施工效率;可按需定量购买,不会制造明显的建筑垃圾,有利于推动建筑业的可持续发展。

 案例

高强度和高韧性的结合——钢筋混凝土的前世今生

钢筋混凝土将钢筋的高韧性和混凝土的高强度结合在一起,性能优异,是目前应用最为广泛的土木工程材料。它是如何诞生的呢? 这里面有一个有趣的故事。水泥刚发明时,人们用水泥、砂子和水配制成砂浆,凝固后成为人造石块。这种石块抗压强度很高,但抗拉强度只有抗压强度的十分之一,应用范围有限。

法国有一个叫蒙尼亚的园艺师,他在工作时需要经常搬动花盆,稍不留神就会打破泥瓦花盆。1867年的一天,蒙尼亚突发奇想,他在花盆外箍上几道铁丝作保护,然后在铁丝外抹上一层水泥砂浆,这样既可掩盖铁丝,又可防止铁丝生锈。蒙尼亚制造的花盆结实耐用,不易破碎,外观也不错,很受人们的欢迎,他为此申请了专利,自己也由一个园艺师变为花盆制造商。

到了19世纪末,俄国建筑师别列柳布斯基在研究高层建筑时,迫切需要质量小、强度高的新结构材料。他对蒙尼亚的发明作了仔细的考察,发现要应用于建筑领域,有两个问题必须解决:其一是水泥和砂子都太细小,无法承受大的压力;其二是钢丝太细,容易被拉长断裂,受力不能太大。针对这两个问题,别列柳布斯基采取了两个措施,一是在水泥浆料中加入相当数量的石块;二是用钢筋代替铁丝。他随即进行了试验,结果令人相当满意,钢筋混凝土正式诞生了。

21世纪以来,我国工程建设进入到高速发展阶段,大型水坝、南水北调、跨海大桥、高速铁路、机场码头等重大基础工程规模空前,对混凝土强度、韧性和耐久性都提出了新的更高要求。我国科技工作者针对混凝土的增强、增韧理论开展了系统研究,例如,以中国工程院刘加平院士为代表的研究团队围绕收缩裂缝控制和超高性能化两个核心内容,发展了收缩开裂的理论体系,发明了系列功能材料成功应用于港珠澳大桥、太湖隧道、南京长江五桥等100余项重大工程,实现地下空间、隧道、长大结构无可见裂缝,提升了构筑物的抗侵彻爆炸和承载能力。

本章小结

1.本章介绍了普通混凝土的组成材料、技术性能、质量控制、配合比设计以及研究进展等内容。本章重点应掌握新拌混凝土和易性、硬化混凝土的力学性能和耐久性等基本原理。

2.关于混凝土配合比设计,要求掌握水胶比、砂率、单位用水量及其他一些因素对混凝土性能的影响。正确处理三者之间的关系及其定量的原则,熟练掌握配合比计算及调整方法。

3.矿物掺合料和外加剂已成为改善混凝土性能的有效措施之一,在国内外已得到广泛应用。应着重了解它们的类别、性质和使用条件,同时也应了解其作用机理和使用要点。

4.与混凝土可采用振捣设备提高拌合物流动性不同,砂浆不能采用振动作业,需要自身具有良好的流动性和保水性,需选择合适的混合材料和外加剂提高塑性,并尽可能降低成本。

5.混凝土是使用量最大的土木工程材料,随着社会和科技的发展,一些新型混凝土材料越来越多地用于工程建设,需要不断了解新型材料的性能和应用情况。

6.本章学习时应关注最新标准,如《建设用砂》(GB/T 14684—2011)、《建设用卵石、碎石》(GB/T 14685—2011)、《普通混凝土配合比设计规程》(JGJ 55—2011)、《混凝土强度检验评定标准》(GB/T 50107—2010)、《混凝土质量控制标准》(GB 50164—2011)、《砌筑砂浆配合比设计规程》(JGJ/T 98—2010)等。

复习思考题

一、填空题

1.优质的混凝土应满足_____、_____、_____和_____的条件。

2.当混凝土工程中采用间断级配的粗骨料时,其堆积空隙率较_____,应选用较_____的砂率。

3.我国现行标准规定,大体积混凝土施工时内外温差不宜超过_____。

4.对于基底材料为不吸水材料,砂浆强度主要取决于_____和_____;对于基底材料为吸水材料,砂浆强度主要取决于_____和_____。

二、选择题

1.若用高强度等级的水泥配制低强混凝土,为保证工程的技术经济性,应( )。

    A.降低砂率   B.增加砂率

    C.增加骨料粒径   D.掺加矿物掺合料

2.一矩形钢筋混凝土梁,截面尺寸为250 mm×500 mm,配有4Φ25单排受力钢筋及Φ6箍筋,则浇筑该梁的混凝土其粗骨料最大粒径应选( )。

    A.10 mm   B.20 mm   C.31.5 mm   D.40 mm

3.C30表示混凝土的( )等于30 MPa。

    A.立方体抗压强度值   B.设计的立方体抗压强度值

C.方体抗压强度标准值 D.强度等级

4.现场拌制混凝土,发现粘聚性不好时最可行的改善措施为( )。

A.适当加大砂率 B.加水泥浆(W/C不变)

C.加大水泥用量 D.加$CaSO_4$

5.炎热夏季大体积混凝土施工时,必须加入的外加剂是( )。

A.速凝剂 B.缓凝剂 C.$CaSO_4$ D.引气剂

6.混凝土中掺入引气剂的目的是( )。

A.提高强度 B.提高抗渗性、抗冻性,改善和易性

C.提高抗腐蚀性 D.节约水泥

7.通常用维勃稠度仪测试( )混凝土的和易性。

A.干硬性 B.塑性 C.流动性 D.自密实

8.属于混凝土在荷载作用下所产生的变形是( )。

A.化学收缩 B.干缩 C.徐变 D.温度变形

9.下列因素中,影响混凝土耐久性的最重要因素是( )。

A.单位加水量 B.骨料级配

C.混凝土密实度 D.水泥强度

10.轻骨料混凝土远低于普通混凝土的技术指标是( )。

A.弹性模量 B.徐变 C.干缩 D.抗压强度

11.潮湿房间或地下建筑,宜选择( )。

A.水泥砂浆 B.水泥混合砂浆

C.石灰砂浆 D.石膏砂浆

三、简答题

1.普通混凝土的组成材料有哪些?其在混凝土硬化前后各起到什么作用?

2.混凝土用砂为何要有良好的级配?若两种砂的细度模数相同,级配是否相同?反之,若级配相同,其细度模数是否也相同?

3.试分析下列混凝土裂缝产生的原因,并提出防止裂缝产生的措施。

(1)水泥水化热大;(2)水泥体积安定性不良;(3)温差变化;(4)碱骨料反应;(5)混凝土早期受冻;(6)混凝土养护时缺水;(7)硫酸盐或镁盐侵蚀。

4.简述普通混凝土配合比设计的 3 项基本参数及各自的确定原则。

5.经过初步计算得到的混凝土配合比,为什么还需要经过试拌调整?如何进行调整?

6.高性能混凝土的特点是什么?混凝土获得高性能的措施有哪些?

7.配制砂浆时,为什么除水泥外还要加入一定量的其他胶凝材料?

四、计算题

1.某实验室欲配制四组分 C20 碎石混凝土,经计算按初步计算配合比试拌 25 L 混凝土,需各材料用量分别为:水泥 4.50 kg、砂 9.20 kg、石子 17.88 kg、水 2.70 kg。经试配调整,在增加 10%水泥浆后,新拌混凝土的实测表观密度为 2 450 kg/m³。

要求:①试确定混凝土的基准配合比。②按此配合比制作边长 100 mm 立方体试件一组,经 28 d 标准养护,测得其抗压强度值分别为 26.8 MPa,26.7 MPa 和 27.5 MPa,试分析该混凝

土强度是否满足设计要求。

2.某钢筋混凝土工程处于一类环境,设计强度等级为 C25,要求混凝土坍落度为 30~50 mm。原材料选用:P·O 42.5 水泥,密度为 3.1 g/cm³;Ⅱ级粉煤灰,密度为 2.9 g/cm³;中砂,表观密度为 2 620 kg/m³;碎石,粒径为 5~40 mm,表观密度为 2 650 kg/m³。

要求:①试用体积法设计混凝土的初步计算配合比;②若施工现场实测砂的含水率为 3.5%,石子的含水率为 1.0%,试确定施工配合比。

5

砌筑和屋面材料

〖**本章导读**〗

本章主要介绍常用于砌筑墙体、柱、路面、桥梁、水工构筑物等工程的砌筑材料,以及建筑屋面材料。详细阐述了砌筑石材、墙体材料(砌墙砖、砌块和板材)的基本知识、主要技术性能和应用范围;简单介绍了瓦材、轻型板材和其他形式屋面材料的品种、性能及工程应用。通过本章学习,要求了解墙体材料改革的意义和新型砌筑和屋面材料的发展动态。

天然石材是使用历史最悠久的土木工程材料之一,其资源丰富、分布广泛、坚固耐用,便于就地取材,广泛用于砌筑各类建筑物和构筑物。但石材加工困难,自重大,开采和运输不便。目前,随着钢筋混凝土技术的发展,石材已较少直接用作结构材料。

在房屋建筑中,墙体具有承重、围护和分隔作用。在混合结构建筑中,墙材约占房屋建筑总重的50%,因此合理选用墙材,对建筑物的功能、安全以及造价等均具有重要意义。墙用砌体材料主要有砌墙砖、砌块和墙用板材三大类。近年来,我国新型墙体材料的生产和应用发展迅猛,墙材的质量和功能得到明显改善和提高,为提高工程质量、实施建筑节能、加强环境保护奠定了良好的基础。

屋面是建筑物最上层的防护结构,起着防风雨、保温隔热作用,所用屋面材料主要有各类瓦材和轻型板材。

5.1 砌筑石材

石材是从天然岩石体中开采未经加工或经加工制成块状、板状或特定形状的石材的总

称。用于砌筑的石材主要有毛石(片石、块石)和料石。毛石是山体爆破后直接得到的形状不规则的石块;料石(条石)是由人工或机械加工而成的具有规则六面形体的石块。

▶ 5.1.1 岩石的组成与分类

岩石是天然产出的具有一定结构构造的主要由造岩矿物、天然玻璃质、胶体或生物遗骸组成的集合体。造岩矿物是具有一定化学成分和一定结构特征的天然固态化合物或单质体。常见的造岩矿物有 30 多种,如石英、长石、云母、角闪石、辉石、橄榄石、方解石、白云石、黄铁矿等。造岩矿物在不同的地质条件下,形成不同性能的岩石,主要有岩浆岩、沉积岩和变质岩三大类。

1)岩浆岩

岩浆岩又称火成岩,由地壳内部熔融岩浆上升过程中在地下或喷出地面后冷凝结晶而成。岩浆岩是组成地壳的主要岩石,占地壳总质量的 89%。根据冷凝结晶情况的不同,又分为深成岩、喷出岩和火山岩 3 种。

(1)深成岩　地壳深处的岩浆受上部覆盖层压力作用,经缓慢冷凝而形成的岩石。深成岩结晶完整、晶粒粗大、结构致密而没有层理,具有抗压强度大、孔隙率及吸水率小、表观密度大、抗冻性及耐磨性好等特点。常用的有花岗岩、正长岩、橄榄岩和闪长岩等。

(2)喷出岩　岩浆冲破覆盖层喷出地表时,在压力骤减和迅速冷却条件下形成的岩石。岩浆喷出后来不及完全结晶即凝固,常呈隐晶质(细小的结晶)或玻璃质结构。喷出岩的强度较深成岩低。常用的有玄武岩、辉绿岩和安山岩等。

(3)火山岩　又称火山碎屑岩,是火山岩浆被喷到空中而急速冷却后形成的岩石。呈多孔玻璃质结构,表观密度小且强度较低。常用的有火山灰、浮石和火山凝灰岩等。

2)沉积岩

沉积岩又称水成岩,由露出地表的各种岩石经风化、搬运、沉积并重新成岩而形成的岩石。沉积岩为层状结构,较岩浆岩致密性差,表观密度小,孔隙率和吸水率大,强度较低。沉积岩分布较广,约占地表面积的 75%。因其藏地不深、易开采加工,所以工程上应用较多。根据生成条件的不同,沉积岩可分为以下 3 种:

(1)机械沉积岩　由自然风化而逐渐破碎松散的岩石及砂等,经风、雨、冰川和沉积等机械力的作用而重新压实或胶结而成的岩石,如砂岩和页岩等。

(2)化学沉积岩　由溶解于水中的矿物质经聚积、沉积、重结晶和化学反应等过程而形成的岩石,如石膏和白云石等。

(3)有机沉积岩　由各种有机体的残骸沉积而成的岩石,如生物碎屑灰岩和硅藻土等。

3)变质岩

地壳中的岩浆或沉积岩在地层的压力或温度作用下,在固体状态下发生再结晶作用,使其矿物成分、结构构造乃至化学成分发生部分或全部改变而形成的新岩石。其性质取决于变质前的岩石成分和变质过程。

沉积岩形成变质岩后,其力学性能有所提高,如石灰岩和白云岩变质后得到的大理岩,比原来的岩石坚固耐久;岩浆岩经变质后产生片状构造,性能反而下降,如花岗岩变质后成为片麻岩则易于分层剥落、耐久性差。

▶ 5.1.2 天然石材的主要技术性质

天然石材因生成条件和矿物成分不同,常含有各种杂质,即使同一类岩石,也可能差异很大,使用前必须进行检验和鉴定,以保证工程质量。

1) 物理性质

(1) 表观密度 岩石的表观密度差异较大,为 500~3 100 kg/m³。表观密度愈大的石材其抗压强度越高,吸水率越小,耐久性、导热性越好。按表观密度大小可分为轻质石材($\rho_0 <$ 1 800 kg/m³)和重质石材($\rho_0 >$ 1 800 kg/m³)。轻质石材主要用于保温房屋的外墙,重质石材可用于建筑的基础、墙体、地面、路面、桥梁及水工构筑物等。

(2) 吸水性 石材的吸水性一般较小,为 0.5%~15%。按吸水率大小可分为低吸水性岩石($W_m \leqslant 1.5\%$),中吸水性岩石($1.5\% < W_m < 3.0\%$)和高吸水性岩石($W_m \geqslant 3\%$)。石材吸水后强度降低,抗冻性下降。

(3) 耐水性 大多数岩石的耐水性较高,当含有较多黏土或易溶物质时,吸水后软化或溶解,将使岩石的结构破坏,强度降低。经常与水接触的建筑物中,石材的软化系数(K_R)一般应不低于 0.70~0.90,$K_R < 0.8$ 的石材不允许用于重要建筑物。

(4) 抗冻性 用水饱和状态下能经受的冻融循环次数(强度降低值不超过 25%、质量损失不超过 5%,无贯穿裂缝)表示,分为 F10,F15,F25,F100 和 F200 五个抗冻等级。石材能经受的冻融循环次数越多,则抗冻性越好。吸水性大的石材,其抗冻性也差,吸水率 <0.5% 的石材,可认为是抗冻的,无须进行抗冻试验。

(5) 耐热性 石材的耐热性与其化学成分及矿物组成有关。石材经高温作用后,由于热胀冷缩而产生内力或矿物分解、变异等导致结构破坏。如含有石膏的石材,在 100 ℃ 以上开始破坏;含有 $MgCO_3$ 的石材,温度高于 725 ℃ 会发生破坏;含有 $CaCO_3$ 的石材,827 ℃ 时开始破坏。石英与其他矿物所组成的结晶石材,700 ℃ 以上时会受热膨胀,强度迅速下降。

(6) 导热性 主要与其致密程度有关,重质石材的导热系数可达 2.91~3.49 W/(m·K),而轻质石材的导热系数为 0.23~0.70 W/(m·K),具有封闭孔隙的石材,导热系数则更低。

2) 力学性质

(1) 抗压强度 以 3 个边长为 70 mm 的立方体试块,在吸水饱和状态下测得的抗压破坏强度的平均值。我国《砌体结构设计规范》(GB 50003—2011)规定,砌筑石材按抗压强度分为 MU20,MU30,MU40,MU50,MU60,MU80 和 MU100 共 7 个强度等级。抗压强度可采用表 5.1 所列各种边长尺寸的立方体试件,但应对其测定结果乘以相应的换算系数。

表 5.1 石材强度等级的换算系数

立方体边长/mm	200	150	100	70	50
换算系数	1.43	1.28	1.14	1.00	0.86

石材的抗压强度与其矿物组成、结构与构造特征等有密切关系。如:石英矿物很坚固,其含量越多的花岗岩,强度越高;云母为片状矿物,易于分裂成柔软薄片,其含量越多的花岗岩,强度越低。此外,结晶质石材较玻璃质石材的强度高,等粒状结构石材较斑状结构石材的强度高,构造致密石材较疏松多孔石材的强度高。

（2）冲击韧性　石材的冲击韧性取决于岩石的矿物组成与构造。石英岩、硅质砂岩脆性较大，含暗色矿物的辉长岩、辉绿岩等具有较高的韧性。一般来说，晶体结构的岩石较非晶体结构的岩石具有较高的韧性。

（3）硬度　石材的硬度取决于石材的矿物组成与构造，由致密、坚硬矿物组成的石材，其硬度较高。硬度越高的石材，其耐磨性和抗刻划性能越好，但表面加工较困难。石材的硬度常用莫氏硬度或肖氏硬度表示。

（4）耐磨性　石材在使用条件下抵抗摩擦、边缘剪切以及冲击等复杂作用的能力，包括耐磨损与耐磨耗两方面。可能遭受磨损作用的场所，如台阶、人行道、地面、楼梯踏步等，以及可能遭受磨耗作用的场所，如道路路面的碎石等，应选用耐磨性高的石材。

▶ 5.1.3　土木工程中常用的天然石材

天然石材具有抗压强度高，装饰性及耐久性好等特点，在土木工程中主要用作砌体材料和装饰材料。按加工后的外形分为块状石材、板状石材、散粒石材和各种石制品等。按照材质主要分为花岗石、大理石、石灰石、砂岩、板石等，以下介绍前四种。

1）花岗石

（1）组成和特性　花岗石是以花岗岩为代表的一类石材，包括岩浆岩和各种碳酸盐类变质岩石材。花岗岩是典型的深成岩，是岩浆岩中分布最广的一种岩石，主要由长石、石英和少量暗色矿物及云母组成，其中长石含量为 40%~60%，石英含量为 20%~40%。

花岗石表观密度为 2 600~2 800 kg/m³，孔隙率小（0.04%~2.8%），吸水率极低（0.11%~0.7%），抗压强度高达 120~250 MPa，材质坚硬（肖氏硬度 80~100）；具有优异的耐磨性，对碱类侵蚀也有较强的抵抗力；耐久性好，一般使用年限可达 75~200 年。但其耐火性较差，当温度达到 800 ℃以上时，SiO_2 晶体发生晶形转化，使石材体积膨胀开裂。

（2）工程应用　花岗石属于高级建筑结构材料和装饰材料，常制作成板材和块材。

花岗石板材按形状分为毛光板（MG）、普型板（PX）、圆弧板（HM）和异形板（YX）。按表面加工程度分为镜面板（JM）、细面板（YG）和粗面板（CM）。按用途分为一般用途（一般性装饰）和功能用途（结构性承载或特殊功能）。按加工质量和外观质量分为优等品（A）、一等品（B）和合格品（C）三个等级。天然花岗石板材的物理性能应符合表 5.2 的规定，对石材物理性能及指标有特殊要求的工程，应按设计要求执行。

表 5.2　天然花岗石板材的物理性能（GB/T 18601—2009）

项　目	技术指标	
	一般用途	功能用途
表观密度，g/cm³ ≥	2.56	2.56
吸水率，% ≤	0.60	0.40
压缩强度，MPa ≥	100（干燥，水饱和）	131（干燥，水饱和）
弯曲强度，MPa ≥	8.0（干燥，水饱和）	8.3（干燥，水饱和）
耐磨性[a]，1/cm³ ≥	25	25

注：上标 a 表示使用在地面、楼梯踏步、台面等严重踩踏或磨损部位的花岗石石材应检验此项。

花岗石板材质感坚实、华丽庄重,属室内外高级装饰装修材料,通常用于室外地面、台阶、踏步、檐口、墙面、柱面等部位。块材主要用于重要的大型建筑物基础、勒脚、柱、栏杆等部位,以及桥梁、堤坝等工程。某些花岗岩含有放射性元素,应避免用于室内。

2)大理石

(1)组成和特性　大理石因最早产于云南大理而得名。通常所说的大理石是指以大理岩为代表的一类石材,包括结晶的碳酸盐类岩石和质地较软的其他变质岩类石材。大理岩、石英岩、蛇纹岩、石炭岩、砂岩、白云岩等均可加工成大理石。

大理石的表观密度为 2 600~2 700 kg/m³,抗压强度为 100~150 MPa,但硬度较低(肖式硬度约50),耐磨性差,较易进行锯解、雕琢和磨光等加工。吸水率一般不超过 1%,耐久性好,一般使用年限为 40~100 年。大理石通常含多种矿物而呈多姿多彩的花纹,装饰性好。抗风化性能差,主要化学成分是碳酸盐类,易被酸侵蚀。

(2)工程应用　抛光后的大理石光洁细腻、色彩绚丽、纹理自然。纯净的大理石为白色,称汉白玉。大理石荒料经锯切、研磨和抛光等加工工艺可制作大理石板材。

天然大理石板材按形状可分为毛光板(MG)、普型板(PX)、圆弧板(HM)、异型板(YX)。按表面加工分为镜面板(JM)和粗面板(CM)。按规格尺寸偏差、外观质量等分为优等品(A)、一等品(B)、合格品(C)三个等级。镜面板材的镜向光泽值应不低于 70 光泽单位,若有特殊需要,由供需双发协商确定。天然大理石板材的物理性能指标见表 5.3。

表 5.3　天然大理石板材的物理性能(GB/T 19766—2016)

项　目		技术指标		
		方解石大理石	白云石大理石	蛇纹石大理石
体积密度,g/cm³　　≥		2.60	2.80	2.56
吸水率,%　　≤		0.50	0.50	0.60
压缩强度,MPa　≥	干燥	52	52	70
	水饱和			
弯曲强度,MPa　≥	干燥	7.0	7.0	7.0
	水饱和			
耐磨性[a],1/cm³　　≥		10	10	10

注:[a]表示仅适用于地面、楼梯踏步、台面等易磨损部位的大理石石材。

大理石抗风化能力差,易受空气中酸性氧化物(如 SO_2 等)的侵蚀而失去光泽,变色并逐渐破损,从而降低装饰性能。因此,大理石一般不宜做室外装修,只有汉白玉和艾叶青等少数几种致密、质纯的品种可用于室外。大理石板材主要用于建筑室内饰面,如墙面、地面、柱面、台面、栏杆和踏步等。

3)石灰石

石灰石俗称"青石",由露出地表的各种岩石在外力和地质作用下在地表或地下不太深的

地层所形成,是主要由方解石、白云石或两者混合化学沉积而成的石灰华类石材。石灰岩属层状结构构造,外观多层理和含有动物化石。

石灰岩的表观密度为 2 000~2 800 kg/m³,抗压强度为 20~120 MPa,吸水率低于 2%~10%。当黏土含量不超过 3%~4% 时,具有较好的耐水性和抗冻性。石灰岩来源广、硬度低、易劈裂、便于开采,具有一定的强度和耐久性,但材质较软、易于风化。

石灰岩块石可作为建筑物的基础、墙体、阶石及路面等,碎石是常用的混凝土骨料。此外,石灰岩也是生产水泥和石灰的主要原料。

4) 砂岩

砂岩的矿物成分以石英和长石为主,是含有岩屑和其他副矿物机械沉积岩类的石材。砂岩因胶结物质和构造的不同,性质差异很大。抗压强度为 5~200 MPa,表观密度为 2 200~2 500 kg/m³,孔隙率为 1.6%~28.3%,吸水率为 0.2%~7.0%,软化系数为 0.44~0.97。

土木工程中,砂岩常用于基础、墙身、人行道和踏步等,也可破碎成散粒状用作混凝土骨料。纯白色砂岩俗称白玉石,可用作雕刻及装饰材料。

5.2　砌墙砖

凡是以黏土、工业废渣或其他地方资源为主要原料,以不同工艺制成的在建筑中用于砌筑承重或非承重墙体的砖,统称砌墙砖。砌墙砖按生产成型方法可分为烧结砖和非烧结砖两大类,具体分类如下:

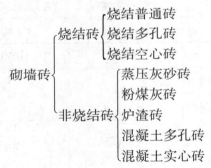

▶ 5.2.1　烧结砖

烧结砖是通过焙烧工艺而制成的砌墙砖。根据砖的空洞形式有实心砖、多孔砖和空心砖。

1) 烧结普通砖

烧结普通砖(FCB)是以黏土、页岩、煤矸石、粉煤灰建筑渣土、淤泥、污泥等为主要原料经焙烧而成的实心砖。

(1)烧结普通砖的分类　以黏土为主要原料,经配料、制坯、干燥、焙烧而成的烧结普通砖,简称黏土砖(代号为 N),有红砖和青砖两种。焙烧窑中为氧化气氛时,可烧得红砖;若焙烧窑中为还原气氛,红色的 Fe_2O_3 被还原为青色的 FeO 时,则所烧得的砖呈现青色。青砖较红砖耐碱,耐久性较好。

按焙烧方法不同,烧结黏土砖又可分内燃砖和普通砖。内燃砖是将可燃性工业废渣(煤渣、含碳量高的粉煤灰、煤矸石等)以一定比例掺入黏土中制坯,当砖坯焙烧至一定温度后,坯体内的燃料燃烧而烧结成砖。内燃法制砖除了可节省燃料和部分黏土用量之外,由于焙烧时热源均匀,内燃原料燃烧后留下许多封闭小孔,砖的表观密度减小,强度提高约20%,隔音保温性能增强。

由于砖在焙烧时窑内温度分布(火候)难于绝对均匀,除了合格的正火砖外,还常出现欠火砖和过火砖。欠火砖色较浅,敲击声发哑,耐久性差。过火砖色深,敲击时声音清脆,有弯曲变形。欠火砖和过火砖均属不合格产品。

(2)烧结普通砖的技术性能指标 烧结普通砖的技术性能指标主要有以下6种。

①尺寸规格和质量等级。烧结普通砖的标准尺寸是 240 mm×115 mm×53 mm。通常将 240 mm×115 mm 面称为大面,240 mm×53 mm 面称为条面,115 mm×53 mm面称为顶面,见图5.1。4块砖长、8块砖宽、16块砖厚,再加上砌筑 10 mm 灰缝,长度均为 1 m,故 1 m³ 砖砌体需要用砖 512 块。

②泛霜。泛霜是指砖中可溶性盐类(如 Na_2SO_4)随砖内水分蒸发而在砖或砌块表面的析出现象,一般呈白色粉末、絮团或絮片状。这些结晶的粉状物不仅有损于建筑物的外观,而且结晶膨胀也会引起砖表层的酥松,同时破坏砖与砂浆间的粘结,造成粉刷层的剥落。中等泛霜砖不得用于结构潮湿部位。

③石灰爆裂。烧结砖的砂质黏土原料中夹杂着石灰石,焙烧时被烧成生石灰块,在使用过程中会吸水熟化成消石灰,体积膨胀约98%,产生的内应力导致砖块胀裂,严重时甚至使砖块砌体强度降低,直至破坏。

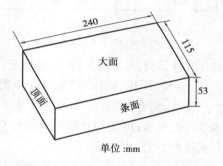

图 5.1 烧结普通砖的标准尺寸

④吸水率。砖的吸水率反映了其孔隙率的大小和孔隙构造的特征,它与砖的焙烧程度有关。欠火砖吸水率过大,过火砖吸水率小,一般吸水率为8%~16%。

⑤强度等级。烧结普通砖根据10块砖样的抗压强度平均值($\bar{f}$)和标准值(f_k)分为:MU30,MU25,MU20,MU15 和 MU10 共五个强度等级。$f_k = \bar{f} - 1.835$。各等级的强度标准见表5.4。

表 5.4 烧结普通砖强度等级(GB 5101—2017)

强度等级	抗压强度平均值 $\bar{f}$,MPa ≥	强度标准值 f_k,MPa ≥
MU30	30.0	22.0
MU25	25.0	18.0
MU20	20.0	14.0
MU15	15.0	10.0
MU10	10.0	6.5

⑥抗风化性能。抗风化性能是指砖在干湿交替、温度变化、冻融循环等物理因素作用下，不破坏并长期保持原有性能的能力，是材料耐久性的重要内容之一。显然，地域不同则风化作用程度也不同。我国按风化指数分为严重风化区（风化指数≥12 700）和非严重风化区（风化指数<12 700），见表5.5（不包括香港和澳门）。

表5.5　风化区划分（GB 5101—2017）

严重风化区		非严重分化区		
1.黑龙江省	8.青海省	1.山东省	8.四川省	15.海南省
2.吉林省	9.陕西省	2.河南省	9.贵州省	16.云南省
3.辽宁省	10.山西省	3.安徽省	10.湖南省	17.上海市
4.内蒙古自治区	11.河北省	4.江苏省	11.福建省	18.重庆市
5.新疆维吾尔自治区	12.北京市	5.湖北省	12.台湾省	
6.宁夏回族自治区	13.天津市	6.江西省	13.广东省	
7.甘肃省	14.西藏自治区	7.浙江省	14.广西壮族自治区	

抗风化性能是一项综合性指标，主要受砖的吸水率与地域位置的影响，因此用于严重风化区中1,2,3,4,5地区的砖，必须进行冻融试验。经15次冻融试验后，每块砖样不允许出现裂纹、分层、掉皮、缺棱、掉角等冻坏现象，且质量损失不得大于2%。

用于非严重风化区和其他严重风化区的烧结砖，其5 h沸煮吸水率和饱和系数若能达到表5.6的要求，可认为其抗风化性能合格，不再进行冻融试验。否则，必须做冻融试验，以确定其抗冻融性能。

表5.6　烧结普通砖的吸水率、饱和系数（GB 5101—2017）

砖种类	严重风化区				非严重风化区			
	5 h沸煮吸水率/%≤		饱和系数≤		5 h沸煮吸水率/%≤		饱和系数≤	
	平均值	单块最大值	平均值	单块最大值	平均值	单块最大值	平均值	单块最大值
黏土砖、建筑渣土砖	18	20	0.85	0.87	19	20	0.88	0.90
粉煤灰砖	21	23			23	25		
页岩砖	16	18	0.74	0.77	18	20	0.78	0.80
煤矸石砖								

注：①粉煤灰掺入量（体积比）小于30%时，抗风化性能指标按黏土砖规定；
②饱和系数为常温24 h吸水量与沸煮5 h吸水量之比。

（3）烧结普通砖的特点及工程应用　烧结普通砖具有一定的强度、较好的耐久性及隔热、隔声、价格低廉等优点，加之原料广泛、工艺简单，所以是我国应用最久、应用范围最广的墙体材料。另外,也可用来砌筑柱、拱、烟囱、地面及基础等。还可与轻骨料混凝土、加气混凝土、岩棉等复合,砌筑成可代替钢筋混凝土的各种配筋(钢筋或钢丝网)砌体,用于制作柱、过梁等构件。

2)烧结多孔砖和烧结空心砖

烧结多孔砖和烧结空心砖的生产原料及品种与烧结普通砖基本相同,仅形状和外观不同。

(1)烧结多孔砖　按原材料分为黏土砖(N)、页岩砖(Y)、煤矸石砖(M)、粉煤灰砖(F)、淤泥砖(U)和固体废弃物砖(G)共6类。多孔砖的孔洞率≥28%,孔的尺寸小而数量多,孔洞方向与受力方向一致。

①规格尺寸。国家标准《烧结多孔砖和多孔砌块》(GB 13544—2011)规定,烧结多孔砖的形状为直角六面体,在与砂浆的结合面上应设有增加结合力的粉刷槽和砌筑砂浆槽。多孔砖的长、宽、高尺寸应为290,240,190,180,175,140,115和90 mm。有关多孔砖规格尺寸和孔洞结构的规定见表5.7和图5.2。

表5.7　烧结多孔砖孔型及孔结构(GB 13544—2011)的规定

孔型	孔洞尺寸/mm		最小外壁厚 /mm	最小肋厚 /mm	孔洞率,%		孔洞排列
	宽度 b	长度 L			砖	砌块	
矩形条孔或矩形孔	≤13	≤40	≥12	≥5	≥28	≥33	1.所有孔宽应相等,采用单向或双向交错排列; 2.孔洞排列上下、左右应对称,分布均匀,手抓孔长度方向尺寸必须平行于砖的条面。

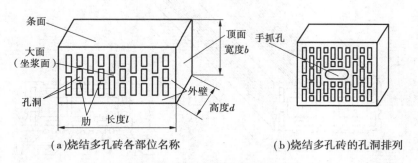

(a)烧结多孔砖各部位名称　　　(b)烧结多孔砖的孔洞排列

图5.2　烧结多孔砖各部位名称及孔洞排列示意图

②强度等级。强度等级判定用抗压强度平均值和强度标准值评定方法,分为MU30,MU25,MU20,MU15,MU10共5个强度等级。

③抗风化性能。严重风化区中的1,2,3,4,5地区的砖和其他地区以淤泥、固体废弃物为主要原料生产的砖必须进行冻融试验;其他地区以黏土、粉煤灰、页岩、煤矸石为主要原料生产的砖,其抗风化性能符合表5.8规定时可不做冻融试验,否则必须进行冻融试验。经15次冻融循环试验后,每块砖不允许出现裂纹、分层、掉皮、缺棱、掉角等冻坏现象。

表 5.8 烧结多孔砖的抗风化性能(GB 13544—2011)

砖种类	严重风化区				非严重风化区			
	5 h 沸煮吸水率,% ≤		饱和系数 ≤		5 h 沸煮吸水率,% ≤		饱和系数 ≤	
	平均值	单块最大值	平均值	单块最大值	平均值	单块最大值	平均值	单块最大值
黏土砖和砌块	21	23	0.85	0.87	23	25	0.88	0.90
粉煤灰砖和砌块	23	25			30	32		
页岩砖和砌块	16	18	0.74	0.77	18	20	0.78	0.80
煤矸石砖和砌块	19	21			21	23		

注:粉煤灰掺入量(质量比)小于30%时,按黏土砖和砌块规定判定。

④工程应用。烧结多孔砖对原材料的要求较高,制坯时受到较大的压力,砖孔壁密实度较高,故砖的抗压强度较高。主要用于砌筑6层以下建筑物的承重墙或者高层框架结构的填充墙。由于其多孔构造,不宜用于基础墙、地面以下或室内防潮层以下的建筑部位。

(2)烧结空心砖和空心砌块　以黏土、页岩、煤矸石、淤泥、建造渣土及其他固体废弃物为主要原料,经焙烧而成的孔洞率较大的砖。其孔尺寸大而数量少,且平行于大面和条面。烧结空心砖和空心砌块也是直角六面体,在与砂浆的结合面上宜设有增加结合力的粉刷槽。

①规格尺寸。按国家标准《烧结空心砖和空心砌块》(GB 13545—2014)规定,烧结空心砖和空心砌块的孔洞率≥40%。空心砖的长度≤365 mm、宽度≤240 mm、高度≤115 mm,如图 5.3 所示。大于该尺寸的则属于空心砌块。

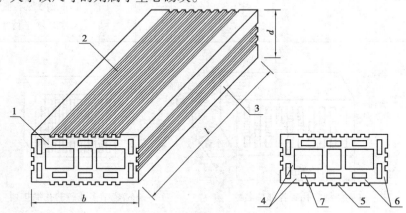

图 5.3　烧结空心砖各部位名称
1—顶面;2—大面;3—条面;4—肋;5—凹线槽;6—外壁;7—壁孔
l—长度;b—宽度;d—高度

②密度等级。根据 5 块砖的平均密度值分为 800,900,1 000 和 1 100 共 4 个密度等级。

③强度等级。按 10 块砖的大面抗压强度划分为 MU10,MU7.5,MU5.0,MU3.5 共 4 个强度等级,具体指标见表 5.9。

表 5.9　烧结空心砖和空心砌块的强度等级 (GB 13545—2014)

强度等级	大面抗压强度/MPa		
	抗压强度 平均值 $\bar{f}\geqslant$	变异系数 $\delta\leqslant0.21$ 强度标准值 $f_k\geqslant$	变异系数 $\delta>0.21$ 单块最小抗压强度值 $f_{min}\geqslant$
MU10	10	7.0	8.0
MU7.5	7.5	5.0	5.8
MU5.0	5.0	3.5	4.0
MU3.5	3.5	2.5	2.8

④吸水率。烧结空心砖和空心砌块的吸水率是以 5 块试样的 5 小时沸煮吸水率的算术平均值表示,每组砖和砌块的吸水率平均值应符合表 5.10 的规定。

表 5.10　烧结空心砖和空心砌块抗风化性能 (GB 13545—2014)

产品种类	严重风化区				非严重风化区			
	5 h 沸煮吸水率,% ≤		饱和系数 ≤		5 h 沸煮吸水率,% ≤		饱和系数 ≤	
	平均值	单块 最大值	平均值	单块 最大值	平均值	单块 最大值	平均值	单块 最大值
黏土砖和砌块	21	23	0.85	0.87	23	25	0.88	0.90
粉煤灰砖和砌块	23	25			30	32		
页岩砖和砌块	16	18	0.74	0.77	18	20	0.78	0.80
煤矸石砖和砌块	19	21			21	23		

注:①粉煤灰掺入量(质量比)小于 30% 时,按黏土空心砖和空心砌块规定判定;
　　②淤泥及其他固体废弃物掺入量(质量比)小于 30% 时,按相应产品类别规定判定。

⑤工程应用。烧结空心砖和空心砌块的自重较轻、强度较低,多用作建筑物的非承重部位的墙体,如多层建筑内隔墙或框架结构的填充墙等,各种类型的砖在使用时均要注意耐久性。

▶ 5.2.2　非烧结砖

不经焙烧而制成的砖均为非烧结砖,如蒸养(压)砖、混凝土砖、碳化砖等。目前,应用较广的是蒸养(压)砖。这类砖是以含钙材料(石灰、电石渣等)和含硅材料(砂、粉煤灰、煤矸石、灰渣、炉渣等)与水拌和,经压制成型,在自然条件或人工水热合成条件(蒸养或蒸压)下,反应生成以水化硅酸钙、水化铝酸钙为主要胶结料的硅酸盐建筑制品。主要品种有蒸压灰砂

砖、粉煤灰砖、炉渣砖、混凝土多孔砖和实心混凝土砖等。

1)蒸压灰砂砖(LSSB)

以石灰、天然砂为原料,经拌和、压制成型、蒸压养护(175~191 ℃,0.8~1.2 MPa 的饱和蒸汽)而制成,原料中石灰占 10%~20%。

(1)规格尺寸 尺寸规格与烧结普通砖相同,为 240 mm×115 mm×53 mm。国家标准《蒸压灰砂实心砖和实心砌块》(GB 11945—2019)规定,蒸压灰砂实心砖(LSSB)、蒸压灰砂实心砌块(LSSU)、大型蒸压灰砂实心砌块(LLSS),应考虑工程应用砌筑灰缝的宽度和厚度要求,由供需双方协商后确定标示尺寸。

(2)技术指标 根据浸水 24 h 后的抗压强度和抗折强度分为 MU30,MU25,MU20,MU15 和 MU10 共 5 个强度等级。表观密度为 1 800~1 900 kg/m³,导热系数约 0.61 W/(m·K)。各等级抗压强度应符合表 5.11 的规定。

表 5.11 蒸压灰砂砖强度和抗冻性指标(GB 11945—1999)

强度等级	抗压强度,MPa≥	
	平均值	单块最小值
MU30	30.0	25.5
MU25	25.0	21.2
MU20	20.0	17.0
MU15	15.0	12.8
MU10	10.0	8.5

注:优等品的强度等级不得小于 MU15。

(3)工程应用 MU15 以上等级的砖可用于基础及其他建筑;MU10 的砖仅可用于防潮层以上的建筑。由于蒸压灰砂砖中的某些产物不耐酸,也不耐热,因此蒸压灰砂砖不得用于长期受热(200 ℃以上)、受急冷急热和有酸性介质侵蚀的建筑部位,也不宜用于有流水冲刷的部位。

2)粉煤灰砖(AFB)

以粉煤灰、石灰或水泥为主要原料,掺加适量石膏、外加剂、颜料和集料等,经坯料制备、成型、常压或高压蒸汽养护而制成的实心粉煤灰砖。砖的颜色分为本色(N)和彩色(Co)两类。其外形尺寸与普通砖完全相同,表观密度约为 1 500 kg/m³。

(1)技术指标 我国行业标准《蒸压粉煤灰砖》(JC/T 239—2014)规定,按抗压强度和抗折强度分为 MU30、MU25、MU20、MU15 和 MU10 共 5 个强度等级。各等级的强度值应符合表 5.12 的规定,碳化系数不得小于 0.85;干燥收缩率:不大于 0.50 mm/m。

(2)工程应用 粉煤灰砖可用于工业与民用建筑的墙体和基础。但用于基础或易受冻融和干湿交替作用的建筑物部位,必须使用 MU15 及以上强度等级的砖。粉煤灰砖不得用于长期受热(200 ℃以上)、受急冷急热和有酸性介质侵蚀的建筑部位。为避免或减少收缩裂缝的产生,用粉煤灰砖砌筑的建筑物,应适当增设圈梁及伸缩缝。

表 5.12 粉煤灰砖强度和抗冻性指标(JC/T 239—2014)

强度等级	抗压强度,MPa≥		抗折强度,MPa≥	
	10 块平均值	单块最小值	10 块平均值	单块最小值
MU30	30	24	6.2	3.8
MU25	25	20	5.0	3.6
MU20	20	16	4.0	3.2
MU15	15	12	3.3	3.0
MU10	10	8	2.5	2.0

3)炉渣砖(LZ)

炉渣砖是以煤燃烧后的残渣为主要原料,掺入适量的石灰(水泥、电石渣)、石膏,经混合、压制成型、蒸养或蒸压养护而成的实心砖。

(1)技术指标 炉渣砖的尺寸规格与烧结普通砖相同,呈黑灰色,表观密度为 1 500 ~ 2 000 kg/m³,吸水率6%~19%。我国行业标准《炉渣砖》(JC/T 525—2007)规定,按抗压强度分为 MU25,MU20 和 MU15 共 3 个强度等级。各等级的强度值、抗冻性及碳化性能指标应符合表 5.13 的规定。干燥收缩率应不大于 0.06%,耐火极限不小于 2.0 h。用于清水墙的砖,还要求抗渗性指标——3 块中任一块的水面下降高度不大于 10 mm。

表 5.13 炉渣砖的强度和耐久性指标(JC/T 525—2007)

强度等级	强度平均值 $\bar{f}$,MPa≥	变异系数 $\delta \leqslant 0.21$	变异系数 $\delta > 0.21$	抗冻性		碳化性能
		强度标准值 f_k,MPa≥	单块最小值 f_{min},MPa≥	冻后抗压强度平均值,MPa≥	单块砖干质量损失,%	碳化后强度平均值,MPa≥
MU25	25.0	19.0	20.0	22.0	2.0	22.0
MU20	20.0	14.0	16.0	16.0	2.0	16.0
MU15	15.0	10.0	12.0	12.0	2.0	12.0

(2)工程应用 炉渣砖可用于一般工程的墙体和建筑基础,但不得用于受高温、受急冷急热交替作用或有酸性介质侵蚀的部位。

4)混凝土多孔砖(LPB)

混凝土多孔砖是以水泥为胶结材料,以砂、石等为主要集料,加水搅拌、成型、养护制成的一种多排小孔的混凝土砖,混凝土多孔砖的孔洞率应≥30%。

(1)规格和质量等级　长度、宽度、高度应符合 360,290,240,190,140;240,190,115,90;115,90 mm 的尺寸要求。最小外壁厚度不小于 18 mm,最小肋厚不应小于 15 mm。混凝土多孔砖各部位名称见图 5.4。

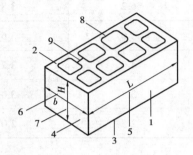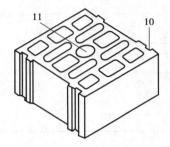

图 5.4　混凝土多孔砖各部位名称

1—条面;2—坐浆面(外壁、肋厚较小的面);3—铺浆面(外壁、肋厚较大的面);4—顶面;
5—长度(L);6—宽度(b);7—高度(H);8—外壁;9—肋;10—槽;11—手抓孔

(2)强度等级　根据国家标准《承重混凝土多孔砖》(GB 25779—2010)的规定。

根据 10 块砖的抗压强度划分为 MU15,MU20,MU25 共 3 个强度等级。

(3)特点与应用　混凝土多孔砖具有制作简单、强度高、耐久性好等优点。缺点是自重大,表面不平整、尺寸误差较大以及干燥收缩大。主要用于工业与民用建筑结构的承重墙,应用时注意运输堆放要采取防雨措施,施工技术要求参照普通混凝土小型空心砌块。

▶ 5.2.3　常用砌墙砖的选用

黏土砖的缺点是制砖取土,大量毁坏农田。实心黏土砖自重大,烧砖能耗高,成品尺寸小,施工效率低,抗震性能差等。用多孔砖和空心砖代替实心砖可使建筑物自重减轻 1/3 左右,节约黏土 20%～30%,节省燃料 10%～20%,造价降低 20%,施工效率提高 40%,并能改善砖的绝热和隔声性能,在相同的热工性能要求下,用空心砖砌筑的墙体厚度可减薄半砖左右。因此,推广使用多孔砖、空心砖是加快我国墙体材料改革,促进墙体材料工业技术进步的措施之一。

从节约黏土资源及利用工业废渣等方面考虑,提倡大力发展与应用非黏土砖,以空心砖、工业废渣砖及砌块、轻质板材来代替实心黏土砖。

常用砌墙砖的技术规格及标记方法见表 5.14。

表 5.14 常用砌墙砖的技术规格及标记方法

类别	名称及标准编号	原材料组成	规格（长×宽×高），mm	密度等级	强度等级	标记方法及示例
烧结砖	烧结普通砖（GB 5101—2017）	黏土、页岩、煤矸石和粉煤灰等	240×115×53	1 600～1 900	MU30,MU25,MU20, MU15,MU10	名称、品种、强度级别、质量级别、标准编号 烧结普通砖 Y MU15 A GB 5101
	烧结多孔砖和多孔砌块（GB 13544—2011）	黏土、页岩、煤矸石、淤泥和粉煤灰等	砖:290,240,190,180, 140,115,90 砌块: 490,440,390, 340,290,240,190, 180,140,115,90	砖:1 000,1 100, 1 200,1 300 砌块:900,1 000, 1 100,1 200	MU30,MU25,MU20, MU15,MU10	名称、品种、规格、强度级别、密度级别、标准编号 烧结多孔砖 N 290×140×90 MU25 1200 GB 13544
	烧结空心砖和空心砌块（GB 13545—2014）	黏土、页岩、煤矸石、粉煤灰、淤泥、建造渣土和固体废弃物等	390, 290, 240, 190, 180,175,140,115,90	800,900,1 000, 1 100	MU10,MU7.5, MU5.0,MU3.5	名称、品种、规格、密度级别、强度级别、标准编号 烧结空心砖 Y (290×190×90) 800 MU7.5 GB 13545
非烧结砖	蒸压灰砂砖（LSB）（GB 11945—2019）	石灰、天然砂	240×115×53	1 800～1 900	MU30,MU25,MU20, MU15,MU10	代号、颜色、强度级别、质量级别、标准编号 LSSB Co 20 A GB 11945
	粉煤灰砖（FB）（JC/T 239—2014）	粉煤灰、石灰或水泥、适量石膏、外加剂、颜料和集料	240×115×53	1 400～1 600	MU30,MU25,MU20, MU15,MU10	代号、颜色、强度级别、质量级别、标准编号 FB Co 20 A JC/T 239
	炉渣砖（LZ）（JC/T 525—2007）	炉渣,适量石灰（水泥、电石渣）、少量石膏	(360,290,240,190, 140)×(240,190,115, 90)×(115,90)	1 500～2 000	MU25,MU20,MU15	代号、强度级别、标准编号 LZ MU30 JC/T 525
	混凝土多孔砖（LPB）（GB 25779—2010）	水泥、砂、石	240×115×53	—	MU25,MU20,MU15	代号、强度级别、外观质量、标准编号 LPB MU10 B GB 25719
	混凝土实心砖（SCB）（GB/T 21144—2023）	水泥、骨料、掺合料、外加剂	240×115×53	A,B,C	MU40,MU35,MU30, MU25,MU20,MU15	代号、规格、强度级别、密度级别、标准编号 SCB 240×115×53 MU 25 B GB/T 21144

5.3 墙用砌块

砌块是用于砌筑的、形体大于砌墙砖的人造块材,一般为直角六面体。按产品主规格的尺寸,可分为大型砌块(高度>980 mm)、中型砌块(高度为 380~980 mm)和小型砌块(高度为 115~380 mm)。砌块高度一般不大于长度或宽度的 6 倍,长度不超过高度的 3 倍。根据需要也可生产各种异形砌块。

砌块的分类方法很多,按用途可分为承重砌块和非承重砌块;按有无孔洞可分为实心砌块(无孔洞或空心率<25%)和空心砌块(空心率≥25%);按材质可分为蒸压加气混凝土砌块、粉煤灰混凝土小型空心砌块、普通混凝土小型空心砌块、轻集料混凝土小型空心砌块和泡沫混凝土砌块等。

► 5.3.1 蒸压加气混凝土砌块(ACB)

以钙质材料(水泥、石灰等)和硅质材料(砂、矿渣、粉煤灰等)以及加气剂(铝粉)等,经配料、搅拌、浇注、发气(由化学形成孔隙)、预养切割、蒸汽养护等工艺过程制成。

砌块公称尺寸的长度(L)为 600 mm;宽度(B)有 100,125,150,200,250,300,120,180,240 mm;高度(H)有 200,250,300 mm 等多种规格。

1)强度等级和密度等级

(1)强度等级 国家标准《蒸压加气混凝土砌块》(GB/T 11968—2006)规定,按抗压强度划分为:A1.0,A2.0,A2.5,A3.5,A5.0,A7.5 和 A10.0 共 7 个级别。

(2)密度等级 按砌块的表观密度,划分为 B03,B04,B05,B06,B07 和 B08 共 6 个级别。

(3)质量等级 按尺寸偏差与外观质量、抗冻性和抗压强度分为优等品(A)和合格品(B)两个质量等级。各级的表观密度和相应的强度应符合表 5.4 的规定。

2)技术性能和应用

蒸压加气混凝土砌块的抗冻性、收缩性和导热性应符合表 5.15 的规定。

表 5.15 蒸压加气混凝土砌块的技术性能(GB/T 11968—2006)

密度等级		B03	B04	B05	B06	B07	B08
强度等级	优等品(A)	A1.0	A2.0	A3.5	A5.0	A7.5	A10.0
	合格品(B)			A2.5	A3.5	A5.0	A7.5
干燥收缩值,mm/m	标准法	≤0.50					
	快速法	≤0.80					
抗冻性	质量损失,%	≤5.0					
	冻后强度,MPa 优等品(A)	≥0.8	≥1.6	≥2.8	≥4.0	≥6.0	≥8.0
	合格品(B)			≥2.0	≥2.8	≥4.0	≥6.0

密度等级	B03	B04	B05	B06	B07	B08
导热系数(干态),W/(m·K)	≤0.10	≤0.12	≤0.14	≤0.16	≤0.18	≤0.20

注:①采用标准法、快速法测定砌块干燥收缩值,若测定结果发生矛盾不能判定时,则以标准法为准;

②用于墙体的砌块,允许不测导热系数。

蒸压加气混凝土砌块具有体积密度小、保温隔热性能好、防火、可加工性能好等特性,广泛用于工业与民用建筑物的内外墙体。可用于多层建筑物的承重墙和非承重墙及隔墙,体积密度级别低的砌块可用于屋面保温。但砌块干燥收缩较大,不得用于长期浸水或经常干湿交替的部位,也不得用于受酸侵蚀的部位。用于外墙时,应进行饰面处理或憎水处理,防止因风化、日晒雨淋等使蒸压加气混凝土砌块产生开裂。

▶ 5.3.2 粉煤灰混凝土小型空心砌块(FHB)

粉煤灰混凝土小型空心砌块是以粉煤灰、水泥、集料和水等为主要组分(也可加入外加剂等)制成的混凝土小型空心砌块,其主规格尺寸为 390 mm×190 mm×190 mm。

行业标准《粉煤灰混凝土小型空心砌块》(JC/T 862—2008)规定,按砌块孔的排数分为:单排孔(1)、双排孔(2)和多排孔(D)三类。按表观密度分为 600,700,800,900,1 000,1 200 和 1 400 共 7 个等级。按 5 块试件的抗压强度分为 MU3.5,MU5.0,MU7.5,MU10.0,MU15 和 MU20 共 6 个等级。

粉煤灰混凝土小型空心砌块属硅酸盐类制品,其干缩值比水泥混凝土大,弹性模量低于同强度的水泥混凝土制品。适用于一般工业与民用建筑的墙体和基础,但不宜用于长期受高温(如炼钢车间)和经常受潮湿的承重墙,也不宜用于有酸性介质侵蚀的建筑部位。

▶ 5.3.3 普通混凝土小型砌块(NHB)

以普通混凝土拌合物为原料,经成型、养护而成的小型砌块,包括空心砌块(空心率不小于 25%,代号:H)和实心砌块(空心率小于 25%,代号:S),有承重砌块(L)和非承重砌块(N)两类。为减轻自重,非承重砌块可用炉渣或其他轻质骨料配置。主规格尺寸为 390 mm×190 mm×190 mm,其他规格尺寸可由供需双方协商。空心砌块的最小外壁厚应不小于 30 mm,最小肋厚应不小于 25 mm,见图 5.5。

砌块的强度等级应符合表 5.16 的规定,其抗冻性应符合表 5.17 的规定。

表 5.16 普通混凝土小型砌块的强度等级(GB 8239—2014)

砌块种类	承重砌块(L)	非承重砌块(N)
空心砌块(H)	MU7.5,MU10.0,MU15.0,MU20.0,MU25.0	MU5.0,MU7.5,MU10.0
实心砌块(S)	MU15.0,MU20.0,MU25.0,MU30.0,MU35.0,MU40.0	MU10.0,MU15.0,MU20.0

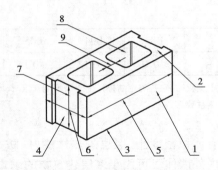

图 5.5　普通混凝土小型空心砌块各部位名称

1—条面;2—坐浆面(肋厚较小的面);3—铺浆面(肋厚较大的面);
4—顶面;5—长度;6—宽度;7—高度;8—壁;9—肋

这类小型砌块适用于地震设计烈度为 8 度和 8 度以下地区的一般民用与工业建筑物的墙体。用于承重墙和外墙的 L 类砌块,要求干缩率小于 0.45 mm/m。非承重或内墙用的 N 类砌块,干缩率应小于 0.65 mm/m。砌块堆放、运输及砌筑时应有防雨措施,砌块装卸时,严禁碰撞、抛摔,应轻拿轻放,不许反斗倾卸。砌块应按同一标记分批分别堆放,不得混堆。

表 5.17　普通混凝土小型砌块的抗冻性(GB/T 8239—2014)

使用条件	抗冻指标	质量损失率	强度损失率
夏热冬暖地区	D15		
夏热冬冷地区	D25	平均值≤5% 单块最大值≤10%	平均值≤20% 单块最大值≤30%
寒冷地区	D35		
严寒地区	D50		

▶ 5.3.4　轻集料混凝土小型空心砌块(LB)

轻集料混凝土小型空心砌块是以浮石、火山渣、陶粒等轻粗集料、轻砂(或普通砂)为细集料制成,主规格为 390 mm×190 mm×190 mm。按砌块孔的排数分为单排孔(1)、双排孔(2)、三排孔(3)和四排孔(4)四类。由于其原料来源广泛、工艺简单、自重轻、导热系数小,有利于节能降耗及资源的可持续利用。

国家标准《轻集料混凝土小型空心砌块》(GB/T 15229—2011)规定,轻集料混凝土小型空心砌块按干表观密度分为 700,800,900,1 000,1 100,1 200,1 300,1 400 共 8 个等级;按抗压强度分为 MU2.5,MU3.5,MU5.0,MU7.5,MU10.0 共 5 个等级。同一强度等级砌块的抗压强度和密度等级范围应同时满足要求,见表 5.18。

表 5.18 轻集料混凝土小型空心砌块强度等级（GB/T 15229—2011）

强度等级	抗压强度,MPa		密度等级范围,(kg·m⁻³)≤
	5 块平均值≥	最小值≥	
MU2.5	2.5	2.0	800
MU3.5	3.5	2.8	1 000
MU5.0	5.0	4.0	1 200
MU7.5	7.5	6.0	1 200ᵃ 1 300ᵇ
MU10.0	10.0	8.0	1 200ᵃ 1 400ᵇ

注:a.除自燃煤矸石掺量不小于砌块质量 35% 以外的其他砌块;

　　b.自燃煤矸石掺量不小于砌块质量 35% 的砌块。

轻集料混凝土小型空心砌块的吸水率应不大于 18%,干燥收缩率应不大于 0.065%,碳化系数应不小于 0.8,软化系数应不小于 0.8。抗冻性和放射性核素限量也应符合相关规定。

轻集料混凝土小型空心砌块具有自重轻,保温隔热性能好,抗震性强,防火、吸声、隔声性能良好,施工方便等优点,在有保温隔热要求的围护结构上得到了广泛应用。但要注意克服其吸水率大、强度低的技术问题。

▶ 5.3.5 泡沫混凝土砌块（FCB）

泡沫混凝土砌块是用物理方法将泡沫剂水溶液制备成泡沫,再将泡沫加入到由水泥基胶凝材料、集料、掺合料、外加剂和水等制成的料浆中,经混合搅拌、浇注成型、自然或蒸汽养护而成的轻质多孔混凝土砌块,也称发泡混凝土砌块。

我国行业标准《泡沫混凝土》（JC/T 1062—2007）规定,其规格尺寸为长度 400,600 mm;宽度 100,150,200,250 mm;高度 200,300 mm,其他规格尺寸可由供需双方协商。按尺寸偏差和外观质量分为一等品（B）和合格品（C）两个质量等级。按砌块的抗压强度分为 A0.5,A1.0,A1.5,A2.5,A3.5,A5.0 和 A7.5 共 7 个强度等级。按砌块的干表观密度分为 B03,B04,B05,B06,B07,B08,B09 和 B10 共 8 个等级。泡沫混凝土砌块的碳化系数应 ≥0.80。有抗冻性要求的泡沫混凝土砌块,其冻后质量损失应 ≤5%,强度损失 ≤20%。泡沫混凝土砌块的密度等级、干燥收缩值和导热系数指标要求见表 5.19。

表 5.19　泡沫混凝土砌块的密度等级、干燥收缩值和导热系数(JC/T 1062—2007)

密度等级	B03	B04	B05	B06	B07	B08	B09	B10
表观密度,kg/m³ ≤	330	430	530	630	730	830	930	1 030
干燥收缩值,mm/m	—				≤0.90			
导热系数,W/(m·K) ≤	0.08	0.10	0.12	0.14	0.18	0.21	0.24	0.27

　　泡沫混凝土属于气泡状绝热材料,突出特点是在混凝土内部形成封闭的泡沫孔,使混凝土轻质化和保温隔热化。泡沫混凝土砌块的导热系数只有 0.080~0.135 W/(m·K)。

　　与加气混凝土通过化学反应发泡而形成气孔不同,泡沫混凝土是通过机械制泡将泡沫加入混凝土浆体形成气孔。其突出特点是轻质性,干表观密度为 200~700 kg/m³,只相当于普通水泥混凝土的 1/5~1/10,可有效减轻建筑物的荷载。制备工艺简单,不需蒸压养护。

　　泡沫混凝土砌块主要用于有保温隔热要求的民用与工业建筑物的墙体和屋面、框架结构的填充墙等。

▶ 5.3.6　自保温混凝土复合砌块(SIB)

　　自保温混凝土复合砌块是通过在骨料中加入轻质骨料和(或)在实心混凝土块孔洞中填插保温材料等工艺生产的,其所砌筑墙体具有保温功能的混凝土小型空心砌块,简称自保温砌块。主规格长度 390,290 mm,宽度 190,240,280 mm,高度 190 mm,其他规格尺寸由供需双方商定。

　　行业标准《自保温混凝土复合砌块》(JG/T 407—2013)规定,自保温砌块按复合类型可分为 Ⅰ类(在骨料中复合轻质骨料)、Ⅱ类(在孔洞中填插保温材料)、Ⅲ类(在骨料中复合轻质骨料且在孔洞中填插保温材料)。按孔的排数分为单排孔(1)、双排孔(2)和多排孔(3)。按密度分为 500,600,700,800,900,1 000,1 100,1 200,1 300 共 9 个等级。按强度分为 MU3.5,MU5.0,MU7.5,MU10.0,MU15.0 共 5 个等级。按当量导热系数(砌体厚度与热阻的比值,单位 W/m·K)分为 EC10,EC15,EC20,EC25,EC30,EC35,EC40 共 7 个等级。按当量蓄热系数(砌体热惰性指标与热阻的比值,单位 W/m²·K)分为 ES1,ES2,ES3,ES4,ES5,ES6,ES7 共 7 个等级。

　　采用自保温砌块砌筑墙体,不但有利于建筑节能,还能克服外墙外保温存在的外墙开裂、保温层脱落、耐久性差等缺陷。它既适合北方的冬季保温,也适用于南方的夏季隔热,具有广泛的地区适应性。

▶ 5.3.7　常用砌块的选用

　　砌块属于新型的墙体材料,可以充分利用地方资源和工业废渣,并可节省黏土资源和改善环境。具有生产工艺简单,原料来源广,适应性强,制作及使用方便,可改装墙体功能等特点,因此发展较快。常用砌块的技术规格见表 5.20。

表 5.20　常用砌块的技术规格及标记方法

名称及标准编号	原材料组成	规格（长×宽×高）/mm	密度等级	强度等级	标记方法及示例
蒸压加气混凝土砌块（ACB）（GB/T 11968—2006）	钙质材料（水泥、石灰等）和硅质材料（砂、矿渣、粉煤灰等）、加气剂（铝粉）等	600×（100, 125, 150, 200, 250, 300）或（120, 180, 240）×（200, 250, 300）等	B03, B04, B05, B06, B07, B08	A1.0, A2.0, A2.5, A3.5, A5.0, A7.5, A10.0	代号、强度级别、密度级别、规格、质量级别、标准编号 ACB A3.5 B05 600×200×250 A GB/T 11968
粉煤灰混凝土小型空心砌块（FHB）（JC/T 862—2008）	粉煤灰、水泥、集料等	390×190×190	600, 700, 800, 900, 1 000, 1 200, 1 400	MU3.5, MU5.0, MU7.5, MU10.0, MU15, MU20	代号、类别、规格、密度级别、级别、标准编号 FHB 2 390×190×190 800 MU5 JC/T 862—2008
普通混凝土小型砌块（NHB）（GB/T 8239—2014）	普通混凝土拌合物	390×（90, 120, 140, 190, 240, 290）×（90, 140, 190）	1 300~1 400	MU5.0, MU7.5, MU10.0, MU15.0, MU20.0, MU25.0（空心）, MU30, MU35, MU40	种类、规格尺寸、代号、强度级别、标准编号 LS390 × 190 × 190 MU15.0 GB/T 8239
轻集料混凝土小型空心砌块（LHB）（GB/T 15229—2011）	浮石、火山渣、陶粒等为粗集料	390×190×190	700, 800, 900, 1 000, 1 100, 1 200, 1 300, 1 400	MU2.5, MU3.5, MU5.0, MU7.5, MU10.0	代号、类别、密度级别、强度级别、标准编号 LB 2 800 MU3.5 GB/T 15229—2011
泡沫混凝土砌块（FCB）（JC/T 1062—2007）	水泥基胶凝材料、集料、掺合料、外加剂、泡沫剂	（400, 600）×（100, 150, 200, 250）×（200, 300）	B03, B04, B05, B06, B07, B08, B09, B10	A0.5, A1.0, A1.5, A2.5, A3.5, A5.0, A7.5	代号、强度级别、密度级别、规格、质量级别、标准编号 FCB A3.5 B08 600×250×200 B JC/T 1062—2007
装饰混凝土砌块（JC/T 641—2008）	混凝土砌块经饰面加工而成	（390, 290, 190）×（290, 240, 190, 140, 90）或（30, 90）×（190, 90）	—	MU10, MU15, MU20, MU25, MU30, MU35, MU40	装饰效果、名称、类型、规格、强度级别、抗渗性、标准编号 劈裂砌块 M_q 390×190×190 MU10 F JC/T 641—2008
石膏砌块（JC/T 698—2008）	石膏、填料、添加剂等	（600, 666）×500×（80, 100, 120, 150）	空心（K）≤800 实心（S）≤1100	≥2000N（断裂荷载）	名称、类别、规格、标准编号 石膏砌块 KF 666×500×100 JC/T 698—2010

5.4 墙用板材

随着建筑结构体系的改革和大开间多功能框架结构的发展,各种轻质和复合墙用板材蓬勃兴起。以板材为围护墙体的建筑体系,具有质轻、节能、施工方便快捷、使用面积大、开间布置灵活等特点,因此具有良好的发展前景。

我国目前墙板品种很多,有水泥基墙用板材、轻质多功能复合板材、石膏墙板等。

▶ 5.4.1 水泥基墙用板材

水泥基墙用板材具有较好的力学性能和耐久性,生产技术成熟,产品质量可靠。

1)预应力混凝土空心墙板

预应力混凝土空心墙板是用低松弛预应力钢绞线、早强水泥及砂、石为原材料,经张拉、搅拌、挤压、养护、放张、切割而成的混凝土板材。

预应力混凝土空心墙板使用时可按要求配以保温层、外饰面层和防水层等。该类板材板面平整,误差小,施工便利,可减少湿作业,加快施工进度。可用于承重或非承重外墙板、内墙板、楼板、屋面板和阳台板等。

2)玻璃纤维增强水泥(GRC)空心轻质墙板

以低碱水泥为胶结料,抗碱玻璃纤维或其网格布为增强材料,膨胀珍珠岩为骨料(也可用炉渣、粉煤灰等),并配以发泡剂和防水剂等,经配料、搅拌、浇注、振动成型、脱水、养护而成。

国家标准《玻璃纤维增强水泥轻质多孔隔墙条板》(GB/T 19631—2005)规定,按板厚分为90型和120型;按板型分为普通版(PB)、门框板(MB)、窗框板(CB)、过梁板(LB);按外观质量、尺寸偏差及物理力学性能分为一等品(B)、合格品(C)。

GRC空心轻质墙板的特点是质轻、强度高、隔热、隔声、不燃、加工方便等,可用于工业和民用建筑的内隔墙及复合墙体的外墙面。

3)纤维增强水泥平板(TK板)

以低碱水泥、耐碱玻璃纤维为主要材料,加水混合成浆,经圆网机抄取制坯、压制、蒸养而成的薄型平板。其长度为1 200~3 000 mm,宽度为800~900 mm,厚度为4,5,6,8 mm。

TK板的表观密度约为1 750 kg/m³,抗折强度可达15 MPa,抗冲击强度0.25 J/cm²。其质量轻、强度高、防潮、防火、不易变形、可加工性(锯、钻、钉)及表面装饰性好等,适用于各类建筑物的复合外墙和内隔墙,特别是高层建筑有防火、防潮要求的隔墙。

4)其他水泥基板材

除上述水泥基墙板外,还有钢丝网水泥板、水泥木屑板、纤维增强硅酸钙板、维纶纤维增强水泥平板等,它们均可用于墙体或复合墙板的组合板材。

上述水泥基墙用板材可用于承重墙、外墙和复合墙板的面层。其主要缺点是表观密度大、抗拉强度低(大板在起吊的过程中易受损)。生产中可制作预应力空心板材,以减轻自重和改善隔热性能,也可制作以纤维等增强的薄型板材,还可在水泥基板材上制作成具有装饰效果的表面层(如花纹线条装饰、露骨料装饰、着色装饰等)。

▶ 5.4.2　复合墙板

复合墙板是将两种或两种以上不同功能的材料组合而成的墙板。其优势在于充分发挥所用材料各自的特长,改善使用功能以满足不同的需要。常用的复合墙板主要由承受外力的结构层(混凝土板或金属板)和保温层(矿棉、泡沫塑料、加气混凝土等)及面层(装饰性好的轻质薄板)组成。常用的复合墙板有纤维水泥夹芯板、泰柏板、复合夹芯板等。

1)纤维水泥夹芯复合墙板

以玻璃纤维为增强材料,硅酸盐水泥(或硅酸钙)等胶凝材料制成的薄板为面层,以水泥(硅酸钙、石膏)聚苯颗粒或膨胀珍珠岩等轻集料混凝土、发泡混凝土、加气混凝土为芯材,两种或两种以上不同功能材料复合而成的实心墙板。

纤维水泥夹芯复合墙板厚度一般为 90 mm 和 120 mm,可用于分室隔墙、分户外墙和内墙保温。

2)泰柏板

以钢丝焊接成的三维钢丝网骨架与高热阻自熄性聚苯乙烯泡沫塑料组成的芯材板,两面喷涂水泥砂浆而成,如图5.6 所示。

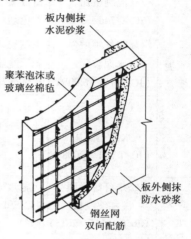

板内侧抹水泥砂浆
聚苯泡沫或玻璃丝棉毡
板外侧抹防水砂浆
钢丝网双向配筋

图 5.6　泰柏墙板示意图

泰柏板具有轻质高强、隔热、隔声、防火、防潮、防震、耐久性好、易加工、施工方便等特点。适用于自承重外墙、内隔墙、屋面板、3 m 跨内的楼板等。

3)其他复合夹芯板

除了上述纤维水泥夹芯复合墙板,还有以其他轻质高强的薄板(不锈钢板、彩色涂层钢板、铝合金板等)为面层,以轻质保温隔热材料(岩棉、玻璃棉、矿渣棉毡、阻燃型发泡聚苯乙烯、阻燃型发泡硬质聚氨酯等)为芯材组成的复合夹心墙板。

该类复合墙板的性能及适用范围与泰柏板基本相同。

5.5　屋面材料

屋面材料主要起到防水、隔热保温、防渗漏等作用。为满足建筑物多种功能的需求和材料技术的进步,屋面材料已由过去较单一的烧结瓦,向多种材质的大型水泥类瓦材发展。随着大跨建筑物的兴建,屋面承重结构也由过去主要以预应力混凝土大型屋面板的形式,向承重、保温、防水三合一的轻型钢板结构转变。

▶ 5.5.1　屋面瓦材

屋面瓦材按所用基材的成分可分为烧结类瓦材、水泥类瓦材和高分子类复合瓦材 3 类。常用屋面瓦材的组成、性能和工程应用见表 5.21。

表 5.21　常用屋面瓦材的组成、性能及其工程应用

	品种及标准	组成材料及成型方法	主要性能	工程应用
烧结类瓦材	琉璃瓦 (JC/T 765—2015)	用难熔黏土制坯,经干燥、上釉后焙烧而成	表面光滑,质地密实,色彩美丽,富有传统民族特色,耐久性好,但成本较高	古建筑修复、纪念性建筑及园林建筑的亭、台、楼、阁
水泥类瓦材	混凝土瓦 (JC/T 746—2023)	由混凝土制成,可加入着色剂	成本低,耐久性好,自重大于黏土瓦	一般民用建筑的屋面
	玻璃纤维增强水泥波瓦 (JC/T 767—2008)	以耐碱玻璃纤维、快硬硫铝酸盐水泥或低碱度硫铝酸盐水泥制成	强度较高,耐水,不燃,易加工	房屋建筑的屋面、内外墙及轻型复合屋顶的承重板
	钢丝网石棉水泥小波瓦 (JC/T 851—2008)	以温石棉纤维、硅酸盐水泥或普通硅酸盐水泥、低碳钢丝梯形网加工而成	覆盖面积大,承重能力强,防水性好,施工方便	工业、民用及公共建筑物的屋面
高分子类复合瓦材	玻璃纤维增强聚酯波纹板 (GB/T 14206—2015)	无捻玻璃纤维粗纱及其制品和不饱和聚酯树脂等	质轻,强度高,耐冲击,耐腐蚀,透光率高	各种建筑的遮阳及车站月台、售货亭、凉棚等的屋面
	玻纤胎沥青瓦 (GB/T 20474—2015)	玻璃纤维薄毡为胎料,用改性沥青涂敷而成	质轻,粘结性强,抗风化能力好,施工方便	一般民用建筑的坡屋面

作为防水、保温、隔热的屋面材料,黏土瓦是我国使用较多、历史较长的屋面材料。但黏土瓦同黏土砖一样破坏耕地、浪费资源,正逐步被大型水泥类瓦材和高分子类复合瓦材取代。

▶ 5.5.2　屋面用轻型板材

在大跨度结构中,长期使用的钢筋混凝土大板屋盖自重达 300 kg/m² 以上,保温性能差,且需另设防水层。目前,以金属面绝热夹芯板为代表的轻型板材被广泛地用于大跨度屋盖。

建筑用金属面绝热夹芯板是两金属面及粘结于之间的绝热芯材组合成的自支撑复合板材。芯材主要有聚苯乙烯、硬质聚氨酯、岩棉、矿渣棉和玻璃棉等。

1) 金属面聚苯乙烯夹芯板

金属面聚苯乙烯夹芯板(EPS,XPS)是以厚度不小于 0.5 mm 的彩色涂层钢板为面材,聚苯乙烯泡沫塑料(模塑聚苯乙烯塑料 EPS,挤塑聚苯乙烯塑料 XPS)为芯材制成的轻型夹芯板材。

这种板材自重仅为混凝土层面的 1/20 ~ 1/30,保温隔热性能好,施工简便。集承重、保温、防水和装饰于一体,可制成平面或曲面板材。常用于大跨度屋面结构,如体育馆、展览厅、冷库等。

2) 金属面硬质聚氨酯夹芯板

金属面硬质聚氨酯夹芯板(PU)是以彩色涂层钢板为面材,阻燃型硬质聚氨酯泡沫为芯材复合而成的夹芯板材。面材需采用镀锌钢板,芯材硬质聚氨酯泡沫塑料表观密度不小于38 kg/m³。

我国标准《建筑用金属面绝热夹芯板》(GB/T 23932—2009)规定,这种板材的规格尺寸为:厚度为50,70和100 mm,宽度为0.9~1.2 m,长度小于12 m。面材和芯材的粘结强度不小于0.9 MPa。挠度为$L_0/200$(L_0为3 500 mm)时,抗弯承载力应不小于0.5 kN/m²。面密度为7.3~13.2 kg/m²,传热系数一般低于0.045 W/(m²·K),当板厚为40 mm时,其平均隔音量为25 dB。这种板材具有质轻、保温、隔音、色彩丰富及施工简便等特点,集承重、保温、防水于一体。适用于工业化生产的工业与民用建筑的外墙、隔墙、屋面、天花板等。

▶ 5.5.3 其他形式的屋面

1)种植屋面

种植屋面是在具有防水层的钢筋混凝土屋面上铺设陶粒排水层,然后铺100~150 mm厚的种植土,即可种植花草类植物,见图5.7(a)。

种植屋面可起到隔热和绿化的效果,如在高温季节,室内温度能大幅度降低,改善居住的舒适度,有利于美化和改善环境,使建筑与自然和谐共存。但种植屋面会增加屋面荷载,成本有所提高,可用于大型高层公寓性建筑或与公共建筑相连的多层停车场结构的屋面(形成空间花园以增加高层建筑中人们的活动空间)等。

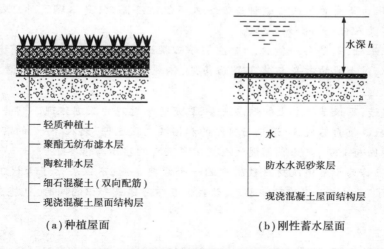

（a）种植屋面 　　　　　（b）刚性蓄水屋面

轻质种植土
聚酯无纺布滤水层
陶粒排水层
细石混凝土(双向配筋)
现浇混凝土屋面结构层

水
防水水泥砂浆层
现浇混凝土屋面结构层

水深 h

图5.7 种植屋面和刚性蓄水屋面构造示意图

2)刚性蓄水屋面

刚性蓄水屋面直接利用水泥混凝土作为刚性防水层,利用水的热容量大的特点,用水吸热以缓解室内的温升。其构造为屋顶水池结构,见图5.7(b)。水池底部与池壁一次浇成,振捣密实,初凝后即逐步加水养护。蓄水深度 h 应按当地降雨量和蒸发量综合考虑,以400~600 mm为宜,若养殖,则深度按实际情况确定。

刚性蓄水屋面可充分发挥水硬性胶凝材料的特点,防水抗渗性强,还可有效改善屋面热工性能,是建筑节能的有效措施。但蓄水后屋面结构的荷载大,将增加工程结构的造价。

案例

冬暖夏凉的墙体

传统墙体材料如青砖、土墙,凭借自然属性实现冬暖夏凉,展现了古人对节能减排的朴素智慧。而今,科技推动墙体材料革新,相变储能材料与真空绝热板成为绿色建材的典范。

相变储能材料,利用固液相变原理,随温度变化自动吸放热,维持室内恒温,大幅降低空调与供暖能耗。其蓄热能力强,安全环保,施工便捷,是节能建筑的优选。某小区采用此材料后,全年能耗降低约30%,居住舒适度显著提升。

真空绝热板,则通过内部真空层与高效阻隔膜结合,实现超低导热,隔热性能卓越。其轻量耐用、环保节能、防火安全的特点,广泛应用于冷链物流等领域。某冷链物流中心采用VIP板后,能耗降低40%,设备寿命延长,展现了其在节能减排方面的巨大潜力。

相变储能材料与真空绝热板,作为现代科技的结晶,不仅提升了建筑保温隔热性能,更促进了能源的高效利用,为新时代绿色发展树立了标杆。

夯土墙与"天人合一"的哲学智慧

在中国古代建筑史上,夯土墙以其独特的魅力成为"天人合一"哲学思想的生动诠释。长城与故宫,作为两大我国古代标志性建筑,其夯土墙不仅展现了古代工匠的卓越技艺,更深刻体现了人与自然和谐共生的理念。

长城的夯土墙,就地取材于黄土高原,工匠们通过晾晒、除杂、夯实等自然与人工结合的工艺,将泥土转化为坚固的防线。这种建造方式不仅经济高效,更体现了对自然环境的尊重与顺应,展现了"天人合一"的和谐之美。

故宫的夯土基础,则是另一例证。工匠们精心挑选土料,层层夯实,形成稳固的建筑根基。这一过程中,对土地的敬畏与尊重显而易见,体现了古人"以土为本,和谐共生"的哲学思想。

夯土墙的建造,不仅是技术上的精湛展现,更是哲学思想的深刻体现。它告诉我们,在利用自然资源时,应尊重自然规律,追求与自然的和谐共生。这种"天人合一"的智慧,不仅为古代建筑带来了稳固与美观,更为我们现代人提供了宝贵的启示与借鉴。

因此,夯土墙作为土木建筑材料教材中的一个经典案例,不仅展示了古代工匠的卓越技艺,更深刻传达了"天人合一"的哲学思想,让我们在学习建筑知识的同时,也能感受到中华文化的博大精深。

本章小结

1.墙体和屋面是建筑物的重要组成部分,合理选用墙体和屋面材料对提高建筑质量、节省建筑成本、降低建筑能耗起到重要作用。

2.本章讲述了传统的黏土烧结类砖、瓦材料的品种、性能、规格等,并较多地介绍了新型节能利废的墙体及屋面材料。

3.通过本章学习应了解和掌握各种常用墙体材料的技术性能和使用要求,为结构设计选材、现场施工奠定专业基础。

复习思考题

一、填空题

1.岩石由于形成条件不同,可分为_____、_____和_____3大类。

2.欠火砖即使外观合格,也不宜用于潮湿部位的墙体中,主要因为其_____较差。

3.烧结普通砖的耐久性包括_____、_____、_____和_____等性能。

4.砌墙砖按有无孔洞和孔洞率大小分为_____、_____和_____3种;按生产工艺不同分为_____和_____。

二、选择题

1.下列4种岩石中,耐火性能最差的是(　　　)。

　　A.花岗岩　　　　　　B.大理石　　　　　　C.玄武岩　　　　　　D.石灰岩

2.与烧结砖相比,非烧结砖具有(　　　)优点。

　　A.强度高　　　　　　B.耐久性好　　　　　　C.节能环保　　　　　　D.轻质

3.黏土砖在砌筑墙体前一般要经过浇水润湿,其目的是(　　　)。

　　A.把砖冲洗干净　　　　　　　　　　B.保证砌筑砂浆的稠度

　　C.增加砂浆对砖的胶结力　　　　　　D.防止砖表面灰尘影响砂浆的凝结

4.强度等级为MU15及以上的灰砂砖可用于(　　　)。

　　A.基础　　　　　　B.防潮层以上　　　　　　C.一层以上　　　　　　D.任何部位

5.高层建筑安全通道的墙体(非承重墙)应优先选用(　　　)。

　　A.烧结普通砖　　　B.石膏空心条板　　　C.加气混凝土砌块　　　D.水泥聚苯板

三、简答题

1.岩石在建筑工程中有哪些用途?

2.为什么大多数大理石不宜用于室外?可用于室外的大理石品种有哪些?

3.烧结多孔砖和空心砖的强度等级是如何划分的? 各有什么用途?

4.目前,你所在地区常用的墙体材料有哪些?

5.如何根据工程的特点,合理地选用墙体材料?

6

建筑金属材料

〖**本章导读**〗

本章主要介绍钢材、铝及铝合金两类常用建筑金属材料。通过学习,要求熟悉钢材的基本知识,理解化学成分,冷加工及热处理等工艺对钢材性能的影响,重点掌握钢材的力学性能和工艺性能,熟悉常用的钢结构用钢材和钢筋混凝土结构用钢材。了解建筑钢材锈蚀机理、防护方法,以及铝及铝合金的基本性能和工程应用。

钢材是最重要的建筑金属材料,其强度、刚度和冲击韧性大,被广泛应用于房屋建筑、市政工程和交通工程中。土木工程中使用的钢材,主要包括用于钢结构中的各种型钢(如角钢、工字钢、槽钢、H 型钢和 T 型钢等)、钢板和钢管,以及用于钢筋混凝土结构中的钢筋、钢丝、钢绞线和钢纤维等。

铝及铝合金的材质较轻,比强度高,是土木工程中用量仅次于钢材的建筑金属材料,主要用于制作铝合金门窗和装饰、装修工程等。

6.1 钢材的基本知识

▶ 6.1.1 钢的冶炼

钢和铁的主要化学成分都是铁和碳,两者的主要区别是含碳量[*]不同。钢是含碳量小于

---

[*] 本章以百分数表出的各种元素(含 C,Si,Mn,S,P,O,N,Al,V,Ti,Nb 等),以及它们的化合物的含量,均指其质量分数。

2%的铁碳合金,而含碳量大于2%的为生铁(又称铸铁)。

生铁的冶炼是将铁矿石、石灰石(助熔剂)、焦炭(燃料)和少量锰矿石按一定比例投入高炉,在高温条件下经还原反应和其他化学反应,将铁矿石中的氧化铁还原成金属铁,然后再吸收碳而形成生铁,原料中的杂质则和石灰石等化合成高炉矿渣。

钢由生铁冶炼而成。钢的冶炼是把熔融的生铁中的杂质进行氧化,使其中碳的含量降低到预定范围,同时其他硫、磷等杂质含量也降低到允许范围之内。

常用的炼钢方法有转炉法、平炉法、电炉法3种。转炉法炼钢由转炉顶部吹入高压纯氧(99.5%),将熔融的铁水中的多余的碳和杂质(磷、硫等)迅速氧化除去,目前是一种最主要的炼钢方法。平炉法炼钢是利用废钢铁、铁矿石中的氧或空气中的氧(或吹入的氧气),使杂质氧化而被除去。3种常用的炼钢方法的特点见表6.1。

表6.1 常用的炼钢方法的特点

炉 种	原 料	燃 料	特 点	生产钢种
转炉法	熔融的铁水		冶炼时间短(25~45 min),杂质含量少,质量好	优质碳素钢和合金钢
平炉法	生铁、废钢铁、适量铁矿石	煤气或重油	冶炼时间长(4~12 h),杂质含量少,质量好,但需用燃料,成本较高	优质碳素钢、合金钢及有特殊要求的钢种
电炉法	废钢和生铁	电	产量低、质量好,成本最高	优质碳素钢、特殊合金钢

钢材是将生铁经过冶炼,浇铸成钢锭或钢坯,再经轧制、锻压等加工工艺制成的各种成品材料。

▶ 6.1.2 钢的分类

钢的分类常根据不同的需要而采用不同的分类方法。

按冶炼时脱氧程度可分为:沸腾钢、镇静钢和特殊镇静钢。沸腾钢含氧量较高,浇铸后钢液在冷却和凝固的过程中氧化铁和碳发生化学反应,产生的CO气体逸出,气泡从钢液中冒出时呈"沸腾"状,故称沸腾钢。镇静钢在浇铸时钢液平静地冷却凝固,含有较少的有害氧化物杂质,但成本高,仅用于承受冲击荷载及预应力混凝土等重要结构工程。特殊镇静钢脱氧程度充分彻底,适用于特别重要的结构工程。

按化学成分可分为:碳素钢和合金钢。碳素钢主要化学成分是铁,其次是碳,故也称铁碳合金。其含碳量低于2.06%,此外还含有少量的硅、锰、磷、硫等元素。合金钢是在炼钢过程中,为改善钢材的性能而特意加入某些合金元素,如锰、硅、钒、钛等而制得的一种钢。

此外,还可按钢材质量和用途进行分类,具体分类情况如下:

按脱氧程度分类 {
沸腾钢:脱氧不充分,质量较差,但成本低,产量高,代号"F"
镇静钢:脱氧充分,组织致密,气泡少,力学性能优,代号"Z"
特殊镇静钢:脱氧充分彻底,质量最好,代号"TZ"
}

$$
\text{按化学成分分类}
\begin{cases}
\text{碳素钢}
\begin{cases}
\text{低碳钢：含碳量}<0.25\% \\
\text{中碳钢：含碳量}0.25\%\sim0.60\% \\
\text{高碳钢：含碳量}>0.60\%
\end{cases} \\
\text{合金钢}
\begin{cases}
\text{低合金钢：合金元素总量}<5\% \\
\text{中合金钢：合金元素总量}5\%\sim10\% \\
\text{高合金钢：合金元素总量}>10\%
\end{cases}
\end{cases}
$$

$$
\text{按质量分类}
\begin{cases}
\text{普通钢：含磷量}\le0.045\%，\text{含硫量}\le0.050\% \\
\text{优质钢：含磷量}\le0.035\%，\text{含硫量}\le0.035\% \\
\text{高级优质钢：含磷量}\le0.030\%，\text{含硫量}\le0.030\% \\
\text{特级优质钢：含磷量}\le0.025\%，\text{含硫量}\le0.020\%
\end{cases}
$$

$$
\text{按用途分类}
\begin{cases}
\text{结构钢}
\begin{cases}
\text{建筑用结构钢} \\
\text{机械用结构钢}
\end{cases} \\
\text{工具钢：用于制造刀具、量具及模具等} \\
\text{特殊钢：特殊性能，不锈钢、耐热钢、耐磨钢、磁性钢等}
\end{cases}
$$

土木工程中常用的钢材是普通碳素钢中的低碳钢和普通合金钢中的低合金钢。

▶ 6.1.3　钢的基本晶体组织及其对钢材性能的影响

钢是由无数微细晶粒所构成，碳与铁的结合方式不同，则可形成不同的晶体组织，使钢材性能产生显著差异。

1）钢的基本晶体组织

纯铁在不同温度下有不同的晶体结构：

$$
\text{液态铁}\xleftrightarrow{1\,535\,℃}\delta\text{-Fe}\xleftrightarrow{1\,394\,℃}\gamma\text{-Fe}\xleftrightarrow{912\,℃}\alpha\text{-Fe}
$$

体心立方晶体　　　面心立方晶体　　　体心立方晶体

钢中碳原子与铁原子的 3 种基本结合方式为：固溶体、化合物和机械混合物。表 6.2 列出了钢的 4 种基本晶体组织及其性能。

表 6.2　钢的基本晶体组织结构特征及性能

名　称	含碳量/%	结构特征	性　能
铁素体	≤0.02	碳溶于 α-Fe 中的固溶体	强度、硬度很低，塑性好，冲击韧性很好
奥氏体	0.8	碳溶于 γ-Fe 中的固溶体	强度、硬度不高，塑性大
渗碳体	6.67	化合物 Fe_3C	抗拉强度很低，硬脆，很耐磨，塑性几乎为零
珠光体	0.8	铁素体与 Fe_3C 的机械混合物	强度较高，塑性和韧性介于铁素体和渗碳体之间

2）晶体组织对钢材性能的影响

碳素钢的含碳量不大于 0.8% 时，其基本晶体组织为铁素体和珠光体；含碳量增大时，珠光体的含量增大，铁素体则相应减少，因而强度、硬度随之提高，但塑性和冲击韧性则相应下降。

▶ 6.1.4　钢的化学成分及其对钢材性能的影响

钢中除基本元素铁和碳外，常有硅、锰、硫、磷、氧、氮、氢等元素存在。这些元素来自炼钢原料、炉气及脱氧剂,在冶炼时无法除净。各种元素对钢的性能都有一定的影响,为保证钢的质量,在国家标准中对各类钢的化学成分都作了严格的规定。

(1)碳(C) 碳存在于所有的钢材中,是影响钢材性能的主要元素之一,是最主要的硬化因素。当含碳量小于0.8%时,随着含碳量的增加,钢的强度、硬度增加,塑性和韧性降低。此外,钢的冷脆性和时效敏感性增大,耐腐蚀性和可焊性变差。

(2)硅(Si) 硅是炼钢时为脱氧而加入的元素。钢中含硅量在1%以内时,它能增加钢的强度、疲劳极限、耐腐蚀性及抗氧化性,对塑性和韧性影响不大,但对可焊性和冷加工性能有不良影响。当钢中含硅量超过0.5%时,硅就成为合金元素,用以提高合金钢的强度。

(3)锰(Mn) 锰是炼钢时为脱氧除硫而加入的元素。它能提高钢的强度和硬度,还能减轻硫和氧所引起的热脆现象,使钢的热加工性能和可焊性得到改善。当含量超过1.0%时,锰就成为合金元素,用以提高合金钢的强度。

(4)硫(S) 硫是钢中极有害的元素,以FeS夹杂物的形式存在于钢中。由于FeS熔点低,使钢材在热加工时内部产生裂痕,引起断裂,形成"热脆"现象。硫的存在,还使钢的冲击韧性、疲劳强度、可焊性及耐腐蚀性降低,故硫的含量应严格控制。

(5)磷(P) 磷是钢中的有害元素,常温下能提高钢的强度和硬度,但塑性及韧性显著降低,低温下更甚,即引起所谓的"冷脆性"。另外,磷使钢材的可焊性显著降低。因此,对于承受冲击荷载的结构、焊接结构及低温下使用的结构,都必须严格限制磷的含量。

(6)氧(O) 氧是钢中的有害元素。含氧量增加,能使钢材强度、塑性特别是韧性降低,促进时效作用,同时使钢的热脆性增加,焊接性能变差。

(7)氮(N) 氮是炼钢过程中由空气带入,也是一种有害元素。氮能使钢的强度提高,使塑性特别是韧性显著降低,还会加剧钢的时效敏感性和冷脆性,使可焊性变差。

(8)铝(Al)、钒(V)、钛(Ti)、铌(Nb) 这些元素都是炼钢时的强脱氧剂,也是最常用的合金元素,将其适量加入钢内,能改善组织,细化晶粒,显著提高强度及改善韧性。

6.2 建筑钢材的主要技术性能

建筑钢材作为主要的工程结构材料,不仅需要一定的力学性能,同时还要求具有容易加工的工艺性能。其主要的力学性能有抗拉性能、抗冲击韧性、耐疲劳性能及硬度,而冷弯性能和可焊性则是其重要的工艺性能。

▶ 6.2.1 钢材的力学性能

1)抗拉性能

抗拉性能是钢材最主要的技术性能,通过拉伸试验可测得屈服强度、抗拉强度和伸长率等重要技术性能指标。图6.1为建筑用普通低碳钢标准试件在材料试验机上进行拉伸试验所得的应力-应变(σ-ε)图。从图中可确定钢材受力的4个阶段以及强度、塑性等几项性能指标。

(1)弹性阶段 即图中OA段。该阶段的特点是随着荷载的增加,应力-应变呈线性变化。在该阶段的任意一点卸荷,变形消失,试件能完全恢复原状,这种性质称为弹性。该阶段的应力最高点称弹性极限,用R_p(σ_p)表示。该阶段应力与应变的比值为常数,即弹性模量

$E(E = \sigma/\varepsilon)$，弹性模量反映钢材抵抗弹性变形的能力，是钢材在受力条件下计算结构变形的重要指标。碳素结构钢 Q235 的弹性模量 E 为 $(2.0 \sim 2.1) \times 10^5$ MPa。

（2）屈服阶段　即图中 AB 段。该阶段的特点是应力与应变不成比例变化，开始出现塑性变形。应力的增长滞后于应变的增长，当应力达 $B_{上}$ 点（屈服上限）后，瞬时下降到 $B_{下}$ 点（屈服下限），变形迅速增加，而此时外力则大致在恒定的位置上波动，直到 B 点，这就是所谓的"屈服现象"。与 $B_{下}$ 点（此点较稳定，易测得）对应的应力称为屈服点（屈服强度），用 R_{eL}（σ_s）表示，设计中 R_{eL} 是设计强度取值的依据。碳素结构钢 Q235 的 R_{eL} 应不小于 235 MPa。

（3）强化阶段　即图中 BC 段。该阶段表明经过屈服阶段后，钢材内部组织中的晶格发生了畸变，阻止了晶格进一步滑移，钢材得以强化，故钢材抵抗塑性变形的能力又重新提高，变形发展速度较快，随着应力的提高而增加。该阶段的应力最高点（C 点）称为极限抗拉强度，其值用 R_m（σ_b）表示。

R_{eL}/R_m 称为屈强比，反映钢材使用的安全储备程度。屈强比越小，说明钢材受力超过屈服点工作时的可靠性越大，因而结构的安全性越高。但屈强比太小，则钢材性能不能被充分利用。Q235 钢的屈强比在 0.58~0.63，低合金钢的屈强比在 0.65~0.75，合金钢的屈强比可达0.85。

（4）颈缩阶段　即图中 CD 段。试件受力达到最高点后，其抵抗变形的能力明显降低，变形迅速发展，应力逐渐下降，试件被拉长，在有杂质或缺陷处，断面急剧缩小，直到断裂，故 CD 段称为颈缩阶段。将拉断后的试件拼合，如图 6.2 所示，可测得标距范围内的长度 L_u，L_u 与试件原标距长度 L_0 之差为塑性变形（即伸长值），它与 L_0 之比称为伸长率 A，即：

$$A = \frac{L_u - L_0}{L_0} \times 100\% \tag{6.1}$$

式中　L_0——试件原标距长度（图 6.2）；

　　　L_u——试件拉断后标距的长度。

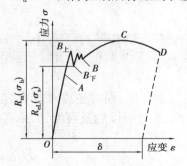

图 6.1　低碳钢的应力-应变图

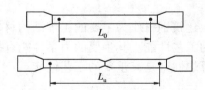

图 6.2　试件拉伸前和断裂后标距长度

标准试件一般取 $L_0 = 5d_0$（短试件）或 $L_0 = 10d_0$（长试件），所得伸长率分别用 A 和 $A_{11.3}$ 表示。伸长率 A 是衡量钢材塑性的一个重要指标，在土木工程中具有重要意义。塑性大的钢材，钢质软，结构塑性变形大，影响使用；塑性小的钢材，钢质硬脆，超载后易断裂破坏。塑性良好的钢材，偶尔超载，会产生一定的塑性变形，使工程结构或构件内部产生应力重分布，不致由于应力集中而发生脆断。

2）冲击韧性

冲击韧性是指钢材抵抗冲击荷载作用的能力。钢材的冲击试验如图 6.3 所示。冲击韧性用标准试件(中部加工成 V 形或 U 形缺口),在冲击试验机的一次摆锤冲击下,以破坏后缺口处单位面积所消耗的功 α_k 来表示:

$$\alpha_k = \frac{W}{A} \tag{6.2}$$

式中　α_k——钢材的冲击韧性,J/cm^2;

　　　W——摆锤所做的功,J;

　　　A——试件断口处的最小横截面面积,cm^2。

α_k 值越大,冲击韧性越好。影响钢材冲击韧性的因素很多,当钢材内硫、磷的含量高,存在化学偏析,含有非金属夹杂物及焊接形成的微裂缝时,钢材的冲击韧性都会显著降低。

同时,环境温度对钢材的冲击韧性影响也很大。试验证明,冲击韧性随温度的降低而下降,开始时下降缓慢,当达到一定温度范围时,突然下降很多而呈脆性,这种性质称为钢材的冷脆性。此时的温度称为脆性转变温度(图6.4),其数值越低,钢材的低温冲击韧性越好。因此,在负温下使用的结构(如北方寒冷地区),应选用脆性转变温度低于使用温度的钢材。由于脆性转变温度的测定较复杂,规范中通常是根据气温条件规定钢材在−20 ℃或−40 ℃的负温冲击韧性指标。

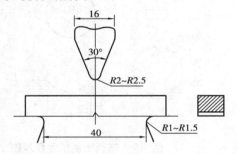

图 6.3　冲击韧性试验示意图

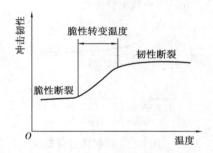

图 6.4　钢材冲击韧性与温度的关系

钢材随时间的延长,强度、硬度提高,塑性、韧性下降的现象称为时效。因时效作用,冲击韧性将随时间的延长而下降,完成时效的过程可达数十年,但钢材如经冷加工或使用中受振动和反复荷载的影响,时效可迅速发展。因时效导致钢材性能改变的程度称为时效敏感性。时效敏感性越大的钢材,经过时效后冲击韧性的降低越显著。为保证安全,对于承受动荷载的重要结构,应选用时效敏感性小的钢材。

总之,对于直接承受动荷载,而且可能在负温下工作的重要结构,必须按照有关规范要求进行钢材的冲击韧性检验。

3)耐疲劳性

钢材在交变荷载反复作用下,在应力远小于其抗拉强度时突然发生脆性断裂破坏的现象,称为疲劳破坏。钢材的疲劳破坏是在低应力状态下突然发生的,所以危害极大,往往造成灾难性的工程事故。

疲劳破坏的危险应力用疲劳极限或疲劳强度表示。它是指钢材在交变荷载作用下,在规定的周期基数内(一般为 2×10^6 循环次数)不发生断裂所能承受的最大应力,见图6.5。疲劳强度是衡量钢材耐疲劳性的指标。在设计承受交变荷载作用且须进行疲劳验算的结构时,应当了解所用钢材的疲劳强度。

钢材的疲劳破坏是由于在长期交变荷载作用下,在应力较高的点或材料有缺陷的点,逐渐形成微细裂纹,裂纹尖端产生严重的应力集中,致使裂纹逐渐扩大而发生突然断裂。从断口处可明显分辨出疲劳裂纹扩散区和残留部分的瞬时断裂区。

钢材耐疲劳强度的大小与内部组织、成分偏析及各种缺陷有关,同时钢材表面质量、截面变化和受腐蚀程度等都影响其耐疲劳性能。一般认为,钢材的疲劳破坏是由拉应力引起的,因此钢材的疲劳极限与其抗拉强度有关,一般抗拉强度越大,其疲劳极限也越高。

4)硬度

钢材硬度是指抵抗外物压入钢材表面产生塑性变形的能力,是衡量钢材软硬程度的一个指标。钢材的硬度和强度成一定的对应关系,故测定钢材的硬度后可间接求得其强度。测定硬度的方法很多,常用的硬度指标为布氏硬度值。

布氏硬度试验,是用一定直径(D)的硬质合金钢球,在规定荷载(P)作用下压入试件表面(见图 6.6)并保持规定的时间,然后卸去荷载,用压痕单位球面积上所承受的荷载大小作为所测金属材料的硬度值,称为布氏硬度,用符号 HB 表示,单位为 MPa,但一般不标出。

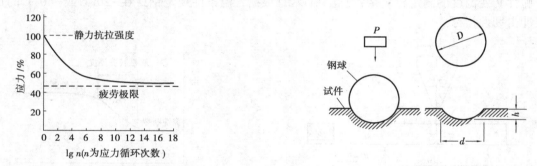

图 6.5　钢材的疲劳曲线　　　　　　　图 6.6　布氏硬度试验原理图

$$HB = \frac{P}{F} = \frac{2P}{\pi D(D - \sqrt{D^2 - d^2})} \tag{6.3}$$

式中　P——钢球上加的荷载,N;

　　　F——被测金属表面压痕球面积,mm^2;

　　　D——钢球直径,mm;

　　　d——压痕直径,mm。

对金属进行布氏硬度试验时,钢球直径 D 和荷载 P 是根据被试金属的种类、性质和厚度来选择,见表 6.3,试验后用专门的刻度放大镜测出压痕直径的大小,再按上式计算得出布氏硬度值,也可查布氏硬度值表。

表 6.3　钢材试验用钢球、荷载与保持时间的选择

布氏硬度值范围/MPa	试样厚度/mm	荷载 P 与钢球直径 D 的关系	钢球直径 D/mm	荷载 P/N	荷载保持时间/s
14.1~45.0	6~3	$P = 30D^2$	10.0	29 420	10
	4~2		5.0	7 355	
	<2		2.5	1 834	

续表

布氏硬度值范围/MPa	试样厚度/mm	荷载 P 与钢球直径 D 的关系	钢球直径 D/mm	荷载 P/N	荷载保持时间/s
<14	>6	$P = 10D^2$	10.0	9 807	10
	6~3		5.0	2 452	
	<2		2.5	6 129	

由于布氏硬度试验的压痕较大,试验结果比较准确,能较好地代表试样的硬度。但当被试材料硬度 HB>45 MPa 时,钢球本身会发生较大的变形,甚至破坏,因此这种试验方法仅适用于 HB<45 MPa 的材料。

一般来说,硬度越高,强度也越大。根据试验数据分析比较,可用 $R_m(\sigma_b) = 0.36HB$ 的关系式估算碳素钢的抗拉强度值。

▶ 6.2.2 钢材的工艺性能

1)冷弯性能

冷弯性能是指钢材在常温下承受弯曲变形的能力。工程中常需在常温下把钢筋、钢板弯成要求的形状,因此要求钢材有较好的冷弯性能。

冷弯性能指标通过试件被弯曲的角度($\alpha = 90°/180°$)及弯心直径 d 对试件厚度或直径 d_0 的比值来表示,见图 6.7。试件按规定弯曲角和弯心直径进行试验,检验试件弯曲处的外拱面和两侧面,如无裂纹、起层及断裂现象,则表示钢材冷弯试验合格。

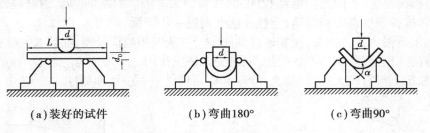

(a)装好的试件　　　　(b)弯曲180°　　　　(c)弯曲90°

图 6.7　试件冷弯示意图

一般来说,钢材的塑性越大,其冷弯性能越好。

冷弯是钢材处于不利变形条件下的塑性,与钢材在均匀变形下的塑性(伸长率 A)不同,在一定程度上冷弯更能反映钢的内部组织是否均匀、是否存在内应力及夹杂物等缺陷。在工程中,冷弯试验还被用作对钢材焊接质量进行严格检验的一种手段。

2)可焊性

可焊性是指钢材是否适应采用一般的方法和工艺就可完成合格焊缝(无裂纹等缺陷)的性能。

土木工程中,钢材间的连接绝大多数采用焊接方式来完成。因此要求钢材具有良好的可焊性。可焊性好的钢材,焊接处性质与母材基本相同,焊接牢固可靠。

钢材的可焊性主要受化学成分含量的影响。含碳量越高,其硬脆性增加,可焊性降低,含

碳量为 0.12%~0.20% 的碳素钢,可焊性最好。硫、磷及气体杂质会使可焊性降低,钢材中加入过多的合金元素如硅、锰、钒、钛等,将增大焊接处的硬脆性,降低可焊性。

6.3 钢材的冷加工和热处理

▶ 6.3.1 钢材的冷加工

在实际工程中,常将钢筋在常温下进行冷拉、冷拔、冷轧等,使之产生塑性变形,强度和硬度明显提高,塑性、韧性和弹性模量则有所降低,这个过程称为钢筋的冷加工。

图 6.8 中 OBCD 为未经冷拉和时效的钢筋试件应力-应变曲线,冷拉加工就是将钢筋拉至强化阶段的某一点 K,然后卸去荷载。在卸荷过程中,由于试件已产生塑性变形,故曲线沿 KO' 下降,KO' 大致与 BO 平行,OO' 为残余变形。

此时如立即重新拉伸,则钢筋的应力应变则沿 O'K 发展,原来的屈服阶段不再出现,屈服下限提高至 K 点附近,再继续张拉,则曲线沿 KCD 发展至 D 而破坏。可见,钢筋经冷拉以后,屈服点提高而抗拉强度基本不变,塑性和韧性相应降低。实际工程中,为防止加工过度改变钢筋的力学性能,现行《混凝土结构工程施工质量验收规范》(GB 50204—2015)规定,钢筋宜采用无延伸功能的机械设备进行调直;当采用冷拉方法调直时,光圆钢筋的冷拉率不宜大于 4%,带肋钢筋的冷拉率不宜大于 1%。

如在 K 点卸荷后,不立即拉伸,将试件进行自然时效或人工时效处理,然后再拉伸,则其屈服下限将提高至 K_1 点附近。继续拉伸,曲线将沿 $K_1C_1D_1$ 发展。可见,钢筋经冷拉时效以后,屈服点和抗拉强度都得到提高,塑性和韧性则进一步降低。

冷拔加工是强力拉拔钢筋,使其通过截面小于其截面积的拔丝模,如图 6.9 所示。冷拔作用比纯拉伸的作用强烈,钢筋不仅受拉,同时受到挤压作用。一般而言,经过一次或多次冷拔后,钢筋的屈服点可有较大提高(提高 40%~60%),但已失去塑性和韧性。

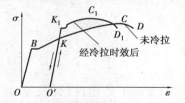

图 6.8 钢筋经冷拉时效后应力-应变图

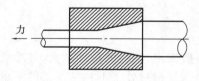

图 6.9 冷拔加工示意图

冷轧是将圆钢在轧钢机上轧成断面按一定规律变化的钢筋,可提高其强度和与混凝土间的握裹力。钢筋在冷轧时,纵向和横向同时产生变形,因而能较好地保持塑性和内部结构的均匀性。

产生冷加工强化的原因是:钢材在冷加工变形时,由于晶粒间已产生滑移,晶粒形状改变,有的被拉长,有的被压扁,甚至变成纤维状。同时,在滑移区域,晶粒破碎,晶格歪扭,从而对继续滑移造成阻力。要使它重新产生滑移就必须增加外力,这就意味着屈服强度的提高。但由于减少了可利用的滑移面,故塑性和韧性降低。另外,在塑性变形过程中产生内应力,故钢材的弹性模量 E 降低。

▶ 6.3.2 钢材的时效处理

钢材经冷加工后,随着时间的延长,钢材的屈服强度和抗拉强度逐渐提高,而塑性和韧性逐渐降低的现象,称为应变时效,简称时效。

将经过冷拉的钢筋于常温下存放 15~20 d,或加热到 100~200 ℃并保持一段时间,这个过程称为时效处理。前者称为自然时效,后者称为人工时效。

冷拉以后再经时效处理的钢筋,其屈服点进一步提高,极限抗拉强度稍有增长,塑性继续降低。由于时效过程中内应力的消减,弹性模量可基本恢复。

▶ 6.3.3 钢材的热处理

热处理是将钢材在固态范围内进行加热、保温和冷却,以改变其组织,从而获得所需性能的一种工艺过程。热处理的方法有退火、正火、淬火和回火。土木工程所用钢材一般只在生产厂进行热处理并以热处理状态供应。在施工现场,有时也需对焊接件进行热处理。

1)退火和正火

退火是将钢材加热到一定温度,保温后缓慢冷却(随炉冷却)的一种热处理工艺,按加热温度可分为低温退火和完全退火两种。低温退火的加热温度在基本组织转变温度以下,完全退火的加热温度为 800~850 ℃。通过退火减少加工中产生的缺陷、减轻晶格畸变、消除内应力,从而达到改变组织并改善性能的目的。如含碳量较高的高强度钢筋焊接中容易形成很脆的组织,必须紧接进行完全退火以消除这一不利的转变,保证焊接质量。

正火是退火的一种特例,二者仅冷却速度不同,正火是在空气中冷却。与退火相比,正火后钢的硬度、强度提高,而塑性下降。正火的主要目的是细化晶粒,消除组织缺陷等。

2)淬火和回火

通常是两道相连的处理工艺。淬火的加热温度在基本组织转变温度以上,保温使组织完全转变,马上投入选定的冷却介质(如水或矿物油等)中急冷,使之转变为不稳定组织的一种热处理操作。淬火的目的是得到高强度、高硬度的组织,但钢材的塑性和韧性显著降低。

淬火结束后,随后进行回火,加热温度在转变温度以下(150~650 ℃内选定),保温后按一定速度冷却至室温。其目的是促进不稳定组织转变为需要的组织,消除淬火产生的内应力,降低脆性,改善机械性能等。我国目前生产的热处理钢筋,即采用中碳低合金钢经油浴淬火和铅浴高温(500~650 ℃)回火制得的。

6.4 常用建筑钢材

▶ 6.4.1 建筑钢材的主要类别

土木工程用钢材主要由碳素结构钢、低合金高强度结构钢和优质碳素结构钢 3 类加工而成。

1)碳素结构钢

碳素结构钢是碳素钢中的一类,可加工成各种型钢、钢筋和钢丝,适用于

一般工程结构。构件可进行焊接、铆接和栓接。

（1）牌号　碳素结构钢的牌号由 4 部分组成,依次为:代表屈服强度的字母 Q、屈服强度数值、质量等级符号(A,B,C,D)、脱氧程度符号(F,Z,TZ)。例如:Q235AF 表示屈服强度为 235 MPa 的 A 级沸腾碳素结构钢。

碳素结构钢的质量随 A,B,C,D 的等级顺序逐级提高。在牌号表示方法中,"Z"与"TZ"符号予以省略。

（2）技术要求　根据国家标准《碳素结构钢》(GB/T 700—2006)规定,化学成分(熔炼分析)应符合表 6.4 的规定(表中仅列出了 Q235 的数据),力学性能中拉伸和冲击试验应符合表 6.5 的规定,弯曲试验应符合表 6.6 的规定。

表 6.4　碳素结构钢牌号与化学成分(GB/T 700—2006)

牌　号	质量等级	化学成分含量,% ≤					脱氧方式
		C	Si	Mn	P	S	
Q235	A	0.22			0.045	0.050	F,Z
	B	0.20	0.35	1.40	0.045	0.045	F,Z
	C	0.17			0.040	0.040	Z
	D	0.17			0.035	0.035	TZ

表 6.5　碳素结构钢的技术性能(GB/T 700—2006)

牌号	质量等级	$R_{eL}(\sigma_s)$, N/mm² ≥						$R_m(\sigma_b)$, N/mm²	$A(\delta_5)$,% ≥					冲击试验(V 形缺口)	
		厚度或直径,mm							厚度或直径,mm					温度,℃	冲击吸收功,J
		≤16	>16~40	>40~60	>60~100	>100~150	>150~200		≤40	>40~60	>60~100	>100~150	>150~200		
Q195	—	195	185	—	—	—	—	315~430	33	—	—	—	—	—	—
Q215	A	215	205	195	185	175	165	335~450	31	30	29	27	26	—	—
	B													+20	27
Q235	A	235	225	215	215	195	185	370~500	26	25	24	22	21	—	—
	B													+20	27
	C													0	
	D													-20	
Q275	A	275	265	255	245	225	215	410~540	22	21	20	18	17	—	—
	B													+20	27
	C													0	
	D													-20	

注:①Q195 的屈服强度值仅供参考,不作交货条件;

②厚度大于 100 mm 的钢材,抗拉强度下限允许降低 20 N/mm²。宽带钢(包括剪切钢板)抗拉强度上限不作交货条件;

③厚度小于 25 mm 的 Q235B 级钢材,如供方能保证冲击吸收功值合格,经需方同意,可不做检验。

表 6.6　碳素结构钢的冷弯试验和试样方向（GB/T 700—2006）

牌　号	试样方向	冷弯试验（180°，$B = 2d_0$）	
		钢材厚度或直径/mm	
		≤60	>60～100
		弯心直径 d	
Q195	纵	0	—
	横	$0.5d_0$	
Q215	纵	$0.5d_0$	$1.5d_0$
	横	d_0	$2d_0$
Q235	纵	d_0	$2d_0$
	横	$1.5d_0$	$2.5d_0$
Q275	纵	$1.5d_0$	$2.5d_0$
	横	$2d_0$	$3d_0$

注：①B 为试样宽度，d_0 为钢材厚度或直径；

　　②钢材厚度大于 100 mm 时，弯曲试验由双方协商确定。

同一种钢，平炉钢和氧气转炉钢质量优于空气转炉钢；特殊镇静钢优于镇静钢，镇静钢优于沸腾钢；随牌号增加，强度和硬度增加，塑性、韧性和可加工性能逐步降低；同一牌号内质量等级越高，钢的质量越好，如 Q235 C，D 级优于 A，B 级，可用于重要结构。

钢结构用碳素结构钢的选用原则：以冶炼方法和脱氧程度来区分钢材品质，选用时根据结构的工作条件、承受荷载的类型（动荷载、静荷载），受荷方式（直接受荷、间接受荷）、结构的连接方式（焊接、非焊接）和使用温度等因素综合考虑，对各种不同情况下使用的钢结构用钢都有一定的要求。

碳素结构钢力学性能稳定，塑性好，在各种加工过程中敏感性较小（如轧制、加热或迅速冷却），构件在焊接、超载、受冲击和温度应力等不利的情况下能保证安全。而且，碳素结构钢冶炼方便，成本较低，目前在土木工程的应用中还占相当大的比例。

2）低合金高强度结构钢

低合金高强度结构钢是脱氧完全的镇静钢，是在碳素结构钢的基础上加入总量小于 5% 的合金元素而形成的钢种。常用的合金元素有硅、锰、钛、钒、铬、镍和铜等，这些合金元素不仅可以提高钢的强度和硬度，还能改善塑性和韧性。

根据国家标准《低合金高强度结构钢》（GB/T 1591—2018）规定，低合金高强度结构钢有 Q345，Q390，Q420，Q460，Q500，Q550，Q620，Q690 共 8 个牌号。

（1）牌号　由代表屈服强度的字母 Q、规定的最小上屈服强度数值、交货状态代号［热轧（AR），正火（N），正火轧制（+N），热机械轧制（M）］、质量等级符号（B，C，D，E，F）4 个部分按顺序组成。如 Q355ND 表示规定的最小上屈服强度数值为 355 MPa 的正火轧制的质量等级为 D 级的钢材。

（2）技术性能　低合金高强度结构钢的化学成分（熔炼分析）应符合表 6.7 的规定（表中仅列出 Q355 的数据），其他牌号可查阅该钢材的国家标准，力学性能要求应满足表 6.8 的规定。

表 6.7　低合金高强度结构钢（热轧）牌号与化学成分（GB/T 1591—2018）

牌号		化学成分（质量分数）/%															
钢级	质量等级	C^a 以下公称厚度或直径/mm		Si	Mn	P^c	S^c	Nb^d	V^e	Ti^e	Cr	Ni	Cu	Mo	N^f	B
		≤40^b	>40													
		不大于		不大于												
Q355	B	0.24	0.24	0.55	1.60	0.035	0.035	—	—	—	0.30	0.30	0.40	—	0.012	—
	C	0.20	0.22			0.030	0.030								—	—
	D	0.20	0.22			0.025	0.025									

表6.8　低合金高强度结构钢的力学性能(GB/T 1591—2018)

牌号	质量等级	R_{eL},MPa≥ 公称厚度(直径、边长),mm ≤16	>16~40	>40~63	>63~80	R_m,MPa≥ 公称厚度(直径、边长),mm ≤40	>40~63	>63~80	>80~100	A,%≥ 公称厚度(直径、边长),mm ≤40	>40~63	>63~100	冲击吸收能量(纵向),J≥ 试验温度,℃	公称厚度(直径、边长),mm 12~150	>150~250	>250~400	180°冷弯试验 弯心直径d/试样厚度(直径)a 钢材厚度(直径、边长),mm ≤16	>16~100
Q345	A									20	19	19	—					
	B									20	19	19	20	34	27			
	C	345	335	325	315	470~630				20	19	19	0	34	27			
	D									21	20	20	−20	34	27	27		
	E									21	20	20	−40			27		
Q390	A												—					
	B												20	34				
	C	390	370	350	330	490~650				20	19	19	0	34			$d=2a$	$d=3a$
	D												−20	34				
	E												−40					
Q420	A												—					
	B												20	34				
	C	420	400	380	360	520~680				19	18	18	0	34	—			
	D												−20	34				
	E												−40					
Q460	C												0	34	—			
	D	460	440	420	400	550~720				17	16	16	−20	34				
	E												−40					
Q500	C					610~770	600~760	590~750	540~730				0	55				
	D	500	480	470	450					17	17	17	−20	47				
	E												−40	31				
Q550	C					670~830	620~810	600~790	590~780				0	55				
	D	550	530	520	500					16	16	16	−20	47			—	—
	E												−40	31				
Q620	C					710~880	690~880	670~860	590~				0	55				
	D	620	600	590	570					15	15	15	−20	47				
	E												−40	31				
Q690	C					770~940	750~920	730~900					0	55				
	D	690	670	660	640					14	14	14	−20	47				
	E												−40	31				

注:表中仅列出了部分公称厚度钢材的技术指标。

低合金高强度结构钢除强度高外,还有良好的塑性和韧性,硬度高,耐磨性好,耐腐蚀性能强,耐低温性能好。一般情况下,其含碳量(质量分数)≤0.2%,因此仍具有较好的可焊性。冶炼碳素钢的设备可用来冶炼低合金高强度结构钢,故冶炼方便,成本低。

采用低合金高强度结构钢,在相同使用条件下,可比碳素结构钢节约用钢(20%~25%),对减轻结构自重有利,又可增加使用寿命,经久耐用。

3)优质碳素结构钢

优质碳素结构钢对有害杂质含量($w(S)<0.035\%$,$w(P)<0.035\%$)严格控制,质量稳定,性能优于碳素结构钢。按钢棒表面种类分为:压力加工表面(SPP)、酸洗(SA)、喷丸(SS)、剥皮(SF)、磨光(SP)五类。按含锰量的不同分为普通含锰量(0.35%~0.80%)和较高含锰量(0.70%~1.20%)两大类。

根据国家标准《优质碳素结构钢》(GB/T 699—2015)规定,共有28个牌号,由平炉、氧气碱性转炉和电弧炉冶炼,均为镇静钢。

优质碳素结构钢的牌号以平均含碳量的万分数来表示。含锰量较高的,在表示牌号的数字后面加注"Mn";若是高级优质钢,在数字后加注"A",特级优质钢则在数字后加注"E"。如:45号钢表示平均含碳量为0.45%的镇静钢;45Mn表示含锰量较高的45号钢。

优质碳素结构钢的性能主要取决于含碳量,含碳量高则强度高,但塑性和韧性降低。

优质碳素结构钢成本高,主要用于重要结构的钢铸件及高强螺栓等,常用30~45号钢。在预应力钢筋混凝土中用45号钢作锚具,生产预应力钢筋混凝土用的碳素钢丝、刻痕钢丝和钢绞线用65~80号钢。优质碳素结构钢一般经热处理后再使用,也称为"热处理钢"。

▶ 6.4.2 钢结构用钢材

钢结构用钢材主要有热轧型钢、冷弯薄壁型钢、钢管和钢板等。

1)热轧型钢

常用的热轧型钢有角钢、工字钢、槽钢、H型钢和部分T型钢(图6.10)。

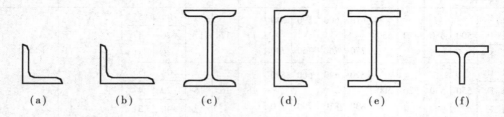

(a) (b) (c) (d) (e) (f)

图6.10　热轧型钢
(a)等边角钢;(b)不等边角钢;(c)工字钢;
(d)槽钢;(e)H型钢;(f)部分T型钢

(1)角钢　角钢分为等边角钢和不等边角钢两种。等边角钢(也称等肢角钢)的规格用符号"L"和肢宽×肢厚的毫米数表示,如L 100×10为肢宽100 mm、肢厚10 mm的等边角钢。不等边角钢(也叫不等肢角钢)的型号用符号"L"和长肢宽×短肢宽×肢厚的毫米数表示。如L 100×80×8表示长肢宽100 mm、短肢宽80 mm、肢厚8 mm的不等边角钢。目前国内生产的最大等边角钢的肢宽为 200 mm,最大不等边角钢的两个肢宽为 200 mm×125 mm。角钢的长度一般为 3~19 m(规格小者短,大者长)。

(2)工字钢　工字钢有普通工字钢(I)和轻型工字钢(QI)之分,规格代表截面高度的厘米数。20 和 32 号以上的普通工字钢,同一号数中又分 a,b 和 a,b,c 类型,其腹板厚度和翼缘宽度均分别递增 2 mm,如 I36a 表示截面高度为 360 mm、腹板厚度为 a 类的普通工字钢。工字钢宜尽量选用腹板厚度最薄的 a 类,因其质量轻,而截面惯性矩相对却较大。轻型工字钢的翼缘相对于普通工字钢的宽而薄,故回转半径相对较大,可节省钢材。我国生产的最大普通工字钢为 63 号,轻型工字钢为 70 号,长度为 5~19 m。工字钢由于宽度方向惯性矩和回转半径比高度方向的小得多,因而在应用上有一定的局限性,一般宜用于单向受弯构件。

(3)槽钢　槽钢也分普通槽钢([)和轻型槽钢(Q[)两种,规格也代表截面高度的厘米数。14 和 25 号以上的普通槽钢同一号数中又分 a,b 和 a,b,c 类型,其腹板厚度和翼缘宽度均分别递增 2 mm。如 [36a 表示截面高度为 360 mm,腹板厚度为 a 类的普通槽钢。我国生产的最大槽钢为 40 号,长度为 5~19 m。轻型槽钢的翼缘相对于普通槽钢的宽而薄,故较经济。

(4)H 型钢　H 型钢分为宽翼缘 H 型钢(HW)、中翼缘 H 型钢(HM)和窄翼缘 H 型钢(HN)3 类。规格以公称高度的毫米数表示,其后标注 a,b,c,表示该公称高度下的相应规格。也可采用"高度×宽度×腹板厚度×翼缘厚度"的毫米数表示。如 HW320a 表示公称高度为 320 mm,a 类规格的宽翼缘 H 型钢,HW305×203×7.8×13.0 表示高度为 305 mm,宽度为 203 mm,腹板厚度为 7.8 mm,翼缘厚度为 13.0 mm 的 H 型钢。

H 型钢翼缘较宽阔且等厚,宽度方向的惯性矩和回转半径都大为增加。由于截面形状合理,使钢材能更高地发挥效能,且其内、外表面平行,便于和其他构件连接。常用于要求承载能力大、截面稳定性好的大型建筑(如厂房、高层建筑),以及桥梁、设备基础、支架、基础桩等。

(5)部分 T 型钢　部分 T 型钢由对应的 H 型钢沿腹板中部对等割分而成。表示方法与 H 型钢类同,也分为三类:宽翼缘部分 T 型钢(TW)、中翼缘部分 T 型钢(TM)和窄翼缘部分 T 型钢(TN)。

2)冷弯薄壁型钢

土木工程中使用的冷弯薄壁型钢常用厚度为 1.5~6 mm 的薄钢板或钢带(一般采用碳素结构钢或低合金结构钢)经冷轧(弯)或模压而成。部分截面形式如图 6.11 所示。

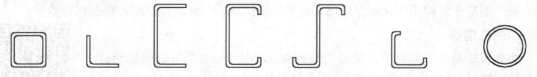

(a)方钢管　(b)等肢角钢　(c)槽钢　(d)卷边槽钢　(e)卷边Z形钢　(f)卷边等肢角钢　(g)焊接薄壁钢管

图 6.11　冷弯薄壁型钢

建筑用压型钢板(GB/T 12755—2008)是冷弯薄壁型钢的另一种形式,它是用厚度为 0.4~2 mm 的薄钢板、镀锌钢板、彩色涂层钢板经辊压冷弯成的波形板材(图 6.12)。按用途分为屋面用板(W)、墙面用板(Q)和楼盖用板(L)3 类。

图6.12　压型钢板

压型钢板具有成型灵活、施工速度快、外观美观、质量小、易于工业化生产等特点,广泛用于屋面、墙面及楼盖等部位。

3)钢板和钢管

钢板是宽厚比很大的矩形板。按轧制工艺不同分热轧钢板和冷轧钢板两大类。按其公称厚度划分,有薄板(0.1~4 mm)、中板(4~20 mm)、厚板(20~60 mm)和特厚板(≥60 mm)。常用的钢板有热轧钢板、热轧花纹钢板、冷轧钢板、钢带等,以及镀层薄钢板,如镀锡钢板(俗称马口铁)、镀锌薄板(俗称白铁皮)、镀铝钢板、镀铅锡合金钢板等。

(1)热轧钢板　施工图纸中热轧钢板用"厚×宽×长"前面附加钢板横断面的方法表示,如 −12×800×2 100 等。其尺寸、外形、允许偏差和材质要求可参见国家标准《热轧钢板和钢带的尺寸、外形、重量及允许偏差》(GB/T 709—2019)。

(2)冷轧钢板　冷轧钢板以热轧钢板和钢带为原料,在常温下轧制而成。与热轧钢板比较,冷轧钢板厚度更加精确,而且表面光滑、美观,同时还具有各种优越的机械性能,特别是加工性能。其尺寸、外形、允许偏差和材质要求可参见国家标准《冷轧钢板和钢带的尺寸、外形、重量及允许偏差》(GB/T 708—2019)。

(3)热轧花纹钢板　热轧花纹钢板是由普通碳素结构钢经热轧、矫直和切边而成,表面带有菱形或突棱的钢板。花纹主要起防滑、节约金属量及美化外观等作用。规格以基本厚度(突棱的厚度不计)表示,有 2.5~8 mm 等十余种规格。花纹钢板主要用于建筑平台、过道及楼梯等的地面铺设。

(4)钢带　钢带是厚度较薄、宽度较窄、以卷材供应的钢板。钢带主要用作弯曲型钢、焊接钢管、制作五金件的原料,直接用于各种结构及容器等。

(5)钢管　钢管分为无缝钢管和焊接钢管两类。无缝钢管是经热轧、挤压、热扩或冷拔、冷轧而制成的周边无缝的管材。无缝钢管规格以外径×壁厚表示。焊接钢管由钢板(钢带)卷焊而成,在工程中用量最大,分为单、双直缝焊钢管和螺旋焊钢管3类。

▶ 6.4.3　钢筋混凝土结构用钢

钢筋混凝土结构用钢材主要有热轧钢筋、冷轧带肋钢筋、其他预应力筋和钢纤维等。

1)热轧钢筋

热轧钢筋是土木工程中用量最大的钢材品种之一,主要用于钢筋混凝土结构的配筋,包括热轧光圆钢筋和热轧带肋钢筋。

热轧光圆钢筋由碳素结构钢轧制而成,横截面为圆形,表面光滑,其牌号为 HPB300(HPB 是 Hot rolled Plain Bars 的英文缩写,300 是钢筋屈服强度特征值)。热轧光圆钢筋强度低,但具有塑性好,伸长率大,便于弯折成型,易焊接等特点。可用作中小型钢筋混凝土结构的主要受力钢筋、构件箍筋及钢、木结构的拉杆等,也可作为冷轧带肋钢筋的原材料,盘条可作为冷拔低碳钢丝的原材料。

热轧带肋钢筋是用低合金钢轧制而成,分为普通热轧钢筋和细晶粒热轧钢筋。其牌号分别由 HRB(Hot rolled Ribbed Bars)、HRBF(Hot rolled Bars of Fine Grains)和屈服强度特征值构成,按屈服强度特征值分为 400、500、600 级。热轧带肋钢筋表面带有纵肋和横肋(图 6.13),从而加强了钢筋与混凝土之间的握裹力。HRB400、HRBF400 强度较高,塑性和可焊性均较好,广泛用于大、中型钢筋混凝土结构的主筋,经冷拉后也可作为预应力筋。HRB500、HRB600 和 HRBF500 用中碳低合金镇静钢轧制,以硅、锰为主要合金元素,并加入钒或钛作为固熔弥散强化元素,使其在提高强度的同时,保证塑性和韧性,工程中主要用作预应力钢筋。HRB600 级钢筋具有强度等级高、安全储备量大、节省钢材用量等特点,适用于高层、大跨度建筑工程。

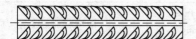

(a)月牙肋　　　　　　　　　　　　　(b)等高肋

图 6.13　热轧带肋钢筋

国家标准《钢筋混凝土用钢　热轧光圆钢筋》(GB 1499.1—2024)和《钢筋混凝土用钢　热轧带肋钢筋》(GB 1499.2—2024)规定,各等级热轧钢筋的机械性能应符合表 6.9 的规定。

表 6.9　热轧钢筋的力学性能和工艺性能(GB 1499.1—2024,GB 1499.2—2024)

牌号	下屈服强度 R_{eL}/MPa	抗拉强度 R_m/MPa	断后伸长率 A/%	最大力总延伸率 A_{gt}/%	R_m^0/R_{eL}^0	R_{eL}^0/R_{eL}
	不小于					不大于
HPB300	300	420	25	10.0	—	—
HRB400 HRBF400	400	540	16	7.5	—	—
HRB400E HRBF400E			—	9.0	1.25	1.30
HRB500 HRBF500	500	630	15	7.5	—	—
HRB500E HRBF500E			—	9.0	1.25	1.30
HRB600	600	730	14	7.5		

注:R_m^0 为钢筋实测抗拉强度;R_{eL}^0 为钢筋实测下屈服强度。

对有较高要求的抗震结构适用的热轧带肋钢筋,在表 6.9 中已有牌号后加 E(如 HRB400E,HRBF400E 等),其强度和最大力总伸长率实测值还应满足:抗拉强度实测值与屈服强度实测值之比(R_m^0/R_{eL}^0,强屈比)不小于 1.25;屈服强度实测值与屈服强度标准值之比

（R_{eL}^0/R_{eL}，超强比）不大于 1.30；最大力总伸长率（A_{gt}，均匀伸长率）不小于 9%。

2）冷轧带肋钢筋

热轧圆盘条经冷轧后，在其表面带有沿长度方向均匀分布的二面或三面横肋的钢筋。冷轧带肋钢筋（Cold Rolled Ribbed Bar）的牌号由 CRB 和钢筋的抗拉强度特征值构成，分为 CRB550，CRB650，CRB800，CRB600H，CRB800H 共五个牌号。其中，CRB550，CRB600H 为普通混凝土用钢筋，其他牌号为预应力混凝土用钢筋。根据国家标准《冷轧带肋钢筋》（GB 13788—2024）的规定，其机械性能要求见表 6.10。

表 6.10　冷轧带肋钢筋的力学性能和工艺性能指标（GB 13788—2024）

分类	牌号	规定塑性延伸强度 $R_{p0.2}$/MPa 不小于	抗拉强度 R_m /MPa 不小于	$\dfrac{R_m}{R_{p0.2}}$ 不小于	断后伸长率/% 不小于		最大力总延伸率/% 不小于	弯曲试验[a] 180°	反复弯曲次数	应力松弛初始应力应相当于公称抗拉强度的 70%
					A	$A_{100\,mm}$	A_{gt}			1 000 h,% 不大于
普通钢筋混凝土用	CRB550	500	550	1.05	12.0	—	2.5	$D=3d$		—
	CRB600H	540	600	1.05	14.0		5.0	$D=3d$		—
预应力混凝土用	CRB650	585	650	1.05	—		4.0		3	8
	CRB800	720	800	1.05	—		4.0		3	8
	CRB800H	720	800	1.05	—		7.0		4	5

注：①D 为弯心直径，d 为钢筋公称直径。

②上标 b 表示当该牌号钢筋作为普通钢筋混凝土用钢筋使用时，对反复弯曲和应力松弛不作要求；当该牌号钢筋作为预应力混凝土用钢筋使用时，应进行反复弯曲试验以代替 180° 弯曲试验，并检测其松弛率。

冷轧带肋钢筋的公称直径一般为 4~12 mm。适用于中、小型预应力钢筋混凝土构件和普通钢筋混凝土构件，也可用于焊接网片。

3）其他预应力筋

预应力筋除了上述冷轧带肋钢筋中的 3 个牌号 CRB650，CRB800 和 CRB970 外，常用的预应力筋还有钢丝、钢绞线和螺纹钢筋等。

（1）预应力混凝土用钢丝　用优质碳素结构钢冷拉或再经回火等工艺处理制成的高强度钢丝，抗拉强度高达 1 470~1 770 MPa。按加工状态分有冷拉钢丝（WCD）和低松弛级钢丝（WLR）两类。按外形可分为光圆钢丝（P）、螺旋肋钢丝（H）、刻痕钢丝（I）3 种。经低温回火消除应力后，钢丝的塑性比冷拉钢丝要高。刻痕钢丝是经压痕轧制而成，刻痕后与混凝土握裹力大，可减少混凝土裂缝。钢丝的力学性能要求应符合国家标准《预应力混凝土用钢丝》（GB/T 5223—2014）的规定。

（2）预应力混凝土用钢绞线　它是用 2 根、3 根或 7 根直径 2.5~5.0 mm 的高强碳素钢丝经绞捻后消除内应力而制成。钢绞线的机械性能要求应符合国家标准《预应力混凝土用钢绞线》（GB/T 5224—2014）的规定。

预应力混凝土用钢丝和钢绞线具有强度高、柔性好、无接头等优点,且质量稳定,安全可靠,施工时不需冷拉和焊接,主要用作大跨度梁、大型屋架、吊车梁、电杆等预应力钢筋。

(3)预应力混凝土用螺纹钢筋 它是一种热轧成带有不连续的外螺纹的直条钢筋,该钢筋在任意截面处,均可用带有匹配形状的内螺纹的连接器或锚具进行连接和锚固。其公称直径有 15,25,32,40,50,75 mm 等规格,强度等级有 PSB785、PSB830、PSB930、PSB1080、PSB1200 共 5 级。其各项力学性能应符合国家标准《预应力混凝土用螺纹钢筋》(GB/T 20065—2016)的规定。

4)混凝土用钢纤维

以碳素结构钢、低合金结构钢和不锈钢为原料,采用钢丝切断、钢片切削、熔融抽丝和钢锭铣削等方式可制备出乱向短纤维。表面粗糙或表面刻痕、形状为波形或扭曲形、端部带钩或端部有大头的钢纤维与混凝土的粘结较好,有利于混凝土增强。钢纤维直径应控制在0.3~1.2 mm,长径比控制在30~100。增大钢纤维的长径比,可提高混凝土的增强效果,但过于细长的钢纤维容易在搅拌时结团而失去增强作用。钢纤维按抗拉强度分为 1 000,600 和 380 共 3 个等级,如表 6.11 所示。

在混凝土中掺入钢纤维,能大幅提高混凝土的抗冲击强度和韧性,显著改善其抗裂、抗剪、抗弯、抗拉、抗疲劳等性能。

表 6.11 钢纤维的强度等级

强度等级	1 000 级	600 级	380 级
抗拉强度 $f/(N \cdot mm^{-2})$	$\geq 1\ 000$	$600 \leq f < 1\ 000$	$380 \leq f < 600$

6.5 建筑钢材的腐蚀与防护

钢材在使用中,表面与周围介质接触,其中的铁与介质产生化学反应,逐步被破坏,导致钢材腐蚀,亦称为锈蚀。影响钢材锈蚀的主要因素有环境中的湿度、氧,介质中的酸、碱、盐,钢材的化学成分及表面状况等。一些卤素离子,特别是 Cl^- 能破坏保护膜,促进锈蚀反应,使锈蚀迅速发展。

腐蚀不仅使钢材有效截面积减小,还会产生局部锈坑,引起应力集中,会显著降低钢材的强度、塑性、韧性等力学性能。尤其在冲击荷载、循环交变荷载作用下,将产生锈蚀疲劳现象,使钢材的疲劳强度大为降低,甚至出现脆性断裂。钢材腐蚀时,伴随体积增大(可达原体积的6 倍),在钢筋混凝土中会使周围的混凝土胀裂,影响钢筋混凝土结构的使用寿命。

钢材受腐蚀的原因很多,根据其与环境介质的作用可分为化学腐蚀和电化学腐蚀两类。

▶ 6.5.1 钢材腐蚀的两种作用

1)化学腐蚀

化学腐蚀是指钢材与周围介质(如 O_2,CO_2,SO_2 和水等)直接发生化学反应,生成疏松的

氧化物而引起的腐蚀。在常温下,钢材表面形成一薄层钝化能力很弱的氧化保护膜(FeO)。但这层保护膜结构疏松,易破裂,有害介质可进一步与其发生反应,造成腐蚀。在干燥环境下腐蚀发展缓慢,但温度和湿度较高时,锈蚀则发展迅速。

2)电化学腐蚀

钢材本身组成上的原因和杂质的存在,在表面介质的作用下,各成分电极电位不同,形成许多微小的局部原电池而产生电化学腐蚀。水是弱电解质溶液,而溶有 CO_2 的水则成为有效的电解质溶液,从而加速电化学腐蚀过程。铁元素失去了电子成为 Fe^{2+} 进入介质溶液,与溶液中的 OH^- 离子结合生成 $Fe(OH)_2$。

钢材在大气中的腐蚀,实际上是化学腐蚀和电化学腐蚀共同作用所致,但以电化学腐蚀为主。

▶ 6.5.2 钢材的防腐措施

钢材的腐蚀既有材质的原因,也有使用环境和接触介质等的原因。要防止或减少钢材腐蚀可从改变钢材本身的易腐蚀性、改变钢材表面的电化学过程或隔离环境中的侵蚀性介质三方面入手。

1)采用耐候钢

耐候钢即耐大气腐蚀钢,是在碳素钢和低合金钢中添加少量的铜、镍、铬等合金元素而制成。这种钢在大气作用下能在金属基体表面形成一种致密的防腐保护层,起到耐腐蚀作用,同时保持钢材具有良好的可焊性。

耐候钢的强度级别与常用碳素钢和低合金钢一致,技术指标也相近,但耐腐蚀能力却高出数倍,是介于普通钢和不锈钢之间的价廉物美的低合金钢系列。耐候钢的牌号、化学成分、力学性能和工艺性能可参见国家标准《耐候结构钢》(GB/T 4171—2008)。

2)金属覆盖

用耐腐蚀性好的金属,以电镀或喷镀的方法覆盖在钢材表面,提高钢材的耐腐蚀能力。常用的方法有:镀锌(如白铁皮)、镀锡(如马口铁)、镀铜和镀铬等。根据防腐的作用原理可分为阴极覆盖和阳极覆盖。阴极覆盖采用电位比钢材高的金属覆盖,如镀锡,所覆金属膜仅为机械的保护钢材,当保护膜破裂后,反而会加速钢材在电解质中的腐蚀。阳极覆盖采用电位比钢材低的金属覆盖,如镀锌,所覆金属膜因电化学作用而保护钢材。

3)非金属覆盖

在钢材表面用非金属材料作为保护膜,使其与环境介质隔离而避免或减缓腐蚀,如喷涂涂料、搪瓷和塑料等。钢结构防止腐蚀用得最多的方法是表面油漆。涂料通常分为底漆、中间漆和面漆。底漆要求有比较好的附着力和防锈能力,中间漆为防锈漆,面漆要求有较好的牢度和耐候性。常用底漆有红丹底漆、环氧富锌漆、云母氧化铁底漆、铁红环氧底漆等,中间漆有红丹防锈漆、铁红防锈漆等,面漆有灰铅漆、醇酸磁漆和酚醛磁漆等。

4)混凝土用钢筋的防锈

在正常的混凝土中 pH 值约为 12,这时在钢材表面能形成碱性氧化膜(钝化膜),对钢筋起保护作用。混凝土碳化后,由于碱度降低会失去对钢筋的保护作用。此外,混凝土中 Cl^- 达到一定浓度,也会严重破坏表面的钝化膜。一般混凝土配筋的防锈措施有:保证混凝土的密实度,保证钢筋保护层的厚度,限制氯盐外加剂的掺量或使用防锈剂等。预应力混凝土用钢筋由于易被腐蚀,故应禁止在混凝土中使用氯盐类外加剂。

6.6　建筑钢材的防火

▶ 6.6.1　钢材的耐高温性能

钢材是不燃性材料,但这并不表明钢材能够抵抗火灾。耐火试验与火灾案例显示:以失去承载能力为标准,无保护层时钢柱和钢屋架的耐火极限只有 0.25 h,裸露钢梁的耐火极限只有 0.15 h。

温度在 200 ℃以内,可认为钢材的性能基本不变。超过 300 ℃以后,弹性模量、屈服点和极限强度均开始显著下降,应变急剧增大,500 ℃时强度为常温时的 60%～70%,至 600 ℃时钢材进入塑性状态而失去承载能力。因此,当有防火要求时,需按相应的规定隔热保护。

▶ 6.6.2　钢结构的防火措施

钢结构防火保护的基本原理是采用绝热或吸热材料,阻隔火焰和热量,降低钢结构的升温速率。防火方法以包覆法为主,即以防火涂料、不燃性板材或混凝土和砂浆等将钢构件包裹起来。

1)防火涂料

防火涂料按受热时的变化分为膨胀型(薄型)和非膨胀型(厚型)两种。

膨胀型防火涂料的涂层厚度一般为 2～7 mm,附着力较强,有一定的装饰效果。由于其内含膨胀组分,遇火后会膨胀增厚 5～10 倍,形成多孔结构,从而起到良好的隔热防火作用,根据涂层厚度可使构件的耐火极限达到 0.5～1.5 h。

非膨胀型防火涂料的涂层厚度一般为 8～50 mm,呈粒状面,密度小、强度低,喷涂后需再用装饰面层隔护,耐火极限可达 0.5～3.0 h。为使防火涂料牢固地包裹钢构件,可在涂层内埋设钢丝网,并使钢丝网与钢构件表面的净距保持在 6 mm 左右。

2)不燃性板材

常用的不燃性板材有石膏板、硅酸钙板、蛭石板、珍珠岩板、矿棉板和岩棉板等,可通过粘结剂或钢钉、钢箍等固定在钢构件上。

许多钢结构建筑原已考虑到防火问题,为此在钢材表面涂防火涂料层。但已涂覆防火涂料的美国世贸大厦遇袭后短时间内即坍塌。因此,解决此类问题不应仅仅着眼于防火涂料,还可考虑钢材本身的性能改进,如通过与无机非金属材料的复合,提高钢结构材料本身的防火等方面的能力。还可研究材料或结构本身的自灭火性能,或者考虑如何综合多因素选用土木工程材料,以增强重要建筑的防火、防袭的能力等。

6.7 铝及铝合金材料

▶ 6.7.1 铝

1)铝的冶炼

铝是地壳中含量(约占8%)最多的金属元素,在自然界中以化合物状态存在。冶炼时先从铝矿石中提炼出 Al_2O_3,再通过熔盐电解法制取金属铝。由于纯 Al_2O_3 很难熔化,电解时需加入冰晶石(Na_3AlF_6)作为助熔剂。以碳素体作为阳极,铝液作为阴极,通入强大的直流电后,Al_2O_3 在熔化的冰晶石中熔解(950~980 ℃)并电解出纯铝(质量分数≥99.00%)。

2)铝的特性

(1)塑性好,易加工 铝是银白色金属,微观结构为面心立方晶格,具有很好的塑性(伸长率约40%),易于加工成各种形状的型材。同时,又可通过冷加工及合金化使其硬化。

(2)质量轻 铝的密度为 2.7 g/cm³,仅为钢的1/3。熔点较低(660 ℃),具有良好的导热性,导热系数约为不锈钢的10倍。

(3)不易脆变 纯铝的强度和硬度不高,通常使用的多为铝合金。与钢材不同,铝的强度随温度降低而增大,即使温度降低到-198 ℃也不会发生脆变。

(4)耐蚀性较高 化学性质活泼,极易与空气中的氧结合而在表面生成致密的氧化铝薄膜,阻止进一步氧化。因此,铝在大气、水和部分腐蚀性介质中的耐蚀性较高。但铝的电极电位较低,与电极电位高的金属接触并且有电解质存在时,会形成微电池而产生电化学腐蚀。因此,铝合金门窗等制品的连接件应采用不锈钢。

(5)铝热反应 铝粉能与某些金属氧化物(Fe_2O_3、Fe_3O_4、V_2O_5、Cr_2O_3、MnO_2 等)发生还原反应(铝热反应)并放出大量的热,常用于焊接钢轨、冶炼金属等。

▶ 6.7.2 铝合金

1)铝合金及其特性

在熔融的铝中加入适量的铜、镁、硅、锰、锌等合金元素制成铝合金(铝的质量分数≥50%),再经冷加工或热处理,强度可以大幅度提高,极限抗拉强度可高达400~500 MPa,与低合金钢的抗拉强度相当,而比强度为钢材的两倍以上。铝合金的弹性模量较小,刚度和承受弯曲的能力较小。铝合金的热膨胀系数为 $(1.8~2.5)\times10^{-5}/℃$,约为钢的2倍,但因其弹性模量小,由温度变化引起的内应力并不大。

2)铝合金的分类

按加工方式的不同,铝合金可分为铸造铝合金和变形铝合金两类。

(1)铸造铝合金 主要通过浇铸或压铸成型工艺生产铝铸件的铝合金。常用的有铝硅(Al-Si)、铝铜(Al-Cu)、铝镁(Al-Mg)和铝锌(Al-Zn)四种。

铸造铝合金的牌号用字母"ZL"后跟三位数字表示。第一位数字表示合金种类（1 为铝硅合金，2 为铝铜合金，3 为铝镁合金，4 为铝锌合金），第二、三位数表示合金的顺序号。如 ZL107 表示 7 号铝硅铸造铝合金，ZL201 表示 1 号铝铜铸造铝合金。

铸造铝合金常用于制造建筑五金配件。

（2）变形铝合金　主要通过热加工或冷加工进行塑性变形生产的铝加工制品，其合金元素含量一般少于相应的铸造铝合金。按照强化的方式不同，可分为热处理可强化型和热处理不可强化型。变形铝合金可进行热轧、冷轧、冲压、挤压、弯曲、卷边等机械加工，因此用途较广，可制成不同形状和尺寸的型材、线材、管材和板材等。

土木工程中常用的铝合金，按照性能特点和用途不同，又可分为防锈铝合金（LF）、硬铝合金（LY）、超硬铝合金（LC）和锻铝合金（LD）。其中，防锈铝合金属于热处理不可强化型，硬铝合金、超硬铝合金和锻铝合金属于热处理可强化型。

（1）防锈铝合金（LF）　属 Al-Mn 或 Al-Mg 合金，其塑性、耐腐蚀性、焊接性好，可抛光。主要用于受力不大、耐腐蚀要求高、表面光洁的构件和管道等。

（2）硬铝合金（LY）　属 Al-Mg-Si 和 Al-Cu-Mg 合金，其强度大、耐热性好，主要用于门窗、货架、柜台等型材。

（3）超硬铝合金（LC）　属 Al-Zn-Mg-Cu 合金，强度高（可达 700 MPa），加工性能良好，可用于承重构件和高荷载零件。

（4）锻铝合金（LD）　属 Al-Mg-Si-Cu 合金，其高温强度低，热塑性好，可用于形状复杂的锻件、中等荷载的构件等。

3）铝合金制品在土木工程中的应用

铝合金既能克服纯铝强度和硬度过低的不足，又仍能保持铝的轻质、耐腐蚀、易加工等优良性能，在土木工程中尤其在装饰领域应用十分广泛。

（1）铝合金门窗　是采用铝合金建筑型材制作框、扇杆件的门、窗的总称。国家标准《铝合金门窗》（GB/T 8478—2020）规定，铝合金门窗按性能分为普通型（PT）、隔声型（GS）、保温型（BW）和遮阳型（ZY）共 4 种。主要技术要求有抗风压强度、水密性、气密性、保温性能和空气声隔声性能等。行业标准《铝合金门窗工程技术规范》（JGJ 214—2010）规定，铝合金门窗主型材的壁厚应经计算或试验确定，外门窗框、扇、拼樘框等主型材主要受力部位的基材截面最小实测壁厚，外门不应小于 2.0 mm，外窗不应小于 1.4 mm。

与普通门窗相比，铝合金门窗具有质量轻，气密性、水密性和隔声性能好，色泽美观、耐腐蚀、经久耐用，并有利于工业化生产。铝合金门窗工程设计应符合建筑物所在地区的气候、环境和建筑物的功能及装饰等要求。近年来，节能型铝合金门窗已在国内建筑工程中得到广泛使用。

（2）铝合金装饰板　包括用于装饰工程的各种铝合金板，表面可经阳极氧化或喷涂处理获得各种色彩。按几何尺寸分为条形板和方形板，条形板宽度 80～100 mm，厚度 0.5～1.5 mm，长度 6.0 m 左右。按装饰效果分为压型板、花纹板和穿孔板等。

铝合金压型板是用铝合金板加工制成的一种轻型装饰板材，具有质量轻、外形美观、耐久

性好、安装方便等特点,主要用于吊顶和墙面等。

铝合金花纹板采用铝合金坯料轧制出针状、扁豆状、方格等花纹,具有美观大方、筋高适中、不易磨损、防滑性能好、防腐蚀性能强、便于冲洗等特点,广泛用于公共建筑的墙面装饰、楼梯踏板等处。

铝合金穿孔板采用铝合金平板经机械穿孔而成,兼有降低噪声及装饰作用。具有质轻、耐腐蚀、防火、防潮、造型美观、立体感强、装饰效果好等特点,适用于公共建筑、中高档民用建筑以改善声环境质量,也可用于各类车间厂房、人防地下室等作为降噪措施。

(3)其他用途 铝合金还可制成屋架、幕墙、吊顶龙骨、轻质建筑模板等受力构件,铝箔可用于建筑屋面绝热或地面防潮,铝粉可用于制备加气混凝土等。

本章小结

1.建筑钢材主要用于建筑钢结构和钢筋混凝土结构中,是一类应用广泛而重要的土木工程材料。

2.本章学习时应注意掌握钢材的主要技术性能以及化学成分、冷加工和热处理等因素对其性能的影响,熟悉各类建筑钢材的工程应用。

3.本章依据的最新规范主要有:国家标准《钢筋混凝土用钢材试验方法》(GB/T 28900—2012)、《低合金高强度结构钢》(GB/T 1591—2018)、《钢筋混凝土用钢 热轧光圆钢筋》(GB 1499.1—2024)、《钢筋混凝土用钢 热轧带肋钢筋》(GB 1499.2—2024)和《钢筋混凝土用钢 钢筋焊接网》(GB/T 1499.3—2022)等。

复习思考题

一、填空题

1.钢与生铁的区别在于其含碳量应小于_____。

2.能使钢材产生热脆性的有害元素主要是_____。

3.钢材抗拉性能的 3 项主要指标是_____、_____和_____,钢结构设计中一般是以_____作为强度取值的依据。

4.建筑钢材的含碳量直接影响可焊性,为使碳素结构钢具有良好的可焊性,其含碳量应小于_____。

二、选择题

1.在下列关于钢材性能特点的叙述中,正确的是( )。

  A.抗拉强度和抗压强度基本相等   B.冷拉后各项技术性能均提高

  C.各种钢材均可焊接   D.耐火性能好

2.钢材试件拉断后的伸长率,表明钢材的( )。

A.弹性　　　　　　　B.塑性　　　　　　　C.韧性　　　　　　　D.冷弯性

3.既能揭示钢材内部组织缺陷,又能反映钢材在静载下塑性的试验是(　　)。

A.拉伸试验　　　　　B.冷弯试验　　　　　C.冲击韧性试验　　　C.疲劳试验

4.HRB500 级钢筋是用(　　)轧制而成的。

A.中碳钢　　　　　　B.中合金钢　　　　　C.优质碳素结构钢　　D.中碳低合金镇静钢

5.为防止钢筋混凝土结构中的钢筋生锈,下列措施中错误的是(　　)。

A.严控钢筋质量　　　B.掺氯盐　　　　　　C.掺亚硝酸盐　　　　D.确保足够厚保护层

6.与钢材相比,铝合金不具备的性能特点是(　　)。

A.比强度大　　　　　B.弹性模量大　　　　C.低温性能好　　　　D.耐腐蚀性好

三、简答题

1.钢材的化学成分对其性能有何影响?

2.钢材的主要技术性能有哪些?

3.在同一坐标图上,分别画出低碳钢在未冷拉、冷拉后和冷拉时效处理后的拉伸图,并说明它们的不同点。

4.当前,我国土木工程中为何要逐步淘汰牌号为 HPB235、HRB335 的钢筋,而积极推广使用 HRB500、HRB500(E)钢筋?

5.钢材在不同温度下的力学性能有何变化? 提高钢结构防火性能的措施有哪些?

有机高分子材料

〖**本章导读**〗

有机高分子材料是继水泥、钢材、木材之后发展迅速的一大类土木工程材料,它具有轻质、节能、耐水、耐化学腐蚀、装饰性好、安装方便等优点,已在土木工程中得到广泛应用。目前普遍使用的有塑料门窗、管材、涂料、胶粘剂、防水材料和装饰材料等。学习本章应掌握高分子化合物的性能特点,建筑塑料的基本组成、主要性能及其制品的工程应用;了解建筑涂料、建筑胶粘剂的基本知识及其常用的品种。

7.1 有机高分子材料的基本知识

▶ 7.1.1 高分子化合物的基本概念

有机高分子化合物可以分为天然有机高分子化合物(如淀粉、纤维素、蛋白质和天然橡胶等)和合成有机高分子化合物(如聚乙烯、聚氯乙烯等),它们的相对分子质量可以从几万到几百万或更大,但其化学组成和结构较简单,往往是由许多相同的简单结构单元以重复的方式排列而成。

高分子化合物是一类分子量很大的化合物,所以也称为聚合物或高聚物。高分子化合物是由低分子化合物聚合而成,这种低分子化合物被称为单体,聚合物是由这些单体通过化学键相互结合起来形成的。例如,聚乙烯($H_2C\!\!=\!\!CH_2$)$_n$ 是以乙烯($H_2C\!\!=\!\!CH_2$)为单体聚合而成的高分子化合物。这些单体在大分子中成为一种重复的单元,称为链节。一个大分子中链节的数目称为聚合度(n)。在聚合物中,链节可能是相同的,而聚合度往往不是一个固定的数值,所以聚合物是由链节相同而聚合度不同的化合物的混合物所组成。

由低分子单体合成聚合物的反应称为聚合反应,根据单体和聚合物的组成和结构所发生的变化,聚合反应可分成两类:加聚反应和缩聚反应。

1)加聚反应

单体加成而聚合起来的反应称作加聚反应。能加聚的单体分子中都含有双键,在引发剂的作用下双键打开,单体分子之间相互连接而成为聚合物。加聚反应过程中没有副产物生成,反应速度很快,得到的聚合物大多是线型或带支链的分子。应用加聚反应方法生产的高分子化合物有聚乙烯(PE)、聚氯乙烯(PVC)和聚苯乙烯(PS)等。例如,聚乙烯分子结构为:

$$\cdots CH_2\!-\!CH_2\cdots CH_2\!-\!CH_2\cdots \{\!CH_2\!-\!CH_2\!\}_n$$

2)缩聚反应

缩聚反应是由数种单体通过缩合反应形成聚合物的过程。能缩聚的单体分子中必须至少含有两个有反应性的基团,常见的是羟基、羧基等。缩聚反应的特点是反应中有低分子副产物产生(如水、氨、醇等),反应速度慢而且可逆,要得到高分子产物,需除去低分子产物以使反应能充分进行。应用缩聚方法生产的高分子化合物有环氧树脂(EP)和酚醛树脂(PF)等。例如,酚醛树脂(PF)分子结构为:

7.1.2　高分子化合物的结构与性能特点

1)高分子化合物的结构

高分子化合物的性质与其分子结构有密切的关系。高分子化合物的分子结构按其链节在空间排列的几何形状,可分为线型结构(线型或带支链的分子结构)和体型结构(轻度交联的分子结构及网状结构)。高分子化合物分子结构如图7.1所示。

(1)线型结构　线型结构的高分子化合物,其分子链是以无规线团的形式存在。链与链之间以很小的物理次价力吸引,相互聚集成高聚物。分子量较低的线型聚合物为高粘度液体或脆性固体,不具机械强度,但如果在它们的分子中含有反应性基团,就可用固化剂使其变为体型结构的分子,而获得所需机械强度。分子量较高的线型聚合物则具有较高的机械强度。属于线型结构的高分子化合物有:聚乙烯(PE)、聚氯乙烯(PVC)和聚苯乙烯(PS)等。

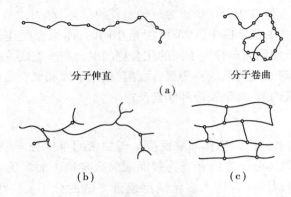

分子伸直　　　　　　　　　分子卷曲

(a)

(b)　　　　　　　　　　　(c)

图 7.1　高分子化合物分子结构示意图

(a)线型无支链结构;(b)线型带支链结构;(c)网状体型结构

(2)体型结构　具有轻度交联的分子结构是在线型分子之间形成一些交联键。这些交联键使得分子链之间相互牵制而不能相对移动。在受热时不会熔化,没有可塑性,除非发生分解使交联键断开。但由于交联密度不高,分子中的某一部分(链段)在高于一定温度时仍可活动,因此可以发生变形。而且由于交联键的牵制,这种变形可以恢复。对于网状结构的情况,整个高分子化合物成为一个三维的体型分子,如图 7.1(c)所示。它的交联密度很高,不仅分子链之间不能相对移动,而且链段也被完全冻结。具有这种结构的高分子化合物受热不会熔化,只能发生很小的变形。属于体型结构的高分子化合物有:酚醛树脂(PF)、环氧树脂(EP)和脲醛树脂(UF)等。

2)高分子化合物的性能特点

高分子材料与其他土木工程材料相比,具有以下性能特点:

(1)质量轻　如大多数建筑塑料密度在 $0.9 \sim 2.2$ g/cm^3,平均为 1.5 g/cm^3,约为钢材密度的 1/5。

(2)导热系数小　如泡沫塑料的导热系数只有 $0.02 \sim 0.046$ W/(m·K),仅为混凝土的 1/40,砖的 1/20,是一种理想的绝热材料。

(3)化学稳定性好　对酸、碱、盐及油脂均有较好的耐腐蚀能力。

(4)功能可调性强　通过改变组成与生产工艺,可制成具有各种特殊功能的工程材料,如强度超过钢材的碳纤维复合材料、防水密封材料等。

(5)加工性能和装饰性能好　塑料可采用较简便的方法加工成多种形状的产品,可着色且色彩鲜艳耐久,可通过照相制版印刷,模仿天然材料的纹理(如木纹、大理石纹等)。

(6)耐热性差　高分子材料的耐热性能普遍较差,如使用温度偏高会促进其老化,甚至分解。塑料受热会发生变形,要注意其使用温度的限制。

(7)可燃性及毒性　高分子材料一般属于可燃材料,但可燃性受其组成和结构的影响而有很大差别。如 PS 遇火会很快燃烧,而 PVC 则有自熄性。部分高分子材料燃烧时可产生有毒气体。一般可通过改性制成自熄和难燃甚至不燃的产品,但其防火性仍比无机材料差,在工程应用中应予以注意。

7.2　建筑塑料及其制品的工程应用

　　塑料是以合成树脂为主要原料,在一定温度和压力下塑制成型的一种合成高分子材料。随着我国化学建材工业的迅速发展,塑料的品种不断增加,性能更加优越,成本不断下降。建筑塑料作为一种新兴的土木工程材料,具有很多优点,符合现代材料的发展趋势,在保护环境、改善居住条件、节约能源等方面独具优势,在土木工程中得到了广泛的应用。

▶ 7.2.1　建筑塑料的组成

　　建筑塑料由多种组分组成,其基本成分是合成树脂(占 30%~60%,甚至更多),再加入填充剂(占 40%~70%)、固化剂、增塑剂、润滑剂等制成。

　　合成树脂起胶结作用,其种类、性质和用量决定了塑料的物理力学性质,故常以塑料所含合成树脂的名称来命名。按受热时形态性能变化的不同,合成树脂可分为热塑性树脂和热固性树脂两类。由热塑性树脂制成的塑料称为热塑性塑料,由热固性树脂制成的塑料称为热固性塑料。

　　热塑性塑料受热后软化,逐渐熔融,冷却后重新硬化,其软化和硬化过程可重复进行,且对其性能和外观无太大影响。其优点是加工成型简便,机械性能较高,缺点是耐热性、刚度较差。热固性塑料在加工时受热软化,形成聚合物交联而逐渐硬化成型,再次受热则不软化或变形,只能塑化成型一次。其耐热性和刚度较高,但机械性能较差。

　　为改善塑料的某些性能,还可根据塑料品种和使用要求添加稳定剂、着色剂、阻燃剂、发泡剂、抗静电剂等。建筑塑料各组分的作用及常用原料见表 7.1。

表 7.1　建筑塑料的组成及其常用原料

组　成	作　用	常用原料
合成树脂	胶结作用,决定塑料的硬化性质	热塑性树脂:聚乙烯、聚丙烯、聚氯乙烯和聚苯乙烯等
		热固性树脂:酚醛树脂、环氧树脂、脲醛树脂和有机硅树脂等
填充剂(填料)	提高强度、耐热性、抗冲击性、耐老化性,降低成本	滑石粉、玻璃纤维、云母、木粉、棉布、石棉、石灰石粉和铝粉等
固化(交联)剂	使聚合物交联成体型高聚物	胺类、酸酐类、高分子类
增塑剂	增加可塑性、柔软性、弹性、耐寒性	邻苯二甲酸酯、二苯甲酮和樟脑等
润滑剂	防止粘膜,使制品表面光洁	硬酯酸、石蜡和有机硅等

▶ 7.2.2　塑料的主要技术性能

　　建筑塑料与传统建材相比,其主要性能具有以下特点:

（1）轻质高强　塑料的密度为 0.8~2.2 g/cm³,约为铝的 1/2,钢筋混凝土的 1/3,钢材的 1/5。塑料的比强度却接近甚至超过钢材和混凝土制品,是一种轻质高强的材料。

（2）保温节能　塑料导热系数小,特别是泡沫塑料的导热性更小,是理想的保温隔热材料。建筑塑料在生产和使用两方面均有明显的节能效益,如生产 PVC 的能耗仅为钢材的 1/4、铝材的 1/8,采暖地区采用塑料窗代替普通钢窗,可节约采暖能耗 30%~40%。

（3）加工性能优良　可采用多种加工工艺制成各种形状、厚薄的塑料制品,如薄膜、板材、管材、门窗等,尤其是易加工成断面较复杂的异形板材和管材,有利于机械化规模生产。

（4）装饰性好　通过现代加工技术(如着色、印刷、压花、电镀等)可制得具有优异装饰性能的各种塑料制品,其纹理和质感可模仿天然材料(如大理石、木纹等)。

（5）绝缘性能优异　塑料对热、电、声具有绝缘性,是良好的绝缘材料。

（6）耐化学腐蚀性好　一般塑料对酸、碱和有机溶剂等的抗腐蚀能力强,适用于化工建筑的特殊需要。

塑料虽有上述诸多优点,也存在着易老化、易燃,耐热性、刚性差等方面的不足,但这些缺点可在制造和应用中采取相应的技术措施加以改进。建筑塑料在使用时应扬长避短,充分发挥其优越性。

▶ 7.2.3 建筑塑料制品的工程应用

塑料可用于建筑物的多个部位,美化室内环境,提高建筑功能,同时还具有较好的节能效果。建筑塑料品种很多,常用的主要有聚氯乙烯(PVC)、聚乙烯(PE)、聚丙烯(PP)、聚苯乙烯(PS)、环氧树脂(EP)、酚醛树脂(PF)和聚氨酯(UP)等。常用建筑塑料的性能、特性及用途见表 7.2。

表 7.2　常用建筑塑料的性能及主要用途

塑料种类		相对密度 /(g·cm⁻³)	线膨胀系数 10⁵/℃	耐热温度/℃	抗拉强度/MPa	延伸率 /%	抗压强度/MPa	耐燃性	特性	主要用途
热塑性塑料	聚氯乙烯(PVC)	1.3~1.7	—	65~80	7~25	200~400	7~12.5	缓燃自熄	质地柔软,强度低	薄板、薄膜、壁纸、墙布、地毯等
	聚乙烯(PE)	0.92	16~18	100	11~13	200~500	—	易	耐水,强度低	薄板、薄膜、管道、电绝缘材料等
	聚丙烯(PP)	0.90~0.91	10.8~11.2	30~39	30~39	>200	39~56	易	抗拉强度大、延性大、耐热,不耐磨	纤维、化工管道、耐腐蚀衬板等
	聚苯乙烯(PS)	1.04~1.07	6~8	65~95	35~63	1~3.6	80~110	易	透光、耐水、耐热性低、脆性大	装饰透明零件灯罩,泡沫保温材料
	聚甲基丙烯酸甲酯(PMMA)	1.18~1.20	5~9	100~120	40~77	2~10	84~126	易	表面硬度大、透光性极佳、脆性大	有机玻璃、板、管材、盥洗池等

塑料种类		相对密度 /(g·cm⁻³)	线膨胀系数 10⁵/℃	耐热温度/℃	抗拉强度/MPa	延伸率/%	抗压强度/MPa	耐燃性	特 性	主要用途
热固性塑料	环氧（EP）	1.12~1.15	1.1~3.0	150~260	70.3	—	168	自熄	耐水、强度高、尺寸稳定性好	粘结剂、玻璃钢等
	酚醛（PF）	1.25~1.30	2.5~6.0	120	49~56	1.0~1.5	70~120	很慢	耐水、耐光、耐热、耐霉强度较高	电工器材、粘结剂、涂料等
	聚氨酯（PU）	0.03~0.05	—	85	0.1	30~40	—	自熄	质轻、具绝缘性能	保温泡沫、包装、减震材料、涂料
	有机硅（IS）	1.65~2.00	5~5.8	<250	18~30	—	110~170	—	耐高温、耐寒、耐水性好	高级绝缘材料、防水材料
	不饱和聚酯（UP）	1.10~1.45	5.5~10	120	42~70	<5	90~255	自熄	绝热、透光	管道、玻璃钢等

建筑塑料制品按形态可分为薄膜、板材、管材、异型材、泡沫塑料和溶液等；按用途可分为装饰材料、防水材料、门窗材料、墙体屋面材料、隔热材料和给排水管材等。

1)塑料门窗

塑料门窗主要是指由不加增塑剂的硬质聚氯乙烯（PVC-U）中空异型材，经切割、焊接、拼装修整而成的门窗制品。与传统的钢、木门窗相比，塑料门窗具有美观、耐用、安全、节能等优点。为增强塑料门窗的抗弯强度和刚度，常在异型材的空腔内嵌入型钢而成为复合塑料门窗，又称塑钢门窗。塑料门窗作为一种符合建筑节能要求的新型建材，其用量日益增大。

（1）塑料门窗的优点

塑料门窗的主要技术性能有：

①隔热、隔音性能好。塑料门窗主要是由 PVC-U 中空异型材拼装而成，密封性好，且 PVC-U 的导热系数较低(0.11~0.025 W/(m·K))，故塑料门窗的保温隔热及隔声性能都较好。

②防火安全系数较高。PVC-U 材料具有较好的阻燃和自熄性能，防火安全系数较高。

③耐水、耐腐蚀性能强。受潮后不变形和霉腐，化学稳定性好，耐玷污性好。

④装饰性好。表面无需涂漆，可通过本体着色，模仿各种其他材料的纹理，装饰效果较好。

（2）主要性能指标

①力学性能：塑料门窗的力学性能指标应符合表 7.3 的要求。

表 7.3 塑料门窗的力学性能(GB/T 28886—2012,GB/T 28887—2012)

项 目	塑料门窗类别			
	平开门、平开下悬门、推拉下悬门、折叠门、地弹簧门	平开窗、平开下悬窗、上悬窗、中悬窗、下悬窗	推拉门	推拉窗
锁紧器(执手)的开关力	不大于 100 N(力矩不大于 10 N·m)	不大于 80 N(力矩不大于 10 N·m)	—	
开关力	不大于 80 N	平合页:不大于 80 N;摩擦铰链:不小于 30 N 不大于 80 N	不大于 100 N	推拉窗:不大于 100 N;上下推拉窗:不大于 135 N
变形能力	悬端吊重:在 500 N 力作用下,残余变形不大于 2 mm,试件不损坏,仍保持使用功能		弯曲:在 300 N 作用力下,允许有不影响使用的残余变形,试件不损坏,仍保持使用功能	
	翘曲:在 300 N 力作用下,允许有不影响使用的残余变形,试件不损坏,仍保持使用功能		扭曲:在 200 N 作用下,试件不损坏,允许有不影响使用的残余变形	
开关疲劳	经不少于 100 000 次的开关试验,试件及五金配件不损坏,其固定处及玻璃压条不松脱,仍保持使用功能		经不少于 10 000 次的开关试验,试件及五金件不损坏,其固定处及玻璃压条不松脱	
大力关闭	经模拟 7 级风连续开关 10 次,试件不损坏		—	
焊接角破坏力	门框(窗框):不小于 3 000 N(2 000 N) 门扇(窗扇):不小于 6 000 N(2 500 N)		门框(窗框):不小于 3 000 N(2 500 N) 门扇(窗扇):不小于 4 000 N(1 400 N)	

②抗风压性能:衡量外窗的抗风压性能是指在风压作用下不发生损坏和功能障碍的能力,用测定窗扇中央最大位移量小于窗框内沿高度的 1/300 时所能承受的风压——安全检测压力值(P_3)进行分级:共分 9 级。

③气密性能:衡量门窗在关闭状态下阻止空气渗透的能力,以标准状态条件下单位缝长空气渗透量 q_1 和单位面积空气渗透量 q_2 指标进行分级,气密性可分成 8 级。

④水密性能:衡量门窗在风雨同时作用下阻止雨水渗漏的能力,用一定程序风压和淋水量作用下出现严重渗漏压力差的前一级压力差 ΔP 作为分级指标,共分 6 级。

⑤保温性能:用传热系数 K 分级,共分 10 级。

⑥空气声隔声性能:分级指标值为 R_w,共分 6 级。

《建筑用塑料门》(GB/T 28886)和《建筑用塑料窗》(GB/T 28887)规定,各项分级指标值 P_3 应符合表 7.4 的要求。

表 7.4　塑料门窗的性能分级（GB/T 28886—2012，GB/T 28887—2012）

抗风压性能分级指标 P_3/kPa	1	2		3	4	5		6	7		8	9
	1.0~1.5	1.5~2.0		2.0~2.5	2.5~3.0	3.0~3.5		3.5~4.0	4.0~4.5		4.5~5.0	≥5.0

气密性能分级指标值		1	2	3	4	5	6	7	8
	单位缝长 q_1/[m³·(m·h)⁻¹]	3.5~4.0	3.0~3.5	2.5~3.0	2.0~2.5	1.5~2.0	1.0~1.5	0.5~1.0	≤0.5
	单位面积 q_2/[m³·(m²·h)⁻¹]	10.5~12	9.0~10.5	7.5~9.0	6.5~7.5	4.5~6.0	3.0~4.5	1.5~3.0	≤1.5

水密性能分级指标 ΔP/Pa	1	2	3	4	5	6
	100~150	150~250	250~350	350~500	500~700	≥700

保温性能分级指标值 K/(W·m⁻²·K⁻¹)	4	5	6	7	8	9	10
	3.0~3.5	2.5~3.0	2.0~2.5	1.6~2.0	1.3~1.6	1.1~1.3	<1.1

空气声隔声性能分级指标 R_W/dB	2	3	4	5	6
	25~30	30~35	35~40	40~45	≥45

①抗风压性能分级指标 P_3 的×·×表示用≥5.0 kPa 的具体值取代分级代号；
②水密性能分级指标 ΔP 的××××表示用≥700 Pa 的具体值取代分级代号。

2）塑料管材

塑料管材是指采用塑料为原料，经挤出、注塑、焊接等工艺成型的管材和管件。塑料管材具有明显的技术优势和多种类型。

（1）塑料管材的优点　相对于传统金属管材，塑料管材具有若干优势：

①质量小。相对密度只有铸铁的 1/7，安装维修方便，劳动强度降低。

②耐腐蚀性能好。不生锈、不结垢，耐化学腐蚀性好，可输送有腐蚀性的液体和气体。

③输送效率高。管壁光滑，流体阻力小，相同条件下输水能耗只有铸铁管的 50%。

（2）塑料管材的类型　按材质分有 PVC-U 管、PE 管、PP 管、ABS 管，以及不同塑料复合或塑料与金属复合（如铝塑复合）管。按塑料管的可挠性分为塑料硬管和可挠管（如波纹管）。

塑料管材是目前建筑塑料制品中用量最大的品种，占建筑塑料产量的 40% 以上，其品种繁多、性能各异，可根据具体的使用环境选用。常用的塑料管材有：

①硬质聚氯乙烯（PVC-U）管。PVC 具有较大的极性、刚性和自熄性能，但也存在热稳定性欠佳，受冲击易脆裂的缺点。PVC-U 管是未加或加少量增塑剂的 PVC 管，它具有良好的耐热性和抗冲击性能，适用于给水、排水、供气和电缆套管等。PVC-U 管使用温度不宜超过60 ℃，不能作为热水管道。用于室内供水系统的 PVC-U 管应符合国家规定的卫生性能要求，管材中铅、镉的析出量应在规定指标以下。

②聚乙烯（PE）管：以 PE 为主要原料，加入抗氧化剂及着色剂等制成。具有质轻、韧性好、无毒、耐腐蚀、低温性能较好等特点。用作给水管道时，冬季不易冻裂。广泛用于工业与民用建筑的上、下水管道、天然气管道、工业耐腐蚀管道等。经改性制得的交联聚乙烯（PEX）管，其耐压、耐腐、耐热等性能进一步提高。

③聚丙烯(PP)管:以丙烯-乙烯共聚物为原料,加入稳定剂,经挤出成型而成。比 PE 管还轻,且强度高、耐化学腐蚀性能好。耐热性比 PVC、PE 材料好,在 $100\sim120$ ℃温度下仍保持一定机械强度,适于用作热水管。新近开发的改性无规共聚 PP-R 塑料,其强度、耐热、卫生等各项性能更佳。

④ABS 管:综合丙烯腈、丁二烯和苯乙烯三者的特点,具有优良的韧性、坚固性和耐腐蚀性,是理想的下水、排污、放空管道。

⑤铝塑复合管:属于一种多层复合材料管材。中间层是薄壁铝管骨架,内外层是 PE 塑料,塑料与铝合金间采用亲和热熔助剂,通过高温高压的复合工艺制成。具有复合的致密性、极强的复合力,集金属与非金属的特点于一体,其综合性能优于其他塑料管道。

3)塑料贴面装饰板

以三聚氰胺甲醛树脂(MF)浸渍过的印有各种色彩、图案的纸作为面层,以酚醛树脂(PF)浸过的牛皮纸为里层,经干燥后叠合在一起热压而成。表面光滑或略有凹凸,极易清洗,用于板材表面装饰,可节约优质木材。塑料贴面厚度很薄($0.8\sim1.5$ mm),通常不能单独使用,必须粘贴在基材上,才能获得装饰效果。常用的基材有胶合板、刨花板、纤维板等。塑料贴面装饰板的规格及性能如表 7.5 所示。

表 7.5　塑料贴面装饰板的规格、性能

名　称	特　点	尺寸规格/mm	性　能
镜面塑料贴面板	板面光亮、色调丰富、色泽鲜艳、图案逼真,可以仿制各种天然材料,如木材、大理石、纺织品等	$(1\,720\sim2\,450)\times$ $(920\sim1\,230)\times0.8$	抗拉强度:纵向<90 MPa 横向<70 MPa
柔光塑料贴面板	对光线反射柔和,不产生反射眩光,使眼睛有舒适感。能保护视觉机能,减少视觉疲劳,具有镜面贴面板同样的物理性能	$(1\,680\sim2\,450)\times1\,230$	抗拉强度:纵向<90 MPa 横向<70 MPa
塑料贴面板	板面色泽鲜艳、耐磨、耐热、耐污、耐腐蚀、涂料长久	$2\,400\times1\,220\times0.8$ $2\,440\times1\,220\times1.0$ 木纹、碎石纹、大理石纹、织物图案	抗拉强度:纵向<90 MPa 横向<70 MPa 耐磨性:磨耗值小于0.08 g/100 转,磨 400 转后仍留有花纹

塑料贴面装饰板图案、花色丰富多彩,耐湿、耐磨、耐烫、耐燃烧、耐一般酸、碱、油脂及酒精等溶剂的侵蚀。用于室内墙面、台面、门面、桌面等装饰材料,也可用于车辆、船舶、飞机、家具等装饰。

4)PVC 装饰板

以 PVC 为基料,加入稳定剂、增塑剂、填料和着色剂等,经捏合、混炼、拉片、切粒、挤压或压铸而成。按配料中掺与不掺增塑剂可分为软、硬两种产品。硬 PVC 塑料机械强度较高,抗老化性好,并易熔接及粘合。但使用温度低(60 ℃以下),线膨胀系数大,成型加工性差。软PVC质地柔软,耐摩擦和挠曲,弹性好,耐寒性好。破裂时延伸率较高,但抗弯强度及冲击韧性均较硬PVC低,使用温度在(−15～55)℃。

PVC装饰板表面光滑、色泽鲜艳、防水和耐腐蚀,适用于室内装修,家具台面的装饰和铺设等。

5)塑料壁纸

塑料壁纸是以纸为基层,PVC薄膜为面层,经复合印花、压花等工序而制成的壁纸。可分为普通壁纸、发泡壁纸和特种壁纸3类。

(1)普通壁纸　普通壁纸又称纸基涂塑壁纸,以800 g/m² 的纸为基材,涂以PVC糊状树脂,经印花、压花而成。普通壁纸有单色压花壁纸、印花压花壁纸、有光印花和平光印花壁纸。这种壁纸花色多,适用面广,价格低廉,广泛用于一般住宅、公共建筑的内墙、柱面和顶棚的装饰。

(2)发泡壁纸　发泡壁纸又称浮雕壁纸,以100 g/m² 的纸为基材,涂塑掺有发泡剂的PVC糊状物,印花后经加热发泡而成。发泡壁纸表面呈凹凸花纹,是一种集装饰、吸声、隔热多功能于一体的壁纸,常用于影剧院、会议室、讲演厅和住宅天花板等处装饰。

(3)特种壁纸　特种壁纸以特种纤维为基层或对基层、面层作特殊处理而成。用于有特殊要求的场合,如以玻璃纤维毡作基材的耐水壁纸可用于卫生间、浴室等墙面装饰;以石棉纸作基材并掺入阻燃剂的防火壁纸可用于防火要求高的建筑装饰。此外,还有防菌壁纸、防霉壁纸、吸湿壁纸和防静电壁纸等。

7.3　建筑涂料

涂料是指涂敷于物体表面,能与基体材料很好粘结,并形成完整而坚韧保护膜的物料。涂料最早是以天然植物油脂、天然树脂如亚麻子油、桐油、松香、生漆等为主要原料,故称油漆。随着合成技术的发展,合成树脂已在很大范围内取代天然树脂,我国已正式命名为涂料,油漆仅指其中的油性涂料。

用于建筑物表面的建筑涂料色彩鲜艳、造型丰富、质感与装饰效果好、品种多样,可满足各种不同需求。此外,还具有省工省料、造价低、自重轻、适应性强、维修更新方便等优点,在建筑装饰工程中应用广泛。

▶　7.3.1　基本组成和分类

1)基本组成

各种涂料的原材料组成差别很大,但基本上由主要成膜物质、次要成膜物质和辅助物质(稀释剂和助剂等)组成。主要成膜物质包括基料、胶粘剂和固着剂,有机涂料中的主要成膜物质为各种油脂和树脂,起到粘结作用,附着在基层表面形成连续均匀、坚韧的保护膜。次要成膜物质包括颜料和填料,以微细粉状均匀分散于涂料介质中,是构成涂膜的组成部分,但不

能单独成膜。挥发物质,又称稀释剂、溶剂,是溶剂型涂料的重要组成部分,既能溶解油料、树脂,又易于挥发,使树脂成膜。各组分的作用及常用原料见表7.6。

表7.6 涂料各组成部分的作用及常用原料

组 成		作 用	原 料
主要成膜物质	油脂	形成涂膜,提高坚韧性、耐磨性、耐候性以及化学稳定性	动物油:鲨鱼肝油、牛油等; 植物油:桐油、豆油、蓖麻油等
	树脂		天然树脂:虫胶、松香等; 合成树脂:酚醛、醇酸、氨基酸、有机硅等
次要成膜物质	颜料	赋予涂膜色彩、质感,提高遮盖力,提高强度、抗老化性、耐候性等	无机颜料:钛白、铬黄、铁蓝、炭黑等; 有机颜料:甲苯胺红、酞青蓝等; 防锈颜料:红丹、锌铬黄等
	填料		清石粉、碳酸钙、硫酸钡等
挥发物质	稀释剂	降低粘度,改善施工性能,改善与基面的粘结能力	石油溶剂、苯、松节油、乙醇、水等
辅助成膜物质	助剂	改善涂料的某些性能	增韧剂、催干剂、固化剂、乳化剂、稳定剂等

2)建筑涂料的分类

建筑涂料的品种多,适用范围广,分类方法不尽相同。按主要成膜物质的化学成分可分为有机涂料、无机涂料和复合涂料三大类,有机涂料按使用的稀释液不同分为:溶剂型、水溶性和乳胶涂料3种。按使用部位可分为墙面涂料、地面涂料、顶棚涂料和屋面涂料。按使用功能可分为防火涂料、防水涂料、防霉涂料和防雾涂料等。按涂层结构可分为薄涂料、厚涂料和复层涂料。

▶ 7.3.2 建筑涂料的功能和技术要求

1)建筑涂料的功能

建筑涂料具有保护、装饰建筑物及增加建筑构件的功能。建筑涂料的防锈性、耐水性、防腐蚀、耐候性等,可提高建筑构件表面抵抗日光、大气、水分以及有害介质侵蚀的能力。建筑涂料赋予建筑物以色彩、光泽、花纹、美术图案或立体感,美化建筑物外观,改善人居环境。具有特殊的功能,如具有阻燃防火、防水、隔热保温、防止结露、防霉、杀虫防蛀和夜光标志等,可增加建筑构件的功能。

2)建筑涂料的技术要求

(1)遮盖力 反映涂料对基层颜色的遮盖能力,把涂料均匀地涂刷在物体表面上,使其底色不再呈现的最小用料量。通常用能使规定的黑白格遮盖所需的涂料量表示,需要量越多遮盖力越小。遮盖力的大小与涂料中的颜料的着色力以及含量有关。建筑涂料的遮盖力范围是100~300 g。

（2）涂膜附着力　表征涂料与基层的粘结力。通常用划格法测定，即在涂料表面用特殊的划刀划出 100 个方格，切口穿透整个涂膜，然后用软毛刷沿格子对角线方向前后各刷 5 次，检查掉下小方格的数目。涂膜附着力的大小与涂料中成膜物质以及基层的性质和处理方法有关。

（3）黏度　黏度的大小影响施工性能，不同的施工方法要求涂料有不同的黏度。有的要求涂料具有触变性，上墙后不流淌，而抹压容易。黏度主要决定于涂料内的固体成分，即成膜物质和填料的性质及含量。

（4）细度　细度的大小影响涂膜表面平整性和光泽。用刮板细度计测定，用微米数表示。

3）建筑涂料的特殊性能要求

（1）耐污染性　耐污染性对于外墙涂料特别重要。采用白度受污损失百分数表示，用 1:1 的粉煤灰水反复污染涂层一定的次数后，其白度损失率越小，则耐污染性越好。

（2）耐久性　涂料的耐久性包括三方面的内容：

①耐冻融性。外墙涂料的涂层表面毛细管内吸收水分，在冬季可能发生冰融破坏，使涂层脱落、开裂或起泡。涂料中的成膜物质的柔性好，有一定的延伸性，耐冻融性就较好。耐冻融性以使涂层经 20 ℃、23 ℃和 50 ℃处理，各 3 h 为一次冻融循环，经多次循环后不出现涂层开裂或脱落，循环的次数越多耐冻融性越好。

②耐洗刷性。表征外墙涂料受雨水冲刷时的性能。用浸过皂水的棕毛刷反复刷一定重量的涂层，涂层擦完露底所经刷擦的次数越多，耐洗刷性越好。外墙涂料经刷擦的次数要求达到 1 000 次以上。

③耐老化性。涂膜受大气中光、热、臭氧等因素的作用会发生分子的降解或交联，使涂层发粘或变脆，失去原有强度和柔性，从而造成涂层开裂、脱落、粉化。耐老化性通常用氙灯老化仪人工加速老化法测定。在一定光照强度、温湿度条件下处理一定时间后检查涂层有无起泡、剥落、裂纹、粉化和变色等现象。

（3）耐碱性　建筑涂料大多以水泥、混凝土、含石灰抹灰材料等碱性材料为装饰对象。耐碱性差的涂料受碱性的影响会使涂层剥离脱落，或变色、褪色。耐碱性的测定方法是把涂层浸入氢氧化钙饱和溶液中一定时间后，检查有无起泡、皱褶、剥落、变色或光泽消失等现象。

（4）最低成膜温度　涂料形成涂膜只有在某一最低温度以上才能实现，这一最低的温度为最低成膜温度。建筑涂料只有在高于最低成膜温度的条件下才能施工。一般乳液型涂料的最低成膜温度都在 10 ℃以上。

▶ 7.3.3　常用的建筑涂料

1）外墙涂料

外墙涂料主要功能是装饰和保护建筑物的外墙面，使建筑物外貌整洁美观，从而达到美化环境的目的。同时能够起到保护建筑物外墙的作用，延长其使用时间。

（1）外墙涂料的特点　为获得良好的装饰与保护效果，外墙涂料一般应具有以下特点：①色彩丰富，保护性好，能长时间保持良好的装饰性能。

②外墙面暴露于大气中,经常受到雨水冲刷,应有很好的耐水性。

③耐玷污性好,不易玷污大气中的灰尘及其他物质,或玷污后易清除。

④耐候性良好,经受日光、雨水、风沙和冷热变化等作用,在规定的年限内不发生破坏。

⑤施工及维修容易。建筑物外墙面积一般很大,要求施工操作简便。为保持良好的装饰效果,要求重涂施工容易。

(2)常用的外墙涂料　主要有溶剂型外墙涂料、合成树脂乳液外墙涂料、复层建筑涂料和无机外墙涂料等。

①溶剂型外墙涂料:以合成树脂溶液为主要成膜物质,有机溶剂为稀释剂,加入适量的颜料、填料及助剂,经混合溶解、研磨后配制而成。具有较好的硬度、光泽、耐水性、耐酸碱性及良好的耐候性、耐污染性等特点。目前使用较多的有丙烯酸酯外墙涂料和聚氨酯系外墙涂料。

②合成树脂乳液外墙涂料:以水为分散介质,以高分子合成树脂乳液为主要成膜物质。涂料中不含有机溶剂,不会对环境造成污染,施工方便,透气性好,耐候性好。常用的有乙丙乳液涂料、苯丙乳液涂料和聚丙烯酸酯乳液涂料等。

③复层建筑涂料:也称凹凸花纹涂料或浮雕涂料、喷塑涂料,由底涂层、主涂层和罩面层三部分组成。按主涂层主要成膜物质的不同,可分为聚合物水泥系复层涂料(CE)、硅酸盐系复层涂料(Si)、合成树脂乳液系复层涂料(E)、反应固化型合成树脂乳液系复层涂料(RE)四大类。

④无机外墙涂料:以碱金属硅酸盐或硅溶胶为主要成膜物质,加入填料、颜料、助剂等配制而成,主要成膜物质有碱金属硅酸盐和硅溶胶。这种涂料广泛用于各类外墙装饰,也可用于内墙和顶棚等的装饰。

2)内墙涂料

内墙涂料主要功能是装饰及保护室内墙面,使其美观整洁,增加居住环境的舒适度。

(1)内墙涂料的特点　为了获得良好的装饰效果,内墙涂料应具有以下特点:

①颜色一般应浅淡、明亮,内墙涂层与人们的距离比外墙涂层近,要求涂层质地平滑、细腻,色彩调和。

②墙面基层常有碱性,涂料的耐碱性应良好,室内湿度一般比室外高,同时为清洁内墙,涂层常要与水接触,要求涂料具有一定的耐水性及耐刷洗性。

③透气性好,室内常有水汽,透气性不好的墙面易结露,居住舒适性差。

④为保持优雅的居住环境,内墙面翻修次数较多,要求涂刷施工方便。

(2)常用的内墙涂料

①溶剂型内墙涂料:溶剂型内墙涂料与溶剂型外墙涂料基本相同,光洁度好,易冲洗,耐久性好;但其透气性差,易结露,施工时有大量溶剂挥发。较少用于住宅内墙,可用于厅堂、走廊等。常用的有过氯乙烯内墙涂料、聚乙烯醇缩丁醛内墙涂料、氯化橡胶内墙涂料、丙烯酸酯内墙涂料、聚氨酯系内墙涂料等。

②水溶性内墙涂料:水溶性内墙涂料以水溶液性化合物为基料,加入一定量的填料、颜料和助剂,经过研磨、分散后而成。《室内装饰装修材料　内墙涂料中有害物质限量》(GB 18582—2008)对水溶性内墙涂料中有害物质含量做了严格的限制,规定苯、甲苯、乙

苯、二甲苯含量总和不超过 300 mg/kg，游离甲醛含量不超过 100 mg/kg，挥发性有机化合物（VOC）的含量不超过 120 g/L，可分为Ⅰ类和Ⅱ类。其中Ⅰ类用于涂刷浴室、厨房内墙，Ⅱ类用于涂刷建筑物内的一般墙面。常用的有聚乙烯醇水玻璃内墙涂料、聚乙烯醇缩甲醛内墙涂料等。

③合成树脂乳液内墙涂料：又称乳胶漆，以合成树脂乳液为成膜物质的薄型内墙涂料。施工时有无机溶剂析出，可防止火灾。透气性好，可避免涂膜内外湿度差而鼓泡。目前，常用的品种有苯丙乳胶漆、乙丙乳胶漆和聚醋酸乙烯乳胶涂料等。

④其他内墙涂料：主要有多彩涂料、幻彩涂料、彩砂涂料、仿瓷涂料和天然真石漆等。

多彩涂料是一种新颖的内墙涂料，它由水、油两相组成。其特点是涂层色泽优雅，富有立体感，装饰效果好；涂膜质地较厚，具有弹性，类似壁纸，整体性好；涂膜耐油、耐水、耐腐、耐涂刷、耐久性好。多彩涂料经一次喷涂即可获得具有多种色彩的立体涂膜。适用于建筑物内墙和顶棚水泥、混凝土、砂浆、石膏板、木材、钢、铝等多种基面的装饰。

幻彩涂料是用特种树脂乳液和有机、无机颜料制成的水溶性涂料。具有无毒、无味、无接缝、不起皮等优点，并具有优良的耐水性、耐碱性和耐洗刷性，主要用于办公、住宅、宾馆、商店、会议室等的内墙、顶棚等的装饰，是目前较为流行的一种装饰性内墙高档涂料。

彩砂涂料是由合成树脂乳液、彩色石英砂、着色颜料及各种助剂组成。这种涂料无毒、不燃、附着力强，保色性及耐候性好，耐水性、耐酸碱腐蚀性也较好。彩砂涂料的立体感较强，色彩丰富，适用于各种场所的室内外墙面装饰。

仿瓷涂料又称瓷釉涂料，是一种质感与装饰效果酷似陶瓷釉面层的装饰涂料。可用于公共建筑内墙、住宅内墙、厨房、卫生间等处，还可用于电器、机械及家具的表面防腐与装饰。

天然真石漆是以天然石材为原料，经特殊加工而成的高级水溶性涂料。具有阻燃、防水、环保等特点，基层可以是混凝土、砂浆、石膏板、木材、玻璃、胶合板等。以防潮底漆和防水保护膜为配套产品，天然真石漆在室内外装饰、工艺美术、城市雕塑上有广泛的使用前景。

7.4　建筑胶粘剂

胶粘剂又称粘合剂或粘结剂，是一种具有良好粘结性能，能将相同或不同的材料构件粘结在一起的材料。胶结是一种不同于铆接、螺栓连接和焊接的一种新型连接方法。胶粘剂已成为现代土木工程材料的重要组成部分，广泛用于建筑制品的安装施工和修补加固等领域。

▶ 7.4.1　胶粘剂的组成和分类

1）胶粘剂的组成

胶粘剂是由基料、固化剂、增塑剂、稀释剂及填料等配制而成。其粘结性能取决于基料的特性，不同种类的胶粘剂，粘结强度和适用条件不尽相同。各组分的作用及常用原料见表 7.7。

表 7.7　胶粘剂的组成及常用原料

组　成	作　用	常用原料
基料	产生胶结强度、耐热性、韧性、耐介质性等	热固性树脂、热塑性树脂和合成橡胶类等
固化剂	促使粘结物质的化学反应,加速固化或硫化	胺类或酸酐类
增塑剂	提高胶层的柔韧性,提高抗剥离、抗冲击能力	邻苯二丁酯、邻苯二甲酸二辛酯
稀释剂	降低黏度,改善施工性能,增加浸润能力	丙酮、甲乙酮、乙酸乙酯、苯、甲苯和酒精等
填料	增加强度,提高耐热性,减少收缩,降低成本	石棉粉、铝粉、磁性铁粉、石英粉和滑石粉等

2)胶粘剂的分类

胶粘剂的分类方法很多,常用的有以下几种:

(1)按化学成分分　可分为有机胶粘剂和无机胶粘剂两大类,其中有机类中又可再分为天然有机类和人工合成有机类,具体分类如下:

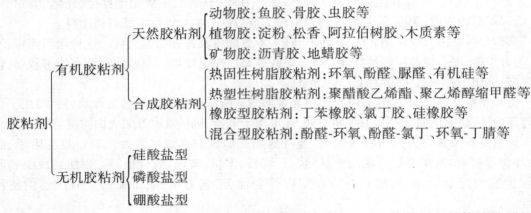

(2)按用途分　可分为结构胶粘剂、非结构胶粘剂和特种用途胶粘剂。结构胶粘剂的胶结强度较高,与被胶结物本身的材料强度相当,同时对耐油、耐热和耐水性等都有较高要求,常用的是环氧树脂胶粘剂。非结构胶粘剂有一定的强度,但不能承受较大的力,仅起定位作用,如聚醋酸乙烯酯等。

此外,还可按固化条件分为室温固化、低温固化、高温固化、光敏固化、电子束固化等胶粘剂。按形态可分为溶液类、乳液类、膏糊类、膜状类和固体类等胶粘剂。

▶ 7.4.2　胶粘剂的原理和技术要求

1)粘接的原理

胶粘剂之所以能牢固地粘接相同或不同的材料,是由于它们之间产生粘结力。主要体现在以下几个方面:

(1)机械粘接　被粘物表面是粗糙的,有些是多孔的,胶粘剂在粘合时不发生化学反应,而是能够渗透到被粘物表面的孔隙中去,硬化后形成许多微小的机械键合。胶粘剂主要依靠这些机械键合与被粘物牢固地粘接在一起。机械结合力对粘结强度的贡献与被粘物的表面状态有关。

（2）物理吸附　胶粘剂分子和被粘材料分子之间存在物理吸附力,即范德华力将材料粘接在一起。虽然范德华力能量较低,但由于原子和分子的数目相当多,所以这种物理吸附作用还是很大的。粘合剂分子与被粘材料表面分子之间在产生物理吸附的同时,还会发生互相扩散。分子相互扩散的结果增加了它们的物理吸附作用。

（3）化学键力　某些胶粘剂分子与被粘材料分子之间能发生化学反应形成化学键,将被粘物粘结在一起。化学键力结合强度很高,对抵抗破坏环境的侵蚀能力也很强。在许多情况下,化学键的作用能更好地解决胶结问题。

2）胶粘剂的技术要求

建筑胶粘剂应具备下列技术要求:

①在室温下或者通过加热、加溶剂或水而具有适宜的粘度,易流动。

②具有良好的浸润性,能充分浸润被粘物的表面,均匀地铺展和填没被粘物表面。

③在一定的温度、压力和时间等条件下,可通过物理和化学作用而固化。

④足够的强度和较好的其他物理力学性质。

⑤无毒环保,甲醛、甲苯、二甲苯等有害物质含量少。

▶ 7.4.3　常用的建筑胶粘剂

1）环氧树脂胶粘剂

环氧树脂胶粘剂由环氧树脂、硬化剂、增塑剂、稀释剂和填料等组成,是目前应用最多的胶粘剂,有"万能胶"之称。具有粘合力强、收缩小、化学稳定性好等特点,可有效解决新、旧混凝土之间的界面粘结问题,对金属、木材、玻璃、橡胶、皮革等也有很强的粘附力。

环氧树脂类胶粘剂种类很多,最常用的是双酚 A 环氧树脂,它以二酚基丙烷和环氧氯丙烷在碱性条件下缩聚而成,应用时加入适量的固化剂,固化成体型网状结构的固化物,并将两种被粘物体牢牢粘结成整体。

环氧树脂胶粘剂的主要特点有:

①粘结强度高,与大多数材料相比具有优良的粘附性。

②可用不同固化剂在室温或加温条件下固化。

③不含溶剂,能在接触压力下固化,反应过程中不放出小分子,收缩率小,仅为 1%~2%。

④固化后产物具有良好的耐腐蚀性、电绝缘性、耐水性、耐油性等。

⑤和其他高分子材料及填料的混溶性好,便于改性。

2）聚醋酸乙烯胶粘剂

由醋酸乙烯单体经聚合反应而得到的一种热塑性胶,又称"白乳胶"。常温固化速度较快,具有良好的粘结强度,以粘接各种非金属为主,广泛用于粘结墙纸、水泥增强剂、防水涂料、木材粘结剂。可单独使用,也可掺入水泥、羧甲基纤维素等作复合胶使用。但其耐水、耐热性较差,且徐变较大,常作为室温下使用的非结构胶。

3）聚乙烯醇缩甲醛胶粘剂

由聚乙烯醇和甲醛为主要原料,加入少量氢氧化钠和水,在一定条件下缩聚而成。具有

较高的粘结强度和较好的耐水、耐老化性,还能和水泥复合使用,可显著提高水泥基材料的耐磨性、抗冻性和抗裂性,可用来胶结塑料壁纸、墙布、瓷砖等。常用的有 107 胶或 801 胶等。

4)丙烯酸酯胶粘剂

以丙烯酸酯树脂为基料配以合适的溶剂而成。具有粘接强度高,成膜性好,能在室温下快速固化,抗腐蚀性、耐老化等优良性能。可用于胶接木材、纸张、皮革、玻璃、陶瓷、有机玻璃、金属等。常见的有 501 胶、502 胶。

5)酚醛树脂胶粘剂

属热固性高分子胶粘剂,具有很高的粘附性能,耐热性、耐水性好。缺点是胶层较脆,必须在加热、加压条件下粘接,经改性后可广泛用于金属、木材、塑料等材料的粘接,不改性时主要用来胶接木材、泡沫塑料、非金属材料等。

6)合成橡胶胶粘剂

也称氯丁橡胶胶粘剂,是以氯丁橡胶为基料,另加入其他树脂、增稠剂、填料等配制而成。其主体材料弹性高、柔性好,耐热性、耐燃性、耐油性和耐候性均较好。固化速度快,粘合后内聚力迅速提高,对大多数材料都有良好的粘合力。

7)其他专用胶粘剂

(1)瓷砖、大理石类胶粘剂:具有粘结强度高、防水性好,还具有耐水、耐化学侵蚀、操作方便、价格低等特点,适用于大理石、花岗岩、陶瓷锦砖等与水泥基层的粘结。主要用于厨房、卫生间等长期受水浸泡或其他化学侵蚀部位的装饰施工。常用品种有 AH-93 大理石胶粘剂、SG-8407 内墙瓷砖胶粘剂、TAM 型通用瓷砖胶粘剂、TAS 型高强耐水瓷砖胶粘剂和 TAG 型瓷砖勾缝剂等。

(2)塑料管材胶粘剂

①(PVC-U)816 胶粘剂:具有粘结强度高,耐湿热性、抗冻性、耐介质性好,干燥速度快,施工方便,价格便宜等特点。

②(PVC-U)901 胶粘剂:具有较好的粘结能力和防霉、防潮性能,适用于粘接各种硬质塑料管材、板材。

③(聚乙烯烃基塑料)ME 型热熔胶:以 EVA(乙烯-醋酸乙烯共聚物)为主体的单组分胶,具有耐酸、耐碱、耐老化、固化快、强度高等特点。主要用于 PP、PE 管材、板材的粘接。

④玻璃钢管道修补胶:主要用于玻璃钢管道裂纹、漏洞的快速修补,耐油、耐水性好。

(3)玻璃、有机玻璃专用胶粘剂

①AE 丙烯酸脂胶:无色透明的粘稠液体,能在室温下快速固化,无毒性。

②聚乙烯醇缩丁醛胶粘剂:耐水、耐腐蚀、粘结力强,且透明度高、耐老化、耐冲击。

③WH-2 型胶粘剂:无色透明胶状液体,耐水、耐油、耐碱、耐弱酸、耐盐雾腐蚀等。

④506 胶粘剂:具有耐酒精、汽油、海水,耐腐蚀、耐磨耗等优点。

本章小结

1.有机高分子化合物是一类分子量很大的化合物,也称聚合物或高聚物,具有轻质、节能、耐水、耐化学腐蚀、装饰性好、安装方便等优点,是继水泥、钢材、木材之后发展迅速的又一大类土木工程材料。

2.建筑塑料由树脂、填料和各种添加剂组成。与传统建材相比具有许多优点,如质轻、加工性能好、装饰性好、绝缘性能好、耐腐蚀性好、节能效果显著等。塑料门窗、塑料管道等广泛应用于工业与民用建筑。

3.建筑涂料主要由成膜物质和填料组成,具有色彩鲜艳、造型丰富、质感与装饰效果好、省工省料、造价低、工期短、工效高、自重轻、维修更新方便等优点,在建筑装饰工程中应用广泛。

4.建筑胶粘剂由主体材料和辅助材料配制而成,已成为装饰、装修、修补加固等工程重要的土木工程材料。

5.本章学习时应注意掌握塑料、涂料和胶粘剂3种常用高分子材料的基本组成、品种、性能、特点及其在工程中的应用。

6.本章依据的最新规范主要有:《未增塑聚氯乙烯(PVC-U)塑料门》(JG/T 180—2005)、《未增塑聚氯乙烯(PVC-U)塑料窗》(JG/T 140—2005)、《复层建筑涂料》(GB/T 9779—2005)、《建筑用墙面涂料中有害物质限量》(GB 18582—2020)、《聚合物乳液建筑防水涂料》(JC/T 864—2008)等。

复习思考题

一、填空题

1.高分子化合物的分子结构形状有_____结构和_____结构。

2.按受热时形态性能变化的不同,合成树脂可分为_____树脂和_____树脂两类。

3.塑料的主要组成包括_____,_____,_____和_____等。

二、选择题

1.常用的热塑性塑料是(　　)。

　A.聚乙烯　　　　　B.三聚氰胺　　　　C.脲醛　　　　　D.聚氯乙烯

2.在火中较难燃烧、离火后自熄的塑料是(　　)。

　A.聚氯乙烯　　　　B.聚乙烯　　　　　C.聚丙烯　　　　D.聚苯乙烯

3.下列胶粘剂中,(　　)可用于结构补强。

　A.502胶　　　　　B.107胶　　　　　C.白胶水　　　　D.环氧树脂

4.建筑涂料所用主要成膜物质有树脂和(　　)两类。

　A.油脂　　　　　　B.增塑剂　　　　　C.固化剂　　　　D.催干剂

5.下列四种外墙涂料中,(　　　)不属于溶剂型的涂料。

  A.苯乙烯焦油　　　B.丙烯酸乳液　　　C.过氧乙烯　　　D.聚乙烯醇缩丁醛

三、简答题

1.聚合树脂都是热塑性的,而缩合树脂则有热固性的也有热塑性的,原因是什么?

2.常用的建筑塑料制品有哪些?

3.试根据你在日常生活中的所见所闻,列举5种建筑塑料的名称。

4.简述内墙涂料与外墙涂料在功能与性能要求上的主要区别。

8 沥青和沥青混合料

〖**本章导读**〗

本章主要讲述石油沥青的组成结构、技术性质和技术标准，简要介绍煤沥青、乳化沥青和改性沥青的组成和应用。同时，还将阐述作为路面材料的沥青混合料的组成、结构、技术性质和热拌沥青混合料的配合比设计。

沥青是由天然形成或人工制造得到的一种有机胶凝材料，主要由多种高分子碳氢化合物及其非金属衍生物组成的复杂混合物。沥青在常温下呈黑褐色或黑色固体、半固体或粘稠状液体，能溶于多种有机溶剂。

沥青具有良好的粘结性、塑性、憎水性和绝缘性，对酸、碱、盐等侵蚀性液体与气体的作用有较高的稳定性，并具有热软、冷硬的特性，可广泛应用于工业与民用建筑、道路和水利工程等。

8.1 石油沥青

沥青的品种很多，按其在自然界获得的方式不同，可分为地沥青和焦油沥青两大类。

地沥青是指由地下原油演变或加工而得到的沥青，又分为天然沥青和石油沥青。天然沥青是指由于地壳运动使地下石油上升到地壳表层聚集或渗入岩石缝隙，再经过一定的地质年代，轻质成分挥发后的残留物经氧化形成的产物。石油沥青则是将原油分馏出各种石油产品后的残渣加工而成的。在土木工程中，以石油沥青最为常用。

焦油沥青是干馏有机燃料(煤、页岩、木材等)所收集的焦油经再加工而得到的一种沥青

材料。按干馏原料的不同,焦油沥青可分为煤沥青、页岩沥青、木沥青和泥炭沥青。工程上常用的焦油沥青是煤沥青。

▶ 8.1.1 石油沥青的组成和结构

石油沥青是由多种碳氢化合物[*]及其非金属衍生物组成的混合物,其组分主要是 C(80%~87%)和 H(10%~15%),其余是非羟元素(<3%),如 O、S、N 等。此外,还含有一些微量的金属元素。

由于沥青化学组成的复杂性和有机化合物的同分异构现象,许多沥青尽管化学元素组成相似,但性质却相差很大,目前的分析技术还不能将其分离为纯粹的化合物单体。目前对沥青组成和结构的研究主要集中在组分理论和胶体理论,结合沥青中各组分的含量、性质和胶体结构类型,可以较好地分析沥青的黏滞性、塑性和温度敏感性等重要性质。

1)沥青的组分

沥青的化学组分分析就是将沥青分离为化学性质相近,而且与其工程性能有一定联系的几个化学成分组,这些组就称为组分。

沥青的化学组分,根据试验方法的不同有不同的分组方法,主要有三组分分析法和四组分分析法。三组分是将沥青分为沥青质、油分和树脂 3 种组分。四组分是将沥青分为沥青质、胶质、芳香分和饱和分 4 种组分。我国目前在公路工程中广泛采用的是四组分分析法。

(1)沥青质 沥青质是无定形物质,又称为沥青烯,密度大于 1,不溶于乙醇、石油醚,易溶于苯、氯仿、四氯化碳等溶剂,颗粒的粒径为 5~30 nm,H/C 原子比为 1.16~1.28。沥青质在沥青中的含量一般为 5%~25%。随着沥青质含量的增加,沥青的粘结力、粘度增加,温度稳定性、硬度提高。所以,优质沥青必须含有一定数量的沥青质。

(2)胶质 胶质也称为树脂或极性芳羟,有很强的极性,这一突出特性使其具有很好的粘结力。胶质在沥青中的含量为 15%~30%,可溶于石油醚、汽油、苯等有机溶剂,H/C 原子比为 0.47~1.30。胶质是沥青的扩散剂或胶溶剂,胶质与沥青质的比例在一定程度上决定沥青是溶胶或是凝胶的特性。胶质赋予沥青可塑性、流动性和粘结性,对沥青的塑性、粘结力有很大的影响。

(3)芳香分 芳香分由沥青中最低分子量的环烷芳香化合物组成,是胶溶沥青的分散介质。芳香分在沥青中占 40%~65%,H/C 原子比为 1.56~1.67。

(4)饱和分 饱和分由直链羟和支链羟组成,是一种非极性稠状油类,H/C 原子比在 2 左右,在沥青中占 5%~20%,对温度较为敏感。

芳香分和饱和分都为油分,在沥青中起着润滑和柔软作用。油分含量越多,沥青的软化点越低,针入度越大,稠度越低。

油分经丁酮-苯脱蜡,在-20 ℃冷冻,可分离出固态的烷羟——蜡。蜡是石油沥青的有害成分,它会降低石油沥青的粘结力、塑性和温度稳定性。

---

[*] 本章以百分数给出的化学元素 C,H,O,S,N 等以及由它们组成的多种碳氢化合物及其非金属衍生物组成的混合物——沥青质、胶质、芳香分、饱和分等的含量,均指其质量分数。

2)沥青的结构

沥青的组分并不能全面地反映沥青的性质,沥青的性质还与沥青的结构有着密切的联系。现代胶体理论的研究认为,沥青是以沥青质为分散相,表面吸附胶质,胶质包裹沥青质形成胶团,分散在油分(芳香分和饱和分)中所形成的稳定的胶体。沥青中各组分的化学组成和相对含量不同,可以形成三种不同的胶体结构。

(1)溶胶型结构 沥青质含量较少(<10%),油分及树脂含量较多,胶团外膜较厚,胶团相对运动较自由,见图8.1(a)。这种结构的沥青粘滞性小,流动性大,塑性好,开裂后自行越合能力强,但温度稳定性较差,是液体沥青结构的特征。

(2)凝胶型结构 油分及树脂含量较少,沥青质含量较多(>30%),胶团外膜较薄,胶团靠近团聚,相互吸引力增大,相互移动困难,见图8.1(b)。这种结构的沥青弹性和粘性较高,温度敏感性较小,流动性、塑性较低。

(3)溶-凝胶型结构 当沥青质含量适当时(15%~25%),又含适量的油分和树脂。胶团的浓度增加,胶团间具有一定的吸引力,它介于溶胶型结构和凝胶型结构之间,称为溶-凝胶型结构,见图8.1(c)。这种结构的沥青在高温时温度稳定性好,低温时变形能力也好,现代高级路面所用的沥青都属于这类胶体结构类型。

(a)溶胶型结构 　　(b)凝胶型结构 　　(c)溶-凝胶型结构

图 8.1　沥青胶体结构示意图

▶ 8.1.2　石油沥青的主要技术性质

1)黏滞性

黏滞性(简称黏性)是指沥青材料在外力作用下沥青粒子产生相互位移时抵抗变形的性能,是反映材料内部阻碍其相对流动的一种特性,也是我国现行标准划分沥青标号的主要性能指标。

沥青的黏滞性与其组分及所处的温度有关。当沥青质含量较高、又有适量的胶质且油分含量较少时,黏滞性较大。在一定的温度范围内,温度升高,粘滞性随之降低,反之则增大。

(1)粘度 测定液态石油沥青粘滞性的常用技术指标。粘度试验如图8.2所示。液体状态的沥青材料在标准粘度计中,于规定的温度条件下(20 ℃,25 ℃,30 ℃或60 ℃),通过规定的流孔直径(3 mm,4 mm,5 mm 或 10 mm)流出 50 mL 体积所需的时间,以 s 计。试验条件以 $C_{T,d}$ 表示,其中 C 表示粘度,T 表示试验温度,d 表示流孔直径。例如某沥青在 60 ℃ 时,自 5 mm孔径流出 50 mL 沥青所需时间为 100 s,表示为 $C_{60,5}=100$ s。试验温度和流孔直径根据液体状态沥青的粘度选择。在相同温度和相同流孔条件下流出时间越长,表示沥青粘度越

大。我国液体沥青是采用粘度来划分技术等级的。

（2）针入度　一般固体或半固体石油沥青采用针入度来表示其粘滞性。针入度试验如图 8.3 所示。沥青的针入度是在规定的温度和时间内,附加一定质量的标准针垂直贯入试样的深度,以 0.1 mm 表示。试验条件以 $P(T, m, t)$ 表示,其中 P 表示针入度,T 表示试验温度,m 表示荷载重,t 表示贯入时间。针入度值越小,表示沥青粘度越大。

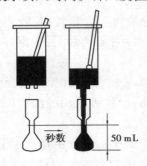

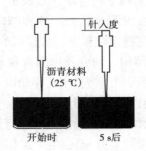

图 8.2　沥青粘度测定　　　　　　图 8.3　沥青针入度测定

我国现行试验方法《公路工程沥青及沥青混合料试验规程》(JTG E20—2011)规定:标准针和针连杆组合件及砝码的总质量为(100±0.05)g,常用的试验温度为 25 ℃,标准针贯入时间为 5 s。例如:某沥青在上述条件时测得针入度为 65(0.1 mm),可表示为:

$$P(25 \text{ ℃}, 100 \text{ g}, 5 \text{ s}) = 65(0.1 \text{ mm})$$

我国现行使用的粘稠沥青技术标准中,针入度是划分沥青技术等级的主要指标。针入度值越大,表明沥青越软(稠度越小)。

2）塑性

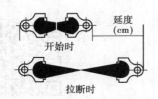

图 8.4　沥青延度测定

塑性是指石油沥青在受外力作用时产生变形而不破坏,除去外力后仍保持变形后形状的性质。石油沥青的塑性用延度表示。将沥青试样制成 8 字形标准试件,试件中间最狭处截面积为 1 cm^2,在规定温度(一般为 25 ℃)和速度(5 cm/min)的条件下在延伸仪上进行拉伸,以试件拉断时的伸长值作为延度(cm)。延度试验如图 8.4 所示。沥青的延度越大,塑性越好。

沥青的延度取决于沥青的胶体结构、组分和试验温度。当石油沥青中胶质含量较多且其他组分含量又适当时,塑性较大;温度升高,则延度增大;沥青膜层厚度越厚,则塑性越大。沥青的低温抗裂性、耐久性与其延度密切相关,沥青的延度值越大,对其越有利。

在常温下,塑性较好的沥青在产生裂缝时,也可能由于特有的塑性而自行愈合。可利用沥青的这一特点来制造良好的柔性防水材料。沥青的塑性还对冲击振动荷载有一定的吸收能力,并能减少摩擦时的噪声,故沥青也是一种优良的路面材料。

3）温度敏感性

温度敏感性是指石油沥青的粘滞性和塑性随温度升降而变化的性能。沥青材料是一种非晶质高分子混合材料,没有固定的熔点,在由固态转变为液态的阶段是一种粘滞流动状态,常以其中某一状态作为从固态转变到粘流态的起点,相应的温度则称为沥青的软化点。

软化点可通过"环球法"试验测定。它是把沥青试样装入规定尺寸(直径 15.88 mm,高 6 mm)的铜环内,试样上放置一标准钢球(直径 9.53 mm,质量 3.5 g),浸入水或甘油中,以 5 ℃/min 的速度升温,当沥青软化下垂至规定距离(25.4 mm)时的温度即为其软化点(℃),如图 8.5 所示。

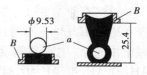

图 8.5 软化点测定

软化点为沥青受热由固态转变为具有一定流态时的温度。软化点越高,表明沥青的耐热性越好,即温度稳定性越好。在工程上使用的沥青要求有较好的温度稳定性,否则容易发生夏季流淌或冬季变脆,甚至开裂等现象。

任何一种沥青材料,当温度达到软化点时,其粘度皆相同。针入度是在规定温度下沥青的条件粘度,而软化点则是沥青达到规定条件粘度时的温度。所以,软化点既是反映沥青材料温度稳定性的一个指标,也是沥青粘度的一种量度。

4)加热稳定性

沥青在路面施工及使用过程中应具备良好的耐久性。《公路工程沥青及沥青混合试验规程》(JTG E20—2011)规定,要对沥青材料进行加热质量损失和加热后残渣性质的试验。对道路沥青采用薄膜加热试验(TFOT)或旋转薄膜烘箱试验(RTFOT)后,测定质量变化、25 ℃残留针入度比及 10 ℃或 15 ℃的残留延度。对于液体石油沥青采用沥青蒸馏试验,分别测定 225 ℃前、315 ℃前、360 ℃前蒸馏体积的变化,蒸馏后残留物的性质主要测定 25 ℃的针入度、25 ℃的延度、5 ℃的漂浮度。

(1)薄膜加热试验(TFOT) 将 50 g 沥青试样装入盛器皿(内径 140 mm,深9.5~10 mm)内,使沥青成为厚约3.2 mm 的沥青薄膜。沥青薄膜在(163±1)℃的标准薄膜加热烘箱中加热 5 h 后,取出冷却,测定其质量损失,并按规定的方法测定残留物的针入度、延度等技术指标。

(2)旋转薄膜烘箱试验(RTFOT) 将沥青试样在垂直方向旋转,沥青膜较薄,能连续鼓入热空气,以加速老化,使试验时间缩短为 75 min,而且试验结果精度较高。

(3)液体石油沥青蒸馏试验 蒸馏试验是将沥青在标准曲颈蒸馏器内加热测定。选择馏出阶段较接近,同时具有相同物理、化学性质的馏分含量,以占试样体积百分比表示。除非特殊要求,各馏分蒸馏的标准切换温度为225 ℃,316 ℃和360 ℃。通过该项试验可了解液体石油沥青含各温度范围内轻质挥发油的数量,并可根据对残留物的性质测定预估液体沥青在道路路面中的性质。

上述针入度、延度、软化点是评价粘稠石油沥青性能最常用的经验指标,也是划分沥青标号的主要依据,所以统称为沥青的"三大指标"。此外,还有溶解度、蒸发损失、蒸发后针入度比、含蜡量、闪点和含水量等,这些都是全面评价石油沥青性能的依据。

▶ 8.1.3 石油沥青的技术标准和选用

根据沥青的用途,可将沥青划分为道路石油沥青、建筑石油沥青、普通沥青等。其中道路石油沥青是沥青的主要类型。

1)道路石油沥青的技术标准

道路石油沥青可分为重交通道路石油沥青,中、轻交通道路石油沥青,道路用液体石油沥青和道路用乳化石油沥青等。其中,重交通道路石油沥青适用于修筑高速公路、一级公路和城市快速路、主干路等重交通道路。重交通道路沥青按针入度划分为 AH-130,AH-110,AH-90,AH-70,AH-50,AH-30 共 6 个标号,各标号沥青的技术指标要求见表8.1。

表 8.1　重交通道路石油沥青技术要求（GB/T 15180—2010）

试验项目	AH-130	AH-110	AH-90	AH-70	AH-50	AH-30
针入度(25 ℃,100 g,5 s),0.1 mm	120~140	100~120	80~100	60~80	40~60	20~40
延度(5 cm/min,15 ℃),cm ≥	100	100	100	100	80	报告
软化点,℃	38~51	40~53	42~55	44~57	45~58	50~65
闪点,℃ ≥	230					260
溶解度,% ≥	99.0					
密度(25 ℃),kg/m³	报告					
蜡含量,% ≤	3.0					
薄膜烘箱试验(163 ℃,5 h)						
质量变化,% ≤	1.3	1.2	1.0	0.8	0.6	0.5
针入度比,% ≥	45	48	50	55	58	60
延度(15 ℃),cm ≥	100	50	40	30	报告	报告

2)建筑石油沥青的技术标准

建筑石油沥青按针入度不同分为 40 号、30 号和 10 号三个标号。与道路石油沥青相比,其针入度小、延度较小、软化点较高。建筑石油沥青的技术要求见表8.2。

表 8.2　建筑石油沥青的技术要求（GB/T 494—2010）

项　目	质量指标		
	10 号	30 号	40 号
针入度(25 ℃,100 g,5 s),0.1 mm	10~25	25~35	36~50
针入度(46 ℃,100 g,5 s),0.1 mm	报告	报告	报告
针入度(0 ℃,200 g,5 s),0.1 mm ≥	3	6	6
延度(25 ℃,5 cm/min),cm ≥	1.5	2.5	3.5
软化点(环球法),℃ ≥	95	75	60
溶解度(三氯乙烯),% ≥	99.0		
蒸发后质量变化(163 ℃,5 h),% ≥	1		
蒸发后 25 ℃针入度比,% ≥	65		
闪点(开口杯法),℃ ≥	260		

3）石油沥青的选用

道路石油沥青主要用来拌制沥青混凝土或沥青砂浆,主要用于道路路面或车间地面等工程。普通石油沥青含有较多的蜡,温度稳定性差,与软化点相同的建筑石油沥青相比,针入度较大,塑性较差,故在土木工程上不宜直接使用,必须经过适当的改性处理后才能使用,否则,路面易出现严重的车辙现象。对比国际上气候条件相当的地区,许多地方宜使用 70 号或 50 号沥青,只有在很少寒冷地区适用于 90 号沥青,110 号沥青适用于中、轻交通的公路上。我国重载交通比例大,甚至有严重的超载情况,应适当选择针入度更小的沥青,努力扩大 AH-50 号沥青的适用范围。道路石油沥青有向粘稠的方向发展的趋势,以增强抗车辙能力,尤其是中、下面层。

道路石油沥青标号和等级的选用应满足下列要求:

①沥青路面采用的沥青标号,宜按照公路等级、气候条件、交通条件、路面类型及在结构层中的层位和受力特点、施工方法等,结合当地的使用经验,经技术论证后确定。

②高速公路、一级公路,夏季温度高、高温持续时间长、重载交通、山区及丘陵区上坡路段、服务区、停车场及行车速度慢的路段,宜采用稠度大,60 ℃动力粘度大的沥青。

③冬季寒冷地区或交通量小的公路、旅游公路宜选用稠度小、低温延度大的沥青。

④日温差、年温差大的地区宜选用针入度指数大的沥青。当高温要求与低温要求发生矛盾时,应优先考虑满足高温性能要求。

建筑石油沥青的粘性较大(针入度较小),耐热性较好(软化点较高),但延性较小(塑性较小)。主要用于建筑屋面及地下防水的胶结料,也可以用于制造涂料、油毡、嵌缝油膏和防腐材料等。

为避免夏季流淌,屋面用沥青材料的软化点应比当地气温下屋面可能达到的最高温度高 20 ℃以上。但软化点也不宜选择过高,否则冬季低温易发生硬脆甚至开裂。对一些不易受温度影响的部位,可选用标号较大的沥青。

8.2　其他沥青

▶ 8.2.1　煤沥青

煤沥青(俗称柏油)是由煤经干馏得到煤焦油,再经加工而制得。根据煤干馏的温度不同,分为高温煤焦油(700 ℃以上)和低温煤焦油(450～700 ℃)两类。路用煤沥青主要是由高温煤焦油加工而得。

1）煤沥青的化学组成和结构特点

（1）化学组成　煤沥青的组成主要是芳香族碳氢化合物及其氧、硫和氮的衍生物的混合物。

葛氏法分析煤沥青的化学组分是游离碳、树脂和油分。游离碳能增加沥青的粘滞性,提高其热稳定性,游离碳相当于石油沥青中的沥青质。硬树脂在沥青中能增加其粘滞性,也类

似于石油沥青中的沥青质;软树脂类似于石油沥青中的树脂。煤沥青中的油分与石油沥青中的油分类似,使煤沥青具有流动性。

（2）煤沥青的结构　煤沥青和石油沥青相类似,也是复杂的胶体分散系,游离碳和硬树脂组成的胶体微粒为分散相,油分为分散介质,而树脂为保护介质,它吸附于固态分散胶粒周围,逐渐向外扩散,并溶解于油分中,使分散系形成稳定的胶体物质。

2）煤沥青的技术性质

煤沥青与石油沥青相比,在技术性质上有下列差异:

（1）温度稳定性差　煤沥青是较粗的分散系,同时可溶性树脂含量较多,受热易软化,温度稳定性差。因此,加热温度和时间都要严格控制,更不宜反复加热,否则易引起性质急剧恶化。

（2）大气稳定性差　由于煤沥青中含有较多不饱和碳氢化合物,在热、阳光、氧气等长期综合作用下使煤沥青的组分变化较大,易老化变脆。

（3）与矿质材料表面粘附性能好　煤沥青组分中含有酸、碱性物质较多,它们都是极性物质,赋予煤沥青较高的表面活性和较好的粘附力,对酸、碱性集料均能较好地粘附。

（4）塑性较差　因煤沥青中含有较多的游离碳,使塑性降低,使用时易因受力变形而开裂。

（5）防腐性能好　煤沥青中含酚、萘、蒽油等成分,所以防腐性能好,故宜用于地下防水层及防腐材料。

3）煤沥青的工程应用

煤沥青的技术性能与石油沥青类似,但另有不同的特性,因而使用要求有一定区别。如煤沥青加热温度一般应低于石油沥青,加热时间宜短不宜长等。在通常情况下,煤沥青不能与石油沥青混用,否则会因两者在物理化学性质上的差异而导致絮凝结块现象。在储存和加工时必须将这两种沥青严格区分开来。

▶ 8.2.2 乳化沥青

乳化沥青是将粘稠沥青热融,再经高速离心、搅拌及剪切等机械作用,使沥青形成细小的微粒(2~5 μm),均匀分散在含有乳化剂和稳定剂的水中所形成的水包油(O/W)型沥青乳液。

1）乳化沥青的组成材料

乳化沥青主要由沥青、乳化剂、稳定剂和水等组成。

（1）沥青　沥青是乳化沥青组成的主要材料,占55%~70%,沥青的性质直接决定乳化沥青成膜性能和路用性质。相同油源和工艺的沥青,针入度大者易于形成乳液。沥青中沥青酸总量大于1%的沥青,易于形成乳化沥青。

（2）乳化剂　乳化沥青的性质极大程度上依赖于乳化剂的性能,是乳化沥青形成的关键材料。它是"两亲性"分子,分子的一部分具有亲水作用,而另一部分具有亲油性质,这两个基团具有使互不相溶的沥青与水连接起来的特殊性能。

（3）稳定剂　主要采用无机盐类和高分子化合物,用于防止已经分散的沥青乳液在储存期彼此凝聚,以及保证在施工喷洒或拌和的机械作用下有良好的稳定性。

(4)水 水是乳化沥青的主要组成部分,在乳化沥青中起着润湿、溶解及化学反应的作用。要求纯净,不含其他杂质。水的用量一般为30%~70%。

2)乳化沥青的应用

乳化沥青常用于修筑路面,也可用作路面抗滑表层。不论是阳离子型乳化沥青或阴离子型乳化沥青,均有两种施工方法:

(1)洒布法 如透层、粘层、表面处治或贯入式沥青碎石路面。

(2)拌和法 如沥青碎石或沥青混合料路面。

各种牌号乳化沥青的用途见表8.3。

表8.3 几种牌号乳化沥青的用途

类 型	阳离子乳化沥青(C)	阴离子乳化沥青(A)	用 途
洒布型(P)	PC-1	PA-1	表面处治或贯入式路面及养护
	PC-2	PA-2	透层油用
	PC-3	PA-3	粘结层用
拌和型(B)	BC-1	BA-1	拌制沥青混凝土或沥青碎石
	BC-2	BA-2	拌制加固土
	BC-3	BA-3	

乳化沥青亦可用于土木工程,多为阴离子性乳化沥青,用作屋面防水、地下防渗防漏以及管道防腐材料。

▶ 8.2.3 改性沥青

随着现代土木工程的发展,要求沥青具有良好的综合性能。建筑石油沥青要求在低温下具备良好的弹性和塑性;在高温下具备足够的强度和稳定性;在加工和使用中具有抗老化能力。道路石油沥青应具有较高的流变性能、与集料的粘附性、较长的耐久性等方面的技术性质。

改性沥青是指掺加橡胶、树脂、高分子聚合物、磨细的橡胶粉或其他填料等掺加剂(改性剂),或采用对沥青轻度氧化加工等措施,使沥青的性能得以改善而制成的沥青材料。

用于改性的掺加剂很多,一般按所用掺加剂不同将改性沥青分为以下几类:

(1)橡胶类改性沥青 掺加剂主要有天然橡胶乳液、丁苯橡胶、氯丁橡胶、聚丁二烯橡胶、嵌段共聚物(苯乙烯-丁二烯-苯乙烯,即SBS)及再生橡胶。橡胶改性沥青的特点是低温变形能力提高,韧性增大,高温粘度增大。目前国际上40%左右的改性沥青都采用了SBS。

(2)树脂类改性沥青 掺加剂主要有聚乙烯(PE)、聚丙烯(PP)、聚氯乙烯等热塑性树脂。由于它们的价格较为便宜,所以很早就被用来改善沥青。聚乙烯和聚丙烯改性沥青的性能,主要是提高沥青的粘度,改善高温稳定性,同时可增大沥青的韧性。

(3)纤维类改性沥青 掺加剂主要有石棉、聚丙烯纤维、聚酯纤维、纤维素纤维等。纤维

类材料加入沥青中,可显著提高沥青的高温稳定性,同时可增加低温抗拉强度。纤维类改性沥青对纤维的掺配工艺要求很高。

(4)矿粉类改性沥青 掺加剂主要有滑石粉、石灰粉、云母粉和硅藻土粉等。这类矿物粉料的掺入,可提高沥青的粘结能力和耐热性,减少沥青的温度敏感性。

8.3 沥青混合料的组成和性质

沥青混合料是用适量的沥青材料与一定级配的矿质集料经过充分拌和而形成的混合物。将这种混合物加以摊铺、碾压成型,即成为各种类型的沥青路面。

► 8.3.1 沥青混合料的分类和特点

沥青混合料的种类很多,按混合料密实度分为密级配沥青混合料(剩余空隙率<10%)、半开级配沥青混合料(剩余空隙率6%~12%)和开级配沥青混合料(剩余空隙率>18%)。按矿质集料级配类型分为连续级配沥青混合料和间断级配沥青混合料。按施工温度可分为热拌沥青混合料和常温沥青混合料。由于热拌沥青混合料具有良好的工作性能,故在工程中得到广泛应用。热拌沥青混合料种类见表8.4。

表8.4 热拌沥青混合料种类

混合料类型	密级配			开级配		半开级配	公称最大粒径/mm	最大粒径/mm
	连续级配		间断级配	间断级配				
	沥青混凝土	沥青稳定碎石	沥青玛蹄脂碎石	排水式沥青磨耗层	排水式沥青碎石基层	沥青碎石		
特粗式	—	ATB-40			ATPB-40	—	37.5	53.0
粗粒式	—	ATB-30			ATPB-30		31.5	37.5
	AC-25	ATB-25			ATPB-25		26.5	31.5
中粒式	AC-20	—	SMA-20			AM-20	19.0	26.5
	AC-16	—	SMA-16	OGFC-16		AM-16	16.0	19.0
细粒式	AC-13	—	SMA-13	OGFC-13		AM-13	13.2	16.0
	AC-10	—	SMA-10	OGFC-10		AM-10	9.5	13.2
砂粒式	AC-5	—	—	—		AM-5	4.75	9.5
设计空隙率/%	3~5	3~6	3~4	>18	>18	6~12		

沥青玛蹄脂碎石混合料(SMA)和开级配沥青磨耗层(OGFC)是两种新型的沥青混合料。SMA是由沥青、纤维稳定剂、细集料以及较多的填料组成的沥青玛蹄脂,填充于间断级配的粗集料骨架间隙所形成的沥青混合料。SMA属于骨架密实结构,具有耐磨抗滑、密实耐久、抗疲劳、抗高温车辙、减少低温开裂等优点。OGFC的空隙率较普通沥青碎石大,一般在20%左

右,属骨架空隙结构,具有排水和抗滑性、噪声低、高温稳定性好等特点。

沥青混合料是一种粘弹性材料,具有良好的力学性质,用其摊铺的路面平整,无接缝,而且具有一定的粗糙度;具有路面减震、吸声功能,无强烈反光,使行车舒适、安全;施工方便,不需养护,能及时开放交通,且能再生利用。因此,沥青混合料广泛应用于高速公路、干线公路和城市道路路面。

但是,沥青混合料目前也存在易老化和温度稳定性差的缺点。

▶ 8.3.2 沥青混合料的组成结构

沥青混合料主要由矿质集料、沥青和空气 3 相组成,有时还含有水分,属典型的多相多组分体系。根据粗、细集料的比例不同,其结构组成有悬浮密实结构、骨架空隙结构和骨架密实结构 3 种形式,如图8.6所示。

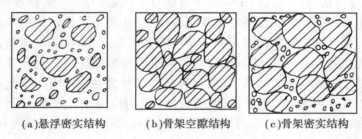

(a)悬浮密实结构　　　　(b)骨架空隙结构　　　　(c)骨架密实结构

图 8.6　沥青混合料的组成结构

1)悬浮密实结构

一般来说,连续级配的沥青混合料是密实式混合料,空隙率在 5%~6%以下。由于这种级配中粗集料相对较少,细集料的数量较多,粗集料被细集料挤开。因此,粗集料以悬浮状态存在于细集料之间,如图 8.6(a)所示,这种结构称为悬浮密实结构。

由于悬浮密实结构的沥青混合料各级粒料都有,且粗颗粒较少而不接触,不能形成骨架作用,因而高温稳定性较差。但连续级配一般不会发生粗细粒料离析,便于施工,故在道路工程中应用较多。

2)骨架空隙结构

对于间断级配的沥青混合料,由于细集料的数量较少,且有较多的空隙,粗集料能够相互靠拢,不被细集料所推开,细集料填充在粗集料的空隙之中,形成骨架空隙结构,如图 8.6(b)所示。

从理论上来说,骨架空隙结构的粗集料充分发挥了嵌挤作用,使集料之间的摩阻力增大,从而使沥青混合料受沥青材料的影响较小,稳定性较好,且能够形成较高的强度,是一种比连续级配更为理想的组成结构。但是,由于间断级配的粗、细集料容易分离,因此在一般工程中应用不多。当沥青路面采用这种形式的沥青混合料时,沥青面层下必须做下封层。

3)骨架密实结构

骨架密实结构是综合以上两种方式组成的结构。混合料中既有一定数量的粗集料形成骨架结构,又有足够的细集料填充到粗集料之间的空隙中去,形成较高密实度的结构,如图

8.6(c)所示。间断密级配的沥青混合料,即是上面两种结构形式的有机结合。

这种结构的沥青混合料,其密实度、强度和稳定性都比较好,但目前采用这种结构形式的沥青混合料路面还不多。

▶ 8.3.3 沥青混合料的技术性质

1)高温稳定性

高温稳定性是指混合料在高温情况下,承受外力的不断作用,抵抗永久变形的能力。沥青是热塑性材料,沥青混合料在夏季高温下,因沥青粘度降低而软化,以致在车轮荷载作用下产生永久变形,路面出现泛油、推挤、车辙等病害,影响行车舒适和安全。因此,沥青混合料必须在高温下仍具有足够的强度和刚度,即具有良好的高温稳定性。

影响沥青混合料高温稳定性的主要因素有沥青的用量和粘度、矿料的级配、形状和尺寸等。沥青过量,不仅降低沥青混合料的内摩阻力,而且在夏季容易产生泛油现象,因此,适当减少沥青的用量,可以使矿料颗粒更多地以结构沥青的形式相联结,增加沥青混合料的粘聚力和内摩阻力,提高沥青的粘度,增加沥青混合料抗剪变形的能力。由合理矿料级配组成的沥青混合料,可以形成骨架密实结构,这种混合料的粘聚力和内摩阻力都比较大。在矿料的选择上,尽量选用有棱角的矿料颗粒,以提高混合料的内摩擦角。另外,还可加入一些外加剂来改善沥青混合料的性能。以上这些措施都可提高沥青混合料的抗剪强度和减少塑性变形,从而增强沥青混合料的高温稳定性。

2)低温抗裂性

沥青混合料抵抗低温收缩的能力称为低温抗裂性。由于沥青混合料随着温度的降低,通常会变脆变硬,变形能力下降,在温度下降所产生的温度应力和外界荷载应力的作用下,路面内部的应力来不及松弛,应力逐渐累积下来,这些累积应力超过沥青混合料的容许应力值时即发生开裂,从而导致沥青混合料路面的破坏,所以沥青混合料在低温时应具有较大的抗变形能力来满足低温抗裂性能。

沥青混合料的低温裂缝是由混合料的低温脆化、低温缩裂和温度疲劳引起的。为防止或减少沥青路面的低温开裂,可选用粘度相对较低的沥青,或采用橡胶类的改性沥青,同时适当增加沥青用量,以增强沥青混合料的柔韧性。

3)耐久性

耐久性是指沥青混合料在外界各种因素(如阳光、空气、水、车辆荷载等)的长期作用下仍能基本保持原有性能的能力。沥青混合料路面长期受到自然因素和重复车辆荷载的作用,为保证路面具有较长的使用年限,沥青混合料必须具有良好的耐久性。沥青混合料的耐久性有多方面的含义,其中较为重要的是水稳定性、耐老化性和耐疲劳性。

影响沥青混合料耐久性的主要因素有:沥青与集料的性质、沥青的用量、沥青混合料的压实度与空隙率等。从材料的性质来看,优质的沥青不易老化;坚硬的集料不易风化、破碎;集料中碱性成分含量多,与沥青粘结性好,沥青混合料的寿命则较长。从沥青的用量来看,适当增加沥青的用量,可以有效地减少路面裂缝的产生。从沥青混合料的压实度和空隙率来看,压实度越大,路面承受车辆荷载的能力越强;空隙率越小,可以越有效地防止水分的渗入以及阳光对沥青的老化作用,同时对路基起到一定的保护作用。但空隙率不能过小,必须留有一定的空间以适应夏季的膨胀。

4)抗滑性

沥青路面的抗滑性关乎道路交通安全,随着车辆行驶速度的增加,路面的抗滑性显得尤为重要。为提高路面的抗滑性,必须增加路面的粗糙度,对于面层集料应选用质地坚硬、具有棱角的碎石。如高速公路,通常采用玄武岩。为节省投资,也可采用玄武岩与石灰岩混合使用的办法,这样,等路面使用一段时间后,石灰岩集料被磨平,玄武岩集料相对突出,更能增加路面的粗糙性。另外,集料的颗粒可适当大些,沥青用量少些,并对沥青中的含蜡量进行严格控制,以提高路面的抗滑性。

5)施工和易性

沥青混合料应具备良好的施工和易性,使混合料易于拌和、摊铺和碾压。影响施工和易性的主要因素是混合料的级配和沥青用量。粗、细集料的颗粒大小相距过大,缺乏中间尺寸,混合料容易分层层积;细集料太少,沥青层难以均匀地分布在粗颗粒表面;细集料过多,则使拌和困难。当沥青用量过少,或矿粉用量过多时,混合料容易产生疏松,不易压实。反之,如沥青用量过多,或矿粉质量不好,则容易使混合料粘结成团块,不易摊铺。

8.4 沥青混合料的配合比设计

沥青混合料配合比设计的任务是确定粗集料、细集料、矿粉和沥青之间的最佳组成比例,使沥青混合料的各项指标既达到工程要求,又符合经济性原则。

▶ 8.4.1 沥青混合料组成材料的技术要求

沥青混合料的技术性质决定于组成材料的性质、配合比及制备工艺等因素,其中组成材料的质量是首先需要关注的问题。

1)沥青材料

沥青是沥青混合料中最重要的组成材料,其性能直接影响沥青混合料的各种技术性质。沥青路面所用的沥青标号,宜按照公路等级、气候条件、交通性质、路面类型及在结构层中的层位及受力特点、施工方法等,结合当地的使用经验确定。沥青标号可根据道路所属的气候分区按《公路沥青路面施工技术规范》(JTG F40—2004)中的规定选用。

2)粗集料

粗集料可采用碎石、破碎砾石、筛选砾石、钢渣、矿渣等,但高速公路和一级公路不得使用筛选砾石和矿渣。粗集料要求洁净、干燥、坚硬、表面粗糙、形状接近立方体,且无风化、无杂质,并具有足够的强度、耐磨耗性。

3)细集料

细集料可采用天然砂、机制砂、石屑。细集料应洁净、干燥、无风化、无杂质,并有适当的颗粒级配。细集料的洁净程度,天然砂以小于 0.075 mm 含量的百分数表示,石屑和机制砂以砂当量(适用于 0~4.75 mm)或亚甲蓝值(适用于 0~2.36 mm 或 0~0.15 mm)表示。

4)填料

填料的作用非常重要,沥青混合料主要依靠沥青与矿粉的交互作用形成具有较高粘结力的沥青胶浆,将粗、细集料结合成一个整体。沥青混合料所用矿粉可采用石灰岩或岩浆岩中的强基性岩石等憎水性石料经磨细得到的矿粉。

▶ 8.4.2 沥青混合料的配合比设计

沥青混合料配合比设计包括:试验室配合比设计、生产配合比设计和试拌试铺配合比调整等 3 个阶段。这里主要介绍试验室配合比设计。

1)试验室配合比设计

试验室配合比设计包括矿质混合料的组成设计和沥青最佳用量确定两部分。

(1)矿质混合料的组成设计　矿质混合料的组成设计是将各种矿料以最佳比例相混合,从而加入沥青后,使沥青混凝土既密实,又有一定的空隙,供夏季沥青的膨胀。矿质混合料的组成设计分下列几步:

①确定沥青混合料的类型。根据公路等级、路面类型及所处结构层位选择沥青混合料的类型,可参照表 8.5。

表 8.5　沥青路面各层适用的沥青混合料类型(JTG F40—2004)

结构层次	高速公路、一级公路、城市快速路、主干路		其他等级公路		一般城市道路及其他道路工程	
	三层式沥青混凝土路面	两层式沥青混凝土路面	沥青混凝土路面	沥青碎石路面	沥青混凝土路面	沥青碎石路面
上层式	AC-13 AC-16 AC-20	AC-13 AC-16	AC-13 AC-16	AC-13 —	AC-5 AC-10 AC-13	AM-5 AM-10
中层	AC-20 AC-25	—	—	—	—	—
下层式	AC-25 AC-30	AC-20 AC-25 AC-30	AC-20 AC-25 AC-30 AM-25 AM-30	AM-25 AM-30	AC-20 AC-25 AM-25 AM-30	AC-25 AM-30 AM-40

②确定矿质混合料的级配范围。根据已确定的沥青混合料类型,查表 8.6,确定所需矿料的级配范围。

表 8.6 沥青混合料级配及沥青用量范围(方孔筛)(JTG F40—2004)

级配类型		通过下列筛孔(方孔筛孔径,mm)的质量百分率,%														沥青用量,%
类别	级配	53.0	37.5	31.5	26.5	19.0	16.0	13.2	9.5	4.75	2.36	1.18	0.6	0.3	0.15	0.075	
沥青混凝土 粗粒	AC-30 I	100	90~100	79~92		66~82	59~77	52~72	43~63	32~52	25~42	18~32	13~25	8~18	5~13	3~7	4.0~6.0
沥青混凝土 粗粒	AC-30 II		100	90~100	65~85	52~70	45~65	38~58	30~50	18~38	12~28	8~20	4~14	3~11	2~7	1~5	3.0~5.0
沥青混凝土 粗粒	AC-25 I			100	95~100	75~90	62~82	53~73	43~63	32~52	25~42	18~32	13~25	8~18	6~13	3~7	4.0~6.0
沥青混凝土 粗粒	AC-25 II			100	90~100	65~85	52~70	42~62	32~52	20~40	13~30	9~23	6~16	4~12	3~8	2~5	3.0~5.0
沥青混凝土 中粒	AC-20 I				100	95~100	75~90	62~80	52~72	38~58	28~46	20~34	15~27	10~20	4~14	4~8	4.0~6.0
沥青混凝土 中粒	AC-20 II				100	90~100	65~85	52~72	40~60	34~52	22~38	14~28	8~20	5~14	3~10	2~6	3.5~5.5
沥青混凝土 中粒	AC-16 I					100	95~100	75~90	58~78	42~63	32~50	22~37	16~28	11~21	7~15	4~8	4.0~6.0
沥青混凝土 中粒	AC-16 II					100	90~100	65~85	50~70	30~50	18~35	12~26	7~19	4~14	3~9	2~5	3.5~5.5
沥青混凝土 细粒	AC-13 I						100	95~100	70~88	48~68	36~53	24~41	18~30	12~22	8~16	4~8	4.5~6.5
沥青混凝土 细粒	AC-13 II						100	90~100	60~80	34~52	22~38	14~28	8~20	5~14	3~10	2~6	4.0~6.0
沥青混凝土 细粒	AC-10 I							100	95~100	55~75	38~58	26~43	17~33	10~24	6~16	4~9	5.0~7.0
沥青混凝土 细粒	AC-10 II							100	90~100	40~60	24~42	15~30	9~22	6~15	4~10	2~6	4.5~6.5
沥青混凝土 砂	AC-5 I								100	95~100	55~75	35~55	20~40	12~28	7~18	5~10	6.0~8.0
沥青碎石 特粗	AM-40	100	90~100	50~80	40~65	30~54		20~45	13~38	5~25	2~15	0~10	0~8	0~6	0~5	0~4	2.5~4.0
沥青碎石 粗粒	AM-30		100	90~100	50~80	38~65	32~57	25~50	17~42	8~30	2~20	0~15	0~10	0~8	0~5	0~4	2.5~4.0
沥青碎石 粗粒	AM-25			100	90~100	50~80	43~73	38~65	25~55	10~32	2~20	0~14	0~10	0~8	0~6	0~5	3.4~4.5
沥青碎石 中粒	AM-20				100	90~100	60~85	50~75	40~65	15~40	5~22	2~16	1~12	0~10	0~8	0~5	3.4~4.5
沥青碎石 中粒	AM-16					100	90~100	60~85	45~68	18~42	6~25	3~18	1~14	0~8	0~8	0~5	3.4~4.5
沥青碎石 细粒	AM-13						100	90~100	50~80	20~45	8~28	4~20	2~16	0~10	0~8	0~6	3.4~4.5
沥青碎石 细粒	AM-10							100	85~100	35~65	10~35	5~22	2~16	0~12	0~9	0~6	3.4~4.5
抗滑表层	AK-13A						100	90~100	60~80	30~53	20~40	15~30	10~23	7~18	5~12	4~8	3.5~5.5
抗滑表层	AK-13B						100	85~100	50~70	18~40	10~30	8~22	5~15	3~12	3~9	2~6	3.5~5.5
抗滑表层	AK-16					100	90~100	60~82	45~70	25~45	15~35	10~25	8~18	6~13	4~10	3~7	3.5~5.5

③检测组成材料的原始数据。现场取样,测定粗集料、细集料和矿粉的表观密度,并进行筛分以绘出各组成材料的筛分曲线。

④计算矿质混合料配合比。根据各组成材料的试验结果,采用图解法或数解法,求出已知级配的粗集料、细集料和矿粉之间的比例关系。并使合成的配合比符合:(a)合成级配曲线宜尽量接近设计级配中限,尤其应使 0.075,2.36 和 4.75 mm 筛孔的通过量接近设计级配范围中限;(b)对交通量大、轴载重的公路,宜偏向级配范围的下(粗)限,对中轻交通或人行道路等宜偏向级配范围的上(细)限;(c)合成级配曲线应接近连续或有合理的间断级配,不得有过多的犬牙交错。经多次调整,仍有两个以上的筛孔超出级配范围时,必须对原材料进行调整或更换原材料重新设计。

(2)沥青最佳用量的确定   一般采用马歇尔试验法来确定沥青最佳用量。其方法是:

①按所设计的矿料配合比配制矿质混合料,以规定推荐的沥青用量(或油石比)为中值,按 0.5% 间隔递增,拌和均匀,制成 5 组马歇尔试件。

②测出试件的密度,并计算空隙率、沥青饱和度、矿料间隙率等物理指标。

③进行马歇尔试验,测定稳定度和流值两个力学指标。

④以沥青用量为横坐标,以实测密度、空隙率、饱和度、稳定度、流值为纵坐标,分别将试验结果标在图中,连成圆滑的曲线,如图 8.7 所示。

⑤从图中取相应于密度最大值的沥青用量 a_1,相应于稳定度最大值的沥青用量 a_2,相应于规定空隙率范围的中值的沥青用量 a_3,以三者平均值作为最佳沥青用量的初始值 OAC_1:

$$OAC_1 = \frac{a_1 + a_2 + a_3}{3} \tag{8.1}$$

⑥根据沥青混合料马歇尔试验技术标准(见表 8.7),确定各关系曲线上沥青用量范围,取各沥青用量范围的共同区间,即为沥青最佳用量范围 $OAC_{min} \sim OAC_{max}$,求其中值 OAC_2:

$$OAC_2 = \frac{OAC_{min} + OAC_{max}}{2} \tag{8.2}$$

⑦按最佳沥青用量初始值 OAC_1,在图 8.7 中取相应的各项指标值,当各项指标值均符合表 8.7 中的各项马歇尔试验技术标准时,由 OAC_1 和 OAC_2 确定最佳沥青用量(OAC),如不能符合表 8.7 中的规定时,应重新进行级配调整和计算,直至各项指标均符合要求。

⑧根据气候条件和实践经验,最佳沥青用量 OAC 的确定有下列三种情况:

(a)一般情况下,取 OAC_1 和 OAC_2 的中值作为最佳沥青用量。

(b)对热区道路以及车辆渠化交通的高速公路、一级公路、城市快速路、主干路,预计有可能造成较大车辙的情况下,可在 OAC_2 和 OAC_{min} 范围内确定,但不宜小于 OAC_2 的 0.5%。

(c)对寒区道路及其他等级公路与城市道路,可在 OAC_2 和 OAC_{max} 范围内确定,但不宜大于 OAC_2 的 0.3%。

⑨按最佳沥青用量(OAC)制作马歇尔试件,进行浸水马歇尔试验。当残留稳定度不符合表 8.7 规定的要求时,应重新进行配合比试验。当最佳沥青用量(OAC)值与两初始值 OAC_1 和 OAC_2 相差较大时,应按 OAC,OAC_1(或 OAC_2)分别制作试件,进行残留稳定度试验,根据试验结果适当调整 OAC 值。

⑩按最佳沥青用量 OAC 制作车辙试验试件,检验其高温抗车辙能力。当动稳定度不符合

下列要求时,即高速公路应不小于 800 次/mm,一级公路应不小于 600 次/mm,应对矿料级配或沥青用量进行调整,重新进行配合比设计。

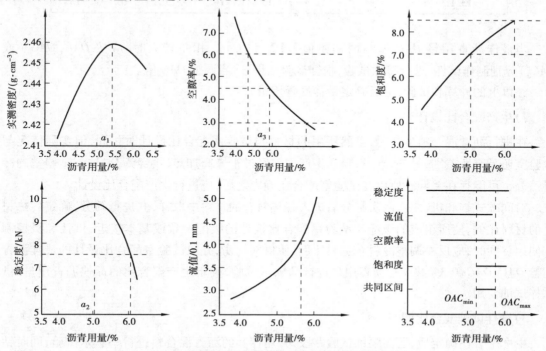

图 8.7 马歇尔试验各项指标与沥青用量的关系图

表 8.7 热拌沥青混合料马歇尔试验技术指标(JTG F40—2004)

项 目		沥青混合料类型	高速公路、一级公路、城市快速路、主干路	其他等级公路及城市道路	行人道路
击实次数,次		沥青混凝土	两面各 75	两面各 50	两面各 35
		沥青碎石、抗滑表层	两面各 50	两面各 50	两面各 35
技术指标	稳定度 MS,kN	Ⅰ型沥青混凝土	>7.5	>5.0	>3.0
		Ⅱ型沥青混凝土、抗滑表层	>5.0	>4.0	—
	流值 FL,0.1 mm	Ⅰ型沥青混凝土	20~40	20~45	20~50
		Ⅱ型沥青混凝土、抗滑表层	20~40	20~45	—
	空隙率 VV,%	Ⅰ型沥青混凝土	3~6	3~6	2~5
		Ⅱ型沥青混凝土、抗滑表层	4~10	4~10	—
		沥青碎石	>10	>10	
	沥青饱和度 VFA,%	Ⅰ型沥青混凝土	70~85	70~85	75~90
		Ⅱ型沥青混凝土、抗滑表层	60~75	60~75	—
	残留稳定度 MS,%	Ⅰ型沥青混凝土	>75	>75	>75
		Ⅱ型沥青混凝土、抗滑表层	>70	>70	—

注:①粗粒式沥青混凝土的稳定度可降至 1~1.15 kN。

②Ⅰ型细粒式及砂粒式沥青混凝土的空隙率可放宽至 2%~6%。

③沥青混凝土混合料的矿料间隙率(VMA)宜符合表要求:

沥青最大粒径,mm	37.5	31.5	26.5	19.0	13.2	9.5	4.75
$VMA,\% \geqslant$	12	12.3	13	14	15	16	18

当最佳沥青用量 OAC 值与两初始值 OAC_1 和 OAC_2 相差较大时,应按 OAC, OAC_1 (或 OAC_2)分别制作试件,进行车辙试验,根据试验结果,适当调整 OAC 值。

经以上的计算和试验,最后确定最佳沥青用量。

2)生产配合比设计

在进行沥青混合料生产时,虽然所用的材料与试验室配合比设计时相同,但实际情况与试验室还是有所差别;另外,砂、石料在生产中先经过干燥筒加热,再经筛分,这与试验室的冷料筛分也可能存在差异。所以在试验室配合比确定之后,应进行生产配合比设计。

对间歇式拌和机,应从两次筛分后进入各热料仓的材料中取样,并进行筛分,确定各热料仓的材料比例,使所组成的级配与试验室配合比设计的级配一致或基本接近,供拌和机控制室使用。同时,应反复调整冷料仓进料比例,使供料均衡,并取试验室配合比设计的最佳沥青用量 OAC, $OAC\pm0.3\%$ 共 3 个沥青用量进行马歇尔试验,确定生产配合比的最佳沥青用量,供试拌试铺使用。

3)试拌试铺配合比调整

生产配合比确定后,还需要铺试验路段,并用拌和的沥青混合料进行马歇尔试验,同时钻取芯样,以检验生产配合比,如符合标准要求,则整个配合比设计完成,由此确定生产用的标准配合比。否则,还需要进行调整。

标准配合比即作为生产的控制依据和质量检验标准。标准配合比的矿料合成级配中,0.075 mm、2.36 mm、4.75 mm 三档筛孔的通过率,应接近要求级配的中值。

▶ 8.4.3 沥青混合料的配合比设计实例

【例题】试用马歇尔法设计沪宁高速公路路面上面层用沥青混合料的配合组成。

1)原始资料

(1)道路等级:高速公路;

(2)气候条件:属于温和地区;

(3)路面类型:三层式沥青混凝土路面的上面层,结构层厚度为 3 cm;

(4)材料技术性能:沥青材料符合 AH-70 指标;粗集料采用玄武岩,密度 2.864 g/cm³,与沥青的粘附情况评定为 5 级,压碎值 14.7%,磨耗值 18.8%(洛杉矶法),针片状颗粒含量 12.3%,磨光值 46.3,吸水率 1.3%;作为细集料的石屑采用玄武岩,密度 2.812 g/cm³,表观密度为 2.63 g/cm³;矿粉表观密度为 2.67 g/cm³,含水量为 0.7%。各种矿质集料的级配情况见表 8.8。

2)设计要求

(1)用图解法确定各种矿质集料的用量比例;

（2）用马歇尔试验确定最佳沥青用量；

（3）最佳沥青用量按水稳定性检验和抗车辙能力校核。

表 8.8 矿质集料筛分结果

原材料	筛孔尺寸/mm									
	16.0	13.2	9.5	4.75	2.36	1.18	0.6	0.3	0.15	0.075
	通过筛孔的质量百分率/%									
碎石	100	94	26	0	0	0	0	0	0	0
石屑	100	100	100	80	40	17	0	0	0	0
砂	100	100	100	100	94	90	76	38	17	0
矿粉	100	100	100	100	100	100	100	100	100	83

【解】（1）矿质混合料级配组成的确定：

①确定沥青混合料的类型。由原始资料知,沥青混合料用于高速公路三层式沥青混凝土路面上面层,故参照表 8.5 可知,沥青混合料类型可选用 AC-13,AC-16,AC-20。又知该沥青路面面层厚度为 3 cm,为使上面层具有较好的抗滑性,确定沥青混合料类型为 AC-13 I 沥青混凝土混合料。

②确定矿质混合料的级配范围。参照表 8.6 的要求,细粒式 AC-13 I 型沥青混凝土混合料的矿质混合料级配范围见表 8.9。

表 8.9 矿质混合料要求的级配范围

级配类型	筛孔尺寸/mm									
	16.0	13.2	9.5	4.75	2.36	1.18	0.6	0.3	0.15	0.075
	通过筛孔的质量百分率/%									
细粒式沥青混凝土（AC-13 I）	100	95~100	70~88	48~68	36~53	24~41	18~30	12~22	8~16	4~8

③计算矿质混合料配合比。根据已测定的各组成材料的试验结果,用图解法求出矿质集料的比例关系,并进行调整,使合成级配尽量接近要求级配范围中值。经调整后的矿质集料合成级配计算列于表 8.10,绘制合成级配曲线见图 8.8。

由此可得出矿质混合料的组成按质量分数计为:碎石:石屑:砂:矿粉 = 41%:36%:15%:8%

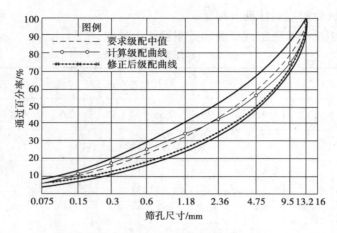

图 8.8　矿质混合料级配范围和合成级配图

表 8.10　矿质集料合成级配计算表

设计混合料配合比 /%	筛孔尺寸/mm									
	16.0	13.2	9.5	4.75	2.36	1.18	0.6	0.3	0.15	0.075
	通过筛孔的质量百分率/%									
碎石 36 (41)	36 (41)	33.8 (38.5)	9.4 (10.7)	0 (0)	0 (0)	0 (0)	0 (0)	0 (0)	0 (0)	0 (0)
石屑 31 (36)	31 (36)	31 (36)	31 (36)	24.8 (28.8)	12.4 (14.4)	4.3 (6.1)	0 (0)	0 (0)	0 (0)	0 (0)
砂 25 (15)	25 (15)	25 (15)	25 (15)	25 (15)	23.5 (14.1)	23.0 (13.5)	19.0 (11.4)	9.5 (5.7)	4.3 (2.6)	0 (0)
矿粉 8 (8)	8 (8)	8 (8)	8 (8)	8 (8)	8 (8)	8 (8)	8 (8)	8 (8)	8 (8)	6.6 (6.6)
合成级配	100 (100)	97.5 (97.5)	73.0 (69.7)	57.8 (51.8)	43.9 (36.5)	35.3 (27.6)	27.0 (19.4)	17.5 (13.7)	12.3 (10.6)	6.6 (6.6)
要求级配	100	95～100	70～88	48～68	36～53	24～41	18～30	12～20	8～16	4～8
级配中值	100	98	79	58	45	33	24	17	12	6

（2）沥青最佳用量的确定

①按上述计算所得的矿质集料级配和表 8.6 推荐的沥青用量范围，中粒式沥青混凝土（AC-13 Ⅰ）的沥青用量为 4.5%～6.5%，按以往经验，选取沥青用量为 4.0%～6.0%，采用 0.5%的间隔变化，配制 5 组马歇尔试件，测定其各项指标。试验结果见表 8.11，并绘出沥青用量和它们之间的关系曲线，如图 8.9 所示。

表 8.11 沥青混合料马歇尔试验数据统计表

组数编号	沥青用量/%	实测密度/(g·cm⁻³)	空隙率/%	饱和度/%	稳定度/kN	流值/0.1 mm
1	4.0	2.472	7.5	53.3	10.4	28.8
2	4.5	2.512	5.5	63.6	11.9	29.3
3	5.0	2.531	4.1	72.6	12.4	30.7
4	5.5	2.542	3.4	77.6	10.9	33.2
5	6.0	2.532	2.6	83.4	9.0	36.2

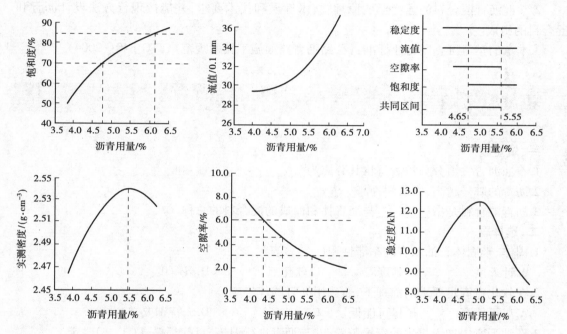

图 8.9 马歇尔试验各项指标与沥青用量关系图

②从图 8.9 可以得出 $a_1 = 5.5\%$，$a_2 = 5.0\%$，$a_3 = 4.7\%$

则 $OAC_1 = (a_1 + a_2 + a_3)/3 = 5.07\%$

根据沥青混合料马歇尔试验技术指标(见表 8.6，参考 I 型沥青混凝土)确定各关系曲线上沥青用量范围，取其共同区间可得：

$$OAC_{min} = 4.65\% \quad OAC_{max} = 5.55\%$$

$$OAC_2 = (OAC_{min} + OAC_{max})/2 = 5.10\%$$

因为气候条件属于温和地区，且是车辆渠化交通的高速公路，预计有可能出现车辙，则 OAC 的取值在 OAC_2 与 OAC_{min} 的范围内确定，故根据经验取 $OAC = 4.8\%$。

③按最佳沥青用量 4.8%制作马歇尔试件，进行浸水马歇尔试验。测得的试验结果如下：密度 2.537 g/cm³，空隙率 3.7%，饱和度 74.9%，马歇尔稳定度 12.4 kN，浸水马歇尔稳定度 9.8 kN，残留稳定度 79%。残留稳定度大于 75%，符合规定要求。

④按最佳沥青用量4.8%制作车辙试验试件,测定其动稳定度,其结果大于800次/mm,符合规定要求。

因此,经以上试验和计算,可以确定最佳沥青用量为4.8%。

本章小结

1.通过本章学习,要求掌握石油沥青的化学组分、胶体结构和技术性质,同时对其他各类沥青材料的组成结构和技术性质有一定了解。

2.掌握沥青混合料的强度形成原理、技术性质和技术要求,并能按现行方法设计沥青和混合料的组成。

3.本章的学习可查阅行业标准:《公路沥青路面施工技术规范》(JTG F40—2004)。

复习思考题

一、填空题

1.石油沥青三组分分析法是将其分离为_____、_____和_____。

2.沥青的牌号越高,则其塑性越_____。

3.沥青混合料是指_____与沥青拌和而成的混合料的总称。

二、选择题

1.固体、半固体石油沥青的粘滞性用(　　)表示。

　A.针入度　　　　B.延度　　　　C.软化点　　　　D.溶解度

2.在软化点满足要求的前提下,所选用沥青的牌号应(　　)。

　A.尽可能高　　　B.尽可能低　　C.适中　　　　D.无特别要求

3.石油沥青中加入再生的废橡胶粉,并与沥青进行混炼,目的是提高(　　)性能。

　A.粘性　　　　　B.抗拉强度　　C.耐热性　　　　D.低温柔韧性

4.通常采用马歇尔稳定度和流值作为评价沥青混合料的(　　)技术指标。

　A.施工和易性　　B.高温稳定性　C.低温抗裂性　　D.耐久性

三、简答题

1.石油沥青的牌号是根据什么划分的? 牌号大小与沥青主要性能的关系如何?

2.比较煤沥青与石油沥青的性能与应用的差别。

3.高速公路的面层及抗滑表层,可否使用石屑作热拌沥青混合料的细集料?

4.马歇尔试验方法简便,世界各国广泛使用,其主要作用是什么? 可否正确反映沥青混合料的抗车辙能力?

9

木 材

〖**本章导读**〗

　　本章主要介绍木材的分类和宏观、微观构造；阐述木材的物理性质、力学性质及其影响因素；简要介绍木材的防腐、防火措施，并介绍木材在土木工程中的应用现状。

　　我国古建筑史上，大量使用将结构材料和装饰材料融为一体的木材，创造了高超的建筑技术和建筑艺术。当前，虽有许多新型土木工程材料可取代木材，但目前仍不失为一种用途广泛的重要土木工程材料。

　　木材作为结构与装饰材料具有很多优点，比如强度大，轻质高强；有弹性、韧性，承受冲击和振动作用好；导热性能低，隔热、保温性能好；便于加工，能制成形状各异的产品；纹理美观、色调温和，装饰效果好；绝缘性能强，无毒性等。木材也有许多缺点，如构造不均匀、呈各向异性；自然缺陷多，影响材质和使用率；湿胀干缩，易产生干裂和翘曲；易腐朽、霉烂和蛀虫；耐火性差、易燃烧等。

9.1 木材的分类与构造

▶ 9.1.1 木材的分类

　　土木工程中使用的木材是由树木加工而成的，树木的种类很多，但一般可以分为两大类，即针叶树类和阔叶树类，各类树木的特点及用途见表9.1。

表 9.1　树木的分类和特点

种　类	特　　点	用　途	树　种
针叶树	树叶细长呈针状,树干直而高大,木质较软,易加工;强度较高,表现密度小,胀缩变形小	土木工程中主要使用的树种。多用于作承重构件(模板脚手架)、门窗等	松树、杉树、柏树等
阔叶树	树叶宽大呈片状,大多为落叶树;树干通直部分较短,木质较硬,加工较困难;表观密度较大,易胀缩、翘曲、裂缝	常用作内部装饰,较次要的承重构件和胶合板等	榆树、桦树、水曲柳等

▶ 9.1.2　木材的宏观构造

用肉眼或放大镜所能看到的木材组织称为宏观构造。为便于观察,将树干切成 3 个不同切面:垂直于树轴的横切面,通过树轴的径切面,与树轴平行并与年轮相切的弦切面。木材的宏观构造如图 9.1 所示。由图可见,木材由树皮、木质部和髓心所组成。树皮一般是烧材,个别树种(如栓皮栎、黄菠萝)的软木组织较发达,可作绝热材料和装饰材料。髓心位于树干的中心,其质地疏松而脆弱,易被腐蚀和虫蛀。木质部位于树皮和髓心之间,是可用作土木工程材料的主要部分。

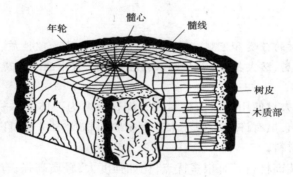

图 9.1　木材的宏观构造

1)年轮、早材和晚材

树木生长呈周期性,在一个生长周期内(一般为一年)所产生的一层木材环轮称为一个生长轮,即年轮。从横切面上看,生长轮是围绕髓心、深浅相同的同心环。

在同一生长年中,春天细胞分裂速度快,细胞腔大壁薄,所以构成的木质较疏松,颜色较浅,称为早材或春材。夏秋两季细胞分裂速度慢,细胞腔小壁厚,所以构成的木质较致密,颜色较深,称为晚材或夏材。

一年中形成的早、晚材合称为一个年轮。相同的树种,径向单位长度的年轮数越多,分布越均匀,则材质越好。同样,径向单位长度的年轮内晚材含量(称晚材率)越高,则木材的强度也越大,耐久性越好。

2)边材和心材

有些树种在横切面上,材色可分为内、外两大部分。颜色较浅靠近树皮部分的木材称为边材。颜色较深靠近髓心部分的木材称为心材。在立木期,边材具有生理活性,能运输和储藏水分、矿物质和营养物等,边材逐渐老化而转变成心材。边材含水量较大,易翘曲变形,抗腐蚀性较差。心材含水量较少,不易翘曲变形,抗腐蚀性较强。

3)髓线

在横切面上,从髓心向外的辐射线称为髓线,又称木射线。髓线与周围连接较差,木材干燥时易沿髓线开裂,但髓线与年轮组成了木材美丽的天然花纹。

4)树脂道和导管

树脂道是大部分针叶树种特有的构造。它是由泌脂细胞围绕而成的孔道,富含树脂。在横切面上呈棕色或浅棕色的小点,在纵切面上呈深色的沟槽或浅线条。

导管是一串纵行细胞复合生成的管状构造,起输送养料的作用。导管只在阔叶树中才有,所以阔叶树材也叫有孔材;针叶树材没有导管,因而又称为无孔材。

▶ 9.1.3 木材的微观结构(构造)

用显微镜所看到的木材组织,称为木材的微观结构(构造)。微观结构是鉴别阔叶树和针叶树的主要依据。针叶树的微观结构简单而规则,主要由管胞和髓线组成,其髓线较细小,不很明显。某些树种在管胞间尚有树脂道,如松树。阔叶树的微观结构较复杂,由管胞、导管、木纤维及髓线等组成,其髓线很发达,粗大而明显。

从显微镜下可以看到,木材是由无数管状细胞紧密结合而成的,如图9.2所示。而每个细胞都分为细胞壁和细胞腔两部分,如图9.3所示。细胞壁由纤维素分子束在半纤维素和木质素组成的基体相中构架而成,大多数纤维素束沿细胞长轴呈小角度螺旋状排列。细胞壁由若干细纤维组成,细胞之间纵向联结比横向联结牢固,故细胞壁纵向强度高,横向强度低。组成细胞壁的细纤维之间有极小的空隙,能吸附和渗透水分。

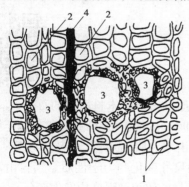

图9.2 松木横切片微观构造
1—细胞壁;2—细胞腔
3—树脂流出孔;4—木髓线

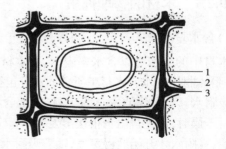

图9.3 细胞壁的结构
1—细胞腔;2—初生层;3—细胞间层

细胞的微观结构在很大程度上决定了木材的物理力学性质。如木材的细胞壁越厚,其空隙越小,木材越密实,表观密度和强度也越大,但湿胀干缩率也越大。木材中除纤维、水以外,尚有树脂、色素、糖分、淀粉等有机物,这些组分决定了木材的腐朽、虫害、燃烧等性能。

▶ 9.1.4 木材的构造缺陷

木材在生长、采伐、储存、加工和使用过程中会产生一些缺陷(疵病),如节子、裂纹、变色、斜纹、弯曲、伤疤、腐朽和虫眼等。这些缺陷不仅降低木材的力学性能,而且影响木材的外观质量。其中节子、裂纹和腐朽对材质的影响最大。

1)节子

包含在树干中的枝条基部称为节子。按木节与树干的连生程度,分为活节和死节。活节由活枝条所形成,与周围木质紧密连生在一起,质地坚硬,构造正常;死节由枯死枝条所形成,与周围木质大部或全部脱离,质地坚硬或松软,在板材中有时脱落而形成空洞。按节子的材质不同可分为健全节、腐朽节和漏节三种。材质完好的节子称为健全节,腐朽的节子称为腐朽节,漏节不但节子本身已经腐朽,而且深入树干内部,引起木材内部腐朽。节子对木材质量的影响随节子的种类、分布位置、大小、密集程度及木材的用途而不同。健全活节对木材力学性能无不利影响,死节、腐朽节和漏节对木材力学性能和外观质量影响很大。

2)裂纹

木材纤维与纤维之间分离所形成的缝隙称为裂纹。根据裂纹的部位和方向分为径裂和轮裂。在木材内部,从髓心沿半径方向开裂的裂纹称为径裂,沿年轮方向开裂的称为轮裂。纵裂是沿材身顺纹理方向、由表及里的径向裂纹。木材裂纹主要是在树木生长期因环境或生长应力等因素或伐倒木因不合理干燥而引起的。裂纹破坏了木材的完整性,影响木材的利用率和装饰价值,降低木材的强度,也是真菌侵入木材内部的通道。

9.2 木材的物理和力学性质

▶ 9.2.1 木材的物理性质

1)含水量

木材中的含水量以含水率表示,即木材中所含水的质量占干燥木材质量的百分数。

(1)木材中的水　木材中所含的水分包括细胞腔内和细胞间隙中的自由水和存在于细胞壁内的吸附水。新采伐的木材为生材,内部含有大量的自由水和吸附水,含水率在70%~140%。当木材干燥时,首先自由水很快蒸发,但并不影响木材的尺寸变化和力学性质。当自由水完全蒸发后,吸附水才开始缓慢蒸发,随着吸附水不断蒸发,木材的体积和强度均发生变化。

(2)纤维饱和点　当木材中自由水蒸发完毕,而细胞壁内吸附水处于饱和状态时,木材的含水率称为纤维饱和点。它是木材的一种特定的含水率状态,是木材性质变化的转折点。纤维饱和点因树种而异,通常在30%左右。含水率低于纤维饱和点时,含水率越小,强度越高;超过纤维饱和点时,含水率对木材的强度和体积影响甚微。

(3)平衡含水率　木材中所含的水分随环境的温度和湿度的变化而改变,当木材长时间处于一定温度和湿度的环境中时,木材中的含水率会达到与周围环境湿度相平衡,此时木材的含水率称为平衡含水率。木材的平衡含水率与周围空气的温度和相对湿度有关,见图9.4。

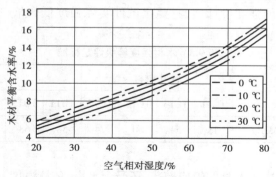

图9.4　木材的平衡含水率

木材的平衡含水率是木材进行干燥时的重要指标。为避免木材因含水率大幅度变化而引起变形及制品开裂,木材使用前需干燥至其使用环境长年平均平衡含水率。我国北方地区平衡含水率约12%,南方地区为15%~20%。

2)湿胀干缩(变形)

木材细胞壁内吸附水含量的变化会引起木材变形,即湿胀干缩。当木材从潮湿状态干燥至纤维饱和点的过程中,木材的尺寸不改变,只是质量减少;继续干燥至细胞壁中的吸附水开始蒸发时,木材才发生收缩。而当木材中吸附水增加时木材就会膨胀,如图9.5所示。

由于木材构造的不均匀性,沿不同方向的干缩值也不同。一般顺纹方向(纵向)干缩最小,径向干缩较大,弦向干缩最大。因此,湿材干燥后其截面尺寸和形状发生明显的变化。干缩对木材的使用影响很大,它会使木材产生裂纹或翘曲变形,以致引起木结构的接合松弛或凸起等。

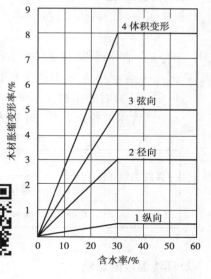

图9.5　木材吸水膨胀规律

▶ 9.2.2　木材的强度及其影响因素

由于木材构造的各向异性,其顺纹强度(作用力方向与纤维方向平行)和横纹(作用力方向与纤维方向垂直)强度有很大差别,顺纹抗压强度和抗拉强度均比相应横纹强度大很多。木材各种强度之间的关系见表9.2,土木工程中应根据木材的受力状况合理利用。

表9.2　木材强度之间的关系

抗压强度		抗拉强度		抗弯强度	抗剪强度	
顺纹	横纹	顺纹	横纹		顺纹	横纹
1	1/10~1/3	2~3	1/20~1/3	1.5~2	1/7~1/3	1/2~1

木材强度等级按无疵标准试件的弦向静曲强度来评定(见表9.3),木材强度等级代号中的数值为木结构设计时的强度设计值,它要比试件实际强度低数倍,这是因为木材实际强度会受到各种因素的影响。

表 9.3　木材强度等级评定标准

木材种类	针叶树材				阔叶树材				
强度等级	TC11	TC13	TC15	TC17	TB11	TB13	TB15	TB17	TB20
静曲强度最低值/MPa	48	54	60	74	58	68	81	92	104

木材的强度主要取决于本身的组成构造,还受含水率、环境温度、外力作用时间和缺陷等因素的影响。

1)含水率的影响

木材含水率在纤维饱和点以下时,含水率降低,吸附水减少,细胞壁紧密,因而木材强度增加;反之,吸附水增多,细胞壁膨胀,组织疏松,强度下降。当含水率超过纤维饱和点时,只是自由水变化,不致影响木材强度。

我国规定,测定木材强度以含水率为12%(称木材的标准含水率)时的强度测值作为标准,其他含水率时的测值,可按下述公式换算:

$$\sigma_{12} = \sigma_w [1 + \alpha (W - 12)] \tag{9.1}$$

式中　σ_{12}——含水率为12%时的木材强度,MPa;

σ_w——含水率为 W 时的木材强度,MPa;

W——试验时的木材含水率,%;

α——含水率校正系数,当木材含水率在9%~15%范围内时,按表9.4取值。

表 9.4　木材含水率校正系数 α 取值表

强度类型	抗压强度		顺纹抗拉强度		抗弯强度	顺纹抗剪强度
	顺纹	横纹	阔叶树材	针叶树材		
α	0.05	0.045	0.015	0	0.04	0.03

2)环境温度的影响

环境温度对木材强度有直接影响。试验表明,温度从 25 ℃升至 50 ℃时,将因木纤维和木纤维间胶体的软化等原因,使木材抗压强度降低 20%~40%,抗拉和抗剪强度降低 12%~20%。此外木材长时间受干热作用可能出现脆性。在木材加工中,常通过蒸煮的方法来暂时降低木材的强度,以满足某种加工的需要(如胶合板的生产)。

3)外力作用时间的影响

木材极限强度表示抵抗短时间外力破坏的能力,木材在长期荷载作用下不致引起破坏的最大强度,称为持久强度。由于木材受力后将产生塑性流变,使木材强度随荷载时间的增长而降低。木材的持久强度比其极限强度小得多,一般为极限强度的 50%~60%。在设计木结构时,应考虑负荷时间对木材强度的影响。

4)缺陷的影响

木材的强度由无缺陷标准试件测得,而实际木材在生长、采伐、加工和使用过程中会产生一些缺陷,如木节、裂纹和虫蛀等,这些缺陷影响了木材材质的均匀性,破坏了木材的构造,从而使木材的强度降低,其中对抗拉和抗弯强度的影响最大。

除了上述几种因素外,树木的种类、生长环境、树龄以及树干的不同部位对木材强度也有影响。

▶ 9.2.3　木材的黏弹性

木材的黏弹性是木材的重要力学和变形特征,主要表现在蠕变、松弛及塑性等多个方面。黏弹性受加载时间、加载方式、环境温度等多种因素影响,其中加载时间和环境温度对其黏弹性影响较大。作为承重构件,木材在其使用过程中受蠕变的影响较大。木材的蠕变是指在一定的温度和较小的恒定外力作用下,材料的形变随时间的增加而逐渐增大的现象。木材的蠕变曲线如图9.6所示。

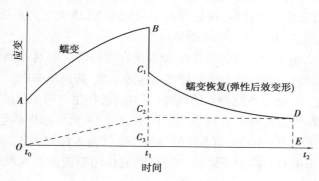

图9.6　木材的蠕变曲线

在蠕变曲线中,OA 阶段属于加载后的瞬间弹性变形,它是与加荷速度相适应的变形,服从于虎克定律。AB 阶段属于蠕变过程,即在荷载维持的作用下,木材产生的随着时间而缓慢增加的变形。AB 阶段的变形实际上包含了两个部分:弹性的组分 C_1C_2 和剩余永久变形 $C_2C_3 = DE$。BC_1 为卸载后的瞬间弹性恢复,它在数值上等于施载时的瞬时变形。C_1D 则是随时间推移而变形减小的蠕变恢复,在此过程中的是可恢复蠕变部分。在完成上述蠕变恢复后,变形不再恢复,而残留的变形为永久变形,即蠕变的不可恢复部分 DE。

9.3　木材的防护处理

▶ 9.3.1　木材的防腐与防虫

木材腐朽主要是由一些菌类和昆虫的侵害造成的。真菌在木材中生存和繁殖必须具备3个条件:适量的水分、空气(氧气)和适宜的温度。在适当的温度(25~30 ℃)和湿度(含水率

为 35%~50%)等条件下,菌类、昆虫易在木材中繁殖,破坏木质,严重影响木材的使用。防止木材腐朽的措施主要是抑制和破坏菌、虫生存和繁殖的条件,可采用以下处理方法:

(1)干燥法　采用气干法或窑干法将木材干燥至较低的含水率,并在设计和施工中采取各种防潮和通风措施。如在木材和其他材料之间用防潮衬垫,避免将支节点或其他任何木构件封闭在墙内,木地板下设置通风洞,木屋顶采用山墙通风,设置老虎窗等。

(2)防腐剂法　通过涂刷或浸渍防腐剂使木材含有有毒物质,使真菌无法寄生。常用的防腐剂有水剂(如氯化钠、氯化锌、硫酸铜、硼酚合剂)、油剂(如林丹五氯酚合剂)和乳剂(如氟化钠沥青膏浆)。防腐剂注入方法主要有表面涂刷、常温浸渍、冷热槽浸渍和压力浸渍法等。

(3)涂料覆盖　涂刷于木材表面的涂料能形成完整而坚韧的保护膜,达到隔绝空气和水分的目的,从而阻止真菌和昆虫的侵入。

▶ 9.3.2　木材的防火

木材属木质纤维材料,易燃烧,是具有火灾危险性的有机可燃物。将木材用具有阻燃性能的化学物质处理而变成难燃材料,可达到遇小火能自熄,遇大火能延缓或阻滞燃烧蔓延的目的。常采用以下方法对木材进行防火处理:

(1)抑制木材在高温下的热分解　某些含磷化合物的防火浸剂能降低木材的热稳定性,使其在较低温度下即发生分解,从而减少可燃气体的生成,抑制气相燃烧。

(2)阻滞热传递　一些含有结晶水的盐类,具有阻燃作用。例如含结晶水的硼化物、含水氧化铝和氢氧化镁等,遇热后则吸收热量而放出水蒸气,从而可减少热量传递。磷酸盐遇热缩聚成强酸,使木材迅速脱水炭化,而木炭的导热系数仅为木材的 1/3~1/2,从而可有效地抑制热的传递。同时,磷酸盐在高温下形成的玻璃状液体物质覆盖在木材表面,也可起到隔热层作用。

9.4　木材在土木工程中的应用

▶ 9.4.1　木材的种类与规格

土木工程中常用木材按其用途和加工程度有原条、原木、锯材和枕木 4 种。

原条是指已除去皮、根、树梢,但尚未按一定尺寸加工成规定直径和长度的木料。主要用于土木工程的脚手架、建筑用材和家具等。

原木是指由原条按一定尺寸加工成规定直径和长度的木料。主要用于土木工程的屋架、檩条、椽木等,也可用作桩木、电杆、坑木等。对原木加工后可制得胶合板、建筑模型等。

锯材是指已加工锯解成材的木料。凡宽度为厚度的 3 倍或 3 倍以上的,称为板材;不足 3 倍的称为枋材。板材中厚度 12~21 mm 的称为薄板,用于门芯板、隔断、木装修等;厚度 25~30 mm 的称为中板,用于屋面板、装修、地板等;厚度 40~60 mm 的称为厚板,常用于门窗。

枕木是指按枕木断面和长度加工而成的材料,主要用于铁路工程。

在土木工程设计与施工中,应根据已有木材的树种、等级、材质情况合理使用,做到大材不小用,好材不零用。

▶ **9.4.2 木材的综合利用**

1)旋切微薄木

有色木、桦木或树根瘤多的木段,经水蒸软化后,旋切成厚 0.1~0.9 mm 的薄片,再与坚韧的纸胶合而成,多加工成卷状。用树根可制得"鸟眼"花纹,其装饰性好,可压贴在胶合板或其他板材表面,用作墙、门和橱柜的面板。

2)软木壁纸

软木壁纸是由软木纸与基纸复合而成。软木纸是以栓皮(软木的树皮)为原料,经粉碎、筛选和风选的颗粒加胶结剂后,在一定压力和温度下胶合而成。软木壁纸保持原软木的材质,手感好、隔声、吸声、典雅舒适,是继 PVC 壁纸、织物壁纸、金属壁纸之外的一种新型的贴墙材料,特别适用于室内墙面和顶棚的装修。

3)木质合成金属装饰材料

木质合成金属装饰材料是用木质经金属化处理而成的新型装饰、装修材料。它以木材、木纤维作芯材,再合成金属层(铜和铝),并在金属层上进行着色氧化、电镀贵重金属,再涂膜保护等工序加工制成。

木质芯材金属化可克服木材易腐烂、虫蛀、易燃等缺点,又保留木材易于加工、安装的优良工艺性能,使其具有金属的质感。木质合成金属装饰材料可制成方形、半圆形、多边形断面的木条、木材或薄板,用于装饰门框、墙面、柱面、顶棚等。

4)浸渍纸层压木质地板

以一层或多层专用纸浸渍热固性氨基树脂,铺装在刨花板、高密度纤维板等人造板基材表面,背面加平衡层、正面加耐磨层,经热压、成型的地板,又称强化木地板。

强化木地板是一种新颖的地面铺装材料,由于它既有仿制得极为逼真的原木纹理,又具有耐磨、耐冲击、耐火烫、防潮、防霉、防虫蛀、不变色、不变形、易清洁、施工简便等优点,广泛应用于家庭和公共场所的地面装修。

5)人造木材

人造木材就是将木材加工过程中的大量边角、碎料、刨花、木屑等,经再加工处理,制成各种人造板材,可有效提高木材利用率,对弥补木材资源严重不足有着十分重要的意义。常用的人造板材有胶合板、细木工板、纤维板和刨花板等。

(1)胶合板 用原木旋切成薄木片(单板),如图 9.7 所示,干燥后用胶粘剂以各层纤维互相垂直的方向粘合、热压制成。构造木片层数为奇数,一般为 3~13 层,如图 9.8 所示。装饰工程中常用的是三合板和五合板。针叶树和阔叶树均可制作胶合板,国内胶合板主要采用水曲柳、椴木、桦木、马尾松及部分进口原木制成。

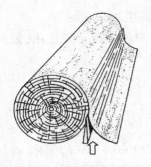

图9.7　单板旋切示意图

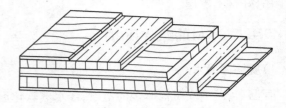

图9.8　胶合板构造示意图

我国标准《普通胶合板》(GB/T 9846—2015)规定,普通胶合板分为三类:Ⅰ类胶合板为耐气候胶合板,供室外条件下使用,能通过煮沸试验;Ⅱ类胶合板为耐水胶合板,供潮湿条件下使用,能通过(63±3)℃热水浸渍试验;Ⅲ类胶合板为不耐潮胶合板,供干燥条件下使用,能通过干状试验。室内使用的胶合板的甲醛释放量限值需达到国家标准要求。

胶合板克服了木材的天然缺陷和局限,可大大提高木材的利用率。其主要特点是:板材幅面大,易于加工;板材纵、横向强度均匀,适用性强;板面平整、收缩小,避免了木材开裂、翘曲等缺陷;板材厚度可按需要选择,木材利用率较高。

胶合板广泛用作建筑室内隔墙板、护壁板、天花板、门面板以及各种家具和装修等。

(2)细木工板　由木条沿顺纹方向组成板芯,两面与单板或胶合板组坯胶合而成的一种人造板。

细木工板按板芯拼接状况可分为胶拼和不胶拼两类;按表面加工状况可分为单面砂光、双面砂光和不砂光3种;按层数可分为三层、五层和多层。细木工板的规格尺寸见表9.5。

我国标准《细木工板》(GB/T 5849—2016)规定,其主要技术性能指标为含水率6%～14%。横向静曲强度的平均值不低于15 MPa,表面胶合强度不得低于0.6 MPa。室内用细木工板还需限制甲醛释放量。

表9.5　细木工板规格尺寸(GB/T 5849—2016)

长度/mm					宽度/mm	厚度/mm	
915	—	1 830	2 135	—	915	16	19
—	1 220	1 830	2 135	2 440	1 220	22	25

注:细木工板的芯条顺纹理方向为细木工板的长度方向。

细木工板具有吸声、绝热、质坚、易加工等特点,适用于家具、车厢和建筑室内装修等。

(3)纤维板　将树皮、刨花、树枝等木材废料,经破碎、浸泡、研磨成木浆,加入胶粘剂或利用木材自身的胶粘物质,再经热压成型、干燥处理而制成。纤维板木材利用率高达90%以上,且材质均匀,各向强度一致,弯曲强度大,不易胀缩和翘曲开裂,避免了木材的各种缺陷。按成型时温度和压力不同,纤维板分为硬质、半硬质和软质三种。

硬质纤维板俗称高密板,其密度不小于0.8 g/cm³。具有强度高、材质构造均匀、质地细密、吸水性和吸湿率低、不易干缩变形、耐磨等特点。通常代替木板用作室内隔墙板、门芯板、家具等。

半硬质纤维板俗称中密板,其密度为 0.4～0.8 g/cm³。这种板材表面光滑、材质细密、性能稳定,再装饰性能好。主要用于墙板、隔墙板、窗台板、踢脚板、制作家具及各种装饰线条等。

软质纤维板密度小于 0.4 g/cm³,结构疏松,孔隙率大,但保温、吸声、绝缘性能好。常用作建筑物的隔热、保温及吸声材料,亦可用作电器绝缘板。

(4)刨花板 由木材碎料(木刨花、锯末或类似材料)或非木材植物碎料(亚麻屑、甘蔗渣、麦秸、稻草或类似材料)与胶结材料一起热压而成。所用胶结材料有动植物胶(豆胶、血胶)、合成树脂胶(酚醛树脂、脲醛树脂等)和无机胶凝材料(水泥、菱苦土等)。

我国标准《刨花板》(GB/T 4897—2015)规定,刨花板幅面尺寸为 1 220 mm×2 440 mm,可在干燥状态下使用的有:普通用板、家具及室内装修用板、结构用板、增强结构用板。可在潮湿状态下使用的有:结构用板、增强结构用板。表观密度小、强度低的板材主要用作绝热和吸声材料,经饰面处理后,还可用做吊顶板材。表观密度大、强度较高的板材可用于粘贴装饰单板作饰面层,用作隔断板材。

▶ 9.4.3 木材的装饰性能

木材作为装饰装修材料具有其他材料所无可比拟的天然特性。它具有质轻、强度高、韧性好、易加工、纹理美观和不需人工渲染的色泽等特点。不同树种木材的构造、纹理、花纹、光泽、颜色、气味各不相同。其纹理是由细胞的构造形成,根据方向的不同,有直纹理、斜纹理、扭纹理和乱纹理等。木材的花纹是指纵切面上组织松紧、色泽深浅不同的条纹,这些条纹是由纹理、材色及不同锯切方向等因素形成。有的硬木,特别是髓线发达的硬木,经刨削、磨光加工后,花纹美丽,鲜艳夺目,是一种高档的装饰装修材料。

木材被广泛用于室内装修,如用作地板、墙裙、踢脚板、窗台板、木雕、顶棚、装饰吸声板等,还广泛用作门、窗、扶手、楼梯、栏杆等部位的装饰。

本章小结

1.木材是传统的三大土木工程材料(水泥、钢材、木材)之一。从木材的宏观构造(3 个切面)可知木材结构具有各向异性,各个方向的物理、力学性能有很大差异,比如湿胀干缩、强度等。含水量对木材各项性能有重要影响,注意区分几个特定含水量(纤维饱和点、平衡含水率、标准含水率)的实际意义。

2.由于木材具有轻质高强、弹性和韧性好、导热系数小、耐久性好、装饰性好、易于加工、安装施工方便等性能特点,主要应用于建筑装饰领域。

3.利用木材的边角碎料生产各种人造板材,是对木材综合利用的重要途径。

复习思考题

一、填空题

1.木材的缺陷包括节子、裂纹和变色等,其中_____、_____和_____对木材的影响最大。

2.木材湿材中的水分包括_____水和_____水。

3.由于木材构造的不均匀性,一般_____向干缩最大,_____向干缩较大,_____向干缩最小。

4.木材常用的防腐方法主要有_____、_____和_____。

二、选择题

1.以下不是阔叶木特点的是( )。

    A.木质硬   B.密度大   C.易干缩   D.变形小

2.数目径向单位长度的年轮数越多,其分布越_____,则材质越_____。( )

    A.均匀,差   B.均匀,好   C.离散,差   D.离散,好

3.有关纤维饱和点,不正确的是( )。

    A.处于纤维饱和点的木材内部仅有吸附水

    B.含水率低于纤维饱和点时,含水率越小,强度越高

    C.含水率高于纤维饱和点时,含水率对强度和体积影响较小

    D.不同纤维饱和点相同,约在30%

4.以下关于人造木材的说法不正确的是( )。

    A.人造木材都要用到胶粘剂   B.人造木材尺寸稳定可控

    C.人造木材提高了材料利用率   D.人造木材都可作为结构用材

三、简答题

1.请结合木材构造特性,说明湿胀循环对木材强度和外观的影响。

2.请简述构造、含水率、环境温度、外力作用时间和缺陷对木材强度的影响。

3.请分析木材在加工、生产和使用中要严格控制含水率的原因。

4.请结合专业分析木材的综合利用途径。

四、计算题

测得杨木试件的含水率为10%,顺纹抗压强度为68 MPa,请尝试估计标准含水率(12%)下材料顺纹抗拉、抗压及抗弯强度。

10
建筑功能材料

〖**本章导读**〗

　　本章主要介绍土木工程中常见的几种功能材料——防水材料、绝热材料、吸声和隔声材料、装饰材料的品种、性质及应用。要求了解各类功能材料的作用原理，熟悉各类功能材料的主要品种、性能特点及工程应用，掌握各类功能材料的选用原则和方法。

　　建筑功能材料是指能够赋予建筑物力学性能以外的功能特征，如防水、绝热、吸声、隔声、防火、装饰、声控、光控等使用功能的一大类土木工程材料。这类材料随着建筑用途的扩展和人们对建筑物的舒适、耐久、节能、智能化等多方面需求的增加，品种和功能不断得到更新和完善。本章仅就防水、绝热、吸声隔声和装饰这4类常用的建筑功能材料加以简单介绍。

10.1　防水材料

　　防水材料是保证建筑物实现防水、防潮、防渗漏等基本使用功能的一类材料，用于建筑物的屋面、墙身、卫生间以及部分伸缩缝、变形缝等工程部位，对于建筑物的正常使用和延长使用寿命十分重要。一般防水材料的防水机理包括憎水防水、密实防水、膜层隔离防水等几种方式。

　　防水材料可分为柔性防水材料和刚性防水材料两种。防水卷材、防水涂料及密封膏等属于柔性防水材料，防水混凝土和防水砂浆属于刚性防水材料。

▶ 10.1.1　防水卷材

　　防水卷材要满足建筑防潮、防水等功能的要求，必须具备良好的耐水性、机械强度、延伸

性、抗断性和高温稳定性、抗大气稳定性以及低温柔韧性。

目前建筑防水卷材主要有沥青防水卷材、高聚物改性沥青防水卷材和合成高分子防水卷材三大系列。沥青防水卷材是国内用量最大的一种防水材料,高聚物改性沥青防水卷材和合成高分子防水卷材则代表了防水材料的发展方向,具有更优越的防水功能。常用防水卷材的分类如下:

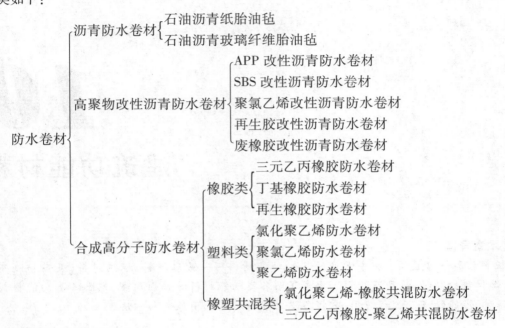

1)沥青防水卷材

沥青防水卷材是将原纸、纤维织物或纤维毡等胎体浸涂沥青后表面撒布粉状、粒状或片状隔离材料制成的可卷曲的片状防水材料。沥青具有良好的防水性,而且资源丰富、价格低廉,目前其应用在我国占主导地位。但同时沥青材料也存在低温柔性差、温度敏感性强、耐大气老化性差等缺点,故沥青防水卷材属于低档防水卷材。

石油沥青纸胎油毡是以石油沥青浸渍原纸,再涂盖其两面,表面涂或撒隔离材料(如滑石粉)所制成的卷材。一般卷材的宽幅为 1 000 mm,每卷油毡的总面积为(20 ± 0.3) m²。国家标准《石油沥青纸胎油毡》(GB 326—2007)规定,油毡按卷重和物理性能分为Ⅰ型、Ⅱ型和Ⅲ型。各型号油毡的卷重及其他物理力学性能应符合表10.1的规定。Ⅰ、Ⅱ型油毡适用于辅助防水、保护隔离层、临时性建筑防水、防潮及包装等,Ⅲ型油毡适用于屋面工程的多层防水。

石油沥青玻璃纤维胎油毡(简称沥青玻纤胎卷材)是以玻纤毡为胎体,浸涂石油沥青,两面覆以隔离材料制成的防水卷材。国家推荐性标准《石油沥青玻璃纤维胎油毡》(GB/T 14686—2008)规定,按单位面积质量分为 15 号和 25 号。按表面材料分为 PE 膜和砂面。按力学性能分为Ⅰ型和Ⅱ型。卷材的宽幅为 1 m,公称面积为 10 m² 和 20 m²,其物理力学性能指标参见上述国家标准。

表 10.1 石油沥青纸胎油毡的卷重及其他物理力学性能（GB 326—2007）

项　目		指　标		
		Ⅰ 型	Ⅱ 型	Ⅲ 型
卷重，kg/卷≥		17.5	22.5	28.5
单位面积浸涂材料总量，g/m²≥		600	750	1 000
不透水性	压力，MPa≥	0.02	0.02	0.10
	保持时间，min≥	20	30	30
吸水率，%≤		3.0	2.0	1.0
耐热度		(85±2)℃，2 h 涂盖层无滑动、流淌和集中性气泡		
拉力（纵向 50 mm），N≥		240	270	340
柔度		(18±2)℃，绕直径 20 mm 棒或弯板无裂纹		

除了上述纸胎和玻纤胎（G）的沥青防水卷材以外，国内还开发了聚酯毡（PY）、聚乙烯膜（PE）、玻纤网格布增强玻纤毡（GK）、聚酯毡与玻纤网格布复合毡（PYK）、涤棉无纺布与玻纤网格布复合毡（NK）等胎体材料的沥青防水卷材，防水卷材的性能得以改善，广泛用于屋面防水、水工、地下工程等。

2）高聚物改性沥青防水卷材

针对传统沥青防水卷材温度稳定性差、延伸率小，难以适应基层开裂及伸缩变形等缺陷，使用经高聚物材料改性后的沥青作为基材，可制成具有高温不流淌、低温不脆裂、拉伸强度较高、延伸率较大等优异性能的高聚物防水卷材，如 APP 改性沥青油毡、SBS 橡胶改性沥青柔性油毡、丁苯橡胶改性沥青油毡等。目前这类卷材在国内属于中低档防水卷材，可广泛用于各类建筑防水工程。

（1）APP 改性沥青防水卷材　用 APP 改性沥青浸渍聚酯毡或玻纤毡胎基，并在上表面撒以细砂、矿物粒（片）料或覆盖聚乙烯膜，下表面撒以砂或覆盖聚乙烯膜的防水卷材。它属塑性体沥青防水卷材中的一种。聚酯胎产品具有很高的抗拉强度、延伸率、耐穿刺能力和耐撕裂能力；玻纤胎卷材则成本较低，尺寸稳定性好。

（2）SBS 改性沥青防水卷材　以 SBS 橡胶改性沥青浸渍聚酯毡或聚酯毡胎基，并在上表面撒以细砂、矿物粒（片）料或覆盖聚乙烯膜，下表面撒以细砂或覆盖聚乙烯膜所制成的一类弹性体改性沥青防水卷材。我国行业标准《弹性体沥青防水卷材》（GB 18242—2008）规定，以 10 m² 卷材的标称重量作为卷材的标号。

常用高聚物改性沥青防水卷材的特点、适用范围及现行标准见表 10.2。其中塑性体改性沥青防水卷材和弹性体改性沥青防水卷材、聚氯乙烯改性沥青防水卷材既可采用热熔铺贴也可冷铺贴，再生胶改性沥青防水卷材和废橡胶改性沥青防水卷材需用热沥青粘贴。

表 10.2　常用高聚物改性沥青防水卷材的特点及适用范围

卷材名称及标准代号	特　点	适用范围
APP 改性沥青防水卷材 （GB 18243—2008）	具有抗拉强度高、延伸率大、耐高、低温性能好、耐紫外线照射，耐老化等特点，使用年限长	单层铺设，适合于紫外线辐射强烈及炎热地区屋面使用，也用于地下防水工程
聚氯乙烯改性沥青防水卷材 （GB 18243—2008）	具有良好的耐水性、耐腐蚀性和耐久性，柔性比纸胎油毡提高	有利于在冬季负温下施工
SBS 改性沥青防水卷材 （GB 18242—2008）	抗拉强度高，胎体不易腐烂，柔性好，耐用性比纸胎油毡提高一倍以上	单层铺设或复合使用，适合于寒冷地区和结构变形频繁的建筑使用
再生胶改性沥青防水卷材 （GB 18242—2008）	抗拉强度高，耐水性好但胎体易腐烂	变形较大或档次较低的防水工程
废橡胶改性沥青防水卷材 （GB 18242—2008）	有很高的阻隔蒸汽的渗透能力，防水性能好，且具有一定的抗拉强度	叠层使用于一般防水工程，宜在寒冷地区使用

3）合成高分子防水卷材

合成高分子防水卷材是以合成橡胶、合成树脂或两者的共混体为基料，加入适量的助剂和填充料等，经特定工序制成的防水卷材。该类防水卷材具有拉伸强度高、延伸率大、抗撕裂强度高、耐热性能好、低温柔性好、耐腐蚀、耐老化及可冷施工等一系列优异性能，是当前正大力发展的新型高档防水卷材。目前多用于高级宾馆、大厦、游泳池、厂房等要求有良好防水性的屋面、地下等防水工程。

（1）三元乙丙（EPDM）橡胶防水卷材　以三元乙丙橡胶为主要原料，掺入适量的丁基橡胶、硫化剂、促进剂、软化剂、填充料等，经过密炼、拉片、过滤、热炼、压延或挤出成型、硫化等工序加工制成的防水卷材。

由于三元乙丙橡胶分子结构中的主链上没有双键，当受到臭氧、紫外线、湿热的作用时，主链上不易发生断裂，故其耐老化性能远远超过主链上含有双键的橡胶或塑料等高分子材料。采用三元乙丙橡胶为主体制成的卷材作为防水层，能经得起长期风吹、雨淋、日晒的考验，具有良好的抗老化性，使用寿命长。此外，该卷材的拉伸强度高（≥7 MPa），断裂伸长率大（≥450%），回弹性好，抗裂性极佳，特别能够适应防水基层伸缩或开裂变形的需要。在耐高低温性能方面，该卷材也有十分优异的表现，其脆性转变温度可达到−45 ℃以下，最高耐热性能温度可达160 ℃以上，可在较低气温条件下进行施工作业，并能在严寒或酷热的气候环境中长期使用。

（2）聚氯乙烯（PVC）防水卷材　以聚氯乙烯树脂为主要原料，掺加适量的填充料和改性剂、增塑剂、抗氧剂和紫外线吸收剂等，经过捏和、混炼、造粒、挤出压延、冷却、卷取等工序加工制成的防水卷材。适用于普通屋面防水，也适用于水池、堤坝等防水防渗。

（3）氯化聚乙烯-橡胶共混防水卷材　以氯化聚乙烯树脂和合成橡胶为主体，加入适量的硫化剂、促进剂、稳定剂、软化剂和填充料等，经过素炼、混炼、过滤、压延成型、硫化等工序而制成的防水卷材。这种卷材兼有橡胶和塑料的特点，适用于屋面工程作单层外露防水。

常用合成高分子防水卷材的特点和适应范围见表10.3。

表 10.3　常用合成高分子防水卷材的特点和适应范围

卷材名称	特　点	适用范围	施工工艺
三元乙丙橡胶防水卷材（GB 18173·1—2012）	耐紫外、臭氧、湿和热性能好；耐化学腐蚀；弹性和拉伸强度大，对粘结基层变形开裂的适应能力极强。寿命长，但价格高	防水要求高，耐用年限长的工业与民用建筑	冷粘法或自粘法
氯化聚乙烯防水卷材（GB 12953—2011）	具有良好的耐候、耐臭氧、耐热老化、耐油、耐化学腐蚀及抗撕裂性能	单层铺设或复合使用，适合于紫外线强的炎热地区	
聚氯乙烯防水卷材（GB 12952—2011）	具有较高的抗拉和撕裂强度，延伸率较大，耐老化性能好，原材料丰富，价格低，容易粘结	单层铺设或复合使用于外露或有保护层的防水工程	冷粘法或热风焊接法
氯化聚乙烯-橡胶共混防水卷材（GB 18173·1—2012）	具有氯化聚乙烯特有的高强度和良好的耐候、耐臭氧、耐热老化性能，而且具有橡胶所特有的高弹性、高延伸率以及良好的低温柔性	单层或复合使用于寒冷地区或变形较大的防水工程	冷粘法
再生胶防水卷材（GB 18173·1—2012）	有良好耐热性、耐寒性和耐腐蚀性；有较大的延伸率，价格低廉	单层非外露部位及地下防水工程，或加盖保护层的外露防水工程	

► 10.1.2　防水涂料

防水涂料是指在常温下呈黏稠液态，经涂布能在结构物表面固化形成具有一定弹性的连续膜层，使基层表面与水隔绝，起到防水和防潮作用的物料总称。

防水涂料固化前呈液态，特别适用于各种不规则屋面、墙面、节点等复杂表面，且采用刷涂、喷涂等冷施工方式，环境污染小，施工及维修较为简便。防水涂料广泛适用于工业与民用建筑的屋面、墙面防水工程、地下混凝土工程的防潮、防渗等。

防水涂料按分散介质不同可分为溶剂型和水乳型两类；按防水膜成分不同分为沥青基、高聚物改性沥青类和合成高分子类三类。

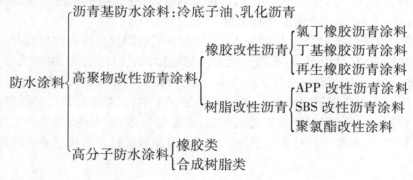

乳化沥青类防水涂料主要适用于防水等级较低的工业与民用建筑屋面、混凝土地下室和卫生间防水、防潮;粘贴玻璃纤维毡片(或布)作屋面防水层;拌制冷用沥青砂浆和混凝土铺筑路面等。

高聚物改性防水涂料是以沥青为基料,用氯丁橡胶、SBS 和再生橡胶等合成高分子聚合物进行改性后制成的水乳型或溶剂型防水涂料。根据改性剂的不同常用产品有氯丁橡胶沥青防水涂料、水乳型橡胶沥青防水涂料、APP 改性沥青防水涂料、SBS 改性沥青防水涂料等。改性沥青类防水涂料在柔韧性、抗裂性、拉伸强度、温度稳定性、使用寿命等方面比沥青基防水涂料有很大改善,广泛应用于各级屋面和地下以及卫生间等的防水工程。

合成高分子类防水涂料是以合成橡胶或合成树脂为原料,加入适量的活性剂、增塑剂等制成的单组分或多组分的防水涂料。这类涂料弹性高、温度稳定性好、耐久性好,适用于防水等级高的屋面、地下室、水池及卫生间的防水工程。

▶ 10.1.3 建筑密封材料

建筑密封材料是指能承受位移以达到气密、水密的目的而嵌入建筑接缝中的材料,又称嵌缝材料,可分为不定型密封材料和定型密封材料两大类。定型密封材料是指具有特定形状的密封衬垫(如密封条、密封带、密封垫等);不定型密封材料是一种粘稠状的材料(俗称密封膏或嵌缝膏)。密封材料应具有良好的粘接性、耐老化和对高、低温度的适应性,能长期经受被粘接构件的收缩与振动而不破坏,可同时起到防水、防尘、隔汽与隔声等作用。

1)不定型密封材料

不定型材料为胶泥状物质,具有很好的粘结性和延伸性,用来密封建筑物中各种接缝。按其性能可分为塑性密封膏、弹性和弹塑性密封膏或嵌缝膏。传统的不定型材料(嵌缝油膏)是改性沥青基的,属于塑性油膏,弹性较差,延伸率也较差。用高分子材料制得的油膏为弹性油膏(如硅酮、聚氨酯、聚硫、丙烯酸酯密封膏等),延伸大,粘接性好,耐低温性能好,代表了今后密封材料的发展方向。

(1)沥青嵌缝油膏　以石油沥青为基料,加入改性材料、稀释剂及填充料混合制成的冷用膏状密封材料。主要用于各种混凝土屋面板、墙板等建筑构件节点的防水密封。沥青嵌缝膏约占建筑密封膏总量的 10% 以上。

(2)硅酮密封胶　以有机硅氧烷为主体,加入适量硫化剂、硫化促进剂、增强填充剂和颜料等组成。硅酮密封胶具有良好的抗老化性能、变形性能、压缩循环性能及耐热、耐寒性,可用作耐候密封胶和结构密封胶,用于铝合金、玻璃、石材等的嵌缝,建筑门窗密封以及玻璃幕墙结构中玻璃与铝合金构件、玻璃板之间的粘结密封。

(3)聚氨酯密封膏　以聚氨酯聚合物为主要成分的双组分反应固化型建筑密封材料。具有模量低、延伸率大、弹性高、粘结力强、耐低温性能突出、低温柔软性好、耐油、耐酸碱、耐老化、抗疲劳等优良性能,但耐热性稍差。它与多种土木工程材料(如木材、金属、玻璃、塑料等)有很强的粘结力。适用于装配式建筑的屋面板、外墙板的接缝密封,混凝土建筑物的沉降缝、伸缩缝的密封,阳台、窗框、卫生间等部位接缝防水密封,给排水管道、蓄水池、水塔等工程的接缝密封与渗漏的修补等,使用前必须对接缝进行清理。玻璃和金属材料的接缝表面应用丙酮除去油污。

(4)聚硫密封膏 以液态聚硫橡胶为基料,加入各种填充料、硫化剂等配制而成的弹性体密封膏。具有良好的耐老化、耐水、耐湿热性,温度敏感性较大,与钢、铝等金属材料及其他各种土木工程材料都有良好的粘结性,适用于金属幕墙、预制混凝土、玻璃窗、窗框四周、游泳池、贮水槽、地坪及构筑物接缝的防水处理及粘结。

(5)丙烯酸酯密封膏 将表面活性剂、增塑剂等化学助剂在高速搅拌下均匀地分散在丙烯酸酯乳液中,然后将粉状填充料掺入到混合乳液再经研磨制成的粘稠状膏体。具有良好的粘结性、耐老化性、耐化学腐蚀及防水性,但其弹性和延伸性较小,不宜用在伸缩较大的接缝中。施工时需打底,可用于潮湿基面,但雨天不可施工。施工温度要求在 5 ℃ 以上,如施工温度超过 40 ℃,应用水冲刷冷却,待稍干后再施工。

2)定型材料(嵌缝条)

定型材料(嵌缝条)是采用塑料或橡胶经挤出成型制成的一类软质带状制品,所用材料有软质聚氯乙烯、氯丁橡胶、EPDM、丁苯橡胶等,嵌缝条用来密封伸缩缝和施工缝。

(1)丁基密封腻子 丁基密封腻子由丁基橡胶、填充剂、增塑剂及其他特种助剂在橡胶炼胶机上混炼,再经挤出机挤出成型的一种新型橡胶带材。具有良好的耐水粘结性和耐候性,带水堵漏效果好,使用温度范围宽(−40~100 ℃),能与不同材质(如混凝土、金属、塑料)的清洁干燥界面粘结。它不仅能充填混凝土气孔、缝隙,而且在一定压力下,与混凝土有良好的粘结力,使其与混凝土连为一体,起到防水止水的作用。采用冷施工,使用方便。

(2)止水带 止水带是处理建筑物或地下构筑物的接缝(伸缩缝、施工缝、沉降缝),起到防水密封作用的一种接缝密封材料,主要有塑料止水带和橡胶止水带两类。

塑料止水带是由聚氯乙烯树脂与各种添加剂,经混合、造粒、挤出等工序而制成的止水材料。它利用弹性体材料具有的弹性变形特性在建筑构造接缝中起到防漏、防渗作用,且具有耐腐蚀、耐久性好的特点。塑料止水带主要用于混凝土浇注时设置在施工缝及变形缝内与混凝土构成为一体的基础工程,如隧道、涵洞、引水渡槽、拦水坝、贮液构筑物、地下设施等。塑料止水带接头可利用粘接、热焊接等方法,保证接头牢固。

橡胶止水带是以天然橡胶或合成橡胶为主要原料,掺入各种助剂和填料模压而成。利用橡胶的高弹性和压缩变形性,在各种荷载下产生弹性变形,从而起到紧固密封,有效地防止建筑构件的漏水、渗水,并起到减震缓冲作用,确保工程建筑物的使用寿命。其使用温度范围一般在−40~40 ℃,适用于土木工程、水利工程、地下工程等的变形缝防水。目前,常用的橡胶止水带胶种为氯丁橡胶、天然橡胶和丁苯橡胶等。

止水带在施工过程中要保证与混凝土界面贴合平整,接头部分粘接紧固,浇埋过程中要充分振捣混凝土,使其与混凝土结合良好,以获得最佳的止水效果。

▶ 10.1.4 刚性防水材料

石油沥青油毡、防水涂料等柔性防水材料属于有机材料,具有拉伸强度高、延伸率大、质量轻、施工方便,但操作技术要求较高,还存在耐穿刺性和耐老化性能较差的问题。

刚性防水材料是指以水泥、砂石为原材料,或其内掺入少量添加剂、高分子聚合物等材料,通过调整配合比,抑制或减少孔隙率,改变孔隙特征,增加各原材料界面间的密实度等方法,配制成的具有一定抗渗透能力的水泥砂浆类防水材料。

1）刚性防水材料的分类

按胶凝材料不同可分为两大类：一类是以硅酸盐水泥为基料，加入无机或有机外加剂配制而成的防水砂浆、防水混凝土，如聚合物砂浆等；另一类是以膨胀水泥为基料配制的防水砂浆、防水混凝土，如膨胀水泥防水混凝土等。按其作用又可分为有承重作用的防水材料（即结构自防水）和仅有防水作用的防水材料。前者指各种类型的防水混凝土，后者指各种类型的防水砂浆。

2）刚性防水材料的特点

刚性防水材料具有较高的抗压强度、拉伸强度及一定的抗渗透能力，是一种既可防水又可兼作承重、围护结构的多功能材料。适应变形能力差，难以承受干缩、温差及振动等引起的变形，存在着随基层开裂而开裂的缺点，这是刚性防水材料的本征性缺陷，采用聚合物混凝土，对混凝土施加预应力，在混凝土结构表面上附加各种防水层等方法，可使刚性防水材料性能得到较大的改善。

3）水泥基渗透结晶型防水材料

水泥基渗透结晶型防水材料（CCCW）是一种用于水泥混凝土的粉状刚性防水材料。与水作用后，材料中含有的活性化学物质（由碱金属盐或碱土金属盐、络合化合物等复配而成）以水为载体在混凝土中渗透，与水泥水化产物生成不溶于水的针状结晶体，填塞毛细孔道和微细缝隙，从而提高混凝土的致密性与防水性。

按使用方法分为水泥基渗透结晶型防水涂料（C）和水泥基渗透结晶型防水剂（A）。前者（CCCW-C）以硅酸盐水泥、石英砂为主要成分，掺入一定量活性化学物质制成，与水拌和后调配成可刷涂或喷涂在水泥混凝土表面的浆料；也可采用干撒压入未完全凝固的水泥混凝土表面。后者（CCCW-A）以硅酸盐水泥和活性化学物质为主要成分制成，掺入水泥混凝土拌合物中使用。

水泥基渗透结晶型防水材料适用于地下防水工程、水池、水库、水塔、隧道、大坝等混凝土结构工程的防水处理。

10.2　保温绝热材料

保温绝热材料是用于减少结构物与环境热交换的一类功能材料，对于保证建筑物在使用功能和室内热环境质量的前提下降低能源消耗起着关键作用，为实现建筑物本身的保温节能具有重要意义。目前，建筑节能已作为一项重要工作在开展，住建部也相继出台和修订了建筑节能的一系列法规和标准，比如《民用建筑节能管理规定》《民用建筑节能设计标准》《夏热冬冷地区居住建筑节能设计标准》《公共建筑节能设计标准》等，这都将对我国建筑节能事业产生积极而深远的影响。合理选择使用保温绝热材料，对于提高建筑物使用功能，保证正常的生产和生活十分重要。

▶ 10.2.1　绝热材料的绝热机理和热工性质

材料传递热量有导热、对流和热辐射三种方式。"导热"是由于物体各部分直接接触的物质质点作热运动而引起的热能传递过程。"对流"是较高温度的液体或气体遇热膨胀密度减小后上升,冷的液体或气体补充过来造成分子的循环流动,使热量从高温处通过分子的相对位移传向低温处。"热辐射"是靠电磁波来传递能量。在实际的传热过程中,往往同时存在着两种或三种方式。

土木工程中,一般把导热系数 λ 值小于 0.23 W/(m·K) 的材料称为绝热材料。材料的导热系数 λ 受本身物质构成、孔隙率、材料所处环境的温、湿度及热流方向的影响。通常情况下,可通过改变材料孔隙率、孔隙特征,改变材料环境温、湿度,改变材料与热流的相对方向,改变材料接受热流的大小等方法来实现保温隔热的目的。在实际使用中,保温绝热材料的温度稳定性要高于实际使用温度。由于保温绝热材料抗压强度一般都很低,常将其与承重材料复合使用。同时,也由于大多数保温绝热材料有一定的吸水、吸湿性,实际应用中,需在其表层加防水或隔汽层。

常见的保温绝热材料有 3 种类型:多孔型、纤维型和热反射型。

1)多孔型

多孔型绝热材料的绝热作用机理可由图 10.1 来说明。当物体两侧存在温差时,热量 Q 从高温面向低温面传递。在未遇到气孔之前,传递过程为固相中物体质点间的导热;在遇到气孔后,一条路线仍然通过固相传递,但传递速度因传热方向发生变化,总的传热路线增加而减缓。另一条路线则要通过气孔内气体进行传热,而常温下对流和辐射传热在总的传热中所占比例很小,故传热以气孔中气体的导热为主,但由于空气的导热系数仅为 0.029 W/(m·K),远小于固体的导热系数,故热量通过气孔传递的阻力较大,从而传热速度大大减缓。这就是含有大量气孔的材料能起保温绝热作用的原因。

2)纤维型

纤维型绝热材料的绝热机理与通过多孔材料的情况基本相似(见图 10.2)。热量传递过程中因纤维方向与热流方向相对垂直,使得传热速度减缓并对空气的对流起有效的阻滞,从而起到绝热保温的作用。纤维型保温绝热材料使用时应注意要使传热方向和纤维方向垂直以保证正常的绝热效果。

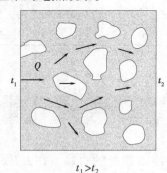

$t_1 > t_2$

图 10.1　多孔材料传热机理示意图

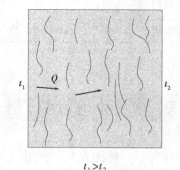

$t_1 > t_2$

图 10.2　纤维材料传热机理示意图

3)热反射型

由于一般土木工程材料都不能穿透热射线,故外来的热辐射能量投射到材料上时,能量被分成两部分:一部分能量被反射掉,另一部分被材料吸收。根据能量守恒定律,反射率大的

材料,吸收热辐射的能力就弱;反之,如果吸收能力越强,则其反射率就越小。热反射型绝热材料就是利用材料对热辐射的反射作用(如铝箔的反射率为0.95),在需要绝热的部位表面贴上这种材料,而将绝大部分外来热辐射(如太阳光)反射掉,以达到绝热的效果。

▶ 10.2.2 常用保温绝热材料及其性质

建筑上常见的保温绝热材料按结构形态不同主要分为纤维状、散粒状、多孔状等3类,其各种品种及性能如表10.4所示。

表 10.4　常用保温绝热材料品种及性能

类型	产品名称	表观密度 /(kg·m⁻³)	导热系数 /[W·(m·K)⁻¹]	最高使用温度/℃	用　途
纤维型	矿物棉及其制品	45~150	0.044~0.49	600	填充料
	玻璃棉及其制品	10~120	0.035~0.041	350(有碱玻璃) 600(无碱玻璃)	围护结构及管道绝热,低温保冷工程
	陶瓷纤维及其制品	140~190	0.044~0.49	1 100~1 350	高温绝热工程、高温吸声工程
	植物纤维复合板	210~1150	0.058~0.307	—	墙壁、地板、顶棚等,也可用于包装箱、冷藏库等
散粒状	硅藻土		<0.06	900	填充料,制作硅藻土砖
	膨胀蛭石及其制品	87~900	0.046~0.070	1 000~1 100	墙壁、楼板及平屋顶、结构及管道的保温围护
	膨胀珍珠岩及其制品	40~500	0.047~0.070	800	填充料、墙壁、楼板
	玻化微珠	(80~100) 堆积密度	0.032~0.045	800	墙壁、楼板部位隔热
多孔型	微孔硅酸钙制品	200~230	0.047~0.056	650~1 000	围护结构及管道保温
	泡沫玻璃	150~600	0.058~0.128	300~1 000	砌筑墙体,冷藏库隔热
	泡沫塑料	20~50	0.030~0.050	130	制成板材可用于屋面、地面、墙面的绝热
	泡沫混凝土	300~500	0.082~0.186	500	墙体、屋面保温隔热

10.3　吸声和隔声材料

吸声材料是一种能在较大程度上吸收由空气传递的声波能量的材料。在音乐厅、影剧院、大会堂等建筑内墙面、天棚、地面等部位使用吸声材料,能改善声波在室内的传播质量,保持良好的音响效果。隔声材料是阻隔声波通过空气和物体进行传导的材料。隔声材料主要用于外墙、门窗、隔墙、隔断等处,在建筑构造处理上进行隔声处理有助于居住声环境的改善。

▶ 10.3.1 吸声材料的性能要求

吸声材料的吸声性能以吸声系数 α 表示。吸声系数是指声波遇到材料表面时,被吸收声能(E)与入射声能(E_0)之比,见图 10.3,即:

$$\alpha = \frac{E}{E_0} \qquad\qquad (10.1)$$

材料的吸声系数 α 越高,吸声效果越好。材料的吸声特性除与声波的方向有关外,还与声波的频率有关,通常取 125,250,500,1 000,2 000 和 4 000 Hz 这 6 个频率的吸声系数表示材料的吸声频率特性。凡 6 个频率的平均吸声系数大于 0.2 的材料,称为吸声材料。

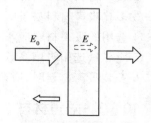

图 10.3　声能在材料中的分配示意图

吸声材料往往依靠自身开放且相互连通的气孔发挥吸声作用,而且开口孔隙越多,声波进入孔隙中消耗的声能越多,吸声性能越好。利用共振使声波因摩擦而消耗更大的声能,从而产生吸声效果,也是常见的一种吸声结构。

建筑上常用的吸声材料及吸声结构有多孔吸声材料、薄板振动吸声结构、共振腔吸声结构、穿孔板组合吸声结构及特殊吸声结构等,其各自的构造示意图及吸声机理见表 10.5。这些吸声结构具有不同的吸声特征,如多孔吸声材料吸收中频和高频音效果较好,薄板振动吸声结构具有低频的吸声特性,穿孔板组合吸声结构普遍用于中频音的吸声结构,幕帘吸声体对中、高频都有一定的吸声效果。

表 10.5　常用吸声材料及结构

类别	多孔吸声材料	薄板振动吸声结构	共振腔吸声结构	穿孔板组合吸声结构	特殊吸声结构
构造图例					
举例	玻璃棉、矿棉、木丝板、半穿孔纤维板	胶合板、薄木板、硬质纤维板、石棉水泥板、石膏板	共振吸声器	穿孔胶合板、穿孔硬质纤维板、穿孔铝板、穿孔薄钢板	悬挂空间吸声体、帘幕吸声体
吸声机理	内部开口孔隙中的空气分子因受到摩擦和粘滞阻力产生振动,使声能转化为机械能最终因摩擦而转变为热能	薄板在声波交变压力作用下产生振动,使板弯曲变形,将机械能转变为热能而消耗声能	利用小孔使孔颈部空气产生共振,因摩擦而消耗声能	由许多个单独共振器并联而成,孔板孔颈处的空气产生激烈振动摩擦,使声能减弱	利用吸声体的边缘效应和声波的衍射作用及通气性织物多孔性发挥吸声作用

▶ 10.3.2　吸声材料的选用及安装要点

为使吸声材料充分发挥作用,在选用及安装吸声材料时,必须注意以下事项:

①应将吸声材料安装在最容易接触声波和反射次数最多的表面上,而不应将其集中于顶棚或某一面的墙壁上,并应比较均匀地分布在室内各表面上。

②吸声材料强度一般较低,应设置在护壁高度以上,以免碰撞损坏。

③多孔吸声材料易于吸湿,安装时应注意胀缩的影响。

④选用的吸声材料应不易虫蛀、腐朽,且不易燃烧。

⑤应尽量选用吸声系数较高的材料,以便节约材料用量,达到经济目的。

⑥安装吸声材料时,应避免材料的细孔被油漆的涂膜堵塞而降低吸声效果。

▶ 10.3.3　隔声材料

土木工程中将主要起隔绝声音作用的材料称为隔声材料。隔声材料主要用于外墙、门窗、隔墙以及隔断等。隔声可分为隔绝空气声(通过空气传播的声音)和隔绝固体声(通过撞击或振动传播的声音)。

根据声学中的"质量定律",对于通过空气传播的声音,其传声的大小主要取决于墙或板的单位面积质量,即材料质量越大,越不易振动,则隔声效果越好。因此隔绝空气声必须选择密实、沉重的材料如黏土砖、钢板等作为隔声材料。隔绝固体声最有效的措施则是采用不连续结构处理,即在墙壁和承重梁之间,房屋的框架和墙壁及楼板之间增设毛毡、软木、橡皮等弹性衬垫或在楼板上铺垫弹性地毯。

10.4　建筑装饰材料

建筑装饰材料是在建筑主体工程完成后,铺设或涂抹在室内外墙面、顶棚和地面主要起装饰美化作用,并兼起保护和其他功能的材料。装饰材料按其装饰部位不同可分为:外墙装饰材料、内墙装饰材料、地面装饰材料、顶棚装饰材料、其他装饰材料等几大类。按材料性质可分为建筑装饰石材、陶瓷类装饰面砖、建筑装饰玻璃、建筑装饰涂料、建筑装饰塑料饰品等。建筑装饰材料对于完成装饰工程意图,降低建筑装饰工程的造价,达到经济性、实用性、美观性及健康性的和谐统一具有十分重要的意义。

▶ 10.4.1　建筑装饰材料的基本性能

1)建筑装饰材料的性能

建筑装饰材料在正常使用状态下,在承受一定的外力和自重的同时,还会受到周围环境各种介质(如水、蒸汽、腐蚀性气体或流体等)的作用以及各种物理作用(如温度差、湿度差、摩擦、机械碰撞等)。建筑装饰材料必须具有抵抗上述各种作用的能力,具备必要的强度、硬度、弹性、塑性、耐磨性、耐久性等。为保证建筑物的正常使用功能,许多建筑装饰材料还要求具有一定的防水、耐水、抗渗、抗冻、保温、吸声、隔声等性质。

装饰材料除了满足上述基本性质外,还要具有一定的装饰功能,包括材料的质感、颜色、光泽、透明性,材料的形状尺寸、花纹图案,以及一定的耐玷污性、易洁性与耐擦性等。

2)建筑装饰材料的选用原则

在建筑装饰工程中,为确保工程既美观又耐久,应当按照不同档次的装修要求,正确而合理地选用建筑装饰材料。

(1)装饰性 材料是建筑装饰工程的物质基础,建筑艺术效果及功能的实现,都是通过运用装饰材料及其配套设备的形体、质感、图案、色彩、功能等所体现出来的。要发挥每一种材料的长处,达到材料的合理配置和材料质感的和谐运用,使建筑物更加舒适和美观。

(2)耐久性 不同使用部位对材料耐久性的要求往往有所侧重,比如室外装饰材料要经受日晒、雨淋、霜雪、冰冻、风化、介质侵袭等作用,要更多考虑其耐候性、抗冻性、耐老化性等,而室内装饰材料要经受摩擦、潮湿、洗刷等作用,更多考虑其抗渗性、耐磨性、耐擦洗性等。

(3)经济性 从经济角度考虑材料的选择时,既要考虑到工程装饰的一次投资,也要考虑日后的维修费用。

► **10.4.2 装饰石材**

1)概述

装饰石材分为天然石材和人工板材两大类。天然石材是对天然岩石的形状、尺寸和表面进行简单的物理加工而得到的块状材料,是人类历史上应用最早的土木工程材料。人造板材是用无机或有机胶结料、矿物质原料及各种外加剂加工制造而成的仿天然石材制品。

2)常用建筑饰面石材

用于土木工程中的天然饰面石材包括天然石材和人造石材两类,其中天然石材按其基本属性分为花岗石和大理石两大类,按板材的形状分为普型板材(N)和异型板材(S)两种。天然石材属于高级装饰材料,主要用于大型建筑或装饰要求高的其他建筑。

天然花岗石板材经粗面和细面加工后主要用于室外地面、台阶、墙面、柱面、台面等;经镜面加工后主要用于室内外墙面、地面、柱面、台面、台阶等;花岗石加工成条石、蘑菇石、柱头、饰物等也可用于室外装饰。天然大理石主要采用镜面加工方式,主要用于室内墙面、柱面、台面及地面,但是由于大理石的耐磨性相对较差,因此在人流量较大的场所不宜作为地面装饰材料使用。此外,由于天然大理石的主要成分是碳酸盐,容易与空气中的酸性成分发生反应,使表面很快失去光泽,变得粗糙多孔而降低建筑性能,故一般不宜用于室外。

天然石材在选用时除考虑其适用性和经济性外,还需根据《建筑材料放射性核素限量》(GB 6566—2010)进行放射性检验,A 类可在任何场合下使用;B 类产品不可用于Ⅰ类民用建筑居室的内饰面,C 类只可用于建筑物的外饰面。放射性超过 C 类标准控制的石材,只可用于海堤、桥墩及碑石等远离人群密集的地方。

人造石材按照使用胶结料不同分别有水泥型、聚酯型、复合型(无机和有机)和烧结型 4 类。常用的此类石材以聚酯类人造花岗石、聚酯类人造大理石为最多。与天然大理石相比,聚酯型人造石材具有强度高、密度小、厚度薄、耐酸碱腐蚀、可加工性好、形状图案多样化、经

济美观等优点,但其耐老化性能较差,在大气中光、热、电等作用下会发生老化,表面会逐渐失去光泽,甚至翘曲变形,故多用于室内装饰,可用于宾馆、商店、公共土木工程和制作各种卫生器具等。缺点是色泽、纹理不及天然石材自然柔和。

10.4.3 建筑陶瓷

1)概述

陶瓷是以黏土原料、瘠性原料及熔剂原料经适当的配比、粉碎、成型并在高温焙烧下经过一系列的物理化学反应后形成的坚硬物质。

建筑陶瓷是用于建筑物墙面、地面及卫生设备的陶瓷材料及制品,因其坚固耐久、色彩鲜明、防火防水、耐磨耐蚀、易清洗、维修费用低等优点,成为现代土木工程的主要装饰材料之一。

2)陶瓷制品的分类与特征

陶瓷制品品种繁多,分类方法各异,按坯体质地和烧结程度可分为陶器、炻器和瓷器三类。陶瓷制品的主要特征和主要产品见表10.6。

表 10.6 陶瓷制品分类、主要特征及产品

产品种类		颜 色	质 地	烧结程度	主要产品
陶器	粗陶	有色	多孔粗糙	较低	砖、瓦、陶管、盆、缸
	精陶	白色或象牙色			釉面砖、美术陶瓷
炻器	粗炻器	有色	致密坚硬	较充分	外墙面砖、地砖
	细炻器	白色			外墙面砖、地砖、锦砖、陈列品
瓷器		白色半透明	致密坚硬	充分	锦砖、茶具、美术陈列品

3)常用陶瓷砖

现代建筑装饰工程中应用的陶瓷制品,主要是陶瓷砖、卫生陶瓷,琉璃制品等,尤以陶瓷砖用量最大。

陶瓷砖是由黏土和其他无机非金属原料在室温下通过挤压或干压或其他方法成型、干燥后,在满足性能要求的温度下烧制而成。我国标准《陶瓷砖》(GB/T 4100—2015)规定,按成型方法分为挤压砖(A)、干压砖(B)。按吸水率不同分为瓷质砖、炻瓷砖、细瓷砖、细炻砖、炻质砖、陶质砖 6 种,其吸水率为 0.5% ~ 10%。建筑中常用的陶瓷砖有釉面砖、彩釉砖、劈离砖及陶瓷锦砖等。

(1)釉面内墙砖 简称釉面砖,是表面施釉的陶质制品,习惯上称作瓷砖。其釉面光泽度好、色彩鲜艳、易于清洁、防水、耐磨、耐腐蚀,被广泛用于建筑内墙装饰。按颜色可分为单色(含白色)、花色(各种装饰手法)和图案砖;按形状可分为正方形、长方形和异形砖。

釉面砖坯体属多孔的陶质坯体。在潮湿的环境中使用时,坯体往往会吸收大量水分而发生膨胀,外表面致密的玻璃质釉层吸湿膨胀量相对很小,坯体和釉层在变形上的不协调,会导致釉面受拉应力而开裂,因此釉面砖不能用于室外装饰。

（2）彩釉砖　一种带有彩色釉面的炻质瓷砖。其色彩图案丰富,表面可制成压花浮雕画、纹点画,还可进行釉面装饰。适用于各类建筑的外墙面及地面装饰,用于地面时应考虑其耐磨性,寒冷地区应选用吸水率小于3%的彩釉砖。

（3）劈离砖　近年来开发的新型建筑陶瓷制品,兼有普通黏土砖和彩釉砖的特性,制品内部结构特征类似黏土砖,具有一定的强度、抗冲击性、抗冻性和可粘结性;而且其表面可施釉,具有彩釉墙砖的装饰效果和可清洗性。适用于建筑外墙装饰和楼堂馆所、车站、候车室、餐厅等人流密集场所的室内地面铺设。厚砖适用于广场、公园、停车场、人行道等露天场所的地面铺设。

（4）陶瓷锦砖　俗称马赛克,以优质瓷土烧制成的小块（边长<40 mm）瓷砖,具有多种颜色和形状,可拼成织锦似的图案。具有单块面积大、厚度薄、强度高、平整度好、耐化学腐蚀、施工方便等特点,主要用作公共建筑物的内外墙、地面、廊厅、立柱等的饰面。为获得良好的装饰效果,成联时常将大小、形状、颜色不同的小瓷片拼成一定图案,具有独特的艺术效果。

▶ 10.4.4　建筑玻璃

1) 概述

玻璃在控制光线、调节温度、防止噪声、艺术装饰等方面表现出色,成为现代建筑一种不可或缺的重要材料之一。随着人们环保意识的不断增强,具备节能、隔音、防污、防霉、自洁净、净化环境和光电转化等各种功能的生态化玻璃将成为建筑玻璃材料的发展方向。

（1）玻璃的分类　玻璃的品种很多,分类方式也很多。通常按其化学组成、功能和用途分类如下:

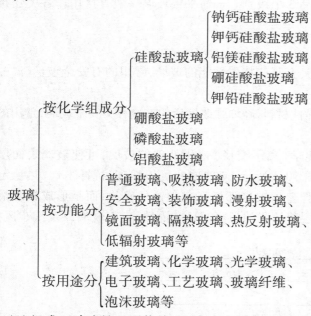

（2）组成　玻璃是以石英砂、纯碱、长石和石灰石等为主要原料,经熔融、成形、冷却固化而成的非结晶无机材料。主要化学成分是 SiO_2（质量分数约70%）、Na_2O（质量分数约15%）、

CaO(质量分数约8%),以及少量的MgO、Al_2O_3及K_2O等。它们对玻璃的性质起着十分重要的作用,通过改变化学成分、相对含量及制备工艺,可获得性能迥异的玻璃制品。

(3)玻璃的主要技术性质

①光学性质。玻璃具有优良的光学性能,光线入射玻璃时,玻璃会对其产生吸收、反射、透射三种作用。采光部位要求玻璃具有较高的透光率,如优质2 mm厚窗用玻璃的透光率可达90%。兼有隔热要求的部位,要求较高的反射率,热反射玻璃的反射率可达40%以上。用于隔热、防眩的部位,则要求较高的光线吸收率和透射性。

②热学性质。玻璃是热的不良导体,普通玻璃的热导率为0.75~0.92 W/(m·K),厚度为3~5 mm的窗玻璃能起到较好的保温隔热作用。由于玻璃具有较低的热导率,而弹性模量却很高(48~83 GPa),一旦表面经受温度骤变,易导致玻璃的破坏,故其热稳定性很差。

③力学性质。普通玻璃的抗压强度高达600~1 200 MPa,抗拉强度为40~80 MPa,属典型的脆性材料,这也是其主要缺点。此外,玻璃具有较高的硬度、耐划性和耐磨性(莫氏硬度为6~7),长期使用不致因磨损而失去透明性。

④化学稳定性。玻璃具有较高的化学稳定性,可抵抗除氢氟酸、磷酸外其他酸类的侵蚀,但其耐碱性较差,长期受碱液侵蚀时,玻璃中的SiO_2会溶于碱液中而遭受侵蚀。

2)普通平板玻璃

普通平板玻璃是未经加工的钠钙硅酸盐质平板玻璃制品,其透光率为85%~90%,是土木工程中用量最大的玻璃。

普通平板玻璃的成形采用机构拉制的方法,常用的有垂直引拉法和浮法。引拉法玻璃厚度分为2,3,4,5,6 mm 5种,浮法玻璃厚度分为3,4,5,6,8,10,12 mm 7种。根据国家标准,按外观质量划分成优等品、一等品、合格品3个级别。普通平板玻璃一般直接用作各类建筑的采光材料。

3)深加工玻璃制品及其应用

可将普通平板玻璃经深加工制成具有某些特殊性能的玻璃,常用的有安全玻璃、温控和光控玻璃、结构玻璃和饰面玻璃等。

(1)安全玻璃 普通平板玻璃是脆性材料,经增强改性后的玻璃称为安全玻璃,常用的有钢化玻璃、夹丝玻璃和夹层玻璃等。

①钢化玻璃。经物理(淬火)或化学(离子交换)钢化处理的玻璃,可使玻璃表面层产生残余压缩应力(70~180 MPa),如图10.4所示,使玻璃的抗折强度、抗冲击性、热稳定性大幅提高。物理钢化玻璃破碎时,不像普通玻璃那样形成尖锐的碎片,而是形成较圆滑的微粒状,有利于人身安全。可用作高层建筑物的门窗、幕墙、隔墙、桌面玻璃以及汽车风挡、电视屏幕等。

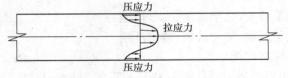

图 10.4　钢化玻璃断面应力分布图

②夹层玻璃。在两片或多片玻璃之间嵌夹透明塑料薄片而制得。原片可采用一等品的引拉法平板玻璃或浮法玻璃,也可采用钢化玻璃、夹丝抛光玻璃、吸热玻璃等,厚度可为2,3,5,6,8 mm,层数最多可达9层,具有防弹功能。由于玻璃间层嵌入塑性膜片,其抗冲击性能比平板玻璃高数倍,破碎时只产生辐射状裂纹而不分离成碎片,不致伤人。它还具有耐久、耐热、耐湿、耐寒和隔音等性能,适用于有特殊安全要求的建筑物的门窗、隔墙,工业厂房的天窗和某些水下工程等。

③夹丝玻璃。在平板玻璃中加入金属丝(网)而制成。夹丝玻璃具有良好的耐冲击性和耐热性,外力作用和温度骤变时破而不散,且具有防火、防盗功能。适用于公共建筑的阳台、楼梯、电梯间、走廊、厂房天窗和各种采光屋顶。

(2)温控、光控玻璃

①吸热玻璃。可吸收大量红外线辐射并保持较高可见光透过率的平板玻璃。用于建筑物的门窗、外墙及车、船挡风玻璃等,可同时起到隔热、防眩、采光及装饰等作用。当吸热玻璃两侧温度差较大时,热应力较高,易发生炸裂,使用时应使窗帘、百叶窗等远离玻璃表面,以利于通风散热。

②热反射玻璃。也称镜面反射玻璃,采用热解、真空蒸镀和阴极溅射等方法,在表面涂以金、银、铬、镍和铁等金属或金属氧化物薄膜,或采用电浮法、等离子交换法以金属离子置换玻璃表层原有离子而形成热反射膜。这种玻璃具有较高的热反射能力(反射率>30%)及良好的透光性,镀金属膜的热反射玻璃还有单向透视功能。主要用于有绝热要求的建筑门窗、玻璃幕墙、车、船玻璃等。

③中空玻璃。将两片或多片平板玻璃相互间隔6~12 mm镶于边框中,且四周加以密封,间隔空腔中充填干燥空气或惰性气体,也可在框底放置干燥剂,如图10.5所示。中空玻璃具有良好的绝热、隔声效果,并且可以防止结露。适用于需要采暖、空调、防止噪声、防止结露,以及需要无直射阳光和特殊光的建筑物,如住宅、办公楼、学校、医院、恒温恒湿的实验室等。

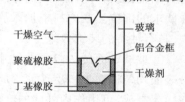

图10.5 中空玻璃结构示意图

④电热玻璃。在夹层玻璃中间膜一侧嵌入极细的钨丝或康铜丝等金属电热丝,或者在玻璃内表面涂透明导电膜,通电后使玻璃受热。由于电热玻璃本身具有热敏电阻,与温度控制系统连接,玻璃表面温度可自动调节控制,玻璃表面温度最高可达60 ℃。可用于陈列窗、严寒地区的建筑门窗等,也可制成各种电热玻璃工艺品、装饰品等,作为冬季的室内辅助热源。用于汽车、飞机的风挡玻璃,可防止表面结霜。

(3)结构玻璃 作为建筑物中的墙体材料或地面材料使用,主要有玻璃幕墙、玻璃砖、异形玻璃和玻璃纤维等。

①玻璃幕墙。以铝合金型材为边框,玻璃为外敷面,内衬以绝热材料的复合墙体。玻璃幕墙所用的玻璃已由浮法玻璃、钢化玻璃发展到热反射玻璃、吸热玻璃、夹层玻璃、中空玻璃、镀膜玻璃等。其中,热反射玻璃是玻璃幕墙采用的主要品种。使用玻璃幕墙代替非透明的墙壁,可使建筑物具有现代化的气息。

②玻璃砖。分为实心和空心两类,其中空心玻璃砖内充有2/3大气压的干燥空气,带有

玻璃纤维网,侧面可涂饰彩釉或彩色涂层。玻璃砖具有透光不透视、保温隔音、不结露、抗压耐磨、图案精美等特点。可用于砌筑透光屋面、非承重墙体、门厅、通道及浴室等隔断,特别适用于宾馆、展览厅馆、体育场馆等既要求艺术装饰,又要控制透光,提高采光深度的高级建筑。

③异形玻璃。硅酸盐玻璃经压延、浇注和辊压等工艺制成的大型长条玻璃构件。可分为无色或彩色,配筋或不配筋,表面带花纹或不带花纹,夹丝或不夹丝及涂层等多种。按外形分有槽形、波形、肋形、Z 形和 V 形等。异形玻璃具有良好的透光、隔热、隔音和机械强度等优良性能。主要用作非承重的建筑围护结构,也可用作内隔墙、天窗、透光屋面、阳台和走廊的围护屏壁以及月台、遮雨棚等。

④玻璃纤维。高温熔融的粘性玻璃在拉引力、离心力或喷吹力作用下,形成的极细的纤维状或丝状玻璃材料。建筑中常用的玻璃纤维按化学成分可分为无碱玻璃纤维、中碱玻璃纤维和高碱玻璃纤维。按纤维长度可分为连续玻璃纤维、定长玻璃纤维、短切玻璃纤维和玻璃棉。其中,玻璃棉的纤维较短(<150 mm)、组织蓬松,类似棉絮。

玻璃纤维的特点是强度高、柔韧性好、弹性模量大,化学稳定性、耐高温性能、电绝缘性好,吸湿小、隔热保温性好。可纺制成各种玻璃纤维纱、布、带、薄毡、棉毡、棉板等制品,主要用作水泥、混凝土、树脂的增强材料。

(4)饰面玻璃　用于建筑物表面装饰的玻璃制品,包括板材和砖材。主要品种如下:

①彩色玻璃。有透明和不透明两种。透明彩色玻璃是加入金属氧化物而制成;不透明彩色玻璃又名釉面玻璃,是以平板玻璃、磨光玻璃或玻璃砖等为基料,在表面涂敷彩色釉层而制成,也可用有机高分子涂料制得。彩色玻璃的颜色有红、黄、蓝、绿、灰色等十余种,可镶拼成各种图案花纹,并有耐蚀、抗冲刷、易清洗等特点。主要用于建筑内外墙、门窗及对光线有特殊要求的部位。在原料中加入乳浊剂(萤石等)可制得乳浊有色玻璃,这类玻璃透光而不透视,具有独特的装饰效果。

②玻璃贴面砖。以要求尺寸的平板玻璃为主要基材,在玻璃的一面喷涂釉液,再在喷涂液表面均匀地撒上一层玻璃碎屑,以形成毛面,然后经 500~550 ℃热处理,使三者牢固地结合在一起制成,可用作内外墙的饰面材料。

③玻璃锦砖。又称玻璃马赛克,它含有未熔融的微小晶体(主要是石英)的乳浊状半透明玻璃质材料,是一种小规格的饰面玻璃制品。其一般尺寸为 20 mm×20 mm,30 mm×30 mm,40 mm×40 mm,厚 4~6 mm,背面有槽纹以利于与基面粘结。为便于施工,出厂前将玻璃锦砖按设计图案反贴在牛皮纸上,贴成 305.5 mm×305.5 mm 见方的一联。玻璃锦砖颜色绚丽,有透明、半透明、不透明 3 种。具有化学稳定性好,耐急冷、急热,抗冻性好、不变色、不积尘,是一种良好的内外墙装饰材料。

④压花玻璃。将熔融的玻璃表面滚压出花纹而制成,可一面压花,也可两面压花。分为普通压花玻璃、真空冷膜压花玻璃和彩色膜压花玻璃等 3 种,一般规格为 800 mm×700 mm×3 mm。表面凹凸不平,当光线通过时产生漫射,具有透光不透视的特点。压花玻璃表面有各种图案花纹,具有一定的艺术装饰效果,多用于办公室、会议室以及公共场所分离室的门窗和隔断等处。

⑤磨砂玻璃。又称毛玻璃,是经研磨、喷砂或氢氟酸溶蚀等加工,使表面成为均匀粗糙的平板玻璃。用于要求透光而不透视的部位,如建筑物的卫生间、浴室,办公室等的门窗及隔

断,也可作黑板或灯罩。

⑥镭射玻璃。以玻璃为基材经特种工艺制成,玻璃背面出现全息或其他几何光栅,在光源照射下,形成物理衍射分光而出现艳丽的七色光,且在同一感光点或感光面上因光线入射角的不同而出现色彩变化,使被装饰物显得华贵高雅。适用于酒店、宾馆和各种商业、文化、娱乐设施的内外墙、柱面、台面、幕墙、隔断及屏风等的装饰。

(5)其他新型玻璃

①凝胶玻璃。在中空玻璃之间填充硅质气凝胶的材料,颗粒层厚度仅 16 mm,透光率为45%,传热系数为1.0 W/(m^2·K^{-1})。具有与中空玻璃相当的透明视野,且使进入室内的光线分布更均匀。有透射好、隔热程度高等特点。其内侧的低温辐射远低于普通的中空玻璃,可保证冬季室内较高的温度。同时,它给光的折射提供了极大空间,光线的最大透射只在很小程度上取决于太阳的入射角,因此,白昼自然光可均匀地分布在室内空间。

②微晶玻璃。属于一种多晶陶瓷材料,兼有玻璃和陶瓷的优点。其机械强度比普通玻璃大6倍多,比高碳钢硬,比铝轻,耐磨性不亚于铸石,热稳定性好,电绝缘性能与高频瓷接近,耐酸碱侵蚀性强。微晶玻璃板色彩丰富均匀,无色差,光泽柔和晶莹,外观酷似天然石材,而其机械性能、化学稳定性和表面光洁度等方面均超过花岗石。

微晶玻璃装饰板具有许多奇妙的特性:属于玻璃制品却砸不碎,表面具有天然石材的质感,却没有色差;如同大规格抛光砖般密实,可铺地、挂墙,克服瓷砖釉面褪色的弱点;如同铝型复合板一样,可任意着色,外表华丽,但耐腐蚀。正是这些色泽美观、不磨损、不褪色、耐腐蚀的特殊优良性能,作为一种高档装饰材料,适于用地铁、机场、车站、宾馆等建筑物的装饰材料。

③智能调光玻璃。属特种建筑装饰玻璃,又称电致变色玻璃,它通过电流变换可控制玻璃变色和颜色深浅度,控制及调节阳光入射室内的强度,使室内光线柔和舒适。用于建筑物门窗,既可自如变换光透过率,又可省却设置窗帘的机构及空间。由其制成的窗玻璃类似有电控装置的窗帘,主要用于需要保密或隐私防护的建筑场所。

本章小结

1.本章介绍了防水材料、绝热材料、吸声和隔声材料、装饰材料的常用品种、性质及应用。要求了解各类功能材料的技术性能,重点掌握相关功能材料的常用品种和使用要点。

2.各类功能材料组成结构迥异,技术性质不同,应通过熟悉材料性质与组成、结构的关系掌握各类材料的性质及使用方法。

3.本章学习时应注意理论联系实际,结合工程做法认识各种功能材料的性质和使用。

4.学习本章应注意参考相关材料的最新规范要求,如:《塑性体改性沥青防水卷材》(GB 18243—2008)《弹性体改性沥青防水卷材》(GB 18242—2008)《陶瓷砖》(GB/T 4001—2015),同时可参考《新型建筑材料》《化学建材》等专业期刊及时了解各类功能材料的研发动态。

复习思考题

一、填空题

1.常用的防水卷材包括_____、_____和_____ 3 大类。

2.建筑工程中,主要起吸声作用且平均吸声系数大于_____的材料为吸声材料。

3.玻璃具有较高的化学稳定性,能抵抗_____以外的名种酸类的侵蚀。

二、选择题

1.SBS 改性沥青防水卷材是以(　　)作为标号。

　　A.卷材的标称重量(kg/10 m²)　　　　　　B.原纸的质量(g/m²)

　　C.浸渍沥青的总质量(kg)　　　　　　　　D.涂盖沥青的总质量(kg)

2.影响多孔性吸声材料的吸声效果,以下哪个因素是无关的(　　)。

　　A.材料的质量　　　　B.材料的厚度　　　　C.材料的形状　　　　D.孔隙的特征

3.膨胀珍珠岩在建筑工程上的用途不包括用作(　　)。

　　A.保温材料　　　　B.隔热材料　　　　C.吸声材料　　　　D.防水材料

4.下列不属于安全玻璃的是(　　)。

　　A.钢化玻璃　　　　B.夹丝玻璃　　　　C.夹层玻璃　　　　D.泡沫玻璃

5.当发生火灾时,能起到隔绝火势作用的玻璃是(　　)。

　　A.吸热玻璃　　　　B.夹丝玻璃　　　　C.热反射玻璃　　　　D.钢化玻璃

三、简答题

1.与传统的沥青防水卷材相比,合成高分子防水卷材有哪些技术优势?

2.薄板共振吸声结构、穿孔板吸声结构、柔性吸声材料、多孔性吸声材料的组织及结构在吸声性能上各有何特点?

3.列举你所熟悉的保温隔热材料的特点和用途,为什么保温材料必须防水、防潮、防冻?

4.为什么釉面砖只能用于室内,而不能用于室外?

5.吸声材料与绝热材料在结构上的区别是什么?

11

土木工程材料试验

〖**本章导读**〗

土木工程材料试验是土木工程材料课程的重要组成部分。通过试验不仅可巩固所学理论知识和丰富学习内容,还可熟悉试验仪器设备及操作技术,了解有关的材料试验标准、规范,学习常用材料的试验方法,培养科学研究能力和严谨的科学态度。本章内容包括:材料基本性质、水泥、砂石、普通混凝土、砖、钢筋、沥青及沥青混合料等8个试验项目。

11.1 土木工程材料基本性质试验

▶ 11.1.1 密度试验

1)试验目的

材料的密度指标主要用于计算材料的孔隙率和密实度。它也是材料的一项很重要的物理指标。

2)主要仪器

①李氏瓶:形状和尺寸如图 11.1 所示。

②天平(称量 500 g,感量 0.01 g)、烘箱、筛子(孔径 0.20 mm)、温度计、干燥器、漏斗、小勺等。

3)试样制备

①将试样研碎成粉末,预先通过 0.90 mm 方孔筛,如为粉末可直接测试。

②在(110±5)℃温度下烘干 1 h,取出在干燥器中冷却至室温备用。室温控制在(20±1)℃。

4)试验步骤

①将与试样不发生反应的液体(如水、煤油)注入李氏瓶至"0 mL"到"1 mL"之间的刻度线后,盖上瓶塞放入恒温水槽中,使刻度部分浸入水中,非恒温至少 30 min。读取液面刻度值 V_1。

②称取水泥 60 g(m),精确至 0.01 g,用小匙将水泥样品一点点地装入李氏瓶中。

③反复摇动李氏瓶,直至没有气泡冒出。再次将李氏瓶静置于恒温水槽,使刻度部分浸入水中,恒温至少 30 min,记下第二次读数 V_2。

④第一次读数和第二次读数时,恒温水槽的温度差不大于 0.2 ℃。

5)试验结果

按下式计算出密度 ρ,精确至 0.01 g/cm³:

$$\rho = \frac{m}{V_2 - V_1}$$

式中　m——装入李氏瓶中试样的质量,g;

　　　V_1——未装试样时液面的刻度值,cm³;

　　　V_2——装入试样后液面的刻度值,cm³。

以两个试样试验结果的平均值作为测定结果。两次试验结果之差不得大于 0.02 g/cm³,否则重新取样进行试验。

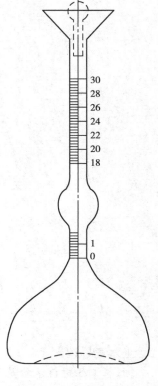

图 11.1　李氏瓶

▶　11.1.2　表观密度试验

1)试验目的

通过表观密度可估计材料其他性质,如强度、绝热保温性能、吸水性等,也可用于计算体积和结构物质量。

2)主要仪器

天平、烘箱、干燥器、游标卡尺、直尺等。

3)试样制备

将规则几何形状(如正方体、平行六面体或圆柱体)的试样放入(110±5)℃的烘箱内烘干 1 h,取出放入干燥器中,冷却至室温待用。室温应控制在(20±1)℃。

4)试验步骤

①用天平称量试样的质量 m。

②用游标卡尺测量试件的外形尺寸(每一尺寸测 3 次,取平均值),计算出其体积 V_0。

5)试验结果

按下式计算出表观密度 ρ_0,精确至 10 kg/m³:

$$\rho_0 = \frac{m}{V_0}$$

式中　m——试样质量,g;

　　　V_0——试样体积,cm^3。

以 3 个试件试验结果的平均值作为测定结果。

▶ 11.1.3　吸水率试验

1)试验目的

吸水率可估计材料其他性质,如耐水性、抗冻性、抗风化性能等。

2)主要仪器

天平(称量 1 000 g,感量 0.1 g)、烘箱、容器等。

3)试样制备

将试样放入(110±5)℃的烘箱内烘干 1 h,取出放入干燥器中,冷却至室温待用。室温应控制在(20±1)℃。

4)试验步骤

先用天平称量试样的质量 m,再将试件放入容器底部蓖板上,注满水煮沸 3 h,然后在水中冷却至室温,取出试件,用湿毛巾轻轻将试件表面的水分擦去,称其质量 m_1。

5)试验结果

计算吸水率,精确至 0.1%:

$$W_m = \frac{m_1 - m}{m} \times 100\%$$

$$W_V = W_m \times \rho_0$$

式中　W_m——质量吸水率,%;

　　　W_V——体积吸水率,%;

　　　m——试件烘干质量,g;

　　　m_1——试件吸水饱和质量,g。

以 3 个试件试验结果的算术平均值作为测定结果。

11.2　水泥细度、标准稠度、凝结时间、安定性和强度试验

▶ 11.2.1　采用标准

《水泥细度检验方法(筛析法)》(GB/T 1345—2005)

《水泥标准稠度用水量、凝结时间、安定性检验方法》(GB/T 1346—2011)

《水泥胶砂强度检验方法(ISO 法)》(GB/T 17671—1999)

11.2.2 水泥试验的一般规定

1)取样方法

①以同一生产厂家、同一等级、同一品种、同一批号且连续进场的水泥,袋装水泥不超过200 t 为一批,散装水泥不超过 500 t 为一批,每批抽样不少于一次。

②袋装水泥可从 20 个以上不同部位的袋中取等量样品水泥,经混拌均匀后称取不少于12 kg。散装水泥随机从不少于 3 个罐车中采取等量水泥,经混拌均匀后称取不少于 12 kg。

2)养护条件

试验室温度应为(20±2)℃,相对湿度应大于 50%。养护室温度为(20±1)℃,相对湿度应大于 90%。

3)试验材料要求

试验用水必须是洁净的饮用水,如有争议时应以蒸馏水为准。水泥试样、标准砂、拌和用水及试模等的温度均与试验室温度相同。

11.2.3 水泥细度试验

1)试验目的

水泥细度对水泥的物理力学性质影响很大,因此常需测定水泥的细度。

2)试验方法

采用 80 μm 方孔筛和 45 μm 方孔筛对水泥试样进行筛析试验,用筛上筛余物的质量分数来表示水泥的细度。试验时,80 μm 筛析试验称取试样 25 g,45 μm 筛析试验称取试样 10 g。

细度检验方法有负压筛析法、水筛法和手工筛析法 3 种。负压筛析法、水筛法和手工筛析法测定的结果有争议时,以负压筛析法为准。

3)负压筛析法

(1)主要仪器设备

①负压筛:由圆形筛框和筛网组成,筛框有效直径 142 mm,高 25 mm,方孔边长 80 μm 或45 μm。

②负压筛析仪:由筛座、负压筛、负压源及收尘器组成,其中筛座由转速为(30±2)r/min的喷气嘴、负压表、控制板、微电机及壳体等构成,如图 11.2 所示。筛析仪负压可调范围为4 000~6 000 Pa。

③天平:最小分度值不大于 0.01 g。

(2)试验步骤

①筛析试验前,应把负压筛放在筛座上,盖上筛盖,接通电源,调节负压至 4 000~6 000 Pa。

②称取试样 25 g,置于洁净的负压筛中,盖上筛盖,放在筛座上,开动筛析仪连续筛析2 min,在此期间如有试样附着在筛盖上,轻敲筛盖使试样落下。筛毕,用天平称量筛余物。

(3)结果计算 水泥试样筛余百分数按下式计算,结果计算至 0.1%:

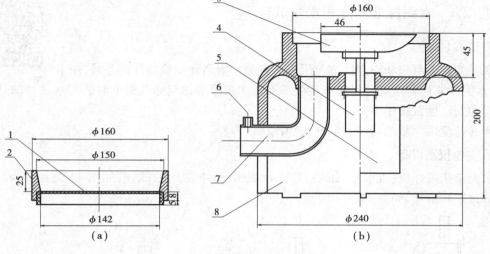

图 11.2　负压筛析仪

1—筛网;2—筛框;3—喷气嘴;4—微电机;5—控制板开口;

6—负压表接口;7—负压源及收尘器接口;8—壳体

$$F = \frac{R_{\mathrm{s}}}{W} \times 100\%$$

式中　F——水泥试样的筛余百分数,%;

　　　R_{s}——水泥筛余物的质量,g;

　　　W——水泥试样的质量,g。

4)水筛法

(1)主要仪器设备　标准筛、筛支座、喷头、天平、烘箱等。

(2)试验步骤

①筛析试验前,应检查水中无泥、砂,调整好水压及水筛架的位置,使其能正常运转,并控制喷头底面和筛网之间距离为 35~75 mm。

②称取试样 50 g,置于洁净的水筛中,立即用淡水冲洗至大部分细粉通过后,放在水筛架上,用水压(0.05±0.02)MPa 的喷头连续冲洗 3 min。筛毕,用少量水把筛余物冲至蒸发皿中,等水泥颗粒全部沉淀后,小心倒出清水,烘干并用天平称量全部筛余物。

(3)结果计算同负压筛法。

5)手工干筛法

(1)主要仪器设备　方孔标准筛(铜布筛),方孔边长 80 μm 或 45 μm;天平等。

(2)试验步骤　称取试样 50 g,倒入手工筛中。手持筛往复摇动并轻轻拍打,拍打速度每分钟约 120 次,每 40 次向同一方向转动 60°,使试样均匀分布在筛网上,直至每分钟通过的试样量不超过 0.03 g 为止。称量全部筛余物。

(3)结果计算　同负压筛法。

▶ 11.2.4 水泥标准稠度用水量试验

1)试验目的

水泥的凝结时间和安定性都与用水量有关。为消除试验条件的差异,便于比较,水泥净浆的稠度必须是标准稠度。测定水泥净浆达到标准稠度时的用水量目的是为凝结时间和安定性试验作准备。

标准稠度用水量的测定有标准法和代用法两种。

2)主要仪器设备

水泥净浆搅拌机;维卡仪,如图11.3(a)所示;标准法用的试杆,如图11.3(b)所示;代用法用的试锥和锥模,如图11.3(c)所示。

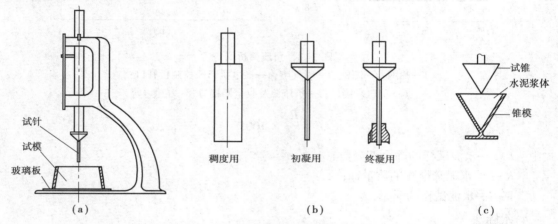

试针
试模
玻璃板
(a) 稠度用 初凝用 终凝用
(b)
试锥
水泥浆体
锥模
(c)

图 11.3 标准法维卡仪及其附件
(a)维卡仪及其附件;(b)标准法用试杆;(c)代用法用试锥和锥模

3)试杆法(标准法)

(1)试验前准备 维卡仪的金属棒能自由滑动,调整试杆接触玻璃板时指针对准零点。搅拌机运转正常。

(2)试验步骤 试验应按以下步骤进行:

①水泥净浆的拌制。搅拌锅和搅拌叶片先用湿布擦过,将拌和水倒入搅拌锅内,然后在5~10 s内将称好的500 g水泥加入水中。将锅放在搅拌机锅座上,升至搅拌位置,启动搅拌机,低速搅拌120 s,停15 s,同时将叶片和锅壁上的水泥浆刮入锅中间,接着高速搅拌120 s,停机。

②标准稠度用水量测定。拌和结束后,立即取适量水泥净浆一次性将其装入已置于玻璃底板上的试模中,浆体超过试模上端,用宽为25 mm的直边刀轻轻拍打超出试模部分的浆体5次以排除浆体中的孔隙,然后在试模上表面约1/3处,略倾斜于试模分别向外轻轻锯掉多余净浆,再从试模边沿轻抹顶部一次,使净浆表面光滑。在锯掉多余净浆和抹平操作过程中,注意不要压实净浆。抹平后迅速将试模和底板移到维卡仪上,并将其中心定在试杆下,降低试杆直至与水泥净浆表面接触。拧紧螺钉1~2 s后,突然放松,使试杆垂直自由地沉入水泥净

浆中。在试杆停止沉入或释放试杆30 s时记录试杆距底板之间的距离,升起试杆后,立即擦净;整个操作应在搅拌后1.5 min内完成。

(3)试验结果 以试杆沉入净浆并距底板(6±1)mm的水泥净浆为标准稠度净浆,其拌和水量为该水泥的标准稠度用水量(P),按水泥质量的百分比计。

4)试锥法(代用法)

代用法测定水泥标准稠度用水量又分调整水量和不变水量两种方法。

(1)试验前准备 维卡仪的金属棒能自由滑动,调整至试锥接触锥模顶面时指针对准零点。搅拌机运转正常。

(2)试验步骤 试验应按以下步骤进行:

①水泥净浆的拌制:同试杆法。拌和水量确定:采用调整水量方法时拌和水量按经验确定;采用不变水量方法时拌和水量用142.5 mL。

②标准稠度用水量测定:拌和结束后,立即将拌制好的水泥净浆装入锥模中,用宽约25 mm的直边刀在浆体表面轻轻插捣5次,再轻振5次,刮去多余的净浆。抹平后迅速放到试锥下面固定的位置上,将试锥降至净浆表面,拧紧螺丝1~2 s后,突然放松,让试锥垂直自由地沉入水泥净浆中,到试杆停止下沉或释放试杆30 s时记录试锥下沉深度,整个操作应在搅拌后1.5 min内完成。

(3)试验结果 用调整水量方法测定时,以试锥下沉深度(30±1)mm时的净浆为标准稠度净浆,其拌和水量为该水泥的标准稠度用水量 P(%),按水泥质量的百分比计。如下沉深度超出范围,需另称试样,调整水量,重新试验,直至达到(30±1)mm为止。

用不变水量方法测定时,根据测得的试锥下沉深度 S(mm),按下式(或仪器上对应标尺)计算得到标准稠度用水量:

$$P = 33.4 - 0.185S$$

当试锥下沉深度小于13 mm时,应改用调整水量法测定。

▶ 11.2.5 水泥净浆凝结时间测定

1)试验目的

测定水泥的初凝时间和终凝时间,作为评定水泥质量的依据之一。

2)主要仪器设备

水泥净浆搅拌机;凝结时间测定仪(维卡仪),见图11.3(a);试针,见图11.3(b)。

3)测定步骤

①测定前准备:调整凝结时间测定仪的试针,接触玻璃板时指针对准零点。

②称取水泥试样500 g,以标准稠度用水量拌制标准稠度净浆,一次装满试模,振动数次刮平,立即放入湿气养护箱中。记录水泥全部加入水中的时间作为凝结时间的起始时间。

③初凝时间的测定:养护至加水后30 min时进行第一次测定。测定时,从湿气养护箱中取出试模,放到试针下,降低试针与水泥净浆表面接触,如图11.4(a)所示。拧紧螺丝1~2 s后,突然放松,试针垂直自由地沉入水泥净浆。观察试针停止下沉或释放试针30 s时的指针读数。当试针沉入距底板(4±1)mm时,为水泥达到初凝状态;由起始时间至初凝状态的时间

为水泥的初凝时间,用 min 表示,见图 11.4(b)。

④终凝时间的测定:为准确观测试针沉入的状态,在终凝针上安装一个环形附件。在完成初凝时间测定后,立即将试模连同浆体以平移的方式从玻璃板取下,翻转180°,直径大端向上,小端向下放在玻璃板上,再放入湿气养护箱中继续养护,临近终凝时间时每隔 15 min 测定一次,当试针沉入试体 0.5 mm 时,即环形附件开始不能在试体上留下痕迹时,为水泥达到终凝状态,由起始时间至终凝状态的时间为水泥的终凝时间,用 min 表示,如图 11.4(c)所示。

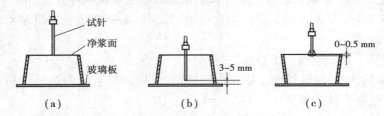

图 11.4　水泥凝结时间测定示意图
(a)测定开始时;(b)水泥初凝状态;(c)终凝状态

⑤测定时应注意:在最初测定的操作时应轻轻扶持金属杆,使其徐徐下降,以防止试针撞弯,但结果以自由下落为准;在整个测试过程中试针沉入的位置至少要距离试模内壁 10 mm。临近初凝时,每隔 5 min 测定一次,临近终凝时每隔 15 min 测定一次。到达初凝时应立即重复测一次,当两次结论相同时才能定为到达初凝状态;到达终凝时需要在试体另外两个不同点测试,结论相同时才能定为到达终凝状态。每次测定不能让试针落入原针孔,每次测试完毕须将试针擦净并将试模放回湿气养护箱内,整个测试过程要防止试模受振。

4)试验结果

由开始加水至初凝、终凝状态的时间分别为该水泥的初凝时间和终凝时间,以 min 为单位。

► 11.2.6　安定性的试验

1)试验目的

检验水泥硬化后体积变化是否均匀,作为评定水泥质量的依据之一。

2)仪器设备

水泥净浆搅拌机;沸煮箱;雷氏夹,如图 11.5 所示;雷氏夹膨胀值测定仪,如图 11.6 所示。

3)试验步骤

测定方法可用雷氏法(标准法),也可用试饼法(代用法),当试验结果有争议时以雷氏法为准。

(1)测定前准备　雷氏法:每个试样成型两个试件,每个雷氏夹需配备玻璃板两块,凡与水泥净浆接触的玻璃板和雷氏夹内表面都要涂上一层油。试饼法:每个试样需准备两块玻璃板,凡与水泥净浆接触的玻璃板都要涂上一层油。

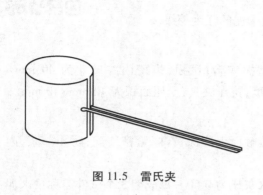

图 11.5 雷氏夹

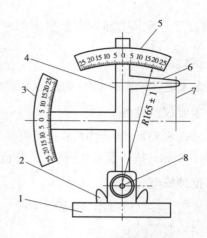

图 11.6 雷氏夹膨胀值测量仪

1—底座；2—模子座；3—测弹性标尺；4—立柱；
5—测膨胀值标尺；6—悬臂；7—悬丝；8—弹簧顶纽

（2）水泥标准稠度净浆的制备 以标准稠度用水量拌制水泥净浆。

（3）试件的制备 试件的制备有两种方法：雷氏法和试饼法。

①雷氏法：将预先准备好的雷氏夹放在已稍涂油的玻璃板上，并立即将已制好的标准稠度净浆装满雷氏夹，装浆时一只手轻轻扶持雷氏夹，另一只手用宽约 25 mm 的直边刀在浆体表面轻轻插捣 3 次，然后抹平。盖上稍涂油的玻璃板，接着立刻将试件移至养护箱内养护（24±2）h。

②试饼法：将制好的净浆取出一部分，分成两等份，使之呈球状。放在预先准备好的玻璃板上，轻轻振动玻璃板，并用湿布擦过的小刀由边缘向中央抹动，做成直径 70~80 mm，中心厚度约 10 mm，边缘渐薄、表面光滑的试饼。接着放入养护箱内养护（24±2）h。

（4）沸煮 脱下玻璃板，取下试件。雷氏法：先测量试件指针尖端间的距离（A），精确到 0.5 mm。接着将试件放入沸煮箱的水中篦板上，指针朝上，试件之间不交叉，然后在（30±5）min 内加热至沸，并恒沸 3 h±5 min。试饼法：先检查试饼是否完整，在试饼无缺陷的情况下，将试饼放在沸煮箱的水中篦板上，然后在（30±5）min 内加热至沸，并恒沸 3 h±5 min。

沸煮结束后，立即放掉沸煮箱中的热水，打开箱盖，待箱体冷却至室温，取出试件进行判别。

4）试验结果

（1）雷氏法 测量雷氏夹指针尖端距离（C），精确至 0.5 mm，当两个试件煮后增加距离（C−A）的平均值不大于 5.0 mm 时，即认为该水泥安定性合格，当两个试件的（C−A）值相差超过 4.0 mm 时，应用同一样品立即重做一次试验。再如此，则认为该水泥为安定性不合格。

（2）试饼法 目测试饼未发现裂缝，用钢直尺检查也没有弯曲的试饼为安定性合格，反之为不合格。当两个试饼判别结果有矛盾时，该水泥的安定性也为不合格。

11.2.7 水泥胶砂强度测定(ISO 法)

1)试验目的

测定水泥各标准龄期的强度,从而确定或检验水泥的强度等级。

2)主要仪器设备

行星式水泥胶砂搅拌机;水泥胶砂试件成型振实台;试模,模槽内腔尺寸为 40 mm× 40 mm×160 mm;抗折试验机;抗压试验机,±1%精度;抗压夹具,受压面积为 40 mm×40 mm。

3)试件成型

①成型前将试模擦净,四周的模板与底座的接触面上应涂黄油,紧密装配,防止漏浆,内壁均匀刷一薄层机油。

②胶砂材料:水泥与标准砂的质量比为 1:3,水灰比为 0.50。每成型 3 个试件需称量水泥 (450±2)g,标准砂(1 350±5)g,拌和用水量(225±1)g。

③胶砂搅拌:先将水加入锅里,再加入水泥,把锅放在水泥胶砂搅拌机固定架上,上升至固定位置。立即开动机器,低速搅拌 30 s 后,在第二个 30 s 开始的同时均匀地将砂子加入,把机器调至高速再拌 30 s。停拌 90 s,在第一个 15 s 内用一胶皮刮具将叶片和锅壁上的胶砂刮入锅中间。在高速下继续搅拌 60 s。各个搅拌阶段,时间误差应在±1 s 以内。

④成型:将空试模和模套固定在振实台上。用料勺直接从搅拌锅里将胶砂分两层装入试模,装第一层时,每个槽里约放 300 g 胶砂,用大播料器垂直架在模套顶部,沿每个模槽来回一次将料层播平,接着振实 60 次。再装第二层胶砂,用小播料器播平,再振实 60 次。移走模套,从振实台上取下试模,用一金属直尺以近似 90°的角度架在试模模顶的一端,然后沿试模长度方向以横向锯割动作慢慢向另一端移动,一次将超过试模部分的胶砂刮去,并用同一直尺以近乎水平的情况下将试件表面抹平。

⑤在试模上做标记或加字条标明试件编号。

4)试件养护

(1)脱模前的处理和养护 去掉留在模子四周的胶砂。立即将做好标记的试模放入雾室或湿箱的水平架子上养护,湿空气应能与试模各边接触。养护时不应将试模放在其他试模上。一直养护到规定的脱模时间取出脱模。脱模前,用防水墨汁或颜料笔对试件进行编号和做其他标记。两个龄期以上的试件,在编号时应将同一试模中的 3 个试件分在两个以上龄期内。

(2)脱模 脱模时应非常小心。对于 24 h 龄期的,应在试验前 20 min 内脱模;对于 24 h 以上龄期的,应在成型后 20~24 h 脱模。已确定作为 24 h 龄期(或其他不下水直接做试验)的已脱模试件,应用湿布覆盖至做试验时为止。

(3)水中养护 将做好标记的试件立即水平或竖直放在(20±1)℃水中养护,水平放置时刮平面应朝上。试件放在不易腐烂的箅子上,并彼此间保持一定间距,以让水与试件的 6 个面接触。养护期间试件之间间隔或试件上表面的水深不得小于 5 mm。

5)强度试验

(1)试件的龄期　从水泥加水搅拌开始试验时算起,不同龄期强度试验在下列时间内进行:24 h±15 min;48 h±30 min;72 h±45 min;7 d±2 h;>28 d±8 h。

试件从水中取出后,在强度试验前应用湿布覆盖。

(2)抗折强度测定　将试件一个侧面放在试验机支撑圆柱上,试件长轴垂直于支撑圆柱,通过加荷圆柱以(50±10)N/s的速率均匀地将荷载垂直地加在棱柱体相对侧面上,直至折断。保持两个半截棱柱体处于潮湿状态直至抗压试验。抗折强度 R_f 按下式进行计算,精确至0.1 MPa:

$$R_f = \frac{1.5F_f L}{b^3}$$

式中　F_f——折断时施加于棱柱体中部的荷载,N;

　　　L——支撑圆柱之间的距离,mm;

　　　b——棱柱体正方形截面的边长,mm。

(3)抗压强度试验　抗压强度试验用规定的抗压试验机和抗压夹具,在半截棱柱体上进行。半截棱柱体中心与压力机压板受压中心差应在±0.5 mm内,棱柱体露在压板外的部分约有10 mm。

在整个加荷过程中以(2 400±200)N/s的速率均匀地加荷直至破坏。抗压强度 R_c 按下式进行计算,精确至0.1 MPa:

$$R_c = \frac{F_c}{A}$$

式中　F_c——破坏时的最大荷载,N;

　　　A——受压面积,40 mm×40 mm。

6)试验结果的确定

(1)抗折强度　以一组3个棱柱件抗折结果的平均值作为试验结果。当3个强度值中有一个超出平均值±10%,应剔除后再取平均值作为抗折强度试验结果。

(2)抗压强度　以一组3个棱柱体上得到的6个抗压强度测定值的算术平均值为试验结果。

如6个测定值中有一个超出6个平均值的±10%,就应剔除这个结果,而以剩下5个的平均数为结果。如果5个测定值中再有超过它们平均数±10%的,则此组结果作废。

11.3　普通混凝土用砂石试验

▶ **11.3.1　采用标准**

《普通混凝土用砂、石质量及检验方法标准》(JGJ 52—2006)。

11.3.2 取样方法

（1）分批方法　砂或石按同产地同规格分批取样。采用大型工具运输的，以 400 m³ 或 600 t 为一验收批；采用小型工具运输的，以 200 m³ 或 300 t 为一验收批。

（2）抽取试样　从料堆上取样时，取样部位应均匀分布。先将取样部位表层铲除，然后由各部位抽取大致相等的砂 8 份，石子 16 份，组成各自一组样品。

（3）取样数量　对于每一单项检验项目，砂、石的每组样品取样数量应分别满足表 11.1 和表 11.2。可在确保样品经一项试验后不致影响其他试验结果的前提下，用同组样品进行多项不同的试验。

表 11.1　部分单项砂试验的最少取样质量

试验项目	筛分析	表观密度/(kg·m⁻³)	堆积密度/(kg·m⁻³)
最少取样量/kg	4.4	2.6	5.0

表 11.2　部分单项石子试验的最少取样质量　　　　　单位:kg

试验项目	最大公称粒径/mm							
	10.0	16.0	20.0	25.0	31.5	40.0	63.0	80.0
筛分析	8	15	16	20	25	32	50	64
表观密度/(kg·m⁻³)	8	8	8	8	12	16	24	24
堆积密度/(kg·m⁻³)	40	40	40	40	80	80	120	120

（4）试样缩分

砂四分法缩分：将样品置于平板上，在自然状态下拌和均匀，并堆成厚度约 20 mm 的圆饼状，沿互相垂直的两条直径把圆饼分成大致相等的 4 份，取其对角两份重新拌匀，再堆成圆饼状。重复上述过程，直至把样品缩分后的材料量略多于进行试验所需量为止。

碎石或卵石缩分：将样品置于平板上，在自然状态下拌和均匀，并堆成锥体，沿互相垂直的两条直径把锥体分成大致相等的 4 份，取其对角两份重新拌匀，再堆成锥体。重复上述过程，直至把样品缩分至试验所需量为止。

11.3.3 砂的筛分析试验

1）试验目的

测定砂的颗粒级配，计算砂的细度模数，评定砂的粗细程度。

2）主要仪器设备

①试验筛：公称直径分别为 10.0,5.00,2.50,1.25,0.630,0.315 及 0.160 mm 的方孔筛各一只，并附有筛底盘和筛盖各一只。

②天平（称量 1 000 g，感量 1 g），摇筛机、烘箱、浅盘和硬、软毛刷等。

3）试验步骤

将四分法缩取的 4.4 kg 试样，先通过公称直径 10.0 mm 的方孔筛，并计算筛余。称取经缩分后样品不少于 550 g 两份,分别装入两个浅盘,在(105±5)℃的温度下烘干至恒重,冷却至室温备用。

①准确称取烘干试样 500 g,置于按筛孔大小顺序排列(大孔在上,小孔在下)的套筛的最上一只公称直径为 5.00 mm 筛上。将套筛装入摇筛机内固紧,筛分 10 min,然后取出套筛,按筛孔由大到小的顺序,在清洁的浅盘上逐一进行手筛,直至每分钟的筛出量不超过试量总量的 0.1% 时为止。通过的颗粒并入下一只筛子并和下一只筛子中的试样一起进行手筛。

②试样在各只筛上的筛余量均不得超过按下式计算得出的剩留量,否则应将该筛的筛余试样分成两份或数份,再次进行筛分,并以其筛余量之和作为该筛的筛余量。

$$m_r = \frac{A \times \sqrt{d}}{300}$$

式中　m_r——某一筛上的剩留量,g;

　　　A——筛的面积,mm²;

　　　d——筛孔边长,mm。

③称取各筛筛余试样的质量(精确至 1 g),所有各筛的分计筛余量和底盘中的剩余量之和与筛分前的试样总量相比,相差不得超过 1%。

4)试验计算结果

①分计筛余百分率:各筛上的筛余量除以试样总量的百分率,精确至 0.1%。

②累计筛余百分率:该筛的分计筛余与大于该筛的各筛分计筛余之和,精确至 1.0%。

③根据各筛两次试验累计筛余的平均值,评定该试样的颗粒级配分布情况,精确至 1%。

④砂的细度模数 μ_f 按下式计算,精确至 0.01:

$$\mu_f = \frac{\beta_2 + \beta_3 + \beta_4 + \beta_5 + \beta_6 - 5\beta_1}{100 - \beta_1}$$

式中　$\beta_1,\beta_2,\beta_3,\beta_4,\beta_5,\beta_6$——公称直径 5.00,2.50,1.25,0.630,0.315 及 0.160 mm 的方孔筛上的累计筛余。

以两次试验结果的算术平均值作为测定值,当两次试验所得的细度模数之差大于 0.20 时,应重新取样进行试验。

▶ **11.3.4　砂的表观密度试验**

1)试验目的

砂的表观密度是混凝土配合比设计的重要参数。

2)主要仪器设备

天平(称量 1 000 g,感量 1 g),容量瓶(容量 500 mL),烘箱、干燥器、浅盘、铝制料勺、温度计等。

3)试验步骤

经缩分后不少于 650 g 的试样装入浅盘,在温度(105±5)℃烘箱中烘干至恒重,冷却至室温。

①称取烘干试样 300 g(m_0),装入盛有半瓶冷开水的容量瓶中。

②摇转容量瓶,使试样在水中充分搅动以排除气泡,塞紧瓶塞,静置 24 h;然后打开瓶塞,用滴管添水使水面与瓶颈刻度线平齐,塞紧瓶塞,擦干瓶外水分,称其质量 m_1(g),精确至1 g。

③倒出容量瓶中的水和试样,洗净瓶内外,再注入与上项水温相差不超过 2 ℃(并在 15 ~ 25 ℃范围内)的冷开水至瓶颈刻度线,塞紧瓶塞,擦干容量瓶外壁水分,称质量 m_2(g),精确至1 g。

4)试验结果

按下式计算表观密度 ρ_0,精确至 10 kg/m³:

$$\rho_0 = \left(\frac{m_0}{m_0 + m_2 - m_1} - \alpha_t \right) \times \rho_w$$

式中　ρ_0——表观密度,kg/m³;

ρ_w——水的密度,1 000 kg/m³;

m_0——烘干试样质量,g;

m_1——试样、水及容量瓶总质量,g;

m_2——水及容量瓶总质量,g;

α_t——水温对砂的表观密度影响的修正系数,见表 11.3。

表 11.3　不同水温对砂的表观密度影响的修正系数

水温,℃	15	16	17	18	19	20
α_t	0.002	0.003	0.003	0.004	0.004	0.005
水温,℃	21	22	23	24	25	—
α_t	0.005	0.006	0.006	0.007	0.008	—

以两次试验结果的算术平均值作为测定值。当两次结果之差大于 20 kg/m³,应重新取样进行试验。

▶ 11.3.5　砂的堆积密度试验

1)试验目的

测定砂的堆积密度,用于计算砂的填充率、空隙率。

2)主要仪器设备

①称:称量 5 kg,感量 5 g。

②容量筒:金属制,圆柱形,内径 108 mm,净高 109 mm,容积(V_0)为 1 L。

③公称直径为 5.00 mm 的方孔筛,烘箱、漏斗、料勺、直尺、浅盘等。

3)试验步骤

先用公称直径 5.00 mm 的筛子过筛,然后取经缩分后的样品不少于 3 L,装入浅盘,在温度为(105±5)℃的烘箱中烘干至恒重,取出并冷却至室温,分成大致相等的两份备用。

（1）堆积密度

①称容量筒的质量 m_1（kg）。

②取试样一份，用料勺或漏斗将试样徐徐装入容量筒内，漏斗出料口或料勺距容量筒口不应超过 5 cm，直至试样装满并超出容量筒筒口。

③用直尺将多余的试样沿筒口中心线向两个相反方向刮平，称其质量 m_2（kg）。

（2）紧堆密度

①称容量筒的质量 m_1（kg）。

②取试样一份，分两层装入容量筒。装完第一层后，在筒底垫放一根直径为 10 mm 的钢筋，将筒按住，左右交替颠击地面各 25 下，然后再装入第二层；第二层装满后用同样方法颠实（筒底所垫钢筋的方向应与第一层放置方向垂直）；二层装完并颠实后，加料直至试样超出容量筒筒口。

③用直尺将多余的试样沿筒口中心线向两个相反方向刮平，称其质量 m_2（kg）。

4）试验结果

按下式计算砂的堆积密度 ρ_L 及紧堆密度 ρ_C，精确至 10 kg/m³：

$$\rho_L(\rho_C) = \frac{m_2 - m_1}{V_0} \times 1\,000$$

式中　$\rho_L(\rho_C)$——堆积密度（紧堆密度），kg/m³；

　　　m_1——容量筒的质量，kg；

　　　m_2——容量筒和砂总质量，kg；

　　　V_0——容量筒容积，L。

以两次试验结果的算术平均值作为测定值。

▶ **11.3.6　碎石或卵石的筛分析试验**

1）**试验目的**

测定碎石或卵石的颗粒级配。

2）**主要仪器设备**

①试验筛：筛孔直径为 100.0 mm，80.0 mm，63.0 mm，50.0 mm，40.0 mm，31.5 mm，25.0 mm，20.0 mm，16.0 mm，10.0 mm，5.00 mm 和 2.50 mm 的方孔筛以及筛的底盘和盖各一只，筛框直径为 300 mm。

②天平（称量 5 kg，感量 5 g）、称（称量 20 kg，感量 20 g）、烘箱、浅盘等。

3）**试验步骤**

①试验前，应将样品缩分至表 11.4 所规定的试样最少质量，并烘干或风干后备用。

表 11.4　石子筛分析试验所需试样的最小质量

公称粒径/mm	10.0	16.0	20.0	25.0	31.5	40.0	63.0	80.0
试样最小质量/kg	2.0	3.2	4.0	5.0	6.3	8.0	12.6	16.0

②按表 11.4 的规定称取试样。

③将试样按筛孔大小过筛,当筛上的筛余层厚度大于试样的最大粒径值时,应将该筛上的筛余试样分成两份,再次进行筛分,直至各筛每分钟的通过量不超过试样总量的 0.1%。

④称取各筛筛余的质量,精确至试样总质量的 0.1%。各筛的分计筛余量和筛底剩余量的总和与筛分前测定的试样总量相比,其相差不得超过 1%,否则须重新试验。

4)试验结果

①计算分计筛余,精确至 0.1%。

②计算累计筛余,精确至 1%。

③根据各筛的累计筛余,评定该试样的颗粒级配。

► ### 11.3.7 碎石或卵石的表观密度试验(广口瓶法)

1)试验目的

碎石或卵石表观密度是混凝土配合比设计的重要参数。

2)主要仪器设备

①称:称量 20 kg,感量 20 g。

②广口瓶:容量 1 000 mL,磨口,并带玻璃片。

③筛孔公称直径为 5.00 mm 的方孔筛、烘箱、毛巾、刷子等。

3)试验步骤

①试验前,筛除样品中公称粒径为 5.00 mm 以下的颗粒,缩分至略大于表 11.5 所规定的量的两倍。洗刷干净后,分成两份备用。

表 11.5 表观密度试验所需的试样最小质量

公称粒径/mm	10.0	16.0	20.0	25.0	31.5	40.0	63.0	80.0
试样最小质量/kg	2.0	2.0	2.0	2.0	3.0	4.0	6.0	6.0

②按表 11.5 的规定称取试样。

③将试样浸水饱和,然后装入广口瓶中。装试样时,广口瓶应倾斜放置,注入饮用水,用玻璃片覆盖瓶口,以上下左右摇晃的方法排除气泡。

④气泡排尽后,向瓶中添加饮用水直至水面凸出瓶口边缘,然后用玻璃板沿瓶口迅速滑行,使其紧贴瓶口水面。擦干瓶外水分,称取试样、水、瓶和玻璃片总量 $m_1(g)$。

⑤将瓶中的试样倒入浅盘中,放在 (105±5)℃的烘箱中烘干至恒重。取出,放在带盖的容器中冷却至室温后称取试样的质量 $m_0(g)$。

⑥将瓶洗净,重新注满饮用水,用玻璃片紧贴瓶口水面。擦干瓶外水分后称取质量 $m_2(g)$。

4)试验结果

按下式计算表观密度 ρ,精确至 10 kg/m³:

$$\rho = \left(\frac{m_0}{m_0 + m_2 - m_1} - \alpha_t \right) \times \rho_w$$

式中 ρ ——表观密度,kg/m^3;

ρ_w ——水的密度,$1\ 000\ kg/m^3$;

m_0 ——烘干后试样质量,g;

m_1 ——试样、水、瓶和玻璃片的总质量,g;

m_2 ——水、瓶和玻璃片的总质量,g;

α_t ——水温对表观密度影响的修正系数,见表 11.3。

以两次试验结果的算术平均值作为测定值,当两次结果之差大于 20 kg/m^3 时,应重新取样进行试验。

11.4 普通混凝土稠度、强度试验

► 11.4.1 采用标准

《普通混凝土拌合物性能试验方法标准》(GB/T 50080—2016)

《混凝土物理力学性能试验方法标准》(GB/T 50081—2019)

► 11.4.2 混凝土拌合物取样和试样制备

1)取样方法

混凝土拌合物的取样应具有代表性,宜采用多次采样的方法,宜在同一盘混凝土或同一车混凝土中的 1/4 处、1/2 处和 3/4 处分别取样,并搅拌均匀;第一次取样和最后一次取样的时间间隔不宜超过 15 min。

2)一般规定

试验相对湿度不小于 50%,温度应保持在(20±5)℃;所用材料、试验设备、容器及辅助设备的温度宜与实验室保持一致。混凝土拌合物应采用搅拌机搅拌,搅拌前应将搅拌机冲洗干净,并预拌少量同种混凝土拌合物或水胶比相同的砂浆,搅拌机内壁挂浆后将剩余料卸出;称好的粗骨料、胶凝材料、细骨料和水应依次加入搅拌机,难溶和不溶的粉状外加剂宜与胶凝材料同时加入搅拌机;混凝土拌合物宜搅拌 2 min 以上,直至搅拌均匀。混凝土拌合物一次搅拌量不宜少于搅拌机公称质量的 1/4,不应大于搅拌机公称质量,且不宜小于 20 L。试验室搅拌混凝土时,材料用量应以质量算。骨料的称量精度应为 0.5%;水泥、掺合料、水、外加剂的称量精度均应为 ±0.2%。

3)主要仪器设备

①搅拌机:容量 30~100 L,转速为 18~22 r/min。

②拌和用搅铲、铁板(约 1.5 m×2 m,厚 3~5 mm)、抹刀。

③磅秤(称量 100 kg,感量 50 g)、台称(称量 10 kg,感量 5 g)、量筒(200 mL,1 000 mL)、容器等。

4)拌和方法

①混凝土拌合物应采用搅拌机搅拌。搅拌前应将搅拌机冲洗干净,并预拌少量同种混凝土拌合物或水胶比相同的砂浆,搅拌机内壁挂浆后将剩余料卸出。

②称好的粗骨料、胶凝材料、细骨料和水应依次加入搅拌机,难溶和不溶的粉状外加剂宜与胶凝材料同时加入搅拌机,液体和可溶外加剂宜与拌合水同时加入搅拌机。

③混凝土拌合物宜搅拌 2 min 以上,直至搅拌均匀。

④混凝土拌合物一次搅拌量不宜少于搅拌机公称容量的 1/4,不应大于搅拌机公称容量,且不应少于 20 L。

▶ 11.4.3 坍落度法测定混凝土拌合物和易性

本方法适用于骨科最大粒径不大于 40 mm,坍落度值不小于 10 mm 的混凝土拌合物稠度测定。稠度测定时需拌合物约 15 L。

1)试验目的

坍落度是表示混凝土拌合物稠度的最常用指标,必须满足混凝土施工流动性的要求。

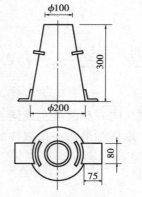

图 11.7 坍落度筒及捣棒

2)主要仪器设备

①坍落度筒:为薄钢板制成的截头圆锥筒,其内壁应光滑,底部和顶面应互相平行并与锥体的轴线垂直。在坍落度筒外 2/3 高度处安两个手把,下端应焊脚踏板。筒的内部尺寸为:底部直径(200±2)mm;顶部直径(100±2)mm;高度(300±2)mm;筒壁厚度不小于 1.5 mm,见图 11.7。

②金属捣棒:直径 16 mm,长 650 mm 的钢棒,端部磨圆。

③铁铲、直尺、钢尺、铁板、抹刀等。

3)试验步骤

①用水润湿坍落度筒及其他用具,并把筒放在不吸水的刚性水平底板上,然后用脚踩住两边的脚踏板,使坍落度筒在装料时保持固定的位置。

②将按要求取得的混凝土试样用小铲分 3 层均匀地装入筒内,使捣实后每层高度约为筒高的 1/3。每层用捣棒插捣 25 次,插捣应沿螺旋方向由外向中心进行,各次插捣应在截面上均匀分布。插捣筒边混凝土时,捣棒可稍稍倾斜。插捣底层时,捣棒应贯穿整个深度,插捣第二层和顶层时,捣棒应插透本层至下一层的表面。插捣顶层过程中,如混凝土沉落到低于筒口,则应随时添加,顶层插捣完后,刮去多余的混凝土,并用抹刀抹平。

③清除筒边底板上的混凝土后,垂直平稳地在 3~7 s 内提起坍落度筒。从开始装料到提起坍落度筒的整个进程应不间断地进行,并应在 150 s 内完成。

④提起坍落度筒后,量测筒高与坍落后混凝土试体最高点之间的高度差,即为该混凝土拌合物的坍落度值,以 mm 为单位,精确至 1 mm,结果表达修约至 5 mm。

坍落度筒提离后,如混凝土发生崩坍成一边剪坏现象,则应重新取样另行测定。如第二次试验仍出现上述现象,则表示该混凝土拌合物和易性不好,应予记录备查。

⑤测定坍落度后,观察混凝土拌合物的粘聚性和保水性,并记录。

粘聚性:用捣棒在已坍落的拌合物锥体侧面轻轻敲打,如锥试体逐渐下沉,表示粘聚性良好,如果倒坍、部分崩裂或出现离析现象,则表示粘聚性不好。

保水性:提起坍落度筒后如有较多的稀浆从底部析出,锥体部分的混凝土拌合物也因失浆而骨料外露,则表明保水性能不好。如坍落度筒提起后无稀浆或仅有少量稀浆自底部析出,则表明保水性能良好。

▶ 11.4.4　混凝土拌合物表观密度试验

1)试验目的

用于混凝土拌合物捣实后的单位体积质量的测定。

2)主要仪器设备

(1)容量筒　容量筒应为金属制成的圆筒,筒外壁应有提手。骨料最大公称粒径不大于40 mm 的混凝土拌合物宜采用容积不小于 5 L 的容量筒,筒壁厚不应小于 3 mm;骨料最大公称粒径大于 40 mm 的混凝土拌合物应采用内径与内高均大于骨料最大公称粒径 4 倍的容量筒。容量筒上沿及内壁应光滑平整,顶面与底面应平行并应与圆柱体的轴垂直。

(2)磅秤　称量 50 kg,感量 10 g。

(3)振动台　振动台主要由悬挂式单轴激振器、弹簧、台面、支架和控制系统组成。振动台台面应采用符合 GB/T 700 中 Q235 钢材制作。台面应支撑在弹簧上,弹簧磨平角应为270°。空载条件下,振动台面中心点的垂直振幅应为(0.5±0.02)mm,台面振幅的不均匀度不应大于 10%。振动台满负荷与空载时,台面中心点的垂直振幅之比不应小于 0.7。振动台侧向水平振幅不应大于 0.1 mm。振动台的振动频率应为(50±2)Hz。

(4)捣棒　直径 16±0.2 mm,长 650±5 mm 的钢棒,端部磨圆。

3)试验步骤

①应按下列步骤测定容量筒的容积:应将干净容量筒与玻璃板一起称重;将容量筒装满水,缓慢将玻璃板从筒口一侧推到另一侧,容量筒内应满水并且不应存在气泡,擦干容量筒外壁,再次称重;两次称重结果之差除以该温度下水的密度应为容量筒容积 V;常温下水的密度可取 1 kg/L。容量筒内外壁应擦干净,称出容量筒质量 m_1,精确至 10 g。

②混凝土拌合物试样应按下列要求进行装料,并插捣密实:坍落度不大于 90 mm 时,混凝土拌合物宜用振动台振实;振动台振实时,应一次性将混凝土拌合物装填至高出容量筒筒口;装料时可用捣棒稍加插捣,振动过程中混凝土低于筒口,应随时添加混凝土,振动直到表面出浆为止。坍落度大于 90 mm 时,混凝土拌合物宜用捣棒密实。插捣时,应根据容量筒的大小决定分层与插捣次数:用 5 L 容量筒时,混凝土拌合物应分两层装入,每层的插捣次数应为 25次;用大于 5 L 的容量筒时,每层混凝土的高度不应大于 100 mm,每层插捣次数应按每10 000 mm² 截面不小于 12 次计算。各次插捣应由边缘向中心均匀地插捣,插捣底层时捣棒应贯穿整个深度,插捣第二层时,捣棒应插透本层至下一层的表面。

③自密实混凝土应一次性填满,且不应进行振动和插捣。将筒口多余的混凝土拌合物刮去,表面有凹陷应填平;应将容量筒外壁擦净,称出混凝土拌合物试样与容量筒总质量 m_2,精

确至 10 g。

4）试验结果

混凝土拌合物表观密度 ρ_h（kg/m³）按下式计算，精确至 10 kg/m³：

$$\rho_h = \frac{m_2 - m_1}{V} \times 1\ 000$$

式中 m_1——容量筒质量，kg；

m_2——容量筒及试样质量，kg；

V——容量筒容积，L。

▶ 11.4.5　普通混凝土立方体抗压强度试验

1）试验目的

学会混凝土抗压强度试件的制作及测试方法，用于检验混凝土强度，确定、校核混凝土配合比，并为控制混凝土施工质量提供依据。

2）一般规定

①试验采用立方体试件，以同一龄期至少 3 个同时制作、同样养护的混凝土试件为一组。

②每一组试件所用的拌合物应从同盘或同一车运送的混凝土拌合物中取样，或在试验室用人工或机械单独制作。

③检验工程和构件质量的混凝土试件成型方法应尽可能与实际施工采用的方法相同。

④试件尺寸按粗骨料的最大粒径来确定，见表 11.6。

表 11.6　不同集料最大粒径选用的试件尺寸、插捣次数及抗压强度换算系数

试件尺寸，mm³	骨料最大粒径，mm	每层插捣次数，次	抗压强度换算系数
100×100×100	31.5	≥12	0.95
150×150×150	37.5	≥27	1
200×200×200	63.0	≥48	1.05

3）主要仪器设备

①压力试验机：测量精度应为 ±1%，试件破坏荷载值应在压力机全量程的 20%～80%。

②振动台：振动频率为（50±2）Hz，空载振幅约为 0.5±0.02 mm。

③试模、捣棒、小铁铲、金属直尺、抹刀等。

④游标卡尺的量程不应小于 200 mm，分度值宜为 0.2 mm。

4）试件的制作

①在制作试件前，首先要检查试模、拧紧螺栓，并清刷干净，同时在其内壁涂上一薄层矿物油或其他不与混凝土发生反应的脱模剂。

②混凝土抗压强度试验以 3 个试件为一组，试件所用的混凝土拌合物应由同一次拌合物中取出。

③混凝土试件的成型方法根据混凝土拌合物的稠度来确定。

坍落度不大于 90 mm 的混凝土用振动台振实。将混凝土拌合物一次装入试模,装料时用抹刀沿各试模壁插捣,并使混凝土拌合物高出试模口。然后将试模放在振动台上,试模应附着或固定在振动台上。开动振动台,振动时试模不得有任何跳动,振动应持续到表面出浆为止。刮除试模上口多余的混凝土,用抹刀抹平。

坍落度大于 90 mm 的混凝土采用人工捣实。混凝土拌合物分两层装入试模内,每层的装料厚度大致相等。插捣按螺旋方向从边缘向中心均匀进行。插捣底层时,捣棒应达到试模底部,插捣上层时,捣棒应贯穿上层插入下层 20～30 mm。插捣时捣棒保持垂直不得倾斜,并用抹刀沿试模内壁插拔数次,以防止试件产生麻面。每层插捣次数按每 10 000 mm² 面积不少于 12 次(见表 11.6)。插捣后用橡皮锤轻轻敲击试模四周,直至插捣棒留下的孔洞消失为止。刮除试模上口多余的混凝土,用抹刀抹平。

5)试件的养护

①采用标准养护的试件,成型后应立即用不透水薄膜覆盖表面,以防止水分蒸发。并应在温度为(20±5)℃相对湿度大于 50%的环境中静置 1～2 d,试件静置期间应避免受到震动和冲击,然后编号、拆模。

拆模后的试件应立即放入温度为(20±2)℃、相对湿度为 95%以上的标准养护室中养护。标准养护室内试件应放在支架上,彼此间隔为 10～20 mm,试件表面应保持潮湿,并不得被水直接冲淋。

无标准养护室时,混凝土试件可在温度为(20±2)℃的不流动的 Ca(OH)₂ 饱和溶液中养护。

②与构件同条件养护的试件成型后,应覆盖表面。试件的拆模时间可与实际构件的拆模时间相同。拆模后,试件仍需保持同条件养护。

③标准养护龄期为 28 d(从搅拌加水开始计时)。

6)抗压强度测定

①试件从养护地点取出后,应及时进行试验,以免试件内部的温、湿度发生显著变化。试件在试压前应先擦拭干净,测量尺寸,并检查其外观。试件的边长和高度宜采用游标卡尺进行测量,应精确至 0.1 mm 试件各边长,直径和高的尺寸差不得超过 1 mm。

②将试验机上下承压板面擦干净,把试件安放在下承压板上,试件的承压面应与成型时的顶面垂直。试件的中心应与试验机下压板中心对准。开动试验机,当上压板与试件接近时,调整球座,使接触均衡。

③在试验过程中应连续均匀地加荷,加荷速度应为:混凝土强度等级<C30 时,取 0.3～0.5 MPa/s;混凝土强度等级≥C30 且<C60 时,取 0.5～0.8 MPa/s;混凝土强度等级≥C60 时,取 0.8～1.0 MPa/s。当试件接近破坏开始急剧变形时,应停止调整试验机油门,直至试件破坏。记录破坏荷载 F。

7)试验结果计算

①混凝土立方体试件抗压强度 f_{cu} 按下式计算,精确至 0.1 MPa:

$$f_{cu} = \frac{F}{A}$$

式中　F——试件破坏荷载,N;

　　　　A——试件承压面积,mm^2;

　　　　f_{cu}——混凝土立方体试件抗压强度,MPa。

②以 3 个试件测定值的算术平均值作为该组试件的抗压强度值,精确至 0.1 MPa。

如果 3 个测定值中的最小值或最大值中有 1 个与中间值的差值超过中间值的 15%,则把最大及最小值一并舍去,取中间值作为该组试件的抗压强度值。如果最大值和最小值与中间值的差均超过中间值的 15%,则该组试件的试验结果无效。

③混凝土的抗压强度是以 150 mm×150 mm×150 mm 的立方体试件作为抗压强度的标准试件。用其他尺寸试件测得的强度,均应乘以尺寸换算系数(见表 11.6)换算成 150 mm 的立方体试件的抗压强度值。

11.5　砌墙砖抗压强度试验

▶　11.5.1　采用标准

《砌墙砖试验方法》(GB/T 2542—2012)。

▶　11.5.2　试样数量

试样数量为 10 块。

▶　11.5.3　试验目的

学会测定砌墙砖抗压强度的试验方法,评定砌墙砖的抗压强度。

▶　11.5.4　主要仪器设备

①压力试验机:测量精度±1%,试件破坏荷载值应为量程的 20%~80%。

②钢直尺,分度值不应大于 1 mm。

③振动台、制样模具、搅拌机、切割设备等。

④抗压强度试验专用净浆材料。

▶　11.5.5　试样制备与养护

1)一次成型制样

一次成型制样是适用于采用样品中间部位切割、交错叠加灌浆制成的强度试样的方式。制备步骤如下:

①将试样锯成两个半截砖,用于叠合部分的长度不得小于 100 mm,如图 11.8 所示。若不足 100 mm,应另取备用试样补足。

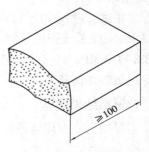

图 11.8　半截砖长度示意图

②将已切割开的半截砖放入室温的净水中浸 20~30 min 后取出,在铁丝网架上滴水 20~30 min。以断口相反方向装入制样模具中。用插板控制两个半砖间距不应大于 5 mm,砖大面与模具间距不应大于 3 mm,砖断面、顶面与模具间垫以橡胶垫或其他密封材料,模具内表面涂油或脱膜剂。制样模具及插板如图 11.9 所示。

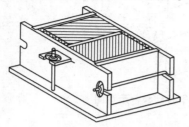
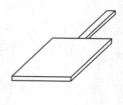

图 11.9 一次成型制样模具及插板

③将净浆材料按照配制要求,置于搅拌机中搅拌均匀。

④将装好试样的模具置于振动台上,加入适量搅拌均匀的净浆材料,振动时间为 0.5~1 min,停止振动,静置至净浆材料达到初凝时间(15~19 min)后拆模。

2)二次成型制样

二次成型制样是适用于采用整块样品上下表面灌浆制成强度试验试样的方式。制备步骤如下:

① 将整块试样放入室温的净水中浸 20~30 min 后取出,在铁丝网架上滴水 20~30 min。

② 按照净浆材料配制要求,置于搅拌机中搅拌均匀。

③ 模具内表面涂油或脱膜剂,加入适量搅拌均匀的净浆材料,将整块试样一个承压面与净浆接触,装入制样模具中,承压面找平层厚度不应大于 3 mm。接通振动台电源,振动 0.5~1 min,停止振动,静置至净浆材料初凝(15~19 min)后拆模。按同样方法完成整块试样另一承压面的找平。二次成型制样模具如图 11.10 所示。

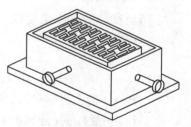

图 11.10 二次成型制样模具

3)非成型制样

适用于试样无须进行表面找平处理制样的方式。制备步骤如下:

①将试样锯成两个半截砖,两个半截砖用于叠合部分的长度不得小于 100 mm。如果不足 100 mm,应另取备用试样补足。

②两半截砖切断口相反叠放,叠合部分不得小于 100 mm(如图 11.11 所示),即为抗压强度试样。

4)试样养护

一次成型制样、二次成型制样在不低于 10 ℃的不通风室内养护 4 h。非成型制样不需养护,试样在气干状态直接进行试验。

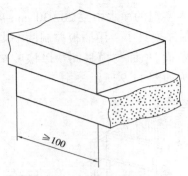

$\geqslant 100$

图 11.11　半截砖叠合示意图

► 11.5.6　试验步骤

①测量每个试样连接面或受压面的长、宽尺寸各两个,分别取其平均值,精确至 1 mm。

②将试样平放在加压板的中央,垂直于受压面加荷,应均匀平稳,不得发生冲击或振动。加荷速度以 2~6 kN/s 为宜,直至试样破坏为止,记录最大破坏荷载 P(单位为 N)。

► 11.5.7　试验结果与评定

1)试验结果计算

每块试件的抗压强度按下式计算,精确至 0.01 MPa。

$$R_p = \frac{P}{LB}$$

式中　R_p——抗压强度,MPa;

　　　P——最大破坏荷载,N;

　　　L——受压面(连接面)的长度,mm;

　　　B——受压面(连接面)的宽度,mm。

2)试验结果表达

试验结果以试样抗压强度的算术平均值和标准值或单块最小值表示。

11.6　钢筋拉伸、冷弯试验

► 11.6.1　采用标准

《金属材料 室温拉伸试验方法》(GB/T 228.1—2010)。

《金属材料 弯曲试验方法》(GB/T 232—2010)。

► 11.6.2　取样方法

钢筋按批进行检查和验收,每批重量≤60 t,而且应由同一牌号、同一炉罐号、同一规格的钢筋组成。

热轧带肋钢筋:拉伸试件 2 根,冷弯试件 2 根。要求分别从 2 根钢筋上截取。

热轧盘条钢筋:拉伸试件 1 根,冷弯试件 2 根。要求分别从 2 根钢筋上截取。

拉伸试验试件长度 $L \geqslant 2h + L_0 + 3a$。其中:$a$ 为钢筋直径;$L_0 = 10a$(或 $5a$);h 为每端夹持长度。

冷弯试验试件长度 $L = 0.5\pi(d+a) + 140(\mathrm{mm})$,其中:$a$ 为钢筋直径;d 为弯心直径。

▶ 11.6.3 拉伸试验

1)试验目的

拉伸性能是钢材的重要性能,通过拉伸试验掌握钢材屈服强度、抗拉强度和伸长率的测定方法,验证、评定钢材力学性能。

2)主要仪器

①万能材料试验机:测量精度为 ±1%,为保证机器安全和试验准确,试件破坏荷载值应在试验机量程的 20% ~ 80% 范围内。

②游标卡尺、千分尺等。

3)试件制备

①钢筋截取后,8~40 mm 的钢筋可不经加工直接作为试件。若受试验机量程限制,22~40 mm 的钢筋可车削加工后作为试件,如图 11.12 所示。

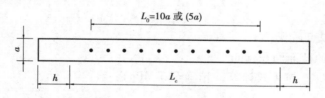

图 11.12 钢材拉伸试件

②在试件表面平行轴向方向划直线,在直线上冲击标距端点,两端点间划分 10 等分标点。

4)试验步骤

①车削试件分别测量标距两端点和中部的直径,求出截面面积,取 3 个面积中最小面积为截面面积 S_0。不经车削的试件其截面面积 S_0 按钢筋的公称直径计算。测量尺寸准确至 ±0.5%。计算截面面积 S_0 至少保留 4 位有效数字。

②将试件固定在试验机夹头内,开动试验机加荷。试件屈服前,应力增加速率为 6~60 MPa/s;屈服阶段,夹头移动速度为(0.000 25~0.002 5)L_c/s,L_c 为两夹头间的自由长度($L_c = L_0 + 3a$)。屈服后直至破坏,夹头移动速度不应超过 0.008 L_c/s。

③加荷拉伸时,在屈服阶段不计初始瞬时效应指针回转时的最小荷载,就是屈服荷载 F_{eL}。

④继续加荷至试件拉断,记录刻度盘指针的最大荷载 F_m。

⑤将拉断试件在断裂处对齐,测量拉伸后标距两端点间的长度 L_u,精确至 0.1 mm。

如试件拉断处到邻近的标距端点距离小于或等于 $L_0/3$,应按移位法确定 L_u,如图 11.13 所示。如拉断后直接量测所得伸长率已满足技术要求规定,可不采用移位法。

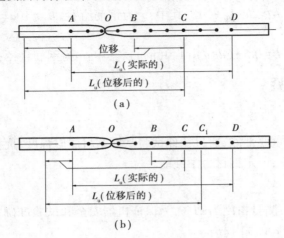

图 11.13   用位移法测量断后标距 L_u

5)试验结果

(1)屈服强度 R_{eL} 按下式计算,(精确至 5 MPa):

$$R_{eL} = \frac{F_{eL}}{S_0}$$

式中 F_{eL}——屈服点荷载,N;

S_0——试件原截面面积,mm^2。

(2)抗拉强度 R_m 按下式计算,(精确至 5 MPa):

$$R_m = \frac{F_m}{S_0}$$

式中 F_m——最大荷载,N。

(3)断后伸长率 A 按下式计算,(精确至 0.5%):

$$A = \frac{L_u - L_0}{L_0} \times 100\%$$

式中 A——断后伸长率,%;

L_0——试件原始标距长度,$L_0 = 10a$ 或 $L_0 = 5a$,mm;

L_u——试件拉断后直接量出或移位法确定的标距长度,mm。

6)拉伸试验结果评定

①屈服强度、抗拉强度、伸长率均应符合相应标准规定的指标。

②拉伸试验的两根试件中,如有一根的屈服强度、抗拉强度、伸长率 3 个指标中有一个不符合标准时,即为拉伸试验不合格,应取双倍试件重新测定;在第二次拉伸试验中,如仍有一个不符合规定,不论这个指标在第一次试验中是否合格,拉伸试验项目定为不合格,表示该批钢筋为不合格品。

▶ 11.6.4 冷弯试验

1）试验目的

掌握钢材冷弯试验方法，评定钢材冷弯性能。

2）主要仪器

压力机、特殊试验机或万能试验机等设备。

3）试验步骤

①根据钢材技术标准选择好弯心直径和弯曲角度。

②根据弯心直径选择压头并调整支辊间距，将试样放在试验机上，见图 11.14（a）。开动试验机缓慢加荷，使试样弯曲达到规定的弯曲角度，见图 11.14（b）和图 11.14（c）。

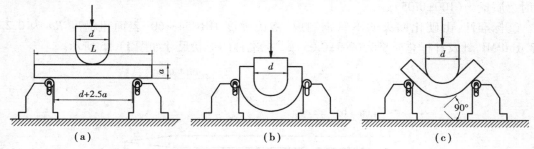

图 11.14　钢材冷弯试验装置

4）试验结果及评定

以试样弯曲的外侧面无裂纹、裂断或起层评定为冷弯合格。

在冷弯的两根试件中，如有一根试件不合格，应取双倍数量试件重新试验，第二次冷弯试验中，如仍有一根不合格，即判该批钢筋为不合格品。

11.7　沥青针入度、延度和软化点试验

▶ 11.7.1 采用标准

《公路工程沥青及沥青混合料试验规程》（JTG E20—2011）。

▶ 11.7.2 取样方法

①进行沥青性质常规检验的取样数量为：粘稠或固体沥青不少于 4.0 kg；液体沥青不少于 1 L。

②从桶、袋装、箱装或散装整块中取样，应在表面以下及容器侧面以内至少 5 cm 处采取。如沥青能够打碎，可用干净的工具将沥青打碎后取中间部分试样；若沥青是软塑的，则用干净的热工具切割取样。

► 11.7.3 针入度试验

石油沥青的针入度是以标准针在一定荷重、时间和温度条件下,垂直穿入沥青试样的深度来表示,单位为 1/10 mm。

1)试验目的

测定石油沥青的针入度,以评价粘稠石油沥青的粘滞性,并确定其标号。还可进一步计算沥青的针入度指数 P_I,用以描述沥青的温度敏感性。

2)主要仪器设备

①针入度仪:凡能保证针和连杆在无明显摩擦下垂直运动,并能指示针贯入深度准确至 0.1 mm 的仪器均可使用。针和针连杆组合件总质量为(50±0.05)g,另附(50±0.05)g 砝码,试验时总质量为(100±0.05)g。

②标准针:由硬化回火的不锈钢制成,洛氏硬度 HRC54 ~ 60,表面粗糙度 Ra 为 0.2 ~ 0.3 μmPMI,针及针杆总质量为(2.5±0.05)g。标准针的形状尺寸如图 11.15 所示。

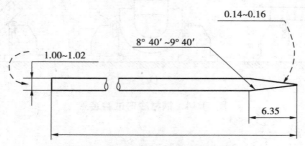

图 11.15 沥青针入度试验用针

③盛样皿:金属制圆柱形平底器皿。小盛样皿内径 55 mm,深 35 mm(适用于针入度小于 200 的试样);大盛样皿内径 70 mm,深 45 mm(适用于针入度为 200~300 的试样);针入度大于 350 的试样需使用特殊盛样皿,其深度不小于 60 mm,体积不少于 125 mL。

④恒温水槽:容量不小于 10 L,控温的准确度为 0.1 ℃。距水底部为 50 mm 处有一个带孔的支架,这一支架离水面至少有 100 mm。

⑤温度计:液体玻璃温度计,刻度范围为 0~50 ℃,分度为 0.1 ℃。

⑥平底玻璃皿、计时器、砂浴或电炉。

3)试验准备

①加热样品,不断搅拌防止局部过热,加热温度石油沥青不超过软化点 100 ℃。加热时间不超过 30 min。加热、搅拌过程应避免试样中进入气泡。

②将试样倒入预先选好的盛样皿中,试样深度应大于预计穿入深度 10 mm。

③盛样皿在 15~30 ℃ 的室温中冷却不少于 1.5 h(小盛样皿)、2 h(大盛样皿)或 3 h(特殊盛样皿)后,移入保持规定试验温度±0.1 ℃ 恒温水槽中,并保温不少于 1.5 h(小盛样皿)、2 h(大盛样皿)或 2.5 h(特殊盛样皿)。

4)试验步骤

①调节针入度仪使之水平,检查连杆和导轨是否无明显摩擦。用三氯乙烯或其他溶剂清

洗标准针并擦干。将标准针插入针连杆,用螺丝固定。按试验条件放好附加砝码。

②取出达到恒温的盛样皿,移入水温控制在试验温度±0.1 ℃的平底玻璃皿中的三脚支架上,试样表面以上的水层深度不少于 10 mm。

③将平底玻璃皿置于针入度仪的平台上。慢慢放下针连杆,用适当位置的反光镜或灯光反射观察,使针尖恰好与试样表面接触,将位移计或刻度盘指针复位为零。

④开始试验,按下释放键,标准针落下贯入试样的同时开始计时,至 5 s 时自动停止。

⑤读取位移计或刻度盘指针的读数,准确至 0.1 mm。

⑥同一试样平行试验至少 3 次,各测试点之间及与盛样皿边缘的距离不应小于 10 mm。每次试验后应将盛有盛样皿的平底玻璃皿放入恒温水槽,使平底玻璃皿中水温保持试验温度。每次试验应换一根干净标准针,或将标准针取下用蘸有三氯乙烯溶剂的棉花或布揩净,再用干棉花或布擦干。

⑦测定针入度大于 200 的沥青试样时,至少用 3 根标准针,每次测定后将针留在试样中,直到 3 次测定完毕后,才能将标准针取出。

5)试验结果

同一试样 3 次平行试验结果的最大值和最小值之差符合表 11.7 规定时,取 3 次试验结果的平均值,取整数作为针入度试验结果。若差值超过规定,应重新进行试验。

表 11.7　针入度测定允许差值　　　　　　　单位:1/10 mm

针入度	0~49	50~149	150~249	250~350
允许差值	2	4	12	20

▶ 11.7.4　延度试验

延度反映了石油沥青的塑性,是评定标号的依据之一。

1)试验目的

掌握延度的测定方法,了解石油沥青的塑性。

2)主要仪器设备

①延度仪:要求能将试件浸没于水中,能保持规定的试验温度及按照规定拉伸速度拉伸试件且试验时无明显振动,见图 11.16。

②试模:黄铜制,由两个端模和两个侧模组成,其形状及尺寸见图 11.17。

③恒温水槽、温度计、砂浴或其他加热炉具、平刮刀、石棉网、酒精、食盐等。

④甘油、滑石粉隔离剂:按质量计,甘油 2 份,滑石粉 1 份。

3)试验准备

①将隔离剂拌和均匀,涂于干燥清净的试模底板和两个侧模的内侧表面,并将试模在试模底板上装妥。

②小心加热沥青试样并防止局部过热,加热温度不得超过预计软化点 100 ℃,加热时间不超过 30 min。把熔化了的样品过筛,充分搅拌,把样品倒入模具中,使试样呈细流状,自模

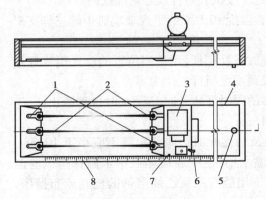

图 11.16 沥青延度仪

1—试模;2—试样;3—电机;4—水槽;
5—泻水孔;6—开关手柄;7—指针;8—标尺

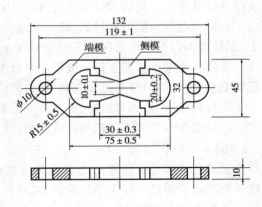

图 11.17 沥青延度仪试模

的一端至另一端往返倒入,使试样略高出模具,应注意勿使气泡混入。

③试件在室温中冷却不少于 1.5 h,然后用热刮刀将高出模具的沥青刮去,使沥青面与模面齐平。沥青的刮法应自模的中间刮向两端,表面应刮得光滑。将试模连同底板再浸入规定温度±0.1 ℃的恒温水槽中保温 1.5 h。

④检查延度仪拉伸速度是否符合要求,移动滑板使指针对准标尺的零点。向延度仪水槽注水,并保持温度达到试验温度±0.1 ℃。

4)试验步骤

①将试件移至延度仪水槽中,将试模两端的孔分别套在滑板及槽端固定板的金属柱上,并取下侧模。水面距试件表面不小于 25 mm。

②开动延度仪,观察沥青试样延伸情况。在拉伸过程中,水温应始终保持在试验温度规定范围内,且仪器不得有振动,水面不得有晃动。当水槽采用循环水时,应暂时中断循环,停止水流。在试验中,若发现沥青细丝浮于水面或沉入槽底,则应在水中加入乙醇或食盐,调整水的密度至与试样的密度相近后,重新试验。

③试件拉断时,读取指针所指标尺上的读数,以 cm 计。在正常情况下,试件应拉伸成锥尖状,在拉断时实际横断面接近于零。如不能得到这种结果,则应在报告中注明。

5)试验结果

①同一试样,每次平行试验不少于 3 个,如 3 个测定结果均大于 100 cm,试验结果记作">100 cm";特殊需要也可分别记录实测值。3 个测定结果中,当有一个以上的测定值小于100 cm 时,若最大值或最小值与平均值之差满足重复性试验要求,则取 3 个测定结果的平均值的整数作为延度试验结果,若平均值大于 100 cm,记作">100 cm";若最大值或最小值与平均值之差不符合重复性试验要求,应重新试验。

②允许误差:当试验结果小于 100 cm 时,重复性试验的允许差为平均值的 20%,再现性试验的允许误差为平均值的 30%。

▶ 11.7.5 软化点试验

软化点反映了石油沥青的温度敏感性,是评定标号的依据之一。

1)试验目的

测定沥青软化点,了解沥青的温度敏感性。

2)主要仪器设备

①沥青软化点测定仪,如图 11.18 所示,包括:钢球,直径 9.53 mm,质量(3.5±0.05)g;试样环,黄铜或不锈钢等制成;钢球定位环,亦由黄铜或不锈钢等制成;金属支架,由两个主杆和 3 层平行的金属板组成,中层板下表面距下层底板为 25.4 mm;耐热玻璃烧杯,容量 800~1 000 mL,直径不小于 86 mm,高不小于 120 mm;温度计,测温范围在 0~100 ℃,最小分度值为 0.5 ℃。

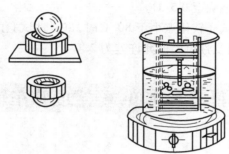

图 11.18　沥青软化点测定仪

②恒温水槽、电炉及其他加热器、金属板或玻璃板、筛(筛孔为 0.3~0.5 mm 的金属网)、平直刮刀、甘油滑石粉隔离剂、新煮沸过的蒸馏水、甘油。

3)试验准备

①将试样环置于涂有隔离剂的金属板或玻璃板上。

②小心加热沥青试样并防止局部过热,加热温度不得超过预计软化点 100 ℃,加热时间不超过 30 min,把熔化了的试样过筛,充分搅拌。将准备好的沥青试样徐徐注入试样环内至略高出环面为止。如估计试样软化点高于 120 ℃,则试样环和金属底板均应预热至 80~100 ℃。

③待试样室温中冷却 30 min 后,用热刮刀刮去高出环面的试样,使之与环面齐平。

4)试验步骤

● 试样软化点在 80 ℃ 以下者:

①将盛有试样的试样环连同试样底板置于盛有(5±0.5)℃水的恒温水槽中至少 15 min;同时将金属支架、钢球、钢球定位环等亦置于相同水槽中。

②烧杯内注入新煮沸并冷却至 5 ℃ 的蒸馏水或纯净水,水面略低于立杆上的深度标记。

③从恒温槽中取出盛有试样的试样环,放置在支架中层板的圆孔中,套上定位器;然后将整个环架放入烧杯内,调整水面至深度标记,并保持水温为 5 ℃。环架上任何部分均不得附有气泡。将温度计由上层板中心孔垂直插入,使端部测温头底部与试样环下面齐平。

④将盛有水和杯架的烧杯移放至放有石棉网的加热炉具上,然后将钢球放在定位环中间的试样中央,立即开始加热,使烧杯内水温在 3 min 内调节至维持每分钟上升(5±0.5)℃。在整个加热过程中,如温度的上升速度超出此范围时,则试验应重做。

⑤试样受热软化逐渐下坠,至与下层底板表面接触时读取温度值,准确至 0.5 ℃。

• 试样软化点在 80 ℃ 以上者:

①将盛有试样的试样环连同试样底板置于盛有(32±0.1)℃甘油的恒温槽中至少15 min;同时将金属支架、钢球、钢球定位环等也置于甘油中。

②在烧杯内注入预先加热至 32 ℃ 的甘油,其液面略低于立杆上的深度标记。

③从恒温槽中取出装有试样的试样环,按上述方法进行测定,准确至 1 ℃。

5)试验结果

①同一试样平行试验两次,当两次测定值的差值符合重复性试验精密度要求时,取其平均值作为软化点试验结果,准确至 0.5 ℃。

②精密度或允许差:当试样软化点小于 80 ℃ 时,重复性试验的允许差为 1 ℃;当试样软化点等于或大于 80 ℃ 时,重复性试验的允许差为 2 ℃。

11.8 沥青混合料表观密度、稳定度和车辙试验

▶ 11.8.1 采用标准

《公路工程沥青及沥青混合料试验规程》(JTG E20—2011)

▶ 11.8.2 沥青混合料试件制作(击实法)

沥青混合料试件制作是按照设计的配合比,应用现场实际材料,在试验室内用小型拌和机,按规定的拌制温度制备成沥青混合料;然后将该混合料在规定的成型温度下,用击实法制成直径为 101.6 mm,高为 63.5 mm 的圆柱体试件。

1)试验目的

用标准击实法制作沥青混合料试件,以供实验室进行沥青混合料物理力学性质试验使用。

2)仪器设备

①标准击实仪:由击实锤、直径为 98.5 mm 平圆形击实头及带手柄的导向棒组成。用人工或机械将击实锤举起,从(457.2±1.5)mm 高度沿导向棒自由落下击实,标准击实锤质量为(4 536±9)g。

②标准击实台:用以固定试模,在 200 mm×200 mm×457 mm 的硬木墩上面有一块305 mm×305 mm×25 mm 的钢板,木墩用 4 根型钢固定在下面的水泥混凝土板上。

③实验室用沥青混合料拌和机:能保证拌和温度并充分拌和均匀,可控制拌和时间,容量不少于 10 L,搅拌叶自转速度 70~80 r/min,公转速度 40~50 r/min。

④脱模器:电动或手动,可无破损地推出圆柱体试件,备有与试件匹配的推出环。

⑤试模:每组包括内径 101.6 mm,高 87.0 mm 的圆柱形金属筒,底座(直径 120.6 mm)和套筒(内径 101.6 mm,高 69.8 mm)各一个。

⑥烘箱:大、中型各一台,装有温度调节器。

⑦天平或电子秤:用于称量矿料的天平或电子秤,感量不大于 0.5 g;用于称量沥青的天平或电子秤,感量不大于 0.1 g。

⑧沥青运动粘度测定设备:毛细管粘度计、赛波特重油粘度计或布洛克菲尔德粘度计。

⑨温度计:分度为 1 ℃。宜采用有金属插杆的热电偶沥青温度计。量程 0～300 ℃,数字显示或度盘指针的分度 0.1 ℃,且有留置读数功能。

⑩其他:插刀或大螺丝刀、电炉或煤气炉、沥青熔化锅、拌和铲、标准筛、滤纸(或普通纸)、胶布、卡尺、秒表、粉笔、棉纱等。

3)准备工作

①确定制作沥青混合料试件的拌和与压实温度

测定沥青温度,绘制粘温曲线。对于石油沥青,采用表观粘度时,以表观粘度为(0.17±0.02)Pa·s 时的温度为拌和温度,以表观粘度为(0.28±0.03)Pa·s 时的温度为压实温度;当采用运动粘度时,以运动粘度为(170±20)mm²/s 时的温度为拌和温度,以运动粘度(280±30)mm²/s 时的温度为压实温度;当采用赛波特粘度时,以赛波特粘度(85±10)s 时的温度为拌和温度,以赛波特粘度(140±15)s 时的温度为击实温度。

当缺乏沥青粘度测定条件时,试件的拌和与击实温度可按照表 11.8 选用,并根据沥青品种和标号作适当调整。针入度小、稠度大的沥青取高限;针入度大、稠度小的沥青取低限;一般取中值。

表 11.8　沥青混合料拌和及击实温度参考表

沥青种类	拌和温度/℃	击实温度/℃
石油沥青	130～160	120～150
煤沥青	90～120	80～110
改性沥青	160～175	140～170

②将各种规格的矿料置于(105±5)℃的烘箱中烘干至恒重(一般不少于 4～6 h)。根据需要,粗集料可先用水冲干净后烘干。也可将粗细集料过筛后,用水冲洗再烘干备用。

③分别测定不同粒径规格粗、细集料及填料(矿粉)的表现密度,并测定沥青的密度。

④将烘干分级的粗细集料,按每个试件设计级配成分要求称其质量,在一金属盘中混合均匀,矿粉单独加热,置于烘箱中预热至沥青拌和温度以上约 15 ℃(采用石油沥青时通常为 163 ℃,采用改性沥青时通常需 180 ℃)备用。一般按一组试件(每组 4～6 个)备料,但进行配合比设计时宜对每个试件分别备料。当采用替代法时,对粗集料中粒径大于 26.5 mm 的部分,以 13.2～26.5 mm 粗集料等量代替。

⑤用粘有少许黄油的棉纱擦净试模、套筒及击实座等,并置于 100 ℃左右烘箱中加热 1 h

备用。常温沥青混合料用试模不加热。

4)沥青混合料的拌制

①将沥青混合料拌和机预热至拌和温度以上 10 ℃左右备用。

②将每个试件预热的粗细集料置于拌和机中,用小铲适当混合,然后再加入需要数量的已加热至拌和温度的沥青,开动拌和机一边搅拌,一边将拌和叶片插入混合料中拌和 1~1.5 min,然后暂停拌和,加入单独加热的矿粉,继续拌和至均匀为止,并使沥青混合料保持在要求的拌和温度范围内。

5)试件成型

①将拌好的沥青混合料,均匀称取一个试件所需的用量(标准马歇尔试件约 1 200 g)。当已知沥青混合料的密度时,可根据试件的标准尺寸计算并乘以 1.03 得到要求的混合料数量。当一次拌和几个试件时,宜将其倒入经预热的金属盘中,用小铲拌和,均匀分成几份,分别取用。在试件制作过程中,为防止混合料温度下降,应连盘放在烘箱中保温。

②从烘箱中取出预热的试模及套筒,用沾有少许黄油的棉纱擦拭套筒、底座及击实锤底面,将试模装在底座上,垫一张圆形的吸油性小的纸,按四分法从四个方面用小铲将混合料铲入试模中,用插刀或大螺丝刀沿周边插捣 15 次,中间 10 次。插捣后将沥青混合料表面整平成凸圆弧面。

③插入温度计,至混合料中心附近,检查混合料温度。

④待混合料温度达到符合要求的压实温度后,将试模连同底座一起放在击实台上固定,在装好的混合料上面垫一张吸油性小的圆纸,再将装有击实锤及导向棒的压实头插入试模中,然后开启电动机或人工将击实锤从 457 mm 的高度自由落下,击实规定的次数(75、50 或 35 次)。

⑤试件击实一面后,取下套筒,将试模掉头,装上套筒,然后以同样的方式和次数击实另一面。

⑥试件击实结束后,用卡尺量取试件离试模上口的高度,并由此计算试件高度。如高度不符合要求,试件应作废,并按下式调整试件的混合料质量,以保证高度符合(63.5±1.3)mm的要求:

$$q = q_0 \times \frac{63.5}{h_0}$$

式中　q——调整后沥青混合料用量,g;

　　　q_0——沥青混合料实际用量,g;

　　　h_0——试件的实际高度,mm。

⑦卸去套筒和底座,将装有试件的试模横向放置,冷却至室温后(不少于 12 h),置于脱模机上脱出试件。

⑧将试件置于干燥洁净的平面上,供试验用。

▶ 11.8.3　沥青混合料物理指标测定

1)试验目的

用水中重法测定几乎不吸水的密实沥青混合料试件的表观密度,并据此计算沥青混合料试件的空隙率、矿料间隙率等物理指标。

2）仪器设备

①浸水天平或电子秤：当最大称量 3 kg 以下时，感量不大于 0.1 g；最大称量 3 kg 以上时，感量不大于 0.5 g；最大称量 10 kg 以上时，感量不大于 5 g。应有测量水中重的挂钩。

②网篮、溢流水箱、试件悬吊装置，如图 11.19 所示。

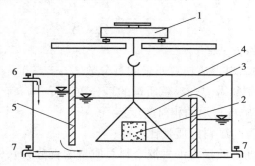

图 11.19　水中重法称重示意图

1—浸水天平或电子天平；2—试件；3—网篮；
4—溢流水箱；5—水位掴板；6—注水口；7—放水闸阀

③秒表、电风扇或烘箱等。

3）试验步骤

①选择适宜的浸水天平或电子秤，最大称量应不小于试件质量的 1.25 倍，且不大于试件质量的 5 倍。

②除去试件表面的浮粒，称取干燥试件在空气中的质量（m_a），根据选择的天平的感量读数，准确至 0.1 g、0.5 g 或 5 g。

③挂上网篮，浸入溢流水箱的水中，调节水位，将天平调平或复零，把试件置于网篮中（注意不要使水晃动），待天平稳定后立即读数，称取水中质量（m_w）。

若天平读数持续变化，不能在数秒钟内达到稳定，说明试件有吸水情况，不适用于此法测定，应改用表干法或封蜡法测定。

4）计算物理指标

（1）表现密度

密实沥青混合料试件的表观密度按下式计算，取 3 位小数：

$$\rho_s = \frac{m_a}{m_a - m_w} \cdot \rho_w$$

式中　ρ_s——试件的表现密度，g/cm^3；

　　　m_a——干燥试件在空气中的质量，g；

　　　m_w——试件在水中的质量，g。

（2）理论密度

①当已知试件的油石比 P_a 时，试件的理论密度 ρ_t 按下式计算，取 3 位小数：

$$\rho_t = \frac{100 + P_a}{\dfrac{P_1}{\gamma_1} + \dfrac{P_2}{\gamma_2} + \cdots + \dfrac{P_n}{\gamma_n} + \dfrac{P_a}{\gamma_a}} \cdot \rho_w$$

②当已知试件的沥青含量 P_b 时,试件的理论密度 ρ_t 按下式计算:

$$\rho_t = \frac{100}{\dfrac{P_1'}{\gamma_1} + \dfrac{P_2'}{\gamma_2} + \cdots + \dfrac{P_n'}{\gamma_n} + \dfrac{P_b}{\gamma_a}} \cdot \rho_w$$

式中　ρ_t ——理论密度,g/cm^3;

　　　$P_1,\cdots,P_n$ ——各种矿料占矿料总质量的百分数,%;

　　　$P_1',\cdots,P_n'$——各种矿料占混合料总质量的百分数,%;

　　　$\gamma_1,\cdots,\gamma_n$ ——各种矿料与水的相对密度;

　　　P_a ——油石比(沥青与矿料的质量比),%;

　　　P_b ——沥青含量(沥青质量占沥青混合料总质量的百分数),%;

　　　γ_a ——沥青的相对密度(25 ℃/25 ℃)。

(3)空隙率　试件的空隙率按下式计算,取一位小数:

$$VV = \left(1 - \frac{\rho_s}{\rho_t}\right) \times 100\%$$

式中　VV——试件的空隙率,%;

　　　ρ_t—— 实测的沥青混合料最大密度或计算的理论密度,g/cm^3;

　　　ρ_s——试件的表观密度,g/cm^3。

(4)沥青体积百分率　试件中沥青的体积分数按下列两式计算,取 1 位小数:

$$VA = \frac{P_b \rho_s}{\gamma_a \rho_w} \text{ 或 } VA = \frac{100 P_a \rho_s}{(100 + P_a)\gamma_a \rho_w}$$

式中　VA——沥青混合料试件的沥青体积分数,%。

(5)矿料间隙率　试件的矿料间隙率的按下式计算,取 1 位小数:

$$VMA = VA + VV$$

式中　VMA——沥青混合料试件的矿料间隙率,%。

(6)沥青饱和度　试件沥青饱和度按下式计算,取 1 位小数:

$$VFA = \frac{VA}{VA + VV} \times 100\%$$

式中　VFA——沥青混合料试件的沥青饱和度,%。

▶ 11.8.4　沥青混合料马歇尔稳定度试验

1)试验目的

通过马歇尔稳定度试验进行沥青混合料的配合比设计或沥青路面施工质量检验。

2)仪器设备

①沥青混合料马歇尔试验仪:最大荷载不小于 25 kN,读数准确度 100 N,加载速率应能保

持(50±5)mm/min。钢球直径16 mm,上下压头曲率半径为50.8 mm。

②恒温水槽:控温准确度为1 ℃,深度不小于150 mm。

③真空饱水容器;烘箱;天平;温度计,分度1 ℃;卡尺;棉纱;黄油等。

3)试验方法

(1)标准马歇尔试验方法

①采用标准击实法成型马歇尔试件,试件尺寸应符合直径(101.6±0.2)mm、高(63.5±1.3)mm的要求。

②量测试件的直径及高度:用卡尺测量试件中部的直径,用马歇尔试件高度测定仪或卡尺在十字对称的4个方向量测离试件边缘10 mm处的高度,准确至0.1 mm,并以其平均值作为试件高度。如试件高度不符合(63.5±1.3)mm或两侧高度差大于2 mm时,此试件应作废。

③将恒温水槽(或烘箱)调节至要求的试验温度,对黏稠石油沥青混合料为(60±1)℃。将试件置于已达规定温度的恒温水槽(或烘箱)中保温30~40 min。

④将马歇尔试验仪的上下压头放入水槽(或烘箱)中达到同样温度。将上下压头从水槽(或烘箱)中取出擦拭干净内面。为使上下压头滑动自如,可在下压头的导棒上涂少量黄油。再将试件取出置于下压头上,盖上上压头,然后装在加载设备上。

⑤在上压头的球座上放妥钢球,并对准荷载测定装置的压头。

⑥当采用自动马歇尔试验仪时,将自动马歇尔试验仪的压力传感器、位移传感器与计算机或 X-Y 记录仪正确连接,调整好适宜的放大比例。调整好计算机程序或将 X-Y 记录仪的记录笔对准原点。

⑦当采用压力环和流值计时,将流值计安装在导棒上,使导向套管轻轻地压住上压头,同时将流值计读数调零。调整压力环中百分表,对零。

⑧启动加载设备,使试件承受荷载,加载速度为(50±5)mm/min。计算机或 X-Y 记录仪自动记录传感器压力和试件变形曲线并将数据自动存入计算机。

⑨试验荷载达到最大值的瞬间,取下流值计,同时读取压力环中百分表读数及流值计的流值读数。

⑩从恒温水槽中取出试件至测出最大荷载值的时间,不应超过30 s。

(2)浸水马歇尔试验方法

浸水马歇尔试验方法与标准马歇尔试验方法的不同之处在于,试件在已达规定温度的恒温水槽中保温时间为48 h。其余均与标准马歇尔试验方法相同。

(3)真空饱和马歇尔试验方法

试件先放入真空干燥器中,关闭进水胶管,开动真空泵,使干燥器的真空度达到98.3 kPa(730 mmHg)以上,维持15 min,然后打开进水胶管,靠负压进入冷水流使试件全部浸入水中,浸水15 min后恢复常压,取出试件再放入已达规定温度的恒温水槽中保温48 h,粘稠石油沥青混合料为(60±1)℃,进行马歇尔试验。其余均与标准马歇尔试验方法相同。

4)试验结果

(1)试件的稳定度及流值

①当采用自动马歇尔试验仪时,将计算机采集的数据绘制成压力和试件变形曲线,或由

X-Y记录仪自动记录的荷载-变形曲线,按图11.20所示的方法在切线方向延长与横坐标相交于 O_1,将 O_1 作为修正原点,从 O_1 起量取相应于荷载最大值时的变形作为流值(FL),以 mm 计,准确至0.1 mm。最大荷载即为稳定度(MS),以 kN 计,准确至 0.01 kN。

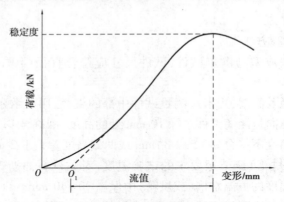

图 11.20 马歇尔试验结果的修正方法

②当采用压力环和流值计测定时,根据压力环标定曲线,将压力环中百分表的读数换算为荷载值,或者由荷载测定装置读的最大值即为试件的稳定度(MS),以 kN 为单位,准确至 0.01 kN。由流值计及位移传感器测定装置读取的试件垂直变形,即为试件的流值(FL),以 mm 计,准确至 0.1 mm。

(2)试件的马歇尔模数

试件的马歇尔模数按下式计算:

$$T = \frac{MS}{FL}$$

式中　T——试件的马歇尔模数,kN/mm;

　　　MS——试件的稳定度,kN;

　　　FL——试件的流值,mm。

(3)试件的浸水残留稳定度

根据试件的浸水马歇尔稳定度和标准马歇尔稳定度,可按下式求得试件浸水残留稳定度:

$$MS_0 = \frac{MS_1}{MS} \times 100\%$$

式中　MS_0——试件的浸水残留稳定度,%;

　　　MS_1——试件浸水 48 h 后的稳定度,kN。

(4)试件的真空饱水残留稳定度

根据试件的真空饱水稳定度和标准马歇尔稳定度,可按下式求得试件真空饱水残留稳定度:

$$MS_0' = \frac{MS_2}{MS} \times 100\%$$

式中　MS_0'——试件的真空饱水残留稳定度,%;

MS_2——试件真空饱水后浸水 48 h 后的稳定度,kN。

(5)试验结果报告

①当一组测定值中某个测定值与平均值之差大于标准差的 k 倍时,该测定值应予舍弃,并以其余测定值的平均值作为试验结果。当试件数目 n 为 3,4,5,6 个时,k 值分别为 1.15,1.46,1.67,1.82。

②采用自动马歇尔试验时,试验结果应附上荷载-变形曲线原件或自动打印结果,并报告马歇尔稳定度、流值、马歇尔模数,以及试件尺寸、试件的密度、空隙率、沥青用量、沥青体积百分率、沥青饱和度、矿料间隙率等各项物理指标。

▶ 11.8.5 沥青混合料车辙试验

车辙试验的试验温度与轮压可根据有关规定和需要选用,非经注明,试验温度为 60 ℃,轮压为 0.7 MPa。计算动稳定度的时间原则上为试验开始后 45~60 min。

1)试验目的

测定沥青混合料的高温抗车辙能力,供沥青混合料配合比设计的高温稳定性检验使用。

2)试件的制作(轮碾法)

车辙试验用的试件是采用轮碾法制成的尺寸为 300 mm×300 mm×50 mm 的板块状试件。

(1)仪器设备

①轮碾成型机:具有与钢筒式压路机相似的圆弧形碾压轮,轮宽 300 mm,压实线荷载为 300 N/cm,碾压行程等于试件长度,碾压后试件可达到马歇尔试验标准击实密度的(100±1)%。

②实验室用沥青混合料拌和机:能保证拌和温度并充分拌和均匀,可控制拌和时间,宜采用容量大于 30 L 的大型沥青混合料拌和机,也可采用容量大于 10 L 的小型拌和机。

③试模:由高碳钢或工具钢制成,内部平面尺寸为 300 mm×300 mm,高 50 mm(或 40 mm)或 100 mm。

④烘箱:大、中型各一台,装有温度调节器。

⑤台秤、天平或电子秤:称量 5 kg 以上时,感量不大于 1 g。称量 5 kg 以下时,用于称量矿料的,感量不大于 0.5 g;用于称量沥青的,感量不大于 0.1 g。

⑥沥青运动粘度测定设备:布洛克菲尔德粘度计、毛细管粘度计或赛波特粘度计。

⑦小型击实锤:钢制端部断面 80 mm×80 mm,厚 10 mm,带手柄,总质量 0.5 kg 左右。

⑧温度计:分度为 1 ℃。宜采用有金属插杆的热电偶沥青温度计,金属插杆的长度不小于 300 mm,量程 0~300 ℃,数字显示或度盘指针的分度 0.1 ℃,宜有留置读数功能。

⑨其他:电炉或煤气炉、沥青熔化锅、标准筛、滤纸、卡尺、秒表、棉纱等。

(2)试样制作方法

①按"沥青混合料试件制作(击实法)"的试件成型方法,确定沥青混合料的拌和温度与压实温度。

②将金属试模及小型击实锤等置于 100 ℃ 左右烘箱中加热 1 h 备用。

③计算出制作 1 块试件所需要的各种材料的用量。先按试件体积(V)乘以马歇尔标准击

实密度(ρ_0),再乘以系数1.03,即得材料总用量。再按配合比计算出各种材料用量。分别将各种材料放入烘箱中预热备用。

④将预热的试模从烘箱中取出,装上试模框架,在试模中铺一张裁好的普通纸(可用报纸),使底面及侧面均被纸隔离,将拌和好的全部沥青混合料,用小铲稍加拌和后均匀地沿试模由边至中按顺序转圈装入试模,中部要略高于四周。

⑤取下试模框架,用预热的小型击实锤由边至中压实一遍,整平成凸圆弧形。

⑥插入温度计,待混合料冷却至规定的压实温度(为使冷却均匀,试模底下可用垫木支起)时,在表面铺一张裁好尺寸的普通纸。

⑦当用轮碾机碾压时,宜先将碾压轮预热至100 ℃左右(如不加热,应铺牛皮纸)。然后,将盛有沥青混合料的试模置于轮碾机的平台上,轻轻放下碾压轮,调整总荷载为9 kN(线荷载300 N/cm)。

⑧启动轮碾机,先在一个方向碾压两个往返(4次),卸荷,再抬起碾压轮,将试件掉转方向,再加相同荷载碾压至马歇尔标准密实度(100±1)%为止。试件正式压实前,应经试压,决定碾压次数,一般12个往返(24次)左右可达到要求。如试件厚度为100 mm时,宜按先轻后重的原则分两层碾压。

⑨压实成型后,揭去表面的纸,用粉笔在试件表面标明碾压方向。

⑩盛有压实试件的试模,置室温下冷却至少12 h后方可脱模。

3)沥青混合料车辙试验

(1)仪器设备

①车辙试验机:构造图见图11.21,主要由试件台、试验轮、加载装置、试模、变形测量装置和温度检测装置组成。

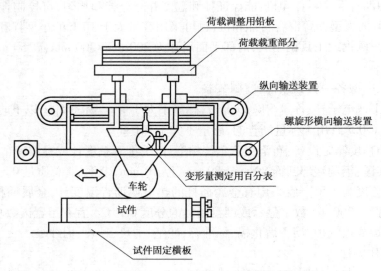

图 11.21 车辙试验机结构示意图

②恒温室:车辙试验机必须整机安放在恒温室内,装有加热器、气流循环装置及自动温度控制设备,能保持恒温室温度(60±1)℃,试件内部温度(60±0.5)℃,根据需要亦可为其他需

要的温度。恒温室用于保温试件并进行试验,温度应能自动连续记录。

③台秤:称量 15 kg,感量不大于 5 g。

(2)试验方法

①试验轮接地压强测定:在 60 ℃进行,在试验台上放一块 50 mm 厚的钢板,其上铺一张毫米方格纸,上铺一张新的复写纸,以规定的 700 N 荷载后试验轮静压复写纸,即可在方格纸上得出轮压面积,并由此求得接地压强。压强应符合(0.7±0.05)MPa,否则荷载应予适当调整。

②将试件连同试模一起,置于已达到试验温度(60±1)℃的恒温室中,保温不少于 5 h,也不得多于 24 h。在试件的试验轮不行走的部位上,粘贴一个热电偶温度计(也可在试件制作时预先将热电偶导线埋入试件一角),控制试件温度稳定在(60±0.5)℃。

③将试件连同试模移置于车辙试验机的试验台上,试验轮在试件的中央部位,其行走方向须与试件碾压方向一致。开动车辙变形自动记录仪,然后启动试验机,使试验轮往返行走,时间约 1 h,或最大变形达到 25 mm 时为止。试验时,记录仪自动记录变形曲线(见图 11.22)及试件温度。对 300 mm 宽且试验时变形较小的试件,也可对一块试件在两侧 1/3 位置上进行两次试验取平均值。

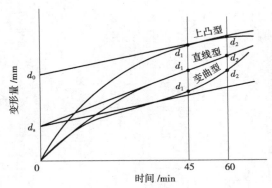

图 11.22 车辙试验变形曲线

(3)结果计算

①从图 11.22 上读取 45 min(t_1)及 60 min(t_2)时车辙变形 d_1 及 d_2,精确至 0.01 mm。当变形过大,在未到 60 min 变形已达 25 mm 时,则以达 25 mm(d_2)时的时间为 t_2,取其前 15 min 为 t_1,此时的变形量为 d_1。

②沥青混合料试件的动稳定度按下式计算:

$$DS = \frac{(t_2 - t_1) \times N}{d_2 - d_1} \times C_1 \times C_2$$

式中　DS——沥青混合料的动稳定度,次/mm;

　　　d_1——对应于时间 t_1 的变形量,mm;

　　　d_2——对应于时间 t_2 的变形量,mm;

　　　N——试验轮往返碾压速度,通常为 42 次/min;

　　　C_1——试验机类型修正系数,曲柄连杆驱动试件的变速行走方式为 1.0,链驱动试验轮

的等速方式为1.5；

C_2——试件系数，实验室制备的宽300 mm 的试件为1.0；从路面切割的宽150 mm 的试件为0.8。

③同一沥青混合料或同一路段的路面，至少平行试验3个试样，当3个试件动稳定度变异系数小于20%时，取其平均值作为试验结果。变异系数大于20%时应分析原因，并追加试验。如计算动稳定度值大于6 000 次/mm 时，记作：>6 000 次/mm。

④重复性试验动稳定度变异系数的允许差为20%。

本章小结

1.了解几种常用主要土木工程材料的标准试验方法，掌握常用试验仪器设备、仪表的操作方法，理解材料试验原理、步骤，了解试验结果的精度要求和数据处理的基本方法。

2.认真做实验，如实观测记录原始数据，编写实验报告。

附录　常用土木工程材料汉英词汇索引

Chapter 1　The General Properties of Civil Engineering Materials

组分/成分 Component

微观结构 Microstructure

多孔结构 Vesicular structure

各向同性材料 Isotropic material

各向异性材料 Anisotropic material

晶体 Crystal

玻璃体 Noncrystal

胶体 Colloid

密度 Density

表观密度 Apparent density

堆积密度 Stacking density

空隙率 Voids ratio

孔隙率 Porosity

密实度 Solidity

亲水性 Hydrophilic property

憎水性 Hydrophobic property

润湿角 Wetting angle

吸水性 Water-absorbing quality

体积吸水率 Specific absorption of volume

质量吸水率 Specific absorption of quality

吸湿性 Hygroscopic

含水率 Water percentage

比热 Specific heat

导热系数 Thermal conductivity

热容量 Heat capacity

强度 Strength

强度等级 Strength grading

抗压强度 Compressive strength

抗剪强度 Shear strength

抗拉强度 Tensile strength

抗弯强度 Bending strength

变形 Deformation

弹性模量 Modulus of elasticity

弹性 Elasticity

塑性 Plasticity

脆性 Brittleness

韧性 Toughness

硬度 Hardness

耐磨性 Anti-abrasion

耐久性 Durability

耐水性 Water resistance

软化系数 Coefficient of softening

渗透性 Permeability

抗冻性 Frost-resistance

冻融循环 Cycles of freezing and thawing

抗腐蚀性 Anti-corrosion

Chapter 2　Inorganic Air-hardening Cementitious Materials

胶凝材料 Binding / cementitious material

水硬性 Hydraulicity

气硬性 Air-hardening

石灰 Lime

石灰石 Limestone

生石灰 Quick lime

过火石灰 Over-burnt lime

欠火石灰 Under-burnt lime

生石灰粉 Ground quick lime

石灰膏 Lime paste

石灰乳 Lime milk

消石灰粉 Ground hydrated lime

熟化 Slaking

熟石灰 Slaked lime

水化 Hydration

结晶 Crystallization

碳化 Carbonation

硬化 Hardening

石膏 Gypsum

二水石膏 Raw gypsum

建筑石膏 Building gypsum

无水石膏 Anhydrite

凝结 Setting

水玻璃模数 Modulus of water-glass

Chapter 3　Hydraulic Cementitious Materials

水泥 Cement

通用硅酸盐水泥 Common portland cement

熟料 Clinker

硅酸二钙 Dicalcium silicate

硅酸三钙 Tricalcium silicate

铝酸三钙 Tricalcium aluminate

潜伏期 Induction period

水化硅酸钙凝胶 Calcium silicate hydrate gel

水化硫铝酸钙 Calcium sulfoaluminate hydrates

水化铝酸钙 Tetracalcium aluminate hydrate

水化铁酸钙 Calcium ferrite hydrate

铁铝酸四钙 Tetracalcium aluminoferrite

水化热 Heat of hydration

氢氧化钙 Calcium hydroxide

钙矾石 Ettringite

养护 Curing

早期强度 Initial strength

水泥石 Hydrated cement paste

细度 Fineness

筛析法 Screening method

筛余量 Retained percentage

比表面积 Specific surface area

水泥浆 Cement paste

标准稠度用水量　Water requirement for normal consistency

凝结时间 Time of set

初凝时间 Initial setting time

终凝时间 Final setting time

安定性 Soundness

试饼法 Pat test

雷氏法 Le chatelier soundness test

氧化镁 Magnesium oxide

游离氧化钙 Free calcium oxide

水泥胶砂强度 Strength of cement mortar

标准砂 Standard sand

氯化钙 Calcium chloride

龄期 Age

硫酸盐侵蚀 Sulfate attack

混合材料 Mineral admixture

活性混合材料 Active admixture

非活性混合材料 Inactive admixture

粉煤灰 Fly ash

粒化高炉矿渣 Pulverized blast-furnace slag

火山灰 Pozzolan

普通硅酸盐水泥 Ordinary portland cement

复合硅酸盐水泥 Composite portland cement

散装水泥 Bulk cement

白色硅酸盐水泥 White portland cement

道路硅酸盐水泥 Portland cement for road

中热硅酸盐水泥 Moderate heat portland cement

铝酸盐水泥 Calcium aluminate cement

硫铝酸盐水泥 Sulfoaluminate cement

膨胀水泥 Expansive cement

自应力水泥 Self-stressing cement

Chapter 4　Ordinary Concrete and Mortar

混凝土 Concrete

素混凝土 Plain concrete

钢筋混凝土 Reinforced concrete

贫混凝土 Lean concrete

富混凝土 Rich concrete

骨料 Aggregate

细骨料　Fine aggregate

石英砂 Quartz sand

山砂 Hilly sand

人工砂 Manufactured sand

坍落度损失 Loss of slump of concrete

维勃稠度试验 Vebe consistometer test

振动,振捣 Vibration

自然养护 Natural cure

蒸压养护 Autoclaved cure

立方体抗压强度 Cube compressive strength

环箍效应 Hoop effect

劈拉强度 Splitting tension strength

标准差 Standard deviation

非破损试验 Non-destructive tests

颗粒尺寸 Particle size

颗粒级配 The particle grading

骨料的筛分析 Sieve analysis of aggregate

分计筛余百分率 Unit screening rate

累计筛余百分率 Accumulated screening rate

砂级配区 Zones for sand grading

砂的级配曲线 Sand grading curve

细度模数 Fineness modulus

细砂 Fine sand

粗骨料 Coarse aggregate

碎石 Crushed gravel

砾石、卵石 Gravel

再生混凝土骨料 Recycled-concrete aggregate

连续粒级 Sequent gradation

单粒级 Single gradation

压碎指标 Crushing index

外加剂 Admixture

减水剂 Water-reducing admixture

高效减水剂 Superplasticizer admixture

氯盐类早强剂 Chloride hardening accelerator

引气剂 Air entrain admixture

缓凝剂 Retarding admixture

速凝剂 Flash setting admixture

膨胀剂 Expanding admixture

矿物掺合料 Mineral admixture

硅粉 Silica fume

拌和水 Mixing water

新拌混凝土 Fresh concrete

和易性 Workability

流动性 Mobility

粘聚性 Viscidity

保水性 Water retentivity

离析 Segregation

泌水 Bleeding

捣实 Compaction

坍落度 Slump

合格评定 Qualified evaluation

验收批 Acceptance batch

回弹法 Rebound method

徐变 Creep

收缩裂缝 Shrinkage crack

碳化收缩 Carbonated shrinkage

碱-骨料反应 Alkali-aggregate reaction

钢筋的锈蚀 Corrosion of steel in concrete

抗冻标号 Resistance grade to freeze-thaw

配合比设计 Mix proportion design

试配强度 Trial strength

水灰比 Water/cement ratio

水泥富余系数 Extra-coefficient of cement

纤维混凝土 Fiber-reinforced concrete

高性能混凝土 High performance concrete

高强混凝土 High strength concrete

泵送混凝土 Pumped concrete

大体积混凝土 Mass concrete

喷射混凝土 Shotcrete concrete

轻骨料混凝土 Lightweight aggregates concrete

聚合物混凝土(PC)Polymer concrete

聚合物浸渍混凝土(PIC)Polymer-impregnated concrete

聚合物水泥混凝土(PCC)Polymer-cement concrete

收缩补偿混凝土 Shrinkage-compensating concrete

砌筑砂浆 Masonry mortar

抹面砂浆 Surface mortar

装饰砂浆 Decoration mortar

稠度 Consistency

分层度 Layering degree

水泥砂浆 Cement mortar

混合砂浆 Mix mortar

吸水基层 Porous substrate

绝热砂浆 Thermal insulating plaster

预拌砂浆 Ready mixed mortar

干混砂浆 Dry-mixed mortar

湿拌砂浆 Wet-mixed mortar

Chapter 5 Masonry and Roof Materials

墙体材料 Wall material

承重墙 Bearing wall

填充墙 Filler wall

普通混凝土小型空心砌块 Normal concrete small hollow block

轻集料混凝土小型空心砌块 Lightweight aggregate concrete small hollow block

烧结普通砖 Fired common brick

黏土砖 Clay brick

煤矸石砖 Coal mine waste brick

页岩砖 Shale brick

泛霜 Efflorescence

石灰爆裂 Lime popping

抗风化性能 Weather resistance

饱和系数 Saturation factor

烧结多孔砖 Fired perforated brick

烧结空心砖 Fired hollow brick

蒸压灰砂砖 Autoclaved lime-sand brick

粉煤灰砖 Fly ash brick

炉渣砖 Cinder brick

混凝土多孔砖 Concrete perforated brick

混凝土实心砖 Solid concrete brick

墙用砌块 Wall block

蒸压加气混凝土砌块 Autoclaved aerated concrete block

粉煤灰混凝土小型空心砌块 Small hollow block of fly ash concrete

泡沫混凝土砌块 Foamed concrete block

装饰混凝土砌块 Decorative concrete block

石膏砌块 Gypsum block

墙板 Wall board

预应力混凝土空心墙板 Prestressed concrete hollow slab

玻璃纤维增强水泥板 Glass fiber reinforced cement plate

纤维水泥夹心复合墙板 Sandwich composite panel with fiber cement in building

泰柏板 Taibo slab

屋面材料 Roof material

膨胀聚苯乙烯板(EPS)Expandable polystyrene board

金属面硬质聚氨酯夹芯板 Metal skinned rigid polyurethane foam sandwich panel

琉璃瓦 Colored glazing tile

钢丝网石棉水泥小波瓦 Wire mesh asbestos-cement small corrugated sheet

玻纤胎沥青瓦 Fiber glass reinforcement asphalt shingle

刚性蓄水屋面 Rigid water-stored roof

种植屋面 Planting roof

Chapter 6　Building Metallic Steels

沸腾钢 Boiling steel

镇静钢 Sedation steel

特殊镇静钢 Special sedation steel

低碳钢 Mild steel

中碳钢 Medium carbon steel

高碳钢 High carbon steel

高合金钢 High alloy steel

合金钢 Alloy steel

高级优质钢 Advanced high quality steel

低合金高强度钢 Low-alloy and high-tensile steel

碳素结构钢 Carbon structural steel

力学性能 Mechanical property

弹性阶段 Flexibility phase

屈服阶段 Yield phase

强化阶段 Aggrandizement phase

颈缩阶段 Shrunken phase

屈服强度 Yield strength

抗拉强度 Ensile strength

伸长率 Elongation

屈强比 Yield ratio

淬火 Quenching

时效敏感性 Aging sensitivity

冷弯性能 Cold bending property

焊接性能 Welding property

耐磨性 Abrasive resistance

抗冲击性能 Impact-resistance

疲劳强度 Fatigue strength

耐低温性 Low temperature resistance

硬度 Rigidity

公称直径 Nominal diameter

热轧光圆钢筋 Hot rolled plain bars

热轧带肋钢筋 Hot rolled ribbed bars

细晶粒热轧钢筋 Hot rolled bars of fine grains

冷轧钢 Cold rolled steel

高强度钢筋 High-tensile reinforcing steel

冷轧带肋钢筋 Cold rolled ribbed steel bars

预应力混凝土用钢丝 Steel wire of prestressed concrete

高强钢丝 High-tensile wire

钢绞线 Prestressing strand

钢板 Steel plates

冷加工 Cold working

冷拉 Cold drawing

冷拔 Cold drawn

型钢 Profile steel

电化学腐蚀 Electrochemical corrosion

防火涂料 Fire resistive coating

Chapter 7　Organic High Polymer Materials

合成高分子材料 Synthetic polymer material

缩聚反应 Condensation polymerization

树脂 Resin

热固性塑料 Thermosetting plastics

热塑性塑料 Thermo plastics

聚丙烯(PP)Polypropylene

聚乙烯(PE)Polythene

聚氯乙烯(PVC)Polyvinyl chloride

聚苯乙烯(PS)Polystyrene

聚乙烯醇(PVA)Polyvinyl alcohol

聚醋酸乙烯(PVAc)Polyvinyl acetate

无规聚丙烯(APP)Abnormal polypropylene

聚甲基丙烯酸甲酯(PMMA)Polymethyl methacrylate

环氧树脂(EP)Epoxy resin

酚醛树脂(PF)Phenolic formaldehyde resin

聚氨脂泡沫塑料(PU)Cellular foamed polyurethane

有机硅树脂 Organosilicon resin

不饱和聚酯(UP)Unsaturated polyester

聚乙烯醇缩甲醛(PVFO)Polyvinyl formal

丙烯腈-丁二烯-苯乙烯共聚物(ABS)
Acrylonitrile butadiene styrene

建筑塑料 Engineering plastic

塑钢窗 Plastic-steel window

气密性 Air tightness

塑料贴面板 Plastic veneer

玻璃纤维增强塑料 Glass fiber reinforced plastics

丁苯橡胶(SBR)Styrene butadiene rubber

橡胶 Rubber

氯丁橡胶(CR)Chloroprene rubber

建筑涂料 Architectural coating

遮盖力 Covering power

彩砂涂料 Stainted sand paint

胶粘剂 Adhesive

环氧树脂胶粘剂 Epoxy resin adhesive

Chapter 8　Asphalt and Asphalt Mixture

石油沥青 Petroleum asphalt

建筑石油沥青 Building petroleum asphalt

道路石油沥青 Pavement petroleum asphalt

沥青质 Asphaltene

胶体结构 Colloid structure

溶胶型 Sol type

溶凝型 Sol-gel type

凝胶型 Gel type

粘滞性 Viscosity

针入度 Penetration degree

延度 Ductility

温度敏感性 Temperature susceptivity

软化点 Soften point

大气稳定性 Atmosphere stability

煤沥青 Coal asphalt

改性沥青 Modified asphalt

乳化沥青 Emulsified asphalt

沥青混合料 Asphalt mixture

沥青玛蹄脂碎石(SMA)Stone mastic asphalt

开级配沥青磨耗层(OGFC)Open-graded friction courses

排水式沥青碎石基层(ATPB)Asphalt-treated permeable base

沥青碎石(AM)Asphalt macadam

悬浮密实型 Dense-suspended type

骨架空隙型 Framework-interstice type

骨架密实型 Dense-framework type

高温稳定性 High temperature stability

低温抗裂性 Low temperature crack resistance

抗滑性 Skid resistance

矿质集料 Mineral aggregate

热拌冷铺 Hot-mixed and cool-spread

热拌热铺 Hot-mixed and hot-spread

冷拌冷铺 Cool-mixed and cool-spread

流值 Flow value

内摩擦角 Angle of internal friction

最佳沥青用量(OAC)Optimum asphalt content

连续型密级配 Continuity dense grading

连续型开级配 Continuity open-grading

间断型密级配 Discontinuity dense grading

沥青混凝土（AC）Asphalt concrete

沥青稳定碎石（ATB）Asphalt treated base

沥青饱和度（VFA）Voids filled with asphalt

空隙率（VV）Volume of air voids

矿料间隙率（VMA）Voids in mineral aggregate

车辙试验 Wheel rut test

马歇尔试验 Marshall test

Chapter 9　Woods

早材 Spring timber

晚材 Late wood

年轮 Annual ring

木材纹理 Texture of wood

树脂道 Resin road

髓线 Medullary ray

原木 Log

锯材 Sawn timber

边材 Alburnum

芯材 Core material

木材含水量 Moisture content of wood

平衡含水率（EMC）Equilibrium moisture content

纤维饱和点 Fiber saturation point

湿涨干缩 Shrinkage of wetlands up

横纹强度 Strength perpendicular to grain

顺纹强度 Strength parallel to grain

木材防腐处理 Wood-preserving process

旋切微薄木 Sliced veneer

中密度纤维板 Medium density fiberboard

胶合板 Plywood

刨花板 Flake board

细木工板 Blockboard

浸渍纸层压木质地板 Laminate flooring

实木复合地板 Parquet

Chapter 10　Building Functional Materials

防水卷材 Waterproof sheet

沥青卷材 Bituminous waterproof sheet material

塑性体沥青卷材 Plastomer bituminous sheet material

高聚物改性卷材 High polymer modified bituminous sheet material

三元乙丙橡胶卷材 EPDM Waterproofing membrane

合成高分子卷材 Synthetic high polymer sheet

低温柔性 Hypothermia flexibility

APP 改性沥青卷材 APP modified bituminous sheet material

SBS 改性沥青卷材 SBS modified bituminous sheet material

防水涂料 Waterproof coating

刚性防水材料 Rigid waterproof material

水泥基渗透结晶性防水材料（CCCW）Cementitious capillary crystalline waterproofing material

密封材料 Sealing material

保温材料 Thermal insulation material

膨胀珍珠岩 Expanded perlite

膨胀蛭石 Expanded vermiculite

装饰材料 Decorative material

安全玻璃 Safety glass

钢化玻璃 Pre-straining glass, toughened glass

夹层玻璃 Laminated glass

夹丝玻璃 Wired glass

热反射玻璃 Heat-reflective glass

泡沫玻璃 Cellular glass

玻璃棉 Glass wool

玻璃幕墙 Glass curtain wall

玻璃纤维 Glass-wool fiber

中空玻璃 Insulating glass

建筑陶瓷 Construction ceramics

釉面内墙砖 Glazed wall tile

炻质砖 Stoneware tile

石材 Stole

花岗岩 Granite

人造大理石 Artificial marble

吸声材料 Sound absorption material

隔声材料 Acoustic insulating material

矿棉纤维 Mineral fiber

参考文献

[1]吴科如,张雄.土木工程材料[M].2版.上海:同济大学出版社,2013.

[2]陈志源,李启令.土木工程材料[M].3版.武汉:武汉理工大学出版社,2014.

[3]王春阳.土木工程材料[M].2版.北京:北京大学出版社,2013.

[4]苏达根.土木工程材料[M].3版.北京:高等教育出版社,2015.

[5]王秀花.建筑材料[M].3版.北京:机械工业出版社,2015.

[6]张亚梅.土木工程材料[M].南京:东南大学出版社,2013.

[7]黄政宇.土木工程材料[M].2版.北京:中国建筑工业出版社,2013.

[8]焦宝祥.土木工程材料[M].3版.北京:高等教育出版社,2019.

[9]彭小芹.土木工程材料[M].3版.重庆:重庆大学出版社,2020.

[10]张彩霞,等.实用建筑材料试验手册[M].北京:中国建筑工业出版社,2011.

[11]苏卿.土木工程材料[M].4版.武汉:武汉理工大学出版社,2020.

[12]湖南大学等四校合编.土木工程材料[M].2版.北京:中国建筑工业出版社,2011.

[13]施惠生,郭晓潞.土木工程材料[M].3版.重庆:重庆大学出版社,2020.